中等职业学校教材

无机物工艺

第二版

赵师琦 主编

化学工业出版社
教材出版中心
·北京·

本书是在1985年第一版的基础上进行修订后的第二版。注重了新标准和新的内容的修改，本次修订仍维持原版特色。

全书共分三篇，分别介绍了硫酸、硝酸、纯碱、烧碱、尿素、硝酸铵、磷肥、钾肥、复合肥料及液体肥料等多种无机化工产品的生产工艺，工艺流程、工艺条件选择、主要设备及操作要点等。

本书可作为中职学校无机化工专业的专业课教材，也可供化工企业职工自学，或作为职工培训教材。

图书在版编目（CIP）数据

无机物工艺/赵师琦主编. —2版. —北京:化学工业出版社，2005.5 （2023.3重印）
中等职业学校教材
ISBN 978-7-5025-7166-5

Ⅰ.无… Ⅱ.赵… Ⅲ.无机物-生产工艺 Ⅳ.TQ11

中国版本图书馆CIP数据核字（2005）第054065号

责任编辑：张双进 陈有华　　装帧设计：于 兵
责任校对：蒋 宇

出版发行：化学工业出版社（北京市东城区青年湖南街13号 邮政编码100011）
印 装：三河市延风印装有限公司
787mm×1092mm 1/16 印张19¼ 字数472千字 2023年3月北京第2版第26次印刷

购书咨询：010-64518888　　售后服务：010-64518899
网 址：http://www.cip.com.cn
凡购买本书，如有缺损质量问题，本社销售中心负责调换。

定 价：39.00元　

第二版前言

本书用于以合成氨为主的三年制中职学校无机化工专业，约讲授130学时。《无机物工艺》自1985年由化学工业出版社出版以来，累计重印14次，约计近30万册，深受广大读者好评。

为适应中职学校教学和化工企业职工自学、适应科学技术发展的需要，对本书进行修订。

本次修订仍维持原版章节，保持原书特点，只在一些反映先进生产技术及新工艺、新设备、新进展方面增减一些内容。

全书由原陕西兴平化工技工学校赵师琦主编，西安化工技工学校杨锋主审。参加审阅的有：北京工业大学桑洪勋、山东鲁南化工技工学校于凤霞、天津大沽化工厂技工学校秦德成。

本书在修订过程中，根据主审、参审人员意见，做了必要的修改，力求在基本概念、基础理论、主要工艺操作要点及有关工艺指标方面更适合于化工中职学校人才培养的需要。

在本书的修订过程中得到了化学工业出版社教材出版中心的大力支持，各位审稿人员精心审阅。提出许多中肯的修改意见和建议，编者深表感谢。限于水平，本书仍会有许多不足之处。热忱希望广大教师和读者在使用过程中批评指正，以利进一步修改完善。

编者

2005年6月

第一版前言

本书是根据1982年上海会议复议的化工部“无机物工艺”教学大纲编写的，适用于以合成氨为主的三年制化工技工学校无机化工工艺专业，约讲授130学时。亦可供中等化工专科学校无机化工工艺专业学生和广大工人自学参考。

《无机物工艺》分三篇：酸（硫酸、硝酸）、碱（纯碱、烧碱）、化学肥料（尿素、硝铵、碳铵、磷肥、钾肥、复合肥料、液体肥料）。介绍了十多种化工产品的工艺原理、工艺流程、工艺条件、主要设备及操作要点。

化学肥料篇系本书重点，其中尿素由于近年来发展快，肥效高，是一种重要的化肥产品，对其生产工艺过程介绍较多。今后中国将大力发展磷肥，对磷肥也用了较多的笔墨。对带有发展方向性的复合肥料也作了适当的介绍。另外中国小氮肥厂星罗棋布，因此还介绍了碳酸氢铵的生产工艺过程，并对其改进产品性能，强化生产，采用新工艺等也作了适当的介绍。

全书由陕西兴平化工技工学校赵师琦编，贵州平坝化工厂技工学校冉启幼、河南安阳化工技工学校牛海生主审。参加审阅的有：兰州化工技工学校王秀臣、山东鲁南化工技工学校于风霞、牡丹江化工局技工学校庄万有、上海吴泾化工厂技工学校林石勇。

本书根据审稿、定稿会议的讨论意见，作了必要的修改，力求在基本概念、基础理论、主要工艺操作要点及有关工艺指标计算等方面有所加强，使教材的内容在深度及广度上基本符合化工部颁发的“教学计划”和“教学大纲”的要求。但由于时间匆促，编者水平有限，书中肯定存在不少缺点和错误，热忱希望广大教师和读者在使用中批评指正，以便进一步修改完善。

编者

一九八三年十二月

目　录

第一篇　硫酸与硝酸

第二篇　化学肥料

第三篇　纯碱与烧碱

第一篇　硫酸与硝酸

第一章　硫　　酸

第一节　概　　述

一、硫酸的组成

工业上硫酸是指三氧化硫和水以任何比例结合的化学物质。如果其中三氧化硫与水的物质的量（n）之比小于或等于1时称为硫酸；而三氧化硫与水的物质的量之比大于1时称为发烟硫酸。

硫酸的成分通常是以其中所含 H_2SO_4 的质量分数（w）来表示。发烟硫酸的成分是以其中所含游离 SO_3 或总 SO_3 的质量分数来表示。

常见硫酸的组成见表1-1。

表 1-1　硫酸的组成

名　　称	$w(H_2SO_4)$/%	$n(SO_3)/n(H_2O)$	组　　成	
			$w(SO_3)$/%	$w(H_2O)$/%
92%硫酸	92.00	0.680	75.10	24.90
98%硫酸	98.00	0.903	80.00	20.00
无水硫酸	100.00	1.000	81.63	18.37
20%发烟硫酸	104.50	1.300	85.30	14.70
65%发烟硫酸	114.62	3.290	93.57	6.43

生产上习惯于把质量分数为98%左右的硫酸简称为“98酸”。同样，把20%的发烟硫酸称为“104.5%酸”或简称“105酸”（将20%游离 SO_3 的发烟硫酸每100kg加入4.5kg水后可获得104.5kg100%的硫酸）。

二、硫酸的性质

纯硫酸是一种无色透明的油状液体。发烟硫酸是无色至棕色油状稠厚液体，在常温下，能放出游离的 SO_3 与空气中水蒸气形成白色酸雾，故称发烟硫酸。

浓硫酸的腐蚀性非常强烈，能与许多金属或非金属物质发生化学作用。碳水化合物与浓硫酸接触，浓硫酸便夺去其中的水分只剩下碳，立即变黑而被破坏，人的皮肤触及浓硫酸也会被烧伤。浓硫酸可与水按任何比例混合，混合时放出大量的热。

研究硫酸和发烟硫酸的性质，特别是某些物理性质对掌握生产，决定操作条件，进行硫酸厂设计及科研等方面具有重要意义。下面就其主要物理、化学性质做以介绍。

1. 物理性质

（1）结晶温度　硫酸中三氧化硫含量不同，它的结晶温度亦有很大变化，硫酸的结晶温度和三氧化硫含量的关系如图1-1所示，图中的几个最高或最低点的结晶温度和相应浓度见

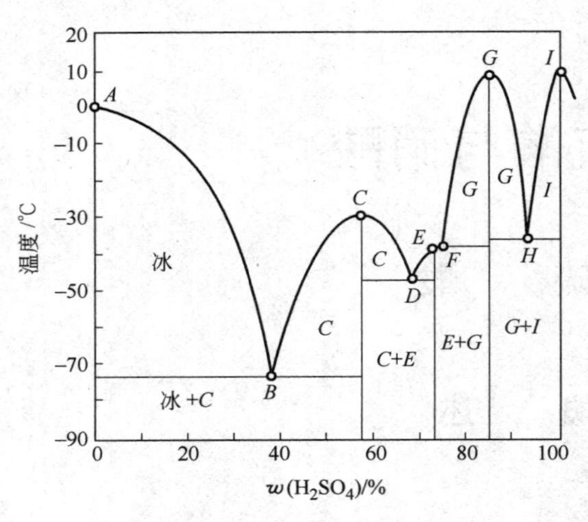

图 1-1　H_2O-H_2SO_4 体系结晶图

表 1-2。

为了减小硫酸和发烟硫酸在冬季或严寒地区的运输和储藏过程中结晶的可能性，商品硫酸的品种应该具有较低的结晶温度。例如，93%的商品浓硫酸的结晶温度为－35℃，SO_3（游离）含量为 18%的发烟硫酸的结晶温度为－16.9℃。

（2）密度　硫酸和发烟硫酸的密度如图 1-2 所示。

从图 1-2 中看出，硫酸水溶液的密度是随着温度的降低及 H_2SO_4 含量增加而增大，当质量分数达到 98.3%时密度最大，当继续提高质量分数到 100%时其密度反而下降。

发烟硫酸的密度也随其中游离 SO_3 含量的增加而增大，当游离 SO_3 的质量分数在 62%时密度最大，过后也减少。

表 1-2　硫酸结晶温度

$w(H_2SO_4)$/%	结晶温度/℃	图中的点	组　成
0	0	*A*	H_2O
37.55	－73.10	*B*	低共熔物 $H_2O+H_2SO_4\cdot 4H_2O$(介稳定状态)
57.64	－28.36	*C*	$H_2SO_4\cdot 4H_2O$(熔化点)
67.80	－47.46	*D*	低共熔物 $H_2SO_4\cdot 4H_2O+H_2SO_4\cdot 2H_2O$（介稳定状态）
73.13	－39.51	*E*	$H_2SO_4\cdot 2H_2O$(熔化点)
73.68	－39.87	*F*	低共熔物 $H_2SO_4\cdot 2H_2O+H_2SO_4+H_2O$
84.48	8.56	*G*	$H_2SO_4\cdot H_2O$(熔化点)
93.77	－34.86	*H*	低共熔物 $H_2SO_4\cdot H_2O+H_2SO_4$
100	10.37	*I*	H_2SO_4(熔化点)

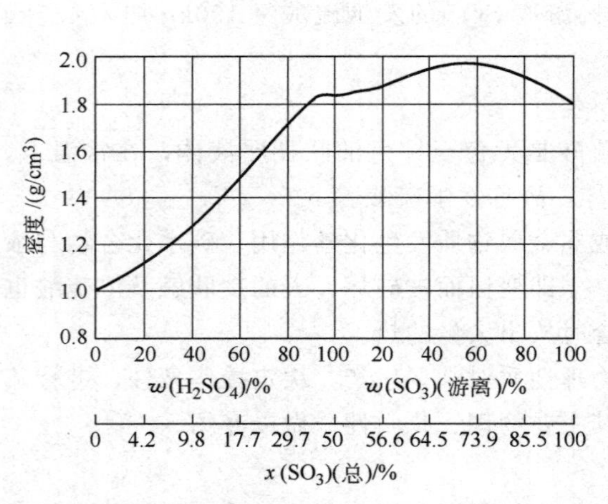

图 1-2　硫酸和发烟硫酸在 40℃时的密度

注：x 表示摩尔分数。

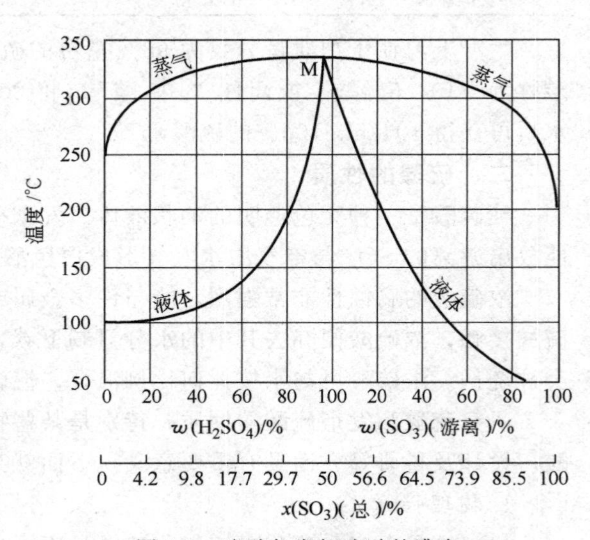

图 1-3　硫酸与发烟硫酸的沸点

(3) 沸点及蒸气组成　常压下硫酸的沸点，随着质量分数的增加而不断升高，当质量分数为98.3%的硫酸时，沸点为336.6℃达到最大值，以后则下降，当质量分数为100%的硫酸时，沸点为296.2℃。

发烟硫酸的沸点，随着游离 SO_3 含量的增加而下降，直至44.7℃为止。图1-3为硫酸与发烟硫酸的沸点图。

从图上看出，硫酸质量分数在70%以下加热沸腾时，实际上只有水被蒸发到气相中，继续提高浓度时，气相中除水蒸气外，还有一部分硫酸，而 H_2SO_4 的含量随溶液中 H_2SO_4 的质量分数增加而增加。至质量分数达到98.3% H_2SO_4 时，气相与液相组成相同，即98.3% H_2SO_4 为一恒沸混合物。当浓缩稀硫酸时，质量分数提高只能达到98.3%。当加热发烟硫酸和98.3%以上的硫酸水溶液时，溶液的最终质量分数也是98.3%并非100%，而气相中，同时含 SO_3 和 H_2SO_4，当发烟硫酸含游离 SO_3 超过35%时，则气相中主要是 SO_3 蒸气。由此可知，气相中蒸气的组成不仅与硫酸的浓度有关，同时也与温度有关，因为 H_2SO_4 蒸气的分解随温度的提高而增大，其反应式如下

$$H_2SO_4 \rightleftharpoons H_2O + SO_3 - Q$$

(4) 黏度　硫酸和发烟硫酸的黏度一般来说，随其浓度的增加而增大，与温度的关系与一般流体性质相似，即随温度下降而增大。

除上述物理性质外，硫酸还有一些化学性质，如脱水、碳化、催化等，广泛应用于各类化工生产中。

2. 化学性质

① 具有一切强酸的通性，能与金属、金属氧化物、金属氢氧化物作用而生成该金属的硫酸盐。

② 硫酸具有强烈的吸水作用，一般多用硫酸做干燥剂和浓缩剂。

③ 硫酸可与有机化合物发生磺化作用，有机化合物中的氢原子可被磺酸根取代，反应式如下

$$\underset{\text{有机物}}{R—H} + H_2SO_4 = \underset{\text{磺化物}}{R—SO_3H} + H_2O$$

④ 硫酸可从有机物中“脱水”，如从醇类制醚时用硫酸做脱水剂，反应式为

$$\underset{\text{醇}}{R—OH} + \underset{\text{醇}}{R—OH} \xlongequal{\text{硫酸}} \underset{\text{醚}}{R—O—R} + H_2O$$

⑤ 在某些有机物制造中硫酸具有催化作用。

三、硫酸的用途

硫酸是基本化学工业中产量最大，用途最广泛的重要化工产品之一。它不仅是化学工业部门许多产品的原料，而且还广泛地应用于其他工业部门。

目前，中国化肥品种中以磷肥生产用硫酸量最大，约占硫酸总产量的40%～50%左右。许多化学农药的生产要用硫酸做原料。

在化学工业中，硫酸用于生产多种无机盐、无机酸、有机酸、化学纤维、塑料、医药、颜料、染料及中间体等。硫酸还是重要的化学试剂。

在国防、能源、材料科学和空间科学中，硫酸用于制造炸药、从铀矿中提铀、还可做生产重要材料钛合金的原料二氧化钛，合成高能燃料的原料等。

四、硫酸的生产方法及规格

1. 硫酸的生产方法

工业上生产硫酸是以各种含硫物质作为原料，通过焙烧制取二氧化硫气，二氧化硫继续被氧化成三氧化硫，然后再与水结合成硫酸。由于二氧化硫和氧很难直接反应，必须借助于第三物质来完成。根据采用的第三物质的不同，故有硝化法和接触法之分（硝化法又依生产设备不同，分为铅室法和塔式法）。

硝化法制造硫酸，是借助溶解在稀硫酸中的高级氧化氮（N_2O_3）来氧化二氧化硫，而高级氧化氮被还原成低级氧化氮，它又与氧直接化合成高级氧化氮，循环使用，硝化反应过程可简单地用下面的化学方程式表示。

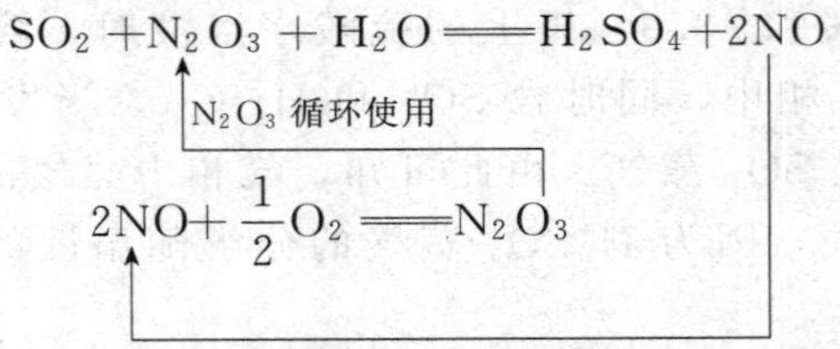

$$SO_2 + N_2O_3 + H_2O \longrightarrow H_2SO_4 + 2NO$$

N_2O_3 循环使用

$$2NO + \frac{1}{2}O_2 \longrightarrow N_2O_3$$

接触法制造硫酸，是以二氧化硫气体通过固体催化剂的接触氧化，生成三氧化硫再被水吸收，即得硫酸。接触法具有很多优点，因此，国内外生产硫酸绝大部分是采用接触法。

接触法制造硫酸的生产过程，一般包括下列六个工序。

① 原料工序：原料的储存、运输、破碎、配矿等。

② 焙烧工序：二氧化硫炉气的制备，炉气冷却除尘，矿渣的运输。

③ 净化工序：清除炉气中的有害物质。

④ 转化工序：二氧化硫的接触氧化，三氧化硫的生成。

⑤ 吸收工序：吸收三氧化硫制取成品酸，产品的储存和计量。

⑥ 尾气回收和废渣处理工序。

2. 硫酸的规格

工业硫酸的规格见表 1-3。

表 1-3　工业硫酸（GB/T 534—2002）

项　目		浓硫酸			发烟硫酸		
		优等品	一等品	合格品	优等品	一等品	合格品
硫酸(H_2SO_4)的质量分数/%	≥	98.0 或 92.5	98.0 或 92.5	98.0 或 92.5	—	—	—
游离三氧化硫(SO_3)的质量分数/%	≥	—	—	—	20.0 或 25.0	20.0 或 25.0	20.0 或 25.0
灰分的质量分数/%	≤	0.02	0.03	0.10	0.02	0.03	0.10
铁(Fe)的质量分数/%	≤	0.005	0.010	—	0.005	0.010	0.030
砷(As)的质量分数/%	≤	0.001	0.005	—	0.001	0.001	—
汞(Hg)的质量分数/%	≤	0.001	0.001	—	—	—	—
铅(Pb)的质量分数/%	≤	0.005	0.02	—	0.005	—	—
透明度/mm	≥	80	50	—		—	—
色度/mL	≤	2.0	2.0	—			

注：指标中的“—”表示该类别产品的技术要求中没有此项目。

五、耐酸材料的选择

由于硫酸性质活泼，具有强烈的腐蚀性和氧化性，因此生产中对管道、设备要选择适宜的耐酸材料，常用的耐酸材料分为金属材料和非金属材料两类。

1. 金属材料

常用的金属防腐材料是钢、铅、铸铁和高硅铁，以及铬、钼、镍合金钢等。

（1）碳钢及铸铁　冷浓硫酸、发烟硫酸与钢、铸铁接触时，在表面上生成硫酸盐和氧化铁的保护膜，使金属表面“钝化”不再腐蚀。但质量分数在 83.0%左右的硫酸对碳钢的腐蚀性特别显著，如图 1-4 所示。在 40℃温度以下，对于质量分数为 72%～78%和 90%～100%的硫酸，碳钢和铸铁的耐腐蚀性非常好，当温度较高时铸铁比碳钢更耐腐蚀些。因此冷浓硫酸的储罐和管道，可采用铸铁制造。对于 SO_3 质量分数大于 25%的发烟硫酸，由于它能引起铸铁中的石墨的氧化，发生晶粒间的破坏，所以发烟硫酸用的冷却器和管道常不用铸铁而用钢制造。

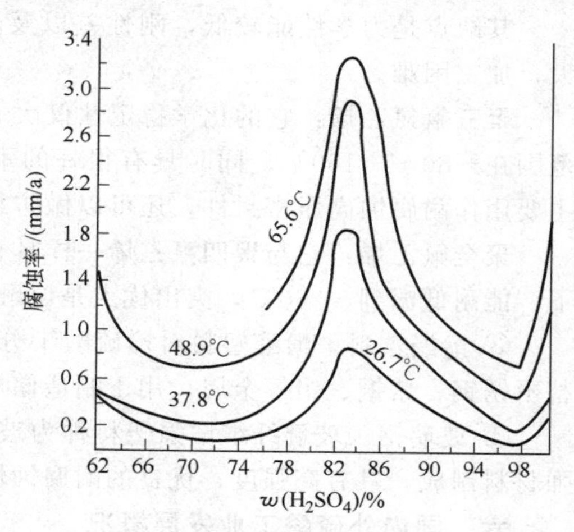

图 1-4　硫酸对碳钢的腐蚀率

（2）不锈钢及硅铁　不锈钢等高级合金钢（如含镍、铬、钼等的合金钢），具有很高的耐腐蚀性能。这些合金钢价格昂贵，使用并不普遍，只有少数厂的酸泵和一些零件用它来制造。

含有 14.5%～16.0%硅的高硅铁，具有较好的耐腐蚀性，能耐质量分数从 10%～100%温度由常温到沸点的硫酸腐蚀，特别是能耐质量分数在 55%～100%硫酸的腐蚀。但这种材料硬度高而脆，对温度突变非常敏感易发生碎裂，使用时要注意。

（3）铅　铅对稀硫酸很稳定，这是因为铅和硫酸生成一层稳定的不溶解的 $PbSO_4$ 保护膜的缘故，而对热的浓硫酸及发烟硫酸，铅是不稳定的。因此，铅只能用于制造稀硫酸的设备。

铅的熔点较低（327℃），实际在 150℃左右就开始软化，一般使用于 150℃以下的温度范围。铅比较柔软，故机械强度差，如果铅中加入少量的锑，它就会变硬，这种铅的耐腐蚀性不如纯铅。

2. 耐酸非金属材料

（1）耐酸无机材料　常用的耐酸无机材料有耐酸胶泥、耐酸混凝土和耐酸陶瓷等。

耐酸胶泥一般是由水玻璃、硅酸盐类材料和氟硅酸钠配制而成，主要用于衬砌设备时做粘接剂。

耐酸混凝土是将耐酸胶泥加入各种不同粒度的大颗粒的填充物如石英块或碎瓷砖等制成，主要用于整体捣制作为设备防腐的衬里。

耐酸陶瓷广泛用于制造酸坛、瓷环、耐酸砖、管道、塔圈及耐酸泵等。

（2）耐酸有机材料　硫酸工业中常用的有机材料有聚氯乙烯、氟塑料、酚醛塑料和玻璃钢等。

① 聚氯乙烯。聚氯乙烯对 95%以下的硫酸具有良好的化学稳定性，而且可以机械加工成形方便，可用作制造容器、储槽、管件、阀门、异型管件、泵、鼓风机以及设备的衬里等。

硬聚氯乙烯管道和设备安装在室外时，应采取防止阳光直接照射的措施，一般在设备表面涂覆反光性强的银粉漆，过氧乙烯漆，以延长设备的使用寿命。

② 氟塑料，聚四氟乙烯。聚四氟乙烯具有极其优良的化学稳定性，能长期耐各种浓度的酸、碱和强氧化剂的腐蚀，另外还具有很好的耐热性，耐寒性和抗老化性，它可以在－180～＋250℃温度范围内使用。

其缺点是力学性能较低，刚性差以及耐磨性不高，加热后不能呈现流动状态，黏度很大，加工困难。

聚三氟氯乙烯：它的化学稳定性仅次于聚四氟乙烯，能长期耐各种浓度酸的腐蚀，温度范围在－80～＋150℃。同时具有很好的不黏性，是一种良好的防腐塑料，聚三氟氯乙烯，主要用作耐腐蚀高压密封件，还可以做防黏的涂料。

聚全氟乙烯：它与聚四氟乙烯一样具有极高的化学稳定性，可以长期用在205℃的高温下，能耐低温到－260℃，突出优点是熔融黏度小，容易加工。

③ 酚醛塑料。酚醛塑料对稀硫酸十分稳定，但耐高温性差。一种石棉酚醛塑料，可代替不锈钢、紫铜、铅等金属，用于制造储槽，反应器、塔、泵、管和配件等。

④ 玻璃钢。玻璃纤维增强塑料称为玻璃钢，它以合成树脂为粘接剂，以玻璃纤维为增强材料制成，具有高强度，优良的耐腐蚀性能，广泛用作化工防腐材料。

六、国内外硫酸工业发展概况

1. 中国硫酸工业发展概况

硫酸工业是中国化学工业中建立较早的一个部门。1874 年天津机器制造局三分厂建成中国最早的铅室法装置，1876 年投产，日产硫酸约 2t，用于制造无烟火药。1934 年，第一座接触法装置在河南巩县兵工厂分厂投产。1949 年以前，中国硫酸最高年产量为 180kt（1942 年），硫酸厂 20 余家。

20 世纪 50～70 年代，在恢复、扩建和改造的基础上，新建不少中小型装置，硫酸产量有较大增加。

20 世纪 80 年代以前，中国硫酸工业的装置数多而规模小，工艺陈旧，三废排放严重，所采用工艺基本都是水洗净化、一次转化，设备效率低，开工率低，能耗大。随着改革开放政策的实施，20 世纪 80 年代后，引进了一批大型生产装置，使得硫酸产量有进一步增加。2004 年中国硫酸企业总生产能力为 40Mt/a。

同时，在技术上也有明显提高，主要表现在以下几方面。

① 装置大型化，相继新建一批 200kt/a 及 280kt/a 装置，更大规模的具有世界水平的硫铁矿制酸、冶炼烟气制酸装置正在建设之中。

② 利用新工艺改造旧装置，目前多数水洗净化装置已改为酸洗，仍未改造的装置，其废水基本得到治理，两次转化技术得到推广，装置的能力已超过一次转化装置的能力，一次转化装置的尾气多数得到治理；在提高装置热利用率方面，大中型装置基本做到了利用高、中温位热能发电，在建或新建大型装置还将利用低温位热能，使热回收率接近 90%。

③ 广泛采用新结构、新材质的高效设备替代老式设备，很多进口设备，如酸泵、酸冷器、转化器、大型沸腾炉、电除雾器等已基本国产化。

④ 使用环状催化剂，积极引进和开发高活性低温催化剂。

随着设计技术、设备制造及安装技术的不断提高，中国硫酸工业必将在大型化、自动化、低排放、低消耗等方面取得更大进展。

2.国外硫酸工业概况

接触法制酸几乎是目前世界上硫酸工业的惟一生产方法。其原料为能够产生二氧化硫的含硫物质，一般有硫磺、硫化物、硫酸盐、含硫化氢的工业废气（包括冶炼烟气）等。在不同国家中，由于本国含硫资源的不同，生产硫酸的原料路线有很大的差异，且所用原料的密度随硫资源的供给情况也有所调整。相对而言，硫磺资源较丰富，制酸过程简单，且经济效益好，以硫磺为原料制酸占总酸量的绝大多数。

自从接触法硫酸生产工艺出现两转两吸技术以来，硫铁矿制酸的基本工艺过程没有大的变化，仍为沸腾焙烧、电除尘、酸洗净化、电除雾、塔式干吸、两转两吸。

硫酸工业提高劳动生产率、降低成本、减少污染的进展主要在以下几个方面。

① 装置大型化。装置大型化可显著降低成本和提高劳动生产率。因此，小型工厂正逐渐被大型工厂取代，发达国家新建装置的规模一般为300～900kt/a。目前，硫酸大部分的产量是由300kt/a以上的装置生产。

② 设备结构和材质的改进。改进设备结构可增强设备生产强度、减小设备尺寸、降低损耗、延长寿命，降低建设投资和运行费用。其中新材质的应用为设备性能的提高、结构的改进和新技术应用提供了保证。这方面的进展是近20年硫酸工业技术发展的主要表现。

③ 节能与废热利用。20世纪70年代广泛利用了含硫原料燃烧热，以及 SO_2 转化的反应热产生蒸汽发电，其电量除满足本身需要外，一半左右的电能向外输送。对于硫磺制酸装置，热利用率可达到65%～70%。80年代初开发了HRS低温位热量回收系统，使废热利用率达到90%以上。为节省系统动力，普遍提高了原料气中 SO_2 浓度，广泛采用了环状催化剂、大开孔率填料支撑结构、新型填料等技术。

④ 生产的计算机管理。在新建厂中，普遍采用计算机集散控制系统（DCS）和计算机管理系统，以确保装置运行稳定和达到最优操作状态。

⑤ 减少污染物排放，保护环境。目前，国外除了广泛采用两转两吸工艺提高 SO_2 转化率，以及净化几乎全部为酸洗外，为进一步使转化率达到99.9%以上，愈来愈多的装置使用高活性含铯催化剂和“3+2”五段催化床层。据称，该工艺既能降低成本又能达到严格的排放标准。

可以预见，接触法硫酸生产将向增加能量回收、减少排放和降低成本的方向发展，其手段仍然主要依赖以上五个方面。

此外，多年来在 SO_2 沸腾转化、加压转化、非稳态转化等方面的研究成果，为接触法硫酸生产技术的发展提供新的契机。

引人注目的是，新近美国拉尔夫-帕森斯（Ralph-Parsons）公司开发的纯氧非催化法生产工艺和俄罗斯等国开发的利用核能同时生产 H_2SO_4 和 H_2 的工艺为硫酸生产开辟了新天地。

第二节 二氧化硫炉气的制造

制造硫酸的原料有硫磺、硫铁矿、硫酸盐、含硫化氢工业废气，以及冶炼烟气等。用硫铁矿制造硫酸，必须先在原料工序进行预处理，然后送焙烧工序制造二氧化硫炉气。

一、原料及预处理

硫铁矿是硫化铁矿的总称。最常见的硫铁矿，主要成分是二硫化铁（FeS_2），二硫化铁的理论含硫量为53.46%，天然硫铁矿中含有各种杂质，所以实际含硫量比理论含硫量低。

硫铁矿按其晶型结构的不同可分为：

① 黄铁矿属立方晶系，密度为4.95～5.0g/cm^3；

② 白铁矿属斜方晶系，密度为4.55g/cm^3；

③ 磁硫铁矿一般可用Fe_nS_{n+1}表示（$n \geqslant 5$），这是在结构上远比前两者复杂得多的含铁硫化物。

三者中以黄铁矿最普遍。

硫铁矿按其来源分类则有：普通硫铁矿（亦称原硫铁矿），浮选硫铁矿和煤硫铁矿。

1. 普通硫铁矿

普通硫铁矿由天然矿物开采而来，性脆，带暗黄绿色，有金属光泽。其主要组分为FeS_2，此外，还含有铜、铅、锌、锰、钙、砷、硒等杂质。钙、镁以碳酸盐或硫酸盐形式存在。其他多数杂质是以硫化物形式存在的。硫铁矿中有效组分FeS_2及杂质含量的多少，视各地开采的矿石而定，硫含量一般为30%～52%。

2. 浮选硫铁矿

一般的贫硫化铜或硫化锌矿（含铜及锌仅在3%～8%），常用浮选法把硫化铜和其他物质分离。分离后的硫化铁及废石的混合物便称为浮选硫铁矿，或称为尾砂，尾砂中含硫量一般在30%～40%。尾砂中含水量较多，焙烧前，必须预先进行干燥处理。

3. 含煤硫铁矿

含煤硫铁矿，就是用筛选方法将煤中的含硫物质分离出来的混合物，一般含硫量约在30%～42%左右，含煤最高达18%。使用时与普通硫铁矿混合，混合后矿料中的煤含量不得超过1%，否则因含煤过多，影响正常生产和二氧化硫炉气的质量。

在硫酸生产中为满足生产要求，稳定操作合理使用资源，提高硫的烧出率和炉气质量，焙烧前必须将不同来源、不同杂质含量和硫含量的原料（如贫与富矿，含碳硫铁矿与普遍硫铁矿，高砷矿与低砷矿等），要搭配混合经过粉碎，配矿和干燥等处理。

一般沸腾炉对硫铁矿的要求：粒度为0.1～4mm；含硫量>20%；含砷量<0.05%、含铅量<0.60%、含碳量<1%、含氟量<0.05%；水分含量不宜过高。

硫铁矿的破碎是用颚式破碎机进行粗碎，再用双辊破碎机进行细碎。也有用两台反击破碎机串联使用，破碎至细粒。

硫精砂一般用鼠笼式破碎机将团粒打散。

二、硫铁矿焙烧的理论基础

1. 焙烧反应及方法

(1) 焙烧反应　硫铁矿焙烧反应很复杂，随着原料和控制条件的不同而得到不同的产物。

硫铁矿的焙烧过程，主要分为下列两个步骤。

第一步：硫铁矿在高温下受热分解为硫化亚铁和单质硫。

$$2FeS_2 \longrightarrow 2FeS + S_2 \quad \Delta H = 295.68\text{kJ} \tag{1-1}$$

此反应式在500℃时反应显著，随着温度的升高反应急剧加速。

第二步：硫蒸气的燃烧和FeS的氧化反应。分解出来的硫蒸气，瞬间即燃烧成二氧化硫。

$$S_2+2O_2 = 2SO_2 \quad \Delta H=-724.07kJ \tag{1-2}$$

硫铁矿分解出硫后，剩下的FeS逐渐变成多孔性物质，继续焙烧，当空气过剩量大时，最后生成红棕色烧渣，呈Fe_2O_3形态。

$$4FeS+7O_2 = 4SO_2+2Fe_2O_3 \quad \Delta H=-2453.3kJ \tag{1-3}$$

综合反应式（1-1）、式（1-2）、式（1-3），硫铁矿焙烧的总反应式为

$$4FeS_2+11O_2 = 2Fe_2O_3+8SO_2 \quad \Delta H=-3310.08kJ \tag{1-4}$$

在硫铁矿焙烧过程中，除上述反应外，当温度较高和空气过剩量小时，有部分Fe_3O_4生成，烧渣呈棕黑色。其反应为

$$3FeS+5O_2 = Fe_3O_4+3SO_2 \quad \Delta H=-1723.79kJ \tag{1-5}$$

综合反应式（1-1）、式（1-2）、式（1-5），反应式应为

$$3FeS_2+8O_2 = Fe_3O_4+6SO_2 \quad \Delta H=-2366.28kJ \tag{1-6}$$

此外，焙烧反应过程中还产生其他副反应，系统中存在的副反应有以下三类。

① 三氧化硫和硫酸盐的生成：炉气中的二氧化硫在高温烧渣（Fe_2O_3）的接触作用下，氧化成三氧化硫

$$2SO_2+O_2 = 2SO_3 \tag{1-7}$$

生成的三氧化硫能与铁的氧化物反应生成硫酸盐

$$4SO_3+Fe_3O_4 = Fe_2(SO_4)_3+FeSO_4 \tag{1-8}$$

$$3SO_3+Fe_2O_3 = Fe_2(SO_4)_3 \tag{1-9}$$

由于三氧化硫的生成，不仅在净化时造成硫的损失，而且还使操作复杂化。

② 高温下矿石与烧渣产生反应：

$$FeS_2+16Fe_2O_3 = 11Fe_3O_4+2SO_2 \tag{1-10}$$

$$FeS_2+5Fe_3O_4 = 16FeO+2SO_2 \tag{1-11}$$

这些反应中生成的氧化亚铁被氧化成三氧化二铁后，又与二硫化铁起反应。

③ 硫铁矿中所含铜、锌、钴、铅、砷、硒等的硫化物和氟化物，焙烧中它们转变成氧化物、氟化氢。其中铜、锌、钴金属氧化物留在烧渣中，而PbO、As_2O_3、SeO_2、HF等则成气态，随炉气进入制酸系统，对制酸不利，因此，炉气净化的主要任务就是清除这些杂质。

（2）焙烧方法

① 常规焙烧：即当前广泛采用的氧化焙烧，焙烧过程按反应式（1-4）进行反应，使烧渣呈Fe_2O_3形态。

$$FeS_2+11O_2 = 2Fe_2O_3+8SO_2+Q$$

主要控制温度及空气用量，沸腾层温度保持在900～950℃，空气过剩量较大，因此，炉气中SO_2体积分数（φ）一般在11%～13%之间。烧渣含硫量在1%以下。

② 磁性焙烧：磁性焙烧主要控制炉内呈弱氧化性气氛，即反应按反应式（1-6）进行，烧渣生成具有磁性的四氧化三铁。

$$3FeS_2+8O_2 = Fe_3O_4+6SO_2+Q$$

或

$$3Fe_7S_8+38O_2 = 7Fe_3O_4+24SO_2$$

在900℃的焙烧温度下，空气用量为105%以下，烧渣呈黑色，其中铁几乎全部成Fe_3O_4，渣内残余的硫很低，烧渣可利用来炼铁，炉气中SO_2的体积分数约为12%～14%。

国内外还进行磁化-氧化焙烧，制取高浓度 SO_2 气体 [$\varphi(SO_2)>80\%$]，硫烧出率（指矿石中所含硫在焙烧过程中被焙烧出来的百分数）达 98%左右。磁化-氧化焙烧炉分为两个硫化床叠合在一壳体内，下层为反应区，进行磁化焙烧，反应温度为 750～900℃。

$$FeS_2+16Fe_2O_3 = 11Fe_3O_4+2SO_2-Q$$

上层为再生区，进行氧化焙烧，反应温度为 850～1000℃。

$$4FeO_2+O_2 = 6Fe_2O_3+Q$$

此法可制得 100%的 SO_2 气体。硫烧出率达 98.5%。烧渣含铁 50%可供炼铁用。

③ 脱砷焙烧：脱砷焙烧是使硫铁矿中的砷呈游离态，随炉气排出，经冷却回收砷。

脱砷焙烧反应分为热分解和氧化两个阶段。

热分解

$$4FeAsS = 4FeS+As_4$$

$$2FeS_2 = 2FeS+S_2$$

$$4FeAsS+4FeS_2 = 8FeS+As_4S_4$$

氧化

$$As_4+3O_2 = 2As_2O_3$$

$$\frac{1}{2}S_2+O_2 = SO_2$$

$$As_4S_4+7O_2 = 2As_2O_3+4SO_2$$

$$3FeS+5O_2 = Fe_3O_4+3SO_2$$

As_2O_3 及 As_4 呈游离态，从矿中分出。

若有 Fe_2O_3 存在时，容易生成 As_2O_5，从而使砷固定残留于烧渣中。反应式为

$$2Fe_3O_4+\frac{1}{2}O_2 = 3Fe_2O_3$$

$$2Fe_2O_3+As_2O_3 = 4FeO+As_2O_5$$

为此，脱砷焙烧的关键，就是使铁只能生成磁性氧化铁的形态，并使生成的烧渣在高温中与气体分离。

脱砷焙烧，温度控制 900℃焙烧炉气含 20% SO_2 固体产物为 FeS_2 在焙烧炉中的反应按下式进行

$$FeS_2+O_2 = FeS+SO_2$$

矿石中砷、锑、铅大部分呈硫化物，少部分呈氧化物与二氧化硫一起挥发。炉气中带出的矿尘由旋风分离器除去，进入二段焙烧。二段在 800℃和大量过剩空气中焙烧，使烧渣呈 Fe_2O_3 形态，炉气中含 10%的 SO_2

$$4FeS+7O_2 = 2Fe_2O_3+4SO_2$$

两段焙烧之间应避免气体互换，否则会使已挥发的砷固定下来。

④ 硫酸化焙烧：硫酸化焙烧是使硫化矿中的钴、钼、镍转变为可溶性硫酸盐，同时控制铁仍成氧化铁状态，用水或稀酸浸取烧渣，使钴、镍、钼等有色金属与铁分开。此法属冶炼废气制酸范围。

反应控制条件主要是气体组成和焙烧温度，要求炉内有较高的 SO_2 含量，为此应通入较多的空气量，空气过剩系数一般控制在 1.5～2.0。因此，炉气 SO_2 含量比常规焙烧低很多。焙烧温度控制在 600～700℃。

由于硫酸化时硫酸盐的生成反应较缓慢，焙烧强度低于常规焙烧，其焙烧强度仅 2～4t/(m^3·d)。

生产上选用哪种焙烧方法，则应根据不同的原料和烧渣的综合利用而定。

2. 硫铁矿的焙烧速度及影响因素

硫铁矿的焙烧是一个非均相反应过程。反应在两相的接触表面上进行。反应过程由下列步骤组成：

① 氧气向硫铁矿表面扩散；

② 吸附在固体表面上的氧与一硫化铁反应；

③ 生成的二氧化硫穿过氧化铁矿渣层自表面向气流中扩散。

此外，还有硫磺蒸气与氧的反应。

二氧化硫与氧的扩散服从于扩散定律。气流中氧的浓度总是大于固体表面上氧的浓度，两者之差即为扩散推动力。固体表面上二氧化硫浓度又大于气流中二氧化硫浓度，两者之差为二氧化硫从固体表面解吸的推动力。由于反应生成了新的固相氧化铁，这就增加了氧和二氧化硫扩散的阻力。随着焙烧过程的进行，硫铁矿外围的氧化铁层也越来越厚，二氧化硫与氧的扩散速率也越来越慢。

硫铁矿焙烧过程的速度，与扩散阶段和化学反应阶段有关。如果扩散过程最慢，则焙烧过程为扩散控制，如化学反应最慢，则为动力学控制。要确定焙烧过程的速度，就需确定整个过程的控制因素。

图 1-5 列出二硫化铁和一硫化铁在空气中的燃烧速度以及二硫化铁在氮气中加热时的脱硫速度。脱硫率以二硫化铁的含硫为基准计算。一硫化铁中的硫，相当于二硫化铁中的一个硫原子，另一个硫原子则呈单体硫析出。因此，一硫化铁的最大脱硫率不超过 50%。

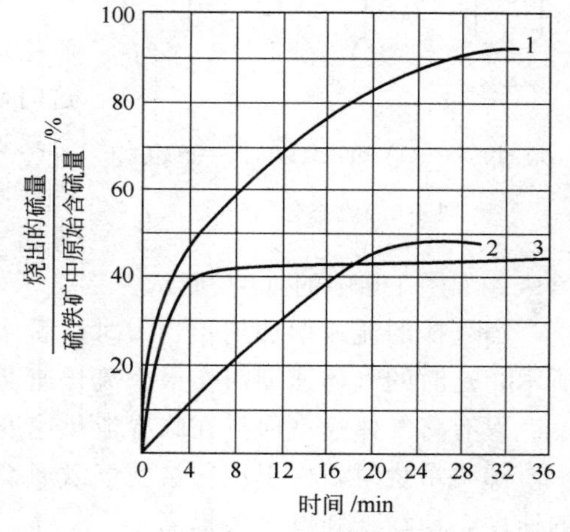

图 1-5　脱硫速度

1—二硫化铁在空气中燃烧；
2—一硫化铁在空气中燃烧；
3—二硫化铁在氮气中燃烧

由图可见，二硫化铁的分解速率大于硫化亚铁的燃烧速度，这是由于分解出的硫蒸气迅速燃烧之故。因此，硫化亚铁的焙烧反应速率是整个焙烧过程的控制步骤。

由实验研究得知，一硫化铁的燃烧过程受扩散控制。

影响扩散速度的因素，主要有两相接触表面的大小、温度、两相间的浓度差和相对运动速度。影响化学反应速率的因素，主要是温度和反应物浓度。

（1）温度的影响　温度对硫铁矿焙烧过程影响很大。提高温度有利于增大二硫化铁的焙烧速度，同时硫化亚铁燃烧的反应速率也增大。所以，硫铁矿的焙烧要在较高的温度下进行。但是温度不能过高，温度过高会造成焙烧物料的熔结（950℃以上），影响正常操作。在沸腾焙烧炉中，最高温度不超过 900℃，一般控制在 800～900℃之间为宜。

（2）矿料粒度的影响　由于硫铁矿的焙烧是属于气固相不可逆反应过程，因此焙烧速度在很大程度上取决于气固两相间接触表面积的大小，接触表面积的大小又取决于矿料粒度的大小。矿料粒度愈小，单位质量矿料的气固相接触表面积愈大，在矿料表面上生成氧化铁层愈薄，氧气愈容易扩散到矿料颗粒内部，反应生成的二氧化硫也愈容易从内部向外扩散，从而加速了硫化亚铁的焙烧速度。因此，一般采用普通硫铁矿时，在焙烧前应将矿料破碎至一定的粒度。

(3) 氧浓度的影响　氧的浓度对硫铁矿的焙烧速度也有较大影响。增加氧的浓度，可使气固两相间的扩散推动力增大。从而加快反应速率。一般情况下，采用富氧空气来焙烧硫铁矿是不经济的。工业上通常用空气中的氧来焙烧，即能满足要求。

三、硫铁矿的沸腾焙烧

1. *沸腾焙烧的基本原理*

沸腾焙烧是“固体流态化”理论在化学工业生产中的应用。

(1) 流态化概念　固体流态化，简称流态化，流态化就是固体颗粒在流体（气体或液体）流动的带动下，具有类似流体性质的操作技术。

工业生产上固体流态化是在容器内进行的，如图 1-6 所示。

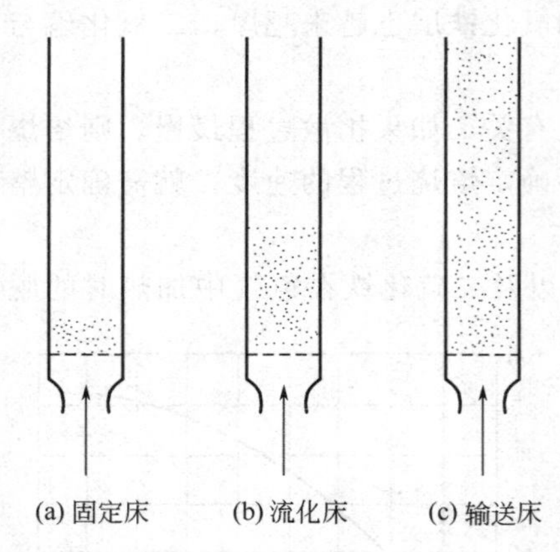

图 1-6　流态化的形式

由图可知，容器底部装有气体分布板，分布板上盛有一定数量的固体颗粒，当气体经分布板小孔通过固体颗粒时，如果流速较低的气体只是从固体颗粒间的缝隙通过，固体颗粒并不运动，叫作固定床。如图 1-6 中 (a) 所示。很多固体催化反应，如二氧化硫转化器，氨合成塔等都属于这一类。

当气体速度逐渐增大到一定程度时，固定床开始膨胀松动，每一单独颗粒为向上流动的气体所浮动起来，这时硫化床开始形成的界线叫作临界流态化，此时气体空塔速度，叫作临界流态化速度。气体速度继续增加时，固体颗粒浮动的更快更充分了，并做上下翻腾，如液体沸腾一样，固体颗粒被流态化了，叫作流化床，又叫沸腾床，如图 1-6 中的 (b) 所示。

当气体的流速增加到相当大时，固体颗粒就被气流带走，成为输送床，如图 1-6 中 (c) 所示，这时的气体速度叫作最大流化速度。

只有将气体速度保持在临界流化速度和最大流化速度之间，流态化操作才能正常进行。

沸腾焙烧时，由于矿粒被空气激烈搅动而与空气充分接触，加快了焙烧反应中扩散阶段的速度，使焙烧强度大大提高。

(2) 临界流化速度　临界流化速度，又称最小流化速度。临界流化速度是由固体和流体的性质共同决定的。临界流化速度的大小，表示流化床形成的难易程度。临界流化速度越小越容易流态化。硫铁矿沸腾焙烧过程临界流化速度可用下式计算：

$$v_{临}=1.38\times10^{-5}\frac{d_{p}^{1.82}[\rho_{气}(\rho_{粒}-\rho_{气})]^{0.94}}{\rho_{气}\ \mu^{0.88}} \tag{1-12}$$

式中 $v_{临}$——临界流化速度，m/s；

d_{p}——矿料颗粒平均直径，m；

$\rho_{粒}$、$\rho_{气}$——矿料密度和炉气密度，kg/m^3；

μ——炉气的黏度，Pa·s。

此式当雷诺数 $Re<10$ 时适用。

从式 (1-12) 中可以看出，影响临界流化速度的主要因素有：

① 矿料颗粒大小：矿料颗粒直径与临界流化速度成正比，颗粒大，临界流化速度大，不易流态化。

② 矿料颗粒密度和炉气密度：矿料颗粒密度越大，越不易流态化，而炉气密度越小，越容易流态化，即二者密度差（$\rho_{粒}-\rho_{气}$）越大，越不易流态化。

（3）最大流化速度　在流态化状态下，继续增加流速，当气体速度大于矿料颗粒在气体中自由沉降速度时，矿料颗粒完全悬浮在气体中。并被气体带走，所以，理论上与矿料颗粒自由沉降速度相等的气体速度，即为最大流化速度。又叫最终速度或吹出速度。最终流化速度可按下列经验公式计算（$Re=1\sim500$ 适用）。

$$v_{终}=\left[\left(\frac{4}{225}\right)\frac{(\rho_{粒}-\rho_{气})^2 g^2}{\rho_{气}\mu}\right]^{1/3}\phi_s d_p\times10^{-3} \tag{1-13}$$

式中　$v_{终}$——最终流化速度，m/s；

g——重力加速度，m/s^2；

ϕ_s——颗粒形状系数，取 0.7；

$\rho_{粒}$、$\rho_{气}$、μ、d_p 同式（1-12）。

由式（1-13）可以看出，矿料颗粒平均直径的大小，也是矿料颗粒和流体的性质决定的，矿料颗粒与气体的密度差越大，矿料直径越大，则最终流化速度越大。

（4）沸腾炉的气体操作速度　操作速度主要根据矿料的性质，组成和粒度以及流体动力学条件来决定。生产中由于加入矿料颗粒大小不可能均匀，甚至相差较大，因此在决定沸腾炉的气体操作速度时，即要保证最大颗粒能够流态化，又要力图使最小颗粒不致为气流带走，这只有在大于最大颗粒的临界速度小于最小颗粒的最终速度时才有可能。

在实际生产中，应该首先保证大颗粒能够流态化，为保证大颗粒流态化，而决定操作速度超过最小颗粒的最终速度时，被带出沸腾层的最小颗粒，还在炉内空间保持一定的停留时间以达到规定的硫烧出率，故沸腾炉的实际操作速度一般取为：

$$v_{操}=(0.25\sim0.6)v_{终}\quad v_{操}>1.5v_{临}$$

气体在炉内停留时间，一般为 7～9s。

2. 沸腾焙烧炉的构造

硫铁矿焙烧最早使用的是生产强度很低，仅能烧块矿的块矿炉，后来发展成为生产强度较高的机械炉。随着“流态化”技术的应用，目前中国绝大多数硫酸厂均采用生产强度大，传热传质效率高，反应速率快，硫的烧出率高，易得高浓度 SO_2 气体及结构简单，适用各种原料、便于机械化、自动化的沸腾焙烧炉。常用的炉型有直筒形、扩散形和锥形床。扩散形炉最早在开封化肥厂采用，其沸腾层和上部焙烧空间尺寸不一样，炉膛断面自下而上经一次或两次扩大。目前定型设计沸腾炉体结构如图 1-7 所示。

沸腾炉体由钢壳内衬保温砖和耐火砖构成。由下往上炉体可分为四个部分。

（1）风室　风室由钢板焊砌，系鼓入空气的一个空间。做成锥形的目的是使空气能够均匀送到分布板的每个孔眼中，上升进入沸腾层。

（2）分布板　分布板的作用是帮助空气在进入沸腾炉时分布均匀并有足够的流体阻力，对沸腾层的稳定性有利。它由带有许多圆孔的钢制花板及插在圆孔中的风帽所组成。风帽的作用是保证整个炉的截面上没有任何吹不到的“死角”，阻挡矿粒从花板上漏到风室里去。

（3）沸腾层　沸腾层是矿石焙烧的主要空间，焙烧的矿料在其间剧烈翻腾而成一片火

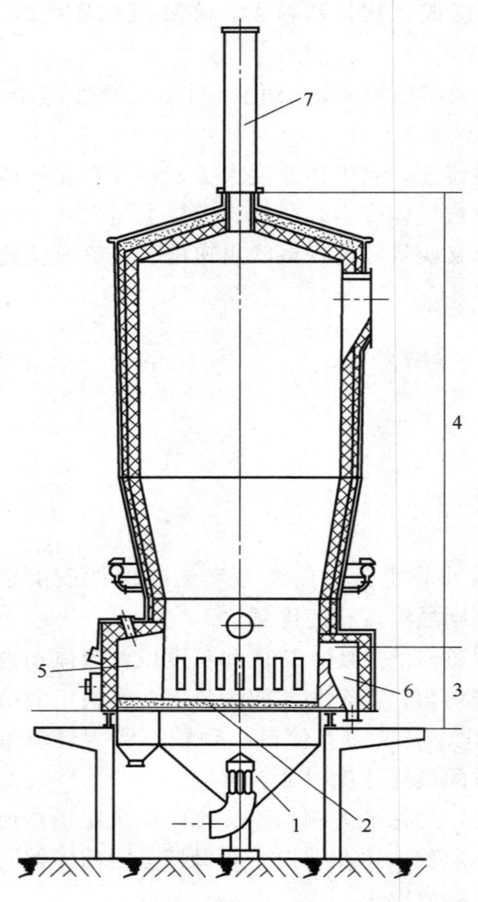

图 1-7 沸腾炉示意图
1—风室；2—分布板；3—沸腾层；
4—上部燃烧空间；5—前室；
6—出渣室；7—放空口

焰，通常把矿渣溢流口的高度看作是沸腾层高度，其高度为 0.6～1.3m。加料是连续进行的，出渣可以是连续的，也可以是间断的。为了防止矿料在沸腾层内熔结，沸腾层设有冷却水管，当利用沸腾的余热产生蒸汽时，此水管可作为废热锅炉的水预热器。

（4）上部燃烧空间　在沸腾层上部有一段燃烧空间，在此加入二次空气，其目的主要是为了使细小的沸腾颗粒在炉内得到充分的焙烧，保证被吹出的矿粒达到一定的脱硫率。其直径较沸腾层有所扩大，作用在于降低空间流速减少吹出的矿尘，以减少后部工序—炉气除尘的负荷。

随着科学技术的发展，近年来出现的新型沸腾焙烧炉，其特点是使气体通过旋风分离器将夹带的烧渣收集下来再返回炉内，使炉内矿料颗粒的线速度可以高出颗粒的平均吹出速度几倍，因此焙烧强度不受颗粒小的限制而得到大大提高。即使在过剩氧不多的情况下，硫的燃烧程度也比相同温度下普遍采用的沸腾炉要更加充分。由于过程的强化，可以实现硫铁矿的低温焙烧，因此可以简化废热回收装置。这种新炉型有双层沸腾焙烧炉和高气速沸腾焙烧炉之分。

3. 沸腾焙烧工艺流程及其他设备

（1）工艺流程　图 1-8 为沸腾焙烧工艺流程。

成品矿石由炉顶胶带送到加料储斗 1，矿料经过胶带机通过星形加料器 3 连续给料。矿料均匀地加入沸腾炉 4，沸腾炉的下部由空气鼓风机 8 鼓入空气，炉气出沸腾炉后进入废热锅炉 5（废热锅炉同时起到三重作用：炉气降温；废热利用产生蒸汽，每生产 1t 100% H_2SO_4，可生成 1.1～1.2t 蒸汽；分离出炉气中一部分较大的矿尘）。炉气出废热锅炉进入旋风除尘器 6，在此除去大部分矿尘后进入电除尘器 7，除尘后的炉气送下一工序。沸腾炉的矿渣与废热锅炉和旋风除尘器、电除尘器分离下来的矿尘，通过埋刮板运输到 10、11 送至增湿冷却滚筒口定期地由运渣车运出厂外。

（2）电除尘器　电除尘器的特点是除尘效率高，一般在 95%～99%，最高达 99.9%，可使矿尘量降至 0.2g/m^3 以下，可除去粒度在 0.01～100μm 的矿尘，设备生产能力的范围较大。

① 电除尘的原理。电除尘器结构如图 1-9 所示。电除尘器由两部分组成：一部分是除尘室，主要有阳极板、电晕线、振打机构，外壳和排灰系统；另一部分是高压供电设备，用它将 220V 或 380V 的交流电变为 50～90kV 的直流电，然后送到除尘室的电极上。

电除尘器是利用不均匀的高压电场将炉气中的微粒除去的。器中的电晕电极接高压直流电成为负极。沉淀电极接地成为正极，两极间的距离一般为 125～150mm。电晕电极的直径

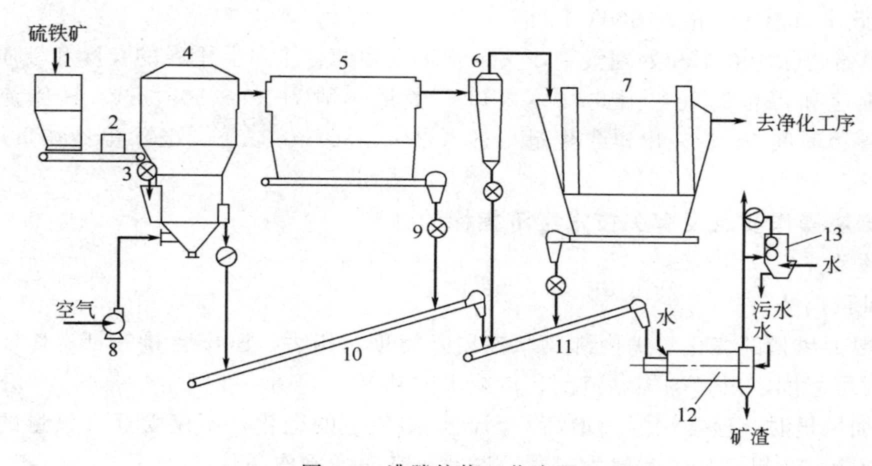

图 1-8　沸腾焙烧工艺流程

1—加料储斗；2—皮带秤；3—星形加料器；4—沸腾炉；5—废热锅炉；6—旋风除尘器；7—电除尘器；8—空气鼓风机；9—星形排灰阀；10,11—埋刮板输送机；12—增湿冷却滚筒；13—蒸汽洗涤器

较小，一般为 1.5～2.5mm 的细丝。两极间通以 50～90kV 的高压直流电，形成不均匀高压电场，电晕电极上电场强度特别大，使导线上产生电晕放电。处在其周围的气体，在高电场强度的作用下，发生电离，带负电的离子充满整个电场的有效空间，密度可达 10^7 离子/cm^3 以上。它们在电场的作用下，从电晕电极向沉淀电极移动中与粉尘相遇时，炉气中的分散粉尘颗粒将其吸附，从而带电。带电的粉尘移向沉淀电极，在电极上放电，使粉尘成为中性并沉积在沉淀电极上，经振动后坠落在收尘斗中而被清除。

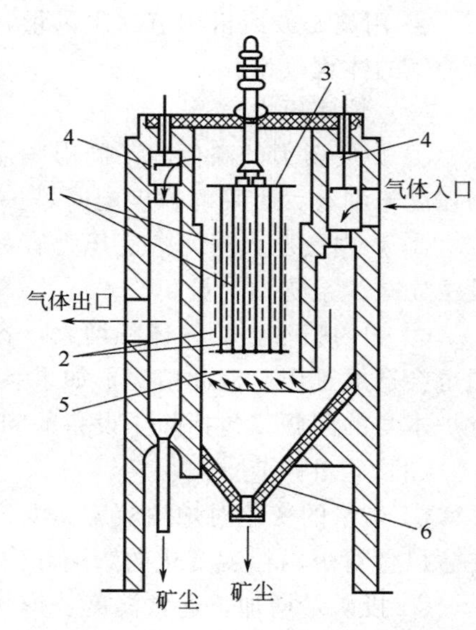

图 1-9　电除尘器

1—沉淀板；2—电晕极；3—悬接电晕极的架子；4—气体进出口的闸口；5—气体分布板；6—矿尘储斗

通常电晕线供以负电，因为阴离子比阳离子活跃，阴极电晕比阳极稳定。

实际生产中除尘器效率按下式计算：

$$\eta=\frac{\text{回收尘量}}{\text{进入尘量}}=\frac{\text{入口含尘量}-\text{出口含尘量}}{\text{入口含尘量}}\times 100\%$$

在实际生产中，由于壳体漏气，可将上式改写为

$$\eta=\left[1-\frac{\varphi_1(SO_2)}{\varphi_2(SO_2)}\times\frac{q_2}{q_1}\right]\times 100\%$$

式中　η——除尘效率，%；

$\varphi_1(SO_2)$、$\varphi_1(SO_2)$——入口、出口 SO_2 的体积分数，%；

q_1、q_2——入口、出口含尘量，g/m^3。

② 温度的影响及其选定。电除尘器的操作温度要合理选定，入口温度一般在 400～420℃。温度过高，易使金属框架变形，并且高温下电晕电极上会出现由黏结矿尘所构成的尘瘤，难以除去，降低了操作电压，使除尘器效率降低。出口温度必须在硫酸露点温度以上。炉气中硫酸冷凝的露点与炉气中三氧化硫含量有关，在一般情况下，露点在 280～

300℃，因此出口温度一般在300℃以上。

电除尘器的除尘效率和处理气量，决定于炉气中的含尘量、尘粒的粒度和性质、气体在电场中的流速和停留时间。因此气体进口含尘量一般为30～50g/m^3，气体流速1.0～1.2m/s，停留时间5～6s。出口含尘量可达0.2～0.5g/m^{3}以下。电除尘器在负压下操作，要求密封好。

四、焙烧操作要点及有关技术经济指标的计算

1.操作要点

(1) 风量调节

① 一般因风量的变化对炉内沸腾状况以及温度、压力、SO_2含量等都有影响，因此在正常操作时尽量固定风量的控制范围，以减少波动。

② 增加风量时，通常炉温会增高，因此炉内风速的变化，不仅受开大风量的影响，还受到温度影响，所以动作不宜过大过猛，防止破坏正常操作条件。

③ 使用离心鼓风机时，随着沸腾炉炉底压力的改变，也会影响炉内进风量的变化，炉底压力升高，意味着沸腾层阻力增加，炉底进风量会自动减少，反之亦然。另外电路上电压的变化，也会引起风机打风量的变化，从而使炉底压力变化。

④ 用离心鼓风机调节二次风量，有时也会影响炉底进风量的变化，同时影响上部温度和炉气的体积改变。

(2) 炉底压力

① 炉底压力的高低除了同沸腾层高低、固定层厚薄、粒子密度的大小有关外，还同平均粒度粗细有关，平均粒度粗时，炉底压力会升高。

② 炉内负压大时，炉底压力容易升高，会影响正常排渣，此时不宜随便开大风量，应设法先减少系统抽气量。

③ 炉内喷水，炉气体积增大，容易使炉子出现正压，有时水箱漏水或者锅炉管局部泄漏也会造成正压。遇此情况，如果系统抽气量没改变，其他岗位未做任何调节，则应认真检查炉本身的问题（包括除尘设备的问题），检查温度的变化，把原因查清。

(3) 矿量调节

① 矿量的变化对炉内粒度、温度、炉气浓度和压力都有影响，当投矿量较少时要特别注意风量对炉内粒度变化的影响和炉底压力的维持。

② 投矿量增加，通常温度、炉气SO_2含量和压力都会增加，在一定的抽气量下，如果炉气出口温度不变，则SO_2含量一般也不变。如果炉气SO_2含量增高，则由于带出热量较多，出口温度也会相应升高。

③ 当增加投矿量，炉温不仅不增高反而降低时，会出现矿渣残硫成倍增高的现象，同时炉气中会带升华硫，这时宜减矿或开风。

④ 当炉内维持黑渣操作，生产负荷较大，如遇原料供应中断，炉温会出现剧升，炉底压力也可能迅速下降，这时要迅速采取临时措施，向炉内喷水，把温度降下来，一定要等水量逐渐减小，温度下降到900℃以下才能减风或停炉，并把喷水关死。

⑤ 生产操作中，遇到情况比较复杂，一时难以掌握时，例如原料突然改变配比，含硫量与粒度相差很大，通常应根据具体条件适当把风量开大一些，矿量减少一些（如果炉底压力不是很低的话），等排渣颜色转变成红色（或棕红色），然后再逐步调整风量、矿量，维持一个新的平衡范围来操作。

⑥ 要注意排渣情况，依排渣粒度和颜色来作相应的调节。

2. 有关技术经济指标的计算

(1) 烧出率　矿渣中铁的氧化物按三氧化二铁计，硫化物按一硫化铁形式计时，硫铁矿的烧出率计算公式为

$$烧出率=100-\frac{[160-w(P)]\times w(Q)}{[160-0.4w(Q)]\times w(P)}\times 100\%$$

式中　$w(Q)$——尘渣综合含硫的质量分数，%；

$w(P)$——干燥矿石中含硫的质量分数，%。

从焙烧炉里排出的矿渣含硫量要比被炉气从炉子带出并为后面的集尘设备分离下来的细小矿尘的含硫量低些。所以计算烧出率所用的矿渣矿尘综合含硫量要按下式计算。

$$w(Q)=矿渣含硫量\%\times矿渣在尘渣总量中所占质量分数+矿尘含硫量\%\times矿尘在尘渣总量中所占质量分数$$

例　沸腾炉焙烧硫铁矿，矿石含硫 28.54%（干基），矿尘含硫 0.82%，矿渣含硫 0.41%，矿尘占尘、渣总量的 60%，求烧出率。

解　先求尘、渣综合含硫量

$$w(Q)=0.82\times\frac{60}{100}+0.41\times\frac{40}{100}=0.492+0.164=0.656\%$$

按公式求烧出率

$$烧出率=100-\frac{(160-28.54)\times 0.656}{(160-0.4\times 0.656)\times 28.54}\times 100\%=98.21\%$$

(2) 焙烧强度　焙烧强度是指焙烧炉的每单位有效面积（或有效体积）在单位时间内焙烧的标准矿石数量。国内习惯上用每 $1m^2$ 炉床面积每昼夜所焙烧的矿石中硫的公斤数表示。

焙烧炉炉床面积[1]一定时，焙烧强度越高，其生产能力就越大。但当焙烧强度过高时，矿石在炉内停留时间不足，对烧出率有影响，焙烧强度可用下式计算。

$$焙烧强度=\frac{每昼夜焙烧矿石数量(t)}{焙烧炉炉床总面积(m^2)}\times\frac{矿石实际含硫\%}{100}\times 1000$$

机械炉焙烧强度一般为 $70\sim100kg/(m^2\cdot d)$；

沸腾炉焙烧强度一般为 $4500\sim9500kg/(m^2\cdot d)$；

以硫精砂为原料焙烧炉其焙烧强度为 $2000\sim4500kg/(m^2\cdot d)$。

五、焙烧过程热能的回收和烧渣的利用

1. 热能的回收

以硫铁矿为原料制造硫酸过程中，产生大量的热量，将它们充分回收和利用，对节约能量，降低硫酸成本具有重大的经济意义。

硫铁矿焙烧制取二氧化硫炉气时，由于炉气温度高，可用中压废热锅炉回收热量。每生产 1t 硫酸，可回收副产 450℃的过热蒸汽 1.0～1.2t。余热还可用于发电，年产 4 万吨的硫酸厂，余热发电每年可得 $(600\sim700)\times10^4kW\cdot h$，除了满足本厂用电外，还可外供一部分。如果配以低压废热锅炉回收热量，生产 1t 硫酸可副产蒸汽 400kg 以上，全年可节约工业煤 2670t。多年来国内各厂在废热回收方面做了大量的工作。随着科学技术的进步，废热利用将更普遍，更有重要的现实意义。

[1] 焙烧炉炉床面积指焙烧炉断面积。有加料前室的沸腾炉，其前室面积也算在总面积之内。

2. 烧渣的综合利用

硫铁矿焙烧后产生大量的烧渣，当矿石含硫为35%～25%时，每生产1t硫酸副产0.5～0.7t的烧渣，烧渣中除含有较高的铁外，还含有一定数量的铜、铝、锌、钴等有色金属，将烧渣中这些物质加以回收利用具有重大意义。

随着硫酸工业的发展，烧渣的综合利用有了较大的进展。烧渣可用于以下几个方面。

① 用在水泥生产中作为含铁助熔剂，它可代替铁矿石，并可增强水泥强度和耐水侵蚀性，降低热析现象。由于水泥生产中对烧渣要求不高，故利用较方便。每产1t水泥需烧渣40～60kg。

② 做炼铁的原料。烧渣可供炼铁厂烧结机掺烧后炼铁，一般掺烧量5%～20%。要求烧渣中含铁量大于45%，残硫含量小于1%，二氧化硅含量小于20%。

③ 与氯化剂（如$CaCl_2$）进行氯化焙烧处理回收烧渣中大部分有色金属和贵金属，回收后烧渣还可炼铁。

④ 烧渣还可用于制造铁红、液体氯化铁等。

总之，烧渣的用途很广，可以回收利用变废为宝。

第三节 炉气的净化与干燥

一、炉气的净化

沸腾焙烧炉烧出的炉气中，除含有二氧化硫、氧、氮、矿尘及少量三氧化硫外，还含有由原料矿带入的三氧化二砷、二氧化硒、氟化氢及其他一些金属氧化物的蒸气和水蒸气等杂质。其中除二氧化硫和氧制酸需要外，其余者均为有害物质。净化的目的就是清除炉气中的有害物质，为转化工序提供合格的原料气体。

1. 杂质的危害及净化的要求

炉气中的矿尘会堵塞设备、管道和催化剂，从而增大系统阻力，影响催化剂活性，必须首先予以除去。沸腾焙烧炉气含尘200～300g/m^3，经除尘器除尘后，仍含0.2g/m^{3}的细小矿尘需要净化，使矿尘含量降低至0.005g/m^{3}以下。

三氧化二砷和二氧化硒均可使催化剂中毒，降低活性，并且硒又会使成品酸带色，必须除去。净化后要求炉气中砷含量$<$0.0001g/m^3，硒尽量除去并回收利用。

炉气中的氟化氢和四氟化硅，对含硅的填料和设备有强烈的腐蚀作用。四氟化硅在稀酸中会水解，形成硅凝胶的沉淀（水化了的SiO_2），可能引起设备堵塞。另外，氟化氢与催化剂作用，会破坏催化剂载体使其粉化。当炉气中的四氟化硅进入转化器时，由于硅在粒状催化剂上的沉降会降低催化剂的活性。因此，炉气中的氟含量应$<$0.005g/m^3。

炉气中的水蒸气与三氧化硫在一定条件下会凝结成酸雾，腐蚀设备和管道，酸雾对催化剂也有害。同时在吸收过程中，酸雾只有一小部分被吸收，绝大部分随尾气排出，污染环境，也会造成三氧化硫的损失。故炉气中的水分含量要求$<$0.1g/m^3，酸雾要求$<$0.035g/m^3。

2. 净化的原理

（1）砷和硒的清除　三氧化二砷与二氧化硒在离开电除尘器时均以气态混合在二氧化硫炉气中，采用气体分离办法不能将它们除掉。生产中要分离它们有两种方法：一种是用固体吸附即所谓干法净化（要求矿尘除得十分干净）；另一种是湿法净化，用硫酸溶液或水洗涤，洗涤三氧化二砷、二氧化硒的同时还可将残余矿尘全部洗下来。

湿法净化时，利用三氧化二砷和二氧化硒在气相中的蒸气压随着温度降低而迅速下降的特点，当炉气被酸洗或水洗而冷却时，三氧化二砷和二氧化硒转变为固态可被溶液洗去。不同温度下 As_2O_3 和 SeO_2 在炉气中的饱和含量如表 1-4 所示。

表 1-4　不同温度下 As_2O_3 和 SeO_2 在炉气中的饱和含量

温度/℃	50	70	100	125	150	200	250
As_2O_3 饱和蒸气压/Pa	9.06×10^{-5}	1.8×10^{-3}	2.4×10^{-2}	0.212	16	45.3	720
炉气中 As_2O_3 含量/(g/m³)	1.6×10^{-5}	1.6×10^{-4}	4.2×10^{-3}	3.7×10^{-2}	0.28	7.90	124
SeO_2 饱和蒸气压/Pa	9.06×10^{-4}	1.87×10^{-2}	0.6	1.74	10.8	280	3570
炉气中 SeO_2 含量/(g/m³)	4.4×10^{-5}	8.8×10^{-4}	1.0×10^{-3}	8.2×10^{-2}	0.53	13	175

焙烧炉出口炉气在 600℃以上，经过初步除尘、冷却后，炉温仍高达 270℃，从表 1-4 可知，此时炉气中 As_2O_3 仍以气态存在。当炉气用酸或水洗涤时，炉气温度降至 50～70℃，As_2O_3 全部转变为固体。其中有一部分被洗涤液带走，大部分从气相中凝结出来成为酸雾的凝聚中心，溶解在酸雾中，待在电除雾器中与酸雾一并清除。

炉气中的 SeO_2 具有与 As_2O_3 类似的性质，在除砷过程中也同时被除去，而且大部分也是溶解在酸雾中，约有一半的硒在电除雾器中与酸雾一并除去。

（2）酸雾的生成与清除　炉气中的三氧化硫与水蒸气作用生成硫酸蒸气，反应按下式进行：

$$SO_3(g)+H_2O(g)\rightleftharpoons H_2SO_4(g)+Q$$

反应达平衡时，平衡常数为

$$K_p=\frac{p_{H_2SO_4}}{p_{SO_3}\cdot p_{H_2O}}$$

式中　$p_{H_2SO_4}$——硫酸蒸气的分压，Pa；

p_{SO_3}——三氧化硫分压，Pa；

p_{H_2O}——水蒸气分压，Pa。

不同温度时的 K_p 值见表 1-5。

表 1-5　不同温度下，SO_3 与水蒸气反应的 K_p 值

温度/℃	100	200	300	400
$1/K_p$	0.00059	0.528	45.42	1077

由此可见，温度越高，平衡常数越小，说明气相中硫酸的蒸气分压越小。反之，温度越低，平衡常数越大，气相中硫酸的蒸气分压越大。因此，如果含有三氧化硫及水蒸气的气体混合物温度缓慢地降低，则会首先生成硫酸蒸气，然后冷凝成硫酸液体，即

$$SO_3(g)+H_2O(g)\longrightarrow H_2SO_4(g)\longrightarrow H_2SO_4(l)$$

被洗涤的炉气中硫酸的蒸气分压，与同一温度下所接触的硫酸液面上饱和蒸气压之比称为过饱和度，其数学表示式为

$$S=\frac{p}{p_{饱}}$$

式中　p——一定温度下，混合气相中硫酸的蒸气分压；

$p_{饱}$——在同一温度下，硫酸液面上的饱和蒸气压；

S——过饱和度。

当过饱和度等于或大于过饱和度的临界值 $S_{临}$ 时，即

$$S \geqslant S_{临}$$

硫酸蒸气就会在气相中冷凝，形成悬浮在气相中的微小液滴称为酸雾。

实践证明，气体的冷却速度越快，蒸气的过饱和度越高，越容易达到临界值生成酸雾。因此，为防止酸雾的形成，必须控制一定的冷却速度，使整个过程中硫酸蒸气的过饱和度低于临界过饱和度。

当用硫酸或水洗涤炉气时，由于炉气温度迅速降低，形成酸雾是不可避免的。

酸雾在净化过程中不能用液体吸收办法除净，必须要在电除雾器中用静电沉降法来捕集。

电除雾器的原理与电除尘器相同。由于电晕电极发生电晕放电，使气体的酸雾颗粒带电而趋向电极，在电极上进行电荷传递变成液体附着在电极上，当这种液体聚集达一定量时，无需振打，便靠自重顺着电极流下。

在电除雾器内，微尘或雾滴的除雾效率与其直径成正比。为了提高除雾效率，一般采取逐级增大粒径逐级分离的方法。一是逐级降低洗涤酸浓度，从而使气体被增湿，酸雾吸收了水分而被稀释增大粒径。二是气体被逐级冷却，使酸雾也被冷却，同时气体中的水分在酸雾表面冷凝而增大粒径。

综上所述，炉气经除尘、酸洗或水洗、电除雾后，其中的矿尘、氟、砷、硒、酸雾等已基本除净，而水蒸气还需经干燥工序除去。

3. 净化的工艺流程

湿法净化可分为酸洗流程和水洗流程。

(1) 酸洗流程

① 标准酸洗（三塔两电）流程。如图 1-10 所示，是以硫铁矿为原料的经典稀酸洗流程，即所谓“三塔二电”酸洗流程。

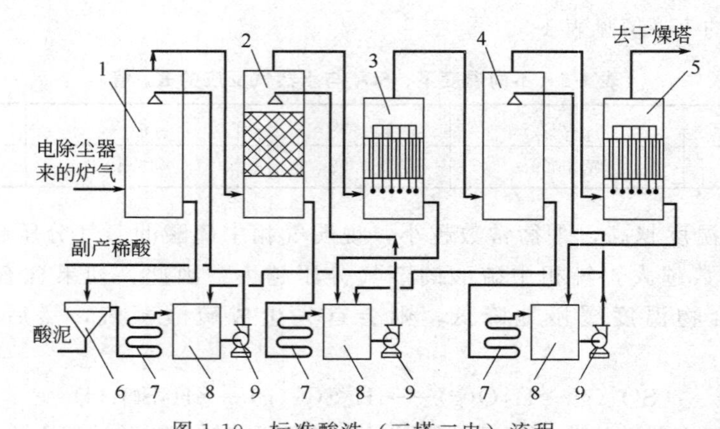

图 1-10 标准酸洗（三塔二电）流程

1—第一洗涤塔；2—第二洗涤塔；3—第一级电除雾器；4—增湿塔；5—第二级电除雾器；6—沉淀槽；7—冷却器；8—循环槽；9—循环酸泵

来自电除尘器的炉气温度在 290～350℃左右，进入第一洗涤塔。为防止矿尘堵塞，该塔一般采用空塔（亦称冷却塔）。塔顶用质量分数 60%～70%的硫酸进行喷淋洗涤，气体中

大部分矿尘及杂质在此塔内除去，洗涤后的炉气温度降至70～90℃，然后进入第二洗涤塔，用质量分数30%左右的硫酸喷淋，进一步将炉气中的矿尘除净，气体被冷却至30℃左右，其中的三氧化二砷、氟化氢和三氧化硫也大部分形成酸雾（少量酸雾在此被冷凝）。炉气继续进入第一电除雾器，大量酸雾在此被除去。炉气进入增湿塔，用质量分数5%的稀硫酸淋洒，以增大酸雾的粒径，然后进入第二电除雾器，进一步除去酸雾后，送往干燥塔。

硫酸在洗涤塔内喷淋后，其温度和浓度都有变化，并夹带了大量被洗涤下来的矿尘。为了使喷淋酸能循环使用，必须经过沉淀，冷却等。

这种流程具有污水少，污稀酸有回收利用的可能，以及二氧化硫、三氧化硫损失少等优点。但有流程复杂，金属材料耗用多、投资大等缺点。

② 其他稀酸洗流程。"二塔二电"稀酸洗流程如图1-11所示。

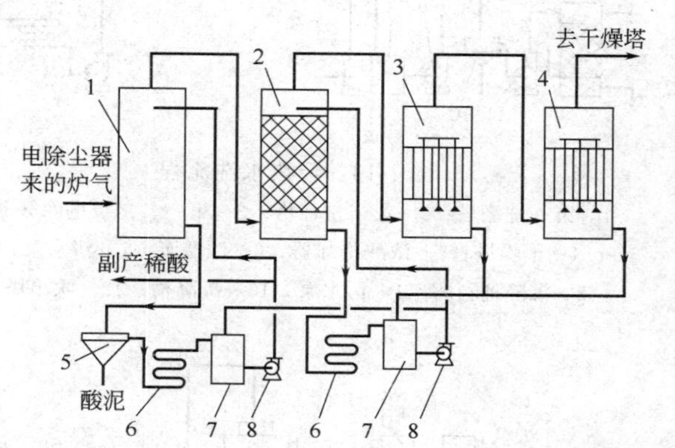

图1-11　"二塔二电"稀酸洗流程

1—第一洗涤塔；2—第二洗涤塔；3—第一级电除雾器；4—第二级电除雾器；5—沉淀槽；6—冷却器；7—循环槽；8—稀酸泵

第一洗涤塔用质量分数20%～35%的硫酸淋洒，第二洗涤塔用质量分数5%～10%的硫酸淋洒。由于淋洒酸的浓度低，省掉了增湿塔及其附属设备，节省了投资又简化了流程。但是，产生的质量分数20%～30%稀酸，用途很少。

这种流程在低浓度硫酸能够被利用的条件下最有利。或者当炉气中水分含量很高而二氧化硫含量相对较低的情况下（如沸腾焙烧潮湿矿石时），第一洗涤塔不可能采用较高浓度的硫酸淋洒时，才采用此流程。

③ 热浓酸洗净化流程。热浓酸洗净化流程如图1-12所示。采用酸温为50～60℃，质量分数为93%热浓酸洗涤。由于用热浓酸缓慢冷却洗涤炉气，炉气中三氧化硫进行表面冷凝成酸。生成酸雾较少。要求进洗涤塔的炉气温度，必须在三氧化硫露点温度以上，一般控制在300℃以上。出塔气温一般控制在120℃或更高些，出塔酸温在150～170℃左右。

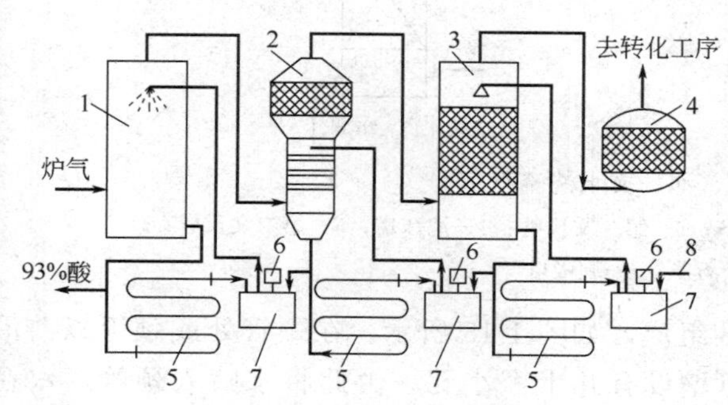

图1-12　热浓酸洗净化流程

1—热酸塔；2—泡沫塔；3—干燥塔；4—捕沫器；5—冷却器；6—立式泵；7—循环槽；8—98%酸进口

此流程简单，省去了电除雾器，可以净化含高浓度三氧化硫的炉气，不产稀酸。同时因无污水排放，对环境污染小。但对含砷、氟高的矿料适应性差。

(2) 水洗流程

① 经典水洗流程。经典水洗流程如图1-13所示。设备的配置与酸洗流程相同，只是增设了一个二氧化硫吹出塔。水从第二洗涤塔淋下流出后经沉淀槽，由泵送入第一洗涤塔。污水经沉淀槽、吹出塔吹出二氧化硫后，再经处理，排入江河。

水洗流程简单，投资省，用铅量不大，净化效果好，系统阻力小，对原料要求不高，适

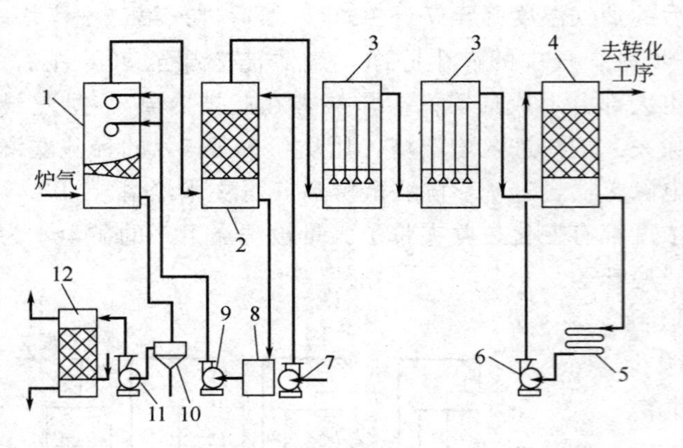

图 1-13 经典水洗流程

1—第一洗涤塔；2—第二洗涤塔；3—第一、二级电除雾器；4—干燥塔；5—浓酸冷却器；6—浓酸泵；7—清水泵；8—沉降桶；9，11—污水泵；10—沉降槽；12—吹出塔

用于炉气中含矿尘和杂质量较多的情况。缺点是排放大量酸性污水，污水中常含有砷、氟等有毒杂质，污染江河，造成严重的公害。此外，三氧化硫全部损失，二氧化硫不能全部回收，硫的利用率低。

② 新型水洗流程——文、泡、文流程。新型水洗流程是利用文氏管洗涤器洗涤气体。文、泡、文流程是在三文一器流程基础上改进而成的。

如图 1-14 所示，第一文氏管主要作用为降温除尘，泡沫塔中用水喷淋起增湿作用，第二文氏管用于除酸雾。

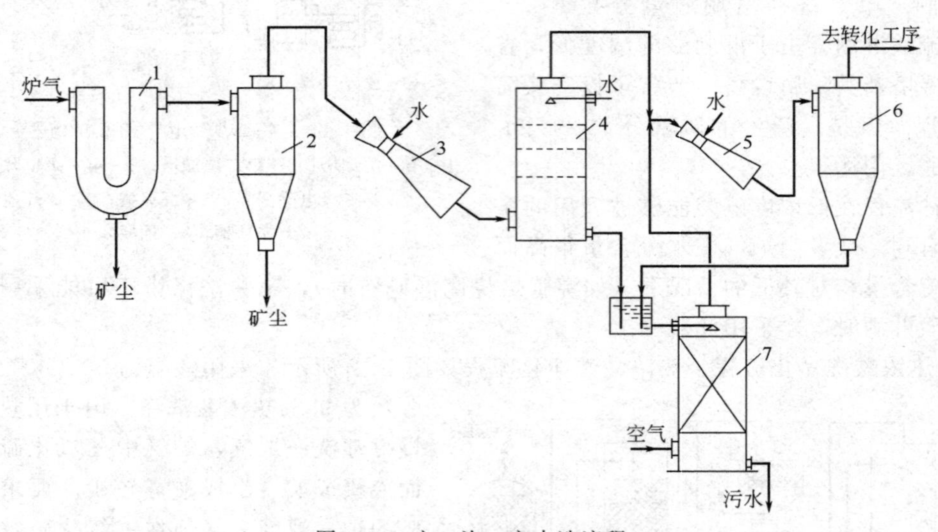

图 1-14 文、泡、文水洗流程

1—U 形管除尘器；2—旋风分离器（干旋）；3—第一文氏管；4—泡沫塔；5—第二文氏管；6—旋风分离器；7—脱吸塔

文氏管由收缩管、颈管和扩大管三部分组成，如图 1-15 所示。在颈管处或颈管以前沿管壁设有几十个小孔，由此将水喷入颈管，水在颈管内被高速炉气气流撞击而雾化成极微小的雾沫，炉气中的尘粒或雾滴与雾沫凝成较大的液滴，液滴与气体进入旋风分离器而被分离。在除尘粒过程中，同时有除雾降温作用。

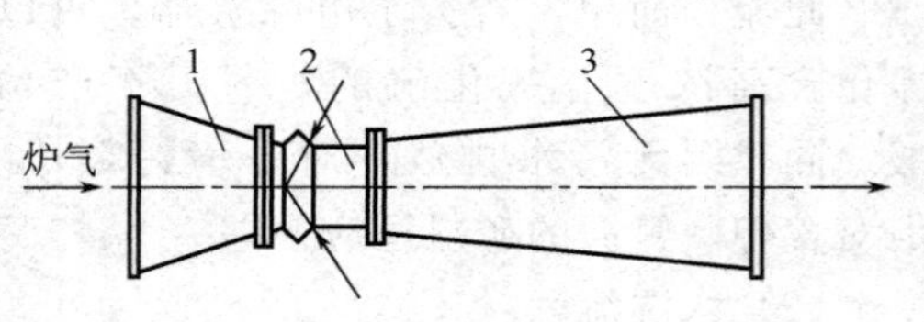

图 1-15 文氏管的构造

1—收缩管；2—颈管；3—扩大管

新型水洗流程具有文氏管设备小、净化效率高、投资省、建厂快等优点。缺点是阻力大、动力消耗大、污水不能直接排放。

近年来，许多厂将以文氏管为主的水洗流程改为稀酸洗流程。

二、炉气的干燥

炉气干燥的任务就是除掉炉气中的水分，使其含量≤0.1g/m³。

1. 干燥原理

根据SO_3-H_2O系的平衡分压数据可知，同一温度下，硫酸的含量越高，硫酸液面上水蒸气的平衡分压越小。98.3%硫酸液面上水蒸气分压40℃时为0.004，质量分数大于98.3%硫酸液面上只有SO_3和H_2SO_4蒸气的分压，几乎没有水蒸气存在。当炉气中水蒸气分压大于硫酸液面上的水蒸气分压时，炉气即被干燥，常选用浓硫酸作为干燥剂。

2. 工艺条件的选择

(1) 喷淋酸的浓度　由干燥原理知道，喷淋酸浓度越大，硫酸液面上水蒸气分压越小，炉气干燥效果越好，但当质量分数超过98.3%时（恒沸溶液），硫酸液面上有三氧化硫存在，可与炉气中的水蒸气生成酸雾。同时，温度越高，生成酸雾也越多。干燥后炉气中的酸雾与喷淋酸含量和温度的关系如表1-6所示。

表1-6　干燥后炉气中的酸雾与喷淋酸含量和温度的关系

喷淋酸中 $w(H_2SO_4)$/%	酸雾含量/(g/m³)			
	40℃	60℃	80℃	100℃
90	0.0006	0.002	0.006	0.028
95	0.003	0.011	0.033	0.115
98	0.006	0.019	0.056	0.204

从上表可看出，60℃时，硫酸的质量分数从90%增高到95%时，酸雾含量增加4.5倍。

另外，硫酸含量愈高，温度愈低，硫酸中溶解的二氧化硫愈多，结果随干燥塔的循环酸带出的二氧化硫损失增大。

硫酸含量对水蒸气的吸收速度也有影响，酸含量愈高，吸收推动力愈大，故吸收速度愈快。

综上所述，生产中喷淋酸含量一般采用93%～95%硫酸较合适。

(2) 喷淋酸的温度　喷淋酸的温度高，可以减少二氧化硫的溶解损失。但是增加了酸雾的含量，降低了干燥塔的效率，加剧了对设备管道的腐蚀。实际生产中，进塔酸温度一般在20～40℃，夏季不超过45℃。

(3) 气体温度　进入干燥塔的气体温度，愈低愈好。温度愈低，气体带入塔内的水分就愈少，干燥效率就愈高（进塔气温受冷却水温度限制）。入塔气温过高，不仅增加干燥塔的负荷，同时使产品酸的浓度降低。因此，一般气体温度控制在30℃左右，夏季不得超过37℃。

(4) 喷淋密度　喷淋酸量的大小也影响干燥效率。在干燥过程中，由于喷淋酸在吸收气体中水分的同时，放出大量的稀释热。若喷淋酸太少，会因酸的含量降低和温度的上升而使干燥效率降低，并且加速了酸雾的形成。因此，喷淋酸量要足够大，应保证塔内酸的温度和含量的改变不大。生产上一般采用的喷淋密度为10～15m³/(m²·h)左右，过大会增加流体阻力和动力消耗。还要保证干燥塔出、入口H_2SO_4含量变化在0.5%～0.6%之间。

第四节　二氧化硫的催化氧化

二氧化硫氧化（转化）为三氧化硫，一般情况下是不能进行的，必须借助于催化剂起催化作用。

一、二氧化硫催化氧化的理论基础

1. 二氧化硫氧化反应的化学平衡

二氧化硫转化为三氧化硫的反应，是按下列方程式进行的。

$$SO_2+\frac{1}{2}O_2 \xrightleftharpoons{催化剂} SO_3 \quad \Delta H=-96.25\text{kJ}$$

这是一个可逆、放热、体积缩小的反应。从热力学观点来看，降低温度和提高压力，对反应的进行有利。

当氧化反应达到平衡时，平衡常数可表示为

$$K_p=\frac{p_{SO_3}}{p_{SO_2}\cdot p_{O_2}^{0.5}} \tag{1-14}$$

式中 K_p——化学反应平衡常数；

p_{SO_3}——平衡状态下三氧化硫的分压；

p_{SO_2}——平衡状态下二氧化硫的分压；

p_{O_2}——平衡状态下氧的分压。

温度在400～700℃范围内，平衡常数与温度的关系可用下式表示。

$$\lg K_p=\frac{4905.5}{T}-4.6455 \tag{1-15}$$

由于二氧化硫氧化为三氧化硫是一个可逆的反应过程，二氧化硫不可能全部转化为三氧化硫。因此，已反应了的二氧化硫对起始二氧化硫总量之比的百分数叫做转化率。反应达到平衡时的转化率称为平衡转化率（X_T）。“平衡”指在一定条件下达到了反应的极限，故平衡转化率是在该条件下所可能达到的最大转化率，用下式表示。

$$X_T=\frac{p_{SO_3}}{p_{SO_2}+p_{SO_3}} \tag{1-16}$$

将式（1-14）、式（1-16）合并，可得到平衡转化率与平衡常数的关系式。

$$X_T=\frac{K_p p_{SO_2}\cdot p_{O_2}^{0.5}}{p_{SO_2}+K_p p_{SO_2}\cdot p_{O_2}}$$

经运算

$$X_T=\frac{K_p}{K_p+\frac{1}{p_{O_2}^{0.5}}} \tag{1-17}$$

为了计算平衡转化率 X_T 值的方便，把氧的平衡分压 p_{O_2} 换用二氧化硫和氧的最初含量来表示。设原始气体的摩尔数为100，反应达到平衡时，氧的平衡分压为

$$p_{O_2}=\frac{x(O_2)-0.5x(SO_2)X_T}{100-0.5x(SO_2)X_T}\cdot p \tag{1-18}$$

式中 $x(SO_2)$——原始气体混合物中 SO_2 摩尔分数，%；

$x(O_2)$——原始气体混合物中 O_2 摩尔分数，%，

p——气体总压力，MPa。

将式（1-18）代入式（1-17），则得

$$X_T=\frac{K_p}{K_p+\sqrt{\frac{100-0.5x(SO_2)X_T}{[x(O_2)-0.5x(SO_2)X_T]\cdot p}}} \tag{1-19}$$

由于式子两边都有 X_T 项，所以要用试差法求解。

由式（1-19）可知，影响平衡转化率的因素有温度、压力和气体的起始组成。

二氧化硫的转化为放热反应，当二氧化硫和氧的起始含量以及压力一定时，降低反应温度，反应的平衡常数增加，因而平衡转化率亦增加。反之，反应温度越高，平衡转化率越低。温度与转化率的关系如表 1-7 所示。

表 1-7　0.1MPa 下焙烧硫铁矿的炉气平衡转化率与温度关系

温度/℃	$x(SO_2)$/%							
	5	6	7	7.5	8	9	10	12
	$x(O_2)$/%							
	13.9	12.4	11	10.5	9	8.1	6.75	5.5
	平衡转化率 X_T /%							
400	99.3	99.3	99.2	99.1	99.0	98.8	98.4	90.9
420	99.0	98.8	98.7	98.6	98.4	98.2	97.4	89.9
440	98.3	98.2	97.9	97.8	97.5	97.1	96.1	88.5
460	97.4	97.2	96.9	96.7	96.3	95.7	94.2	86.4
480	96.2	95.8	95.4	95.2	94.5	93.7	91.7	83.8
500	94.5	94.0	93.4	93.1	92.1	91.0	88.6	80.6
520	92.2	91.5	90.7	90.3	89.1	87.7	84.8	76.7
540	89.3	88.5	87.4	86.9	85.4	83.7	80.3	72.6
560	85.7	84.7	83.4	82.8	81.0	79.0	75.4	67.9
580	81.5	80.2	78.7	78.0	75.9	73.8	69.9	62.9
600	76.6	75.1	73.4	72.6	70.4	68.1	64.2	57.7
620	71.2	69.5	67.6	66.8	64.5	62.2	58.3	52.3

二氧化硫转化为三氧化硫系体积减少的反应，从式（1-19）看出，其他条件不变时，平衡转化率随压力的增大而升高，但由于常压下平衡转化率已较高（95%～98%以上），所以实际上无需采用高压。

气体的起始组成对平衡转化率的影响可从式（1-19）和表 1-7 中看出，在相同压力和温度下氧的起始含量越大平衡转化率越高。

2. 二氧化硫氧化催化剂

二氧化硫氧化成三氧化硫的反应，在没有催化剂存在时，反应速率极为缓慢，即使在高温下，反应速率也很慢。因此，工业生产上，必须采用催化剂来加快反应速率。

二氧化硫氧化反应所用的催化剂，有铂催化剂、氧化铁催化剂及钒催化剂等几种。铂催化剂活性高，但价格昂贵，且易中毒。氧化铁催化剂价廉容易获得，但只有在 640℃以上的高温时，才具有活性。转化率一般只有 45%～50%。所以，工业生产中都不采用这两种催化剂。由于钒催化剂活性高，热稳定性好和机械强度高，价格便宜，故目前硫酸生产中多采用它。

（1）国内钒催化剂简况　国内生产的钒催化剂有粒状、环状等几种，其主要性能列于表 1-8 中。

钒催化剂由三部分组成，以五氧化二钒为主要活性组分，氧化钾（K_2O）为助活剂，二氧化硅（SiO_2）为催化剂载体（工业上一般采用硅藻土）。

表 1-8　国产 S1 系钒催化剂的主要物理化学性质

项　目	型　号									
	S161/S101Q	S101—1	S101—2H	S101—3	S106	S107/S107Q	S107—1H	S108	S109—1	S109—2
颗粒尺寸/mm	ϕ5/ϕ7～(5～15)圆柱/球形	ϕ5～(5～15)圆柱形	ϕ9×ϕ4～(10～20)环形	ϕ5～(5～15)圆柱形	ϕ5～(5～15)圆柱形	ϕ5/ϕ7～(5～15)圆柱/球形	ϕ5×ϕ4～(10～20)环形	ϕ5～(5～15)圆柱形	ϕ5～(5～15)圆柱形	ϕ5～(5～15)圆柱形
堆密度/(kg/L)	0.55～0.6/0.4	0.65～0.7	0.5～0.55	0.6～0.7	0.6～0.65	0.55～0.65/0.5	0.5～0.55	0.55～0.65	0.65～0.7	0.6～0.68
比表面/(m^2/g)	2～10	3.5～4.1	2～10	10.5	2～10	5～15	5～15	5～15	—	4.7
孔隙率/%	50～60	—	50	56～69	50	50～60	50	50	—	—
机械强度		>15kg/cm^2	>7kg/颗			>15kg/cm^2	>15kg/cm^2	>7kg/颗	>15kg/cm^2	
起燃温度/℃		390～400	390～400	390～400		365～375	365～375	365～375		
化学组成/% V_2O_5	7.5～8.0	7.0～8.0	7.5～8.5	7～7.5	8～8.6	6.3～6.7	6.3～6.7	6.2～6.8	8.2～8.6	7.2～7.8
化学组成/% K_2SO_4	19～23	18.7～20.7	19～23	18～21	20～23	15～17	15～17	17～18	20～23	18～21
化学组成/% Na_2SO_4			9～10			9～10	9～10	14～15		
化学组成/% P_2O_5								1～1.5	2.5～3.5	
化学组成/%		3.5～4 (SbO_2)		2～4 (促进剂)	4.5～5.5 (SnO_2) 4.5～5.5 (CaO)				0.7～1.5 (SbO_2) 1～3 (促进剂)	2～6.0 (促进剂)

催化剂中如果五氧化二钒含量过低，则催化剂活性下降并且寿命缩短。反之五氧化二钒含量过高，催化剂活性提高并不显著，反而增加了成本。纯五氧化二钒活性极低，几乎不能做催化剂用，但当其加入一定量的碱金属盐时（助活剂），五氧化二钒活性就能成倍增加。一般钒催化剂中五氧化二钒含量在 6%～12%之间。

加入载体的作用是使催化剂附载于其表面上，使催化剂具有良好的孔隙结构，增加催化剂的内表面积，提高催化剂活性。

目前，新型催化剂的起燃温度都较低。所谓起燃温度，是指使催化剂具有催化作用，且能靠反应热使催化剂迅速升温的最低温度。如中国的 S105 型钒催化剂起燃温度 360℃，有的可低达 340℃。采用低温催化剂，由于降低了气体进转化器的温度，不但提高了总转化率和减少了换热面积，而且可以提高二氧化硫的浓度，提高了设备的能力。

中国生产的 S101 型钒催化剂的质量已达较高水平，与国外催化剂的比较见表 1-9。

表 1-9　S101 型钒催化剂与国外钒催化剂活性比较①

型　号	各种温度下的转化率/%		
	430℃	450℃	500℃
S101 型	61.2	76.3	84.5
前苏联 δAB	59.0	67.3	84.5
美国孟山都	61.6	73.6	81.6

① 测定条件：空速 3600；二氧化硫的体积分数为 10%。

(2) 国外钒催化剂简况　据报道，国外工业上使用和正在研究的催化剂有低温催化剂、中温催化剂及沸腾转化用催化剂。其中英国的 ICI_{33-2} 和 ICI_{33-4} 型各项性能和中国的 S105 型相似。国外 SO_2 氧化钒催化剂品种及主要性能见表 1-10。

表 1-10　国外 SO_2 氧化钒催化剂品种及主要性能

国别	公司	型号	外形尺寸/mm	堆密度/(kg/L)	比表面/(m^2/g)	孔容/(ml/g)	径向强度/(N/cm)	使用温度/℃	寿命	适宜床层
美国	Monsanto	M516	ϕ8 条	0.61	0.8	0.71	140	400～600	有 17 年以上记录	第一段
		M210	ϕ5.5 条 ϕ6～10	0.71	0.6	0.52	120	580～600		第三段
		LP120	ϕ9×4×9 环	0.5～0.55	—	—	100	420～600		第一、二段
		LP110	ϕ9×4×9 环	0.5～0.55	—	—	—	400～600		前几段
	UCL	C116-2	ϕ5.6 条 ϕ5～8 球	0.59～0.61	1.2	—	170	400～435		
英国	ICI	33-2	ϕ6×4 片	0.85				420～450	8～10 年	后几段
		33-4	ϕ6×4 片	0.80				500～600		第一段
	ISC	T-589	ϕ5 条	0.61				＞400		标准型
		T-636	ϕ6 条	0.65				430		低燃点
德国	BASF	04-10	ϕ6 条					＜600		
		04-11	ϕ4ϕ6 条	0.60	6.2	0.77	35	＜600		
		04-Ⅲ	ϕ8 条	0.55	6.4	0.70	25	400～600		
日本	触媒化学	日触-SS	ϕ4 条	0.59～0.62			＞100		10 年以上	末段
		日触-S	ϕ5ϕ6ϕ7ϕ8ϕ10 条	0.55～0.60			＞100			各段
		日触-H	ϕ6ϕ7ϕ8ϕ10 条	0.52～0.56			100			第一段
丹麦	TOPSϕe	VK	ϕ6×6 片 ϕ13/6×7 环							
		VK38A	ϕ6×6 片 ϕ10/4×7 环	片 0.83				410～650		末段
		VK58	ϕ10/4×9 环	环 0.70 0.60				低温		各段
俄罗斯	ЪАВ ИК-2 СВНТ	TMAIT	ϕ4.6 条	0.45～0.50				400～600 ＞470 低温		前几段 末段

3. 二氧化硫催化氧化的机理

长期以来，二氧化硫的催化氧化过程，视为其在钒催化剂上吸附、表面反应、产物的脱附来解释氧化机理，这种认识是不正确的。经过多年研究，认为在工业使用的条件下，催化剂的活性组分是附载在载体上的 V_2O_5 和碱金属硫酸盐呈熔融液相与 SO_2 进行反应的，提出了许多种反应机理，有单钒机理和双钒机理等。

单钒机理第一步为 SO_2 的化学吸收和钒的还原

$$SO_2+2V^{5+}+O_2 \longrightarrow SO_3+2V^{4+}+O^{2-}$$

第二步液相中钒的氧化（速率控制阶段）：

$$\frac{1}{2}O_2+2V^{4+} \longrightarrow 2O^{2-}+2V^{5+}$$

双钒机理认为

$$X+2V^{4+} \longrightarrow Y$$

$$Y+\frac{1}{2}O_2 \longrightarrow X+SO_3$$

式中，X、Y 分别是以双核存在的五价、四价钒化合物。第一步是 SO_2 的化学吸收，第二步是还原钒的再氧化，同时生成 SO_2。

以上机理均有其实验基础，但由于气体被液相催化反应的复杂性，目前还均为被公认。

钒催化剂对 SO_2 催化氧化过程，一般包括以下几个步骤。

① 反应物 SO_2、O_2 从气相主体向催化剂外表面扩散。

② 反应物由催化剂外表面通过颗粒微孔向内扩散。

③ 反应物溶入微孔内熔融活性组分的液膜。

④ 反应物在液膜内进行催化转化，生成。

⑤ 生成物 SO_3 从活性组分液膜内脱出。

⑥ 生成物从催化剂内部通过微孔向催化剂外表面扩散。

⑦ 生成物从催化剂颗粒外表面向气相主体扩散。

气相反应物在颗粒内的孔扩散阻力很大，相对于其他步骤较慢，是 SO_2 催化氧化过程的控制步骤。

二、二氧化硫催化氧化工艺条件的选择

1. 温度

二氧化硫的氧化是放热可逆反应，如前述，二氧化硫氧化过程的平衡转化率随温度的升高而降低，氧化反应应在低温下进行。但是在反应过程中，反应速率常数随温度的升高而增加，从化学动力学角度来看，反应应在高温下进行。由此看出，平衡转化率与反应速率对温度的要求是矛盾的。为了确定反应过程最理想的温度条件，下面引用二氧化硫催化氧化反应的动力学方程式来进行分析。

二氧化硫催化氧化的动力学方程式为

$$\frac{dX}{d\tau_0}=\frac{273}{273+t}\frac{k'}{x(SO_2)}\left(\frac{X_T-X}{X}\right)^{0.8}\left[x(O_2)-\frac{1}{2}x(SO_2)X\right]$$

式中 $\frac{dX}{d\tau_0}$——二氧化硫催化氧化反应速率；

k'——反应速率常数；

X_T——平衡转化率；

X——即时转化率；

$x(SO_2)$——二氧化硫的起始摩尔分数；

$x(O_2)$——氧气的起始摩尔分数；

t——反应温度。

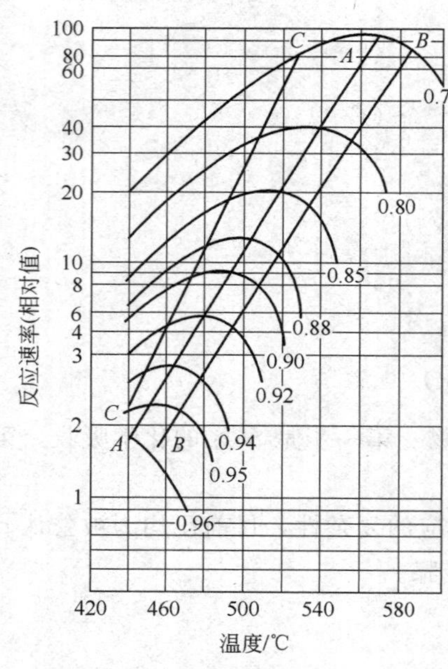

图 1-16 反应速率与温度的关系

AA——最佳温度线；BB——反应温度高于最佳温度时，反应速率为 0.5 倍最大反应速率点连线；CC——反应温度低于最佳温度时反应速率为 0.5 倍最大反应速率点连线

由上式看出，影响反应速率的因素有：反应速率常数 k'、平衡转化率 X_T、即时转化率 X 和气体起始组成。

实际生产中，炉气的起始组成变化不大，可以认为 $x(SO_2)$、$x(O_2)$ 是常数。当瞬时转化率一定时，反应速率 $dX/d\tau_0$ 则与反应速率常数 k'和平衡转化率 X_T 有关。当温度较低时，提高温度，由于 k'值的增大较快，而 X_T 值的减小较慢，因此反应速率 $dX/d\tau_0$ 是增大的。相反，当温度较高时，再提高温度，此时，k'值的增大较慢，而 X_T 值的减小较快，因此反应速率 $dX/d\tau_0$ 减小。反应速率由增大到减小的过程中，必然存在一个最大反应速率，这个最大反应速率必有一个对应的温度。当炉气组成一定，在一定的瞬时转化率下，反应速率为最大时的温度即为该转化率下的最适宜温度。最适宜温度随气体起始组成和转化率变化而变化，其关系如图 1-16 所示。

图中的曲线表示在相应的转化率下，温度与反应速率的关系。图中 AA 线是最适宜温度的联线。BB 和 CC 则是反应速率相当于最大反应速率 0.9 倍的各点的连线。由图 1-16 还可看出，转化率愈高则相应的最适宜温

度愈低，在相同的温度下，转化率愈高则反应速率愈小。

如果把 AA 线上各值绘在 t-X 图上，则得另一条曲线。此曲线在平衡曲线的下方，称为最适宜温度曲线，如图 1-17 中的 CD 曲线，在线上的任一点都有最大的反应速率。

图中 CD 线上各值也可用最适宜温度公式求出

$$T_m=\frac{4905}{\lg\left[\dfrac{X}{(1+X)\sqrt{\dfrac{x(O_2)-0.5x(SO_2)X}{100-0.5x(SO_2)X}}}\right]+4.937}$$

二氧化硫的氧化按最适宜温度曲线所示的温度条件进行操作，过程的速度最大。图中的 AB 线，是理论上可能达到的最大的转化率曲线，虚线为催化剂利用率曲线。一定转化率下，过程的反应速率与最适宜温度下的最大反应速率之比，叫作催化剂利用率。此值小于 1，最大时等于 1。催化剂利用率越高，则其曲线越靠近最适宜温度曲线，对任一催化剂利用率，可在最适宜温度曲线的上下方分别找出相应的曲线。催化剂利用率为 0.9 的两条曲线，与图 1-16 上的曲线 BB、CC 线相当。

图 1-17 上的直线为绝热操作线，表示二氧化硫氧化过程在绝热条件下进行时转化率与温度的关系。由图可见，按绝热线进行操作时，不可能一次达到高的转化率。因此，要想得到高的转化率，必须将气体冷却，再进行第二次绝热操作，甚至第三次乃至更多次绝热操作。

所以，生产中为获得较高的转化率，以及在最适宜温度附近条件下操作，二氧化硫转化为三氧化硫的过程需分段进行。

2. 最适宜的二氧化硫起始含量

进入转化器的二氧化硫含量，是控制转化操作中的最重要的条件之一，它的波动将引起转化温度、转化率和系统生产能力的变化。

(1) 进气中的二氧化硫含量与温度的关系　不同二氧化硫含量下转化率每变化 1% 与温升的关系如图 1-18 所示。

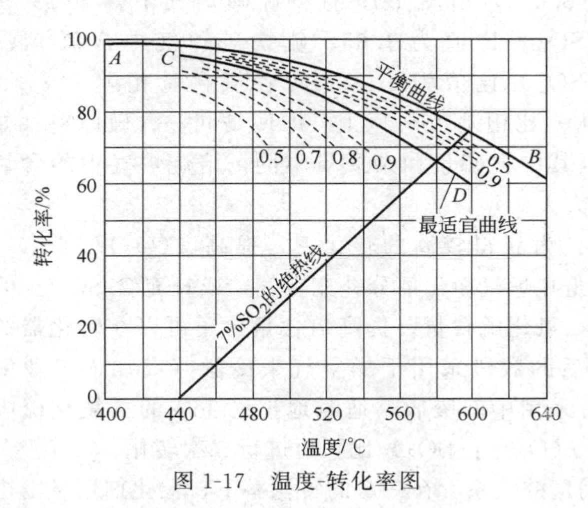

图 1-17　温度-转化率图

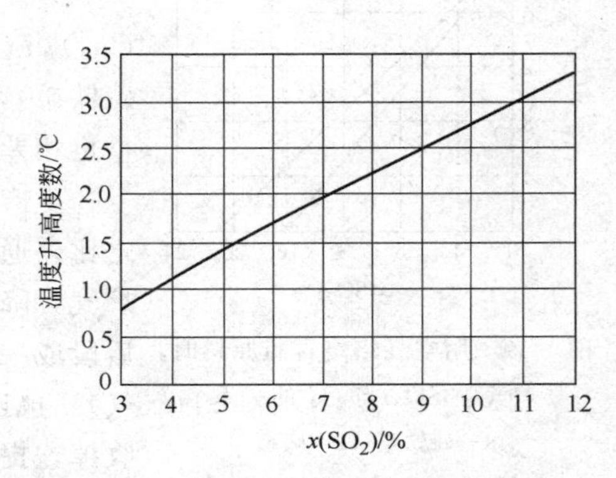

图 1-18　不同二氧化硫含量下转化率每变化 1% 与温升的关系

该图是转化反应在绝热情况下，不同含量的二氧化硫，其转化率每增高 1% 时的温升度数，图形近似一条直线。实际运用时，要把查算出来的数值打 4% 左右的折扣（一般工厂催化剂层部位的热损失在3%～5%之间）才能与实测温度相吻合，即可认为是该进气浓度下，转化率增高时的温升数值。

例 进气 $x(SO_2)$＝8.0%，一段进口温度430℃，一段转化率67%，求一段催化剂层的出口温度？

解 查图1-18知 $x(SO_2)$＝8%时，转化率每增高1%温升为2.26℃，则一段出口温度应为

$$67\times2.26\times\left(\frac{100-4}{100}\right)+430=515.3℃$$

又例 进气 $x(SO_2)$＝4%，其余条件同上例，求一段催化剂层的出口温度？

解 查图1-18知 $x(SO_2)$＝4%时，转化率每增高1%温升为1.17℃，则一段出口温度应为

$$67\times1.17\times\left(\frac{100-4}{100}\right)+430=505.3℃$$

从图1-18和两例可看出，转化反应的温升随着进气二氧化硫含量增高而增大。因此，采用较高的二氧化硫含量进气操作时，第一层催化剂往往会超过600℃而过热，易使该段催化剂失去活性。如采用较低的进气浓度操作时，因发热量少，温升低，会使整个转化系统的温度条件不能维持。轻者是末段或后两段不起反应，转化率低，重者连一段温度条件也难维持，无法进行生产。

(2) 进气中的二氧化硫含量与转化率的关系　从表1-11的横栏数字中看出，炉气中氧和二氧化硫含量的比值愈高，或二氧化硫含量愈低，则在同一温度下的平衡转化率也愈高。因此，为获得较高的转化率，进气二氧化硫含量低一些有利。

用空气焙烧含硫原料时，炉气中二氧化硫与氧的关系如图1-19所示。炉气中二氧化硫的含量越大，则氧的含量越小，$x(O_2)/x(SO_2)$ 比值越低。另外，焙烧的含硫原料不同，所得炉气中氧含量不同，一般焙烧硫磺炉气比焙烧硫铁矿炉气的含氧量高。如二氧化硫的摩尔分数同为8.0%，由图1-19查得硫磺炉气中含氧13%，$x(O_2)/x(SO_2)$ 比值为1.63；硫铁矿炉气中含氧9%，$x(O_2)/x(SO_2)$ 比值为1.12。两者氧含量相差4%，$x(O_2)/x(SO_2)$ 比相差40%以上。即使是同一含硫原料（如硫铁矿），因其中含硫量和杂质量不同，焙烧炉气中的含氧量也相差较大。

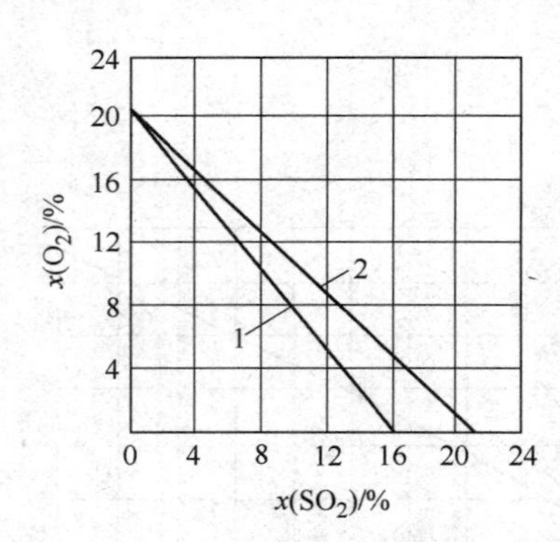

图1-19　用空气焙烧含硫原料时，炉气中 SO_2 与 O_2 的关系

1—硫铁矿；2—硫磺

生产中，为获得较高的转化率，提高 $x(O_2)/x(SO_2)$ 之比，通常是在炉气净化部分补充空气，或补充含 SO_2 少的炉气，降低二氧化硫含量，提高氧含量。还可以在转化器的后段或一段后的数段采用干燥空气来冷激（或加入工业氧气）。也还可采用中间吸收，适时地把已生成的三氧化硫吸收掉，提高 $x(O_2)/x(SO_2)$ 比，再进行二次转化。

(3) 进气中的二氧化硫含量与催化剂用量的关系　在一定的转化率下，催化剂用量随进气中二氧化硫含量的提高而增大。以焙烧硫铁矿和硫磺的炉气为例，进气中的二氧化硫含量与催化剂用量的关系如图1-20和图1-21所示。

从图1-20中看出，进气为焙烧硫铁矿炉气时，如果进气二氧化硫摩尔分数从6%提高到

9%，在达到同一转化率时，则每单位产品所需的催化剂量要增加三倍左右，而转化率还达不到97%。

当用硫磺来代替硫铁矿制酸时，由于进气中氧含量较高，从图1-20、图1-21中看出，在同一催化剂用量下，可将进气的二氧化硫摩尔分数从7%提高到8%，转化率可达97%左右。如果适当增加催化剂用量，用质量分数为9%二氧化硫来生产，实际转化率仍可达97%左右。

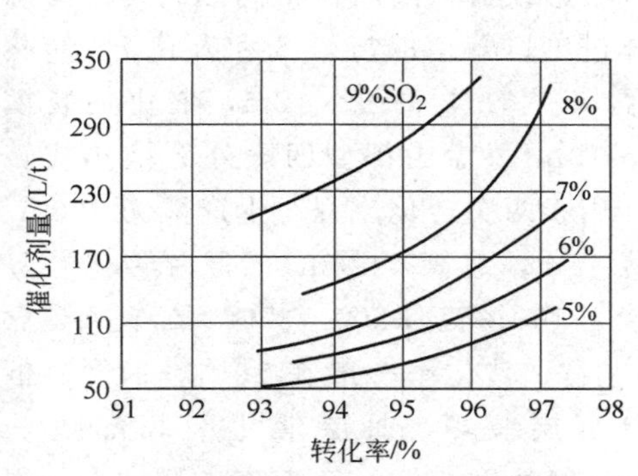

图1-20　硫铁矿炉气的二氧化硫含量、转化率与催化剂用量的关系

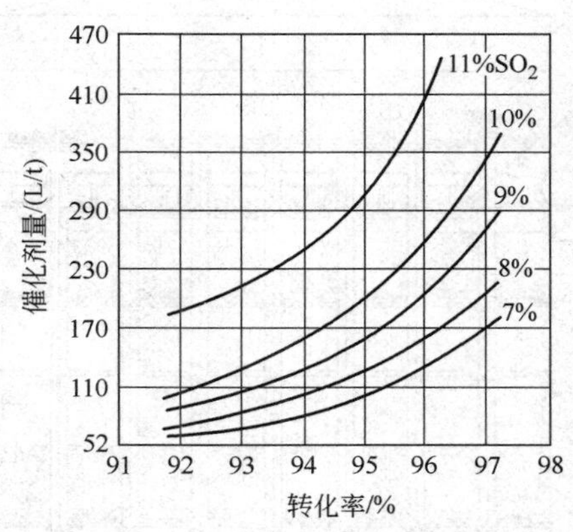

图1-21　硫磺炉气的二氧化硫含量、转化率与催化剂用量的关系

(4) 进气的二氧化硫含量与生产能力、矿耗的关系　在一定的范围内，提高二氧化硫含量，能增加产品硫酸产量，但转化率会相应下降而使矿耗定额增加。其相互关系列于表1-11［以 $x(SO_2)=7\%$ 为基准］中。

表1-11　进气的二氧化硫含量与产酸量、转化率和矿耗的关系

$x(SO_2)$ /%	产酸量增加 /%	总转化率 /%	矿耗增加量 /%	$x(SO_2)$ /%	产酸量增加 /%	总转化率 /%	矿耗增加量 /%
7.0	0	97.0	0	8.5	16.7	93.3	4.0
7.5	6.3	96.1	1.0	9.0	20.0	90.5	7.1
8.0	11.8	94.9	2.2				

(5) 进气的二氧化硫含量的适宜范围　生产中进气的二氧化硫含量指标，是一个很重要的综合性技术经济指标。在保证达到一定最终转化率的前提下（一次转化最终转化率>96%，二次转化最终转化率>99%），使用硫铁矿制酸的二氧化硫摩尔分数控制在7%～8%，硫磺制酸的二氧化硫摩尔分数控制在8%～9%较为合适。采用两转两吸工艺流程，二氧化硫含量指标偏高1%左右。

三、二氧化硫催化氧化的主要设备和工艺流程

1. 转化器的类型

二氧化硫的催化氧化过程是在转化器中进行的。转化器形式很多，但无论哪种形式，都应当保证单位产品所需的催化剂量最少，而设备的生产强度最大。同时尽可能使反应过程沿最适宜温度曲线进行。此外，还要求对气流的阻力小，结构简单、便于制造、安装、检修和操作，投资少。

二氧化硫转化器，通常采用多段换热的形式，其特点是气体的反应过程和降温过程分开

进行。即气体在催化剂床层进行绝热反应，气体温度升高到一定时，离开催化剂层，经冷却到一定温度后，再进入下一段催化剂，仍在绝热条件下进行反应。采用多段反应可以提高反应过程最终转化率。但是段数不能太多，因为段数多，管道阀门增多，系统阻力增加，使操作复杂。中国目前普遍采用四～五段固定床转化器。

(1) 外部换热型转化器　构造如图 1-22 所示。

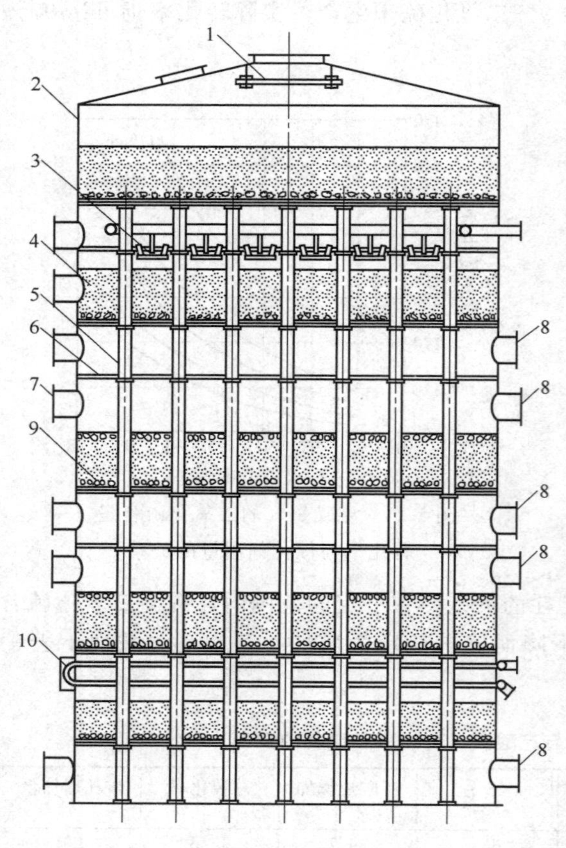

图 1-22　外部换热型转化器

1—分布器；2—壳体；3—冷激气体分布器；4—催化剂；5—立柱；6—隔板；7—人孔；8—气体进、出口接口；9—箅子板；10—内部排管换热器

此种转化器外壳系用钢板焊制而成，平底、锥形顶盖，四周在不同标高处开有扁形气体进出口管道的接口 8 和人孔 7。转化器直径 ϕ5～7m，高 9～12m，催化剂装填量 50～70m^3（孟山都型四段外部换热式转化器，用于两次转化流程，生产能力 1000t/d。直径 11m，总高 14.6m）。每台转化器日生产能力 100%硫酸 200～350t。二氧化硫含量 8%左右，转化率一般在 96%～97%。催化剂分五层装填，每层催化剂底部垫一层 50mm 厚块度约 20mm 左右的鹅卵石，以防催化剂堵死箅缝或从箅缝漏下去。在三、四段催化剂层的表面也铺一层约 30mm 厚的鹅卵石，防止从侧面进来的气流把催化剂吹翻，在另一侧堆积起来，并起到改善气体分布情况的作用。

为防止腐蚀及变形，转化器内部的立柱 5、箅子板 9、隔板 6 均为生铁铸制，或用低铬铸铁铸制（低铬铸铁优于生铁）。转化器顶盖及壳体内壁，为防止产生氧化铁皮，一般喷 0.2～0.3mm 厚的铝，只要打砂除锈工序处理得好，喷铝后可有效地防止高温腐蚀，使用寿命可达 20 年以上。转化器顶盖和壳体内壁还可采用渗铝钢板或不锈钢板来制作。

转化器上端在气体进口处，装有钢制分布板，上面钻有很多小孔。板直径比进气口大 200mm 左右，主要作用是防止气流直接冲吹催化剂层，并使气体分布均匀。分布板用长丝杆螺丝固定在壳体上，水平位置可根据气流分布情况加以调整。

转化器一段出口与二段进口之间，装有气体冷激分布器 1。分布器由气体分布管喷头和分布盘两部分组成。

转化器四、五段间装有内部排管换热器，换热面 100～200m^2，系用 ϕ76mm×4mm 的无缝钢管、分两排上下错开横穿转化器外壳而成。

转化器每段都装有压力表管和热电偶测温计。

(2) 内部换热型转化器　此类型转化器中国目前多用于寒冷地区和冶炼烟气制酸工厂，其结构如图 1-23 所示。

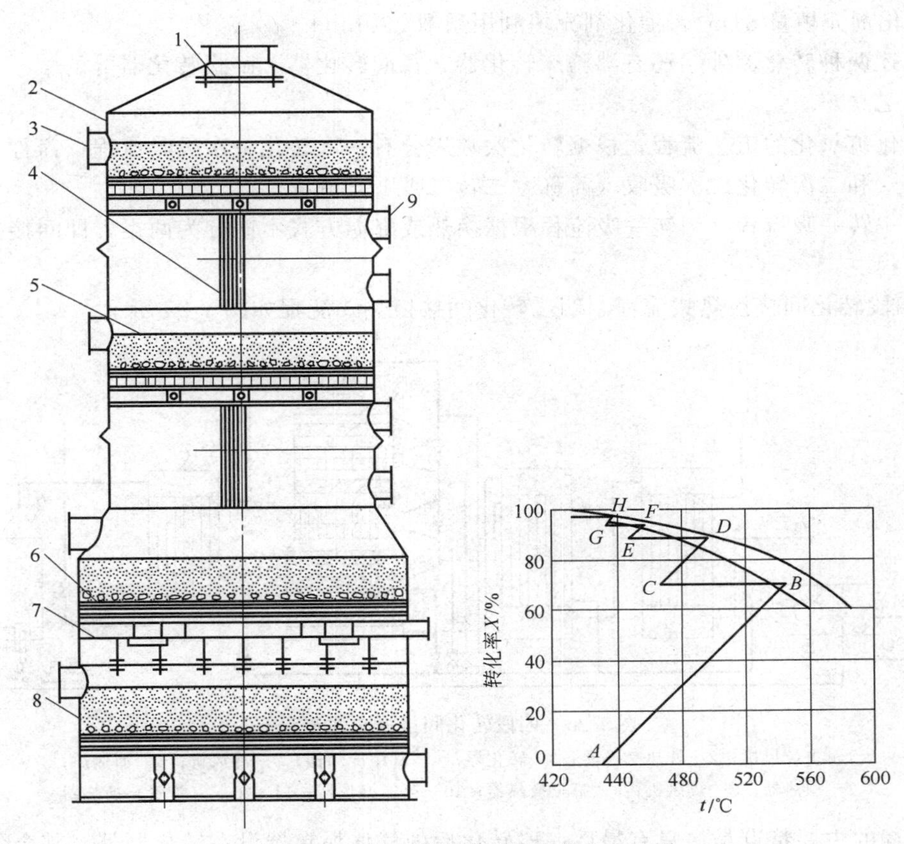

图 1-23　四段内部换热型转化器及 t-X 图

1—分布板；2—外壳；3—人孔；4—换热器；5—鹅卵石；6—催化剂；7—螺旋换热器；8—箅子板；9—气体管接口

转化器外壳由钢板焊制而成，内部箅子板、托梁支架等均由钢材制作。一、二段和三、四段之间分别设有列管换热器，列管胀接或焊接在上下花板上，构造与普通列管换热器一样。三、四段间的换热器，因热负荷小不需要大的换热面积，故采用不易损坏的螺旋式换热器，构造如图 1-24 所示。实际上也可把它看成是一个管数很少（一般为 9 根）、管子短，粗的列管式换热器。

图 1-23 所示的 t-X 图中，AB、CD、EF、GH 分别为各段的绝热操作线，各线的斜率相同。BC、DE、FG 为段间的冷却线。因为在换热器中只进行气体的换热过程，并无化学变化发生，所以只有温度的改变而无转化率的改变，故 BC、DE、FG 三条线平行于横轴。

内部换热型转化器形状上小下大，直径一般为 ϕ4200mm/ϕ5100mm，高 16～17m 左右。下部分直径大是为了在最后一段能填装更多的催化剂而具有较小的流体阻力。单台转化器生产能力日产酸约

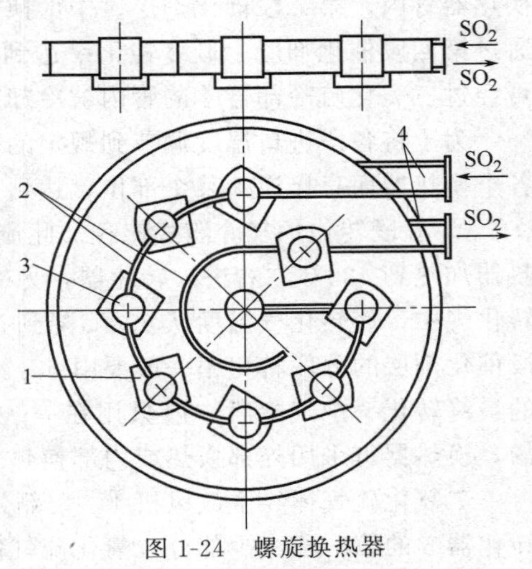

图 1-24　螺旋换热器

1—SO_3 出口混气箱；2—气体隔板；3—换热器；4—SO_2 进出口管

120t，催化剂充填量 $31m^3$，催化剂充填利用系数 250L/(t·d)。

除上述两种转化器外，还有沸腾床转化器、径向转化器、卧式转化器等。

2. 工艺流程

二氧化硫氧化的工艺流程，根据转化次数来分有一次转化一次吸收流程（简称“一转一吸”流程）和二次转化二次吸收（简称“二转二吸”）流程。

（1）一转一吸流程　一转一吸流程根据换热或降温方式不同分为两类，即间接换热式和冷激式流程。

① 四段转化间接换热式流程。四段转化间接换热式流程如图 1-25 所示。

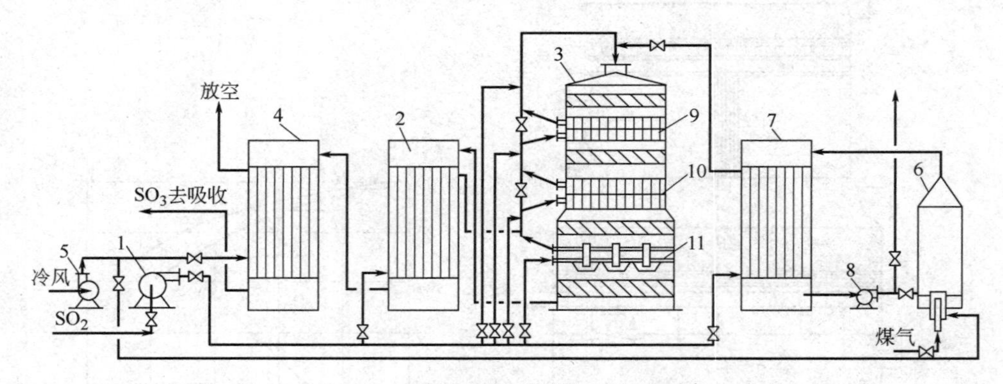

图 1-25　四段转化间接换热式流程

1—主鼓风机；2—外热交换器；3—转化器；4—SO_3 冷却器；5—冷风机；6—加热炉；7—预热器；8—热风机；9—第三换热器；10—第二换热器；11—第一（盘管）换热器

此流程的主要特点是，只有最后一段转化后的气体换热器设在转化器外，其余各段的换热器都装置在转化器内，与转化器成为一体。

经过净化后的炉气由主鼓风机 1 送入外部换热器 2 的管间，再依次进入转化器 3 的中部和上部换热器的管间，连续被管内热的转化气加热到 430℃左右，进入第一段催化剂层进行转化反应。一般有 65%～70%的二氧化硫变成三氧化硫。混合气再依次通过转化器的上部换热器管内，第二段催化剂层、中部换热器管内、第三段催化剂层、下部换热器管内，最后通过第四段催化剂层。最终转化率达到 97%左右，离开转化器进入外部换热器管内，然后再经过三氧化硫冷却器 4 的管内被冷却后进入吸收塔。

为了将各段进口温度调节到规定的范围内，设置了 5 个旁路阀，使部分气体不依次通过各个换热器而直接通入某个部位，达到对某段催化剂层温度调节的作用。

② 五段转化炉气冷激式流程。此流程的炉气只有一大部分（约 85%左右）经过各个换热器加热到 430℃左右进入转化器，另一部分冷炉气（约 15%左右）直接掺入一段出口热的转化气中，使转化气温度从 600℃降到 490℃左右，达到二段催化剂层入口温度的要求。一段催化剂层的分段转化率一般要由 65%～70%下降到 50%～55%，因此，为了能获得较高的最终转化率炉气冷激一般只用在一、二段之间，其余各段间仍用换热器来达到换热的目的，换热器可采用外部换热或内部换热式。其工艺流程见图 1-26。

二氧化硫气体经主鼓风机 1，大部分二氧化硫气体依次通过换热器 2、3、4 加热后进入转化器 5 的第一段。少部分二氧化硫气体直接送到一、二段催化剂层之间，与一段转化后的热转化气混合，然后再依次通过第二段催化剂层、换热器 4、第三段催化剂层、换热器 3、第四段催化剂层、器内换热器、第五段催化剂层，最后离开转化器经换热器 2 和三氧化硫冷

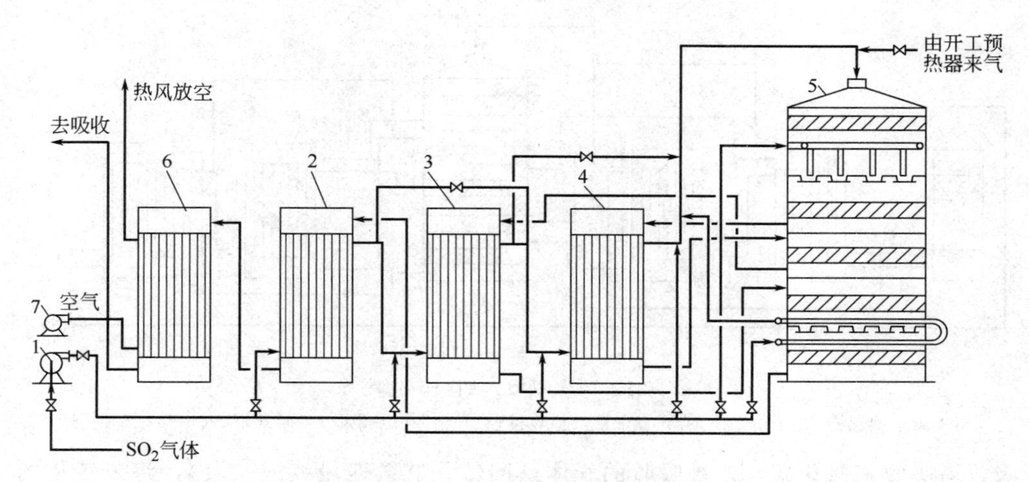

图 1-26　五段炉气冷激式转化流程

1—主鼓风机；2—冷热交换器；3—中热交换器；4—热热交换器；5—转化器；6—SO_3 冷却器；7—冷风机

却器 6 后进入吸收塔。

此流程省去了一、二段间的热交换器，四、五段间负荷较小而采用了横穿转化器的两排列管做换热器，结构简单，炉气走管内经加热后直入一段进口，可作为旁路气体来调节转化器一段入口的气体温度，检修方便。炉气冷激流程是中国首创，应用最早。

此外，一转一吸流程还有空气冷激式流程和炉气冷激式相类似，一般多采用于硫磺制酸系统和炉气二氧化硫含量高于 7.5%的硫铁矿焙烧系统。

(2) 二转二吸流程　近年来，二转二吸工艺流程发展较快，目前已有许多种。现只将国内采用较多的两种流程做一重点介绍。其流程见图 1-27 和图 1-28 所示。

图 1-27 和图 1-28 除催化剂两次分段不同外，在换热器配置上也不相同。如按换热器配置流程而言，习惯上把图 1-27 流程称为两次三、一段式四段转化流程，图 1-28 流程称为两次双段式四段转化流程。就转化率来看，后者优于前者。在进气二氧化硫含量 9.5%情况下，最终转化率易达 99.5%左右。就换热情况来看，图 1-27 流程优于图 1-28 流程，主要是把Ⅰ换热器用在一次转化边，故除节省换热面积外，并对开车、平稳操作及操作条件的调节都有利。

两转两吸流程的基本特点是，二氧化硫炉气在转化器中经过三段（或二段）转化后，送

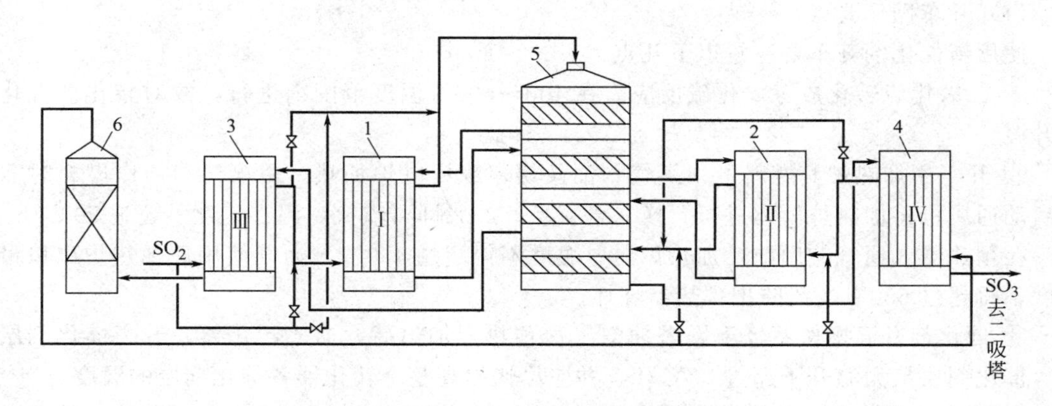

图 1-27　两次三、一段式四段转化流程

1—第一换热器；2—第二换热器；3—第三换热器；4—第四换热器；5—转化器；6—第一吸收塔

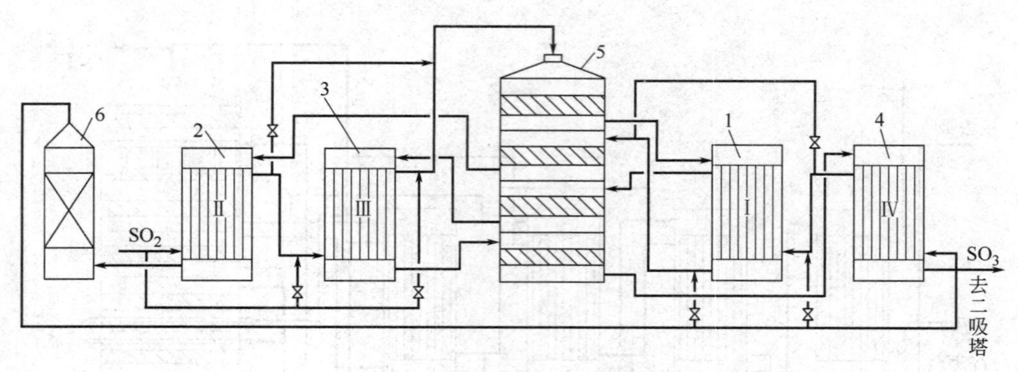

图 1-28 两次双段式四段转化流程

1—第一换热器；2—第二换热器；3—第三换热器；4—第四换热器；5—转化器；6—第一吸收塔

中间吸收塔吸收三氧化硫，未被吸收的气体返回转化器第四段（或三段），将未转化的二氧化硫再次转化，送吸收塔吸收三氧化硫。由于在两次转化之间除去了三氧化硫，使平衡向生成三氧化硫方向移动。因此，最终转化率可提高到99.5%～99.9%。

“两转两吸”流程与“一转一吸”流程比较，具有下述优点：

① 最终转化率比一次转化高，可达99.5%～99.9%。因此，尾气中二氧化硫含量可低达0.01%～0.02%，比“一转一吸”尾气中二氧化硫含量低5～10倍，减少了尾气烟害。

② 进转化器的炉气二氧化硫起始含量高。以焙烧硫铁矿为例，二氧化硫起始含量可提高到9.5%～10%，与一次转化的7%～7.5%相比，同样设备可以增产30%～40%。

③ 催化剂的利用系数高。以硫铁矿为原料制取炉气时，一次转化的催化剂用量为200～220L/(t·d)，而两次转化可降低到170～190L/(t·d)。

④“两转两吸”流程由于多了一次转化和吸收，因而流程长，投资比一次转化高10%左右，但与“一转一吸”加尾气回收的流程相比，实际投资可降低5%左右，生产成本降低3%。由于减少尾气回收工序，劳动生产率可以提高7%。

(3) 其他流程　除固定床转化流程外，国内外近年来研究的沸腾转化工艺已用于部分工业生产中。加压转化流程和非态转化流程国外也正在研究开发中。

四、催化氧化操作要点及技术经济指标的计算

1. 操作要点

(1) 开车操作要点

使用新催化剂开车要注意以下几点。

① 二氧化硫转化成三氧化硫反应需在400～600℃温度范围内进行，故对转化器催化剂需升温。

② 开工用加热炉其燃料可用煤气、油及煤，或用电炉加热。用煤气和油作燃料时需首先启动通风机将加热炉气体进行置换，含氧量>20%即可点火，温升速度不超过50℃/h。

在预热器未通气使用前，加热炉出口温度不得超过450℃，通气使用后加热炉出口最高温度不得超过650℃，严防把预热器烧坏。

③ 催化剂升温操作系经干燥塔抽空气送预热器加热后，通入转化器，升高催化剂层温度。催化剂层最大温升不超过30℃/h，并应尽快提高整个转化器各催化剂层的温度。

④ 当一段催化剂入口温度达到415℃，四段催化剂达300℃以上即通知焙烧、净化、吸收等岗位开车，并开始抽吸含量为4%左右的二氧化硫炉气进行新催化剂的硫饱和，此阶段

要注意防止一段催化剂层温度超过 620℃。待一段出口温度开始下降，即说明一层催化剂层已被硫饱和完毕。

⑤ 新催化剂经硫饱和后，应停抽空气，待气量和各层温度均已维持正常时，可完全停止预热器的通气量，并逐步降低加热炉的温度，直至停炉。

（2）正常生产时的控制调节

① 进气二氧化硫含量的控制调节　转化器进气二氧化硫含量由转化岗位分析测定后通知沸腾焙烧工序进行调节。还可由炉气净化岗位通过脱气塔或二次空气及尾气回收以增减分解量来调节。要求各工序互相配合，保证适宜的二氧化硫进气含量。

② 转化反应温度的调节。转化温度直接和气体中二氧化硫含量有关，而二氧化硫含量又受焙烧净化的影响，故温度的调节须从全系统考虑。在调节温度过程中，一次动作不要过大，注意操作平稳。

转化器各段进口温度的调节，是用各换热器的副线阀门的开关来进行的（使部分冷气或较冷的气体不经过某换热器或某个换热器的方法。冷激转化器是用改变冷激气量的大小来调节下一段进口温度的）。在各段温度可以维持的前提下，各旁路阀门应力求开大和全开，以减少阻力增大气量。

调节温度时，首先要确保一、二段温度的平稳，注意使首段或前两段早反应和多反应的原则。

此外，在一定气量下，转化温度的变化，是由于进气二氧化硫含量的波动所致。当发生此类现象时，先联系焙烧岗位调节进气中二氧化硫含量。调节进气中二氧化硫含量不见效时再用启闭旁路阀门进行调节。

③ 转化器气量的调节。转化器气量的大小主要由鼓风机进口阀门或回流阀门来控制，正常情况下，应按照全硫酸系统中能力最小的设备所允许的最大的通气量进行调节，要充分发挥系统生产能力。

开大或关小鼓风机时，均应缓慢进行，因通气量大小将会明显地影响催化剂的动平衡和引起温度的剧烈波动，造成催化剂粉化和阻力上升而使转化率下降。一次调节气量过大，也会影响其他岗位操作困难，甚至造成事故。如气量一次增得过大，会引起沸腾炉炉底压力下降，严重时会产生“冷灰”等。所以在调节气量时，不但不要过猛、过大，而且事先与沸腾炉、净化、吸收等岗位取得联系。

另外，生产过程中还要根据二氧化硫进气含量和转化温度来调节转化器进气量。

2. 有关技术经济指标的计算

二氧化硫催化氧化工艺过程中关于转化率的计算已在二氧化硫氧化的化学平衡一节中讲过，不再重述。下面介绍催化剂容积利用系数的有关计算。

催化剂容积利用系数是反映转化器操作强度的指标。以 $1m^3$ 容积催化剂每昼夜生产硫酸的吨数来表示。可用下列公式计算：

$$催化剂容积利用系数=\frac{硫酸产量(折\ 100\%)(t)}{催化剂容积(m^3)\times 转化器实际作业昼夜(d)}$$

同一台转化器，催化剂容积利用系数愈高，产量愈大，但同时转化率有所降低。

硫酸工业上还习惯用每昼夜生产 1t 硫酸所采用的催化剂数量（L）来比较转化器的生产强度。这个指标可称之为催化剂使用定额。催化剂使用定额和催化剂容积利用系数之间的关系是

$$催化剂使用定额=\frac{1000}{催化剂容积利用系数}$$

催化剂使用定额与催化剂消耗定额不同，后者是指平均每生产酸需要补充新催化剂的数量。

第五节 三氧化硫的吸收

二氧化硫经催化氧化后，转化气中约含有7%的三氧化硫，其余为氮、氧和0.2%左右未转化的二氧化硫。

用硫酸水溶液吸收转化气中的三氧化硫，可制得硫酸和发烟硫酸，反应式为

$$nSO_3+H_2O = H_2SO_4+(n-1)SO_3+Q$$

随三氧化硫和水物质的量之比的不同，可以生成各种浓度的硫酸。如果$n>1$，生成发烟硫酸；$n=1$，生成无水硫酸；$n<1$，生成含水硫酸。

实际生产过程中，一般用循环硫酸来吸收三氧化硫。吸收酸的浓度在循环过程中增浓，需要用稀酸或水稀释，与此同时，不断取出部分循环酸作为产品。

产品酸的浓度可根据需要来确定，通常产品酸有含20%游离SO_3的标准发烟硫酸（俗称105%酸），98%酸或92.5%酸。92.5%（H_2SO_4）的浓硫酸一般从干燥塔中取出。

一、三氧化硫的吸收及工艺条件选择

1.吸收率的计算

三氧化硫吸收过程进行的好坏，常用吸收率来表示。吸收率是三氧化硫被吸收生成硫酸的百分率。可表示为

$$吸收率=\frac{吸收前气体中SO_3体积-吸收后气体中残存SO_3体积}{吸收前气体中SO_3体积}$$

又可用下面数学计算式表示

$$吸收率=100-\frac{\varphi(SO_3)[1-0.015\varphi_1(SO_2)]}{\varphi_1(SO_2)-\varphi_2(SO_2)}\times100\%$$

式中 $\varphi(SO_3)$——表示吸收塔后气体中三氧化硫体积分数，%；

$\varphi_1(SO_2)$、$\varphi_2(SO_2)$——转化前、后气体中二氧化硫体积分数，%。

采用空气冷激式的转化器时，上述公式需要修改才能应用。

例 当进转化器的气体中$\varphi_1(SO_2)=7.05\%$，出转化器气体中$\varphi_2(SO_2)=0.252\%$，吸收后气体中$\varphi(SO_3)=0.007\%$，求吸收率。

解 按公式求吸收率如下：

$$吸收率=100-\frac{0.007(1-0.015\times7.05)}{7.05-0.252}\times100\%$$

$$=99.91\%$$

2.工艺条件的选择

(1) 吸收酸浓度的选择 三氧化硫与水相遇能极迅速地合成硫酸，只从完成化学反应来看，可用任意浓度的硫酸甚至于用水来吸收三氧化硫。

但是采用水或稀硫酸做吸收剂时，由于在水或稀硫酸的液面上有大量水蒸气，三氧化硫分子虽有一部分直接被水（或稀酸）吸收，但绝大多数三氧化硫分子首先遇到水汽分子，立即与之化合生成为气态的硫酸。气态的硫酸骤然间大量生成，来不及被吸收，使液面上气体

里硫酸蒸气突然大大超过它的含量限度，达到临界过饱和度，硫酸分子便凝聚成酸雾，再也不能被吸收，随尾气损失，造成危害。因此，工业上不能采用水或稀硫酸作为吸收剂。

如若采用高浓度酸作为吸收剂，当硫酸含量超过98.3%时，硫酸液面上硫酸蒸气和三氧化硫蒸气压随硫酸含量的增加而增大，硫酸含量越高，液面上的三氧化硫蒸气越多，吸收推动力越小，以致吸收率降低。当采用98.3%作为吸收酸时，吸收三氧化硫最完全，吸收率最高。由图1-29所示在各种温度下，吸收率和吸收酸含量的关系中可看出这一点。

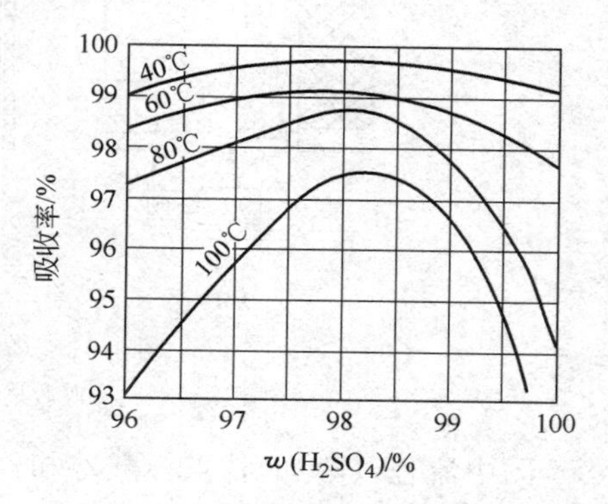

图1-29　吸收率与硫酸含量和温度的关系

生产中，98.3%硫酸在吸收三氧化硫后含量上升，为维持吸收塔喷淋酸的浓度稳定在98.3%，需向吸收了三氧化硫后的硫酸中加入水（或来自干燥塔的93%酸），将其含量稀释到98.3%，除用作循环酸部分外，其余者即为产品。

当需要生产标准发烟硫酸（20%发烟硫酸）时，可以采用标准发烟硫酸作为吸收酸，吸收后含量增高，用加入98.3%硫酸去稀释到标准发烟硫酸的含量，即可输出作为成品。由于发烟硫酸表面上的三氧化硫蒸气压力较大，所以对三氧化硫的吸收不可能完全。因此，气体经过发烟硫酸吸收之后，还必须再经过98.3%硫酸吸收才能接近吸收干净。

（2）吸收酸的温度　吸收酸的温度与吸收率关系很大。由于三氧化硫的吸收反应放热。所以，温度愈低，吸收过程进行得愈完全。如图1-30所示，温度愈低，吸收率愈高。

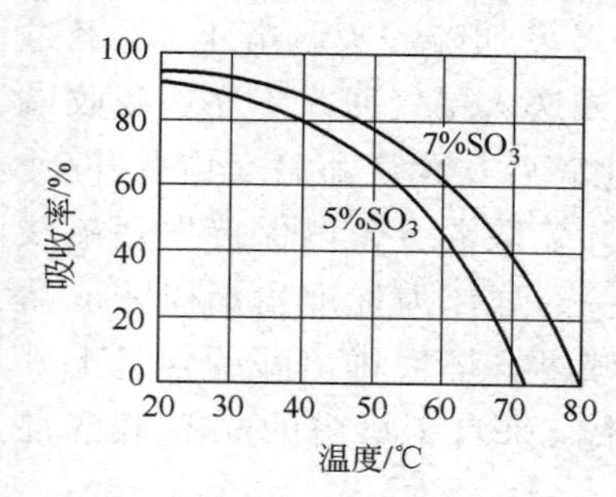

图1-30　发烟硫酸吸收率与气体温度及三氧化硫含量的关系

温度高对吸收是不利的，当吸收酸的含量低于98.3%时，酸温越高，酸液表面的水蒸气平衡压力亦越大，生成的酸雾便越多，吸收率降低，同时加剧了对设备管道的腐蚀。

在吸收三氧化硫的过程中，反应放出的热量使吸收酸的温度升高。为了减小吸收过程中的温度变化，生产中采用增大液气比的办法加以解决。吸收酸温度不宜高于50℃，出口酸的温度最高不宜超过70℃。

制取发烟硫酸，可利用图1-30来确定吸收酸的温度。例如，气体中含有7%三氧化硫时的吸收终止温度为79℃；含5%三氧化硫时的吸收终止温度为73℃。因此，生产发烟硫酸时，吸收酸的温度不应超过50℃（吸收酸含量变化为0.3%～0.5%时，温度变化一般不超过20～30℃）。

三氧化硫吸收的过程中，温度又不可过低。因为焙烧后的炉气经过干燥仍含有少量的水分，转化后冷却的过程中，这些残留的水分便与三氧化硫结合成为硫酸蒸气。如果气体温度过低，使其中的硫酸蒸气超过了临界过饱和度，易生成酸雾，尤其在炉气被干燥得不够好的情况下更明显。因此，进入吸收塔的气体温度一般规定不低于120℃。如果炉气的干燥程度较差，则气体的温度还应该提高一些。

3.吸收的工艺流程和主要设备

（1）吸收流程配置的方式　浓硫酸吸收三氧化硫气体，一般在塔设备中进行。吸收三氧化硫系放热过程，随着吸收过程的进行，吸收酸温度逐渐增高，必须使之通过冷却设备，除去吸收过程中增加的热量，保持循环酸温一定。为此，吸收流程中主要设备吸收塔、酸储槽、泵和冷却器可有不同的配置方式，每一方式各有特点，见图 1-31。

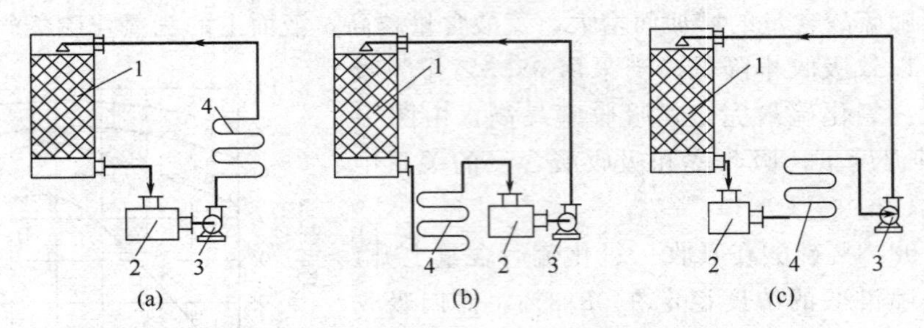

图 1-31 塔、槽、泵、冷却器流程配置方式

1—吸收塔；2—酸储槽；3—泵；4—冷却器

图中流程（a）的特点：酸冷却器设在泵后，酸流速较大，传热系数大，所需的换热面积较小。干吸塔基础高度相对较小，可节省基建费用。冷却管内酸的压力高、流速大，温度较高，腐蚀较严重。酸泵输送的酸是冷却前的热浓酸，酸泵的腐蚀较严重。

流程（b）的特点：酸冷却器管内酸液流速小，需较大传热面积。塔出口到酸槽的液位差较小，可能会因酸液流动不畅而造成事故。冷却管内酸的压力小，流速小，酸对换热管的腐蚀较小。

流程（c）的特点：酸的流速介于以上两种流程之间（一般为 0.5～0.7m/s）。该流程只能用卧式泵，而不能用立式泵。

（2）吸收工艺流程 如图 1-32 所示，系生产标准发烟硫酸和浓硫酸（98.3%）的典型工艺流程。转化气经三氧化硫冷却器冷却到 120℃左右，先经过发烟硫酸吸收塔 1，再经过 98.3%浓硫酸吸收塔 2。气体经过吸收后通过尾气烟囱放空，或送入尾气回收工序。吸收塔 1 用 18.5%或 20%（游离 SO_3）的发烟硫酸喷淋，吸收三氧化硫后其含量和温度均有升高。吸收塔 1 流出的发烟硫酸，在储槽 4 中与来自储槽 5 的 98.3%硫酸混合，以保持发烟硫酸的含量。混合后的发烟硫酸，经过冷却器 7 冷却后，除取出一部分作为标准发烟硫酸成品外，大部分送入吸收塔 1 循环使用。吸收塔 2 用 98.3%硫酸喷淋，塔底排出酸的含量上升到 98.3%或 99.0%，酸温由 45℃升到 60℃以上，在储槽 5 中与来自干燥塔的 93%硫酸混

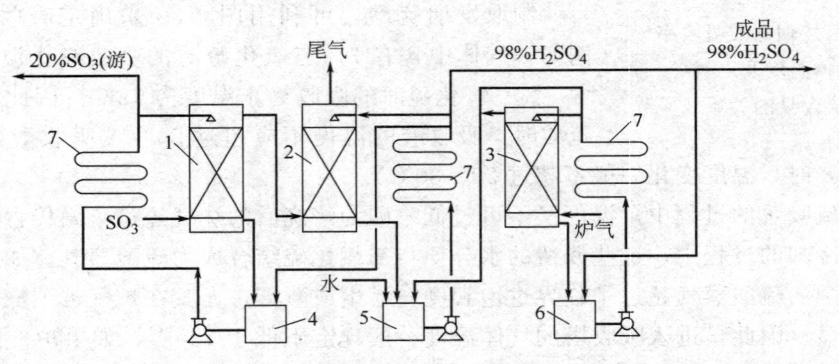

图 1-32 生产发烟硫酸和浓硫酸的吸收流程

1—发烟硫酸吸收塔；2—98.3%硫酸吸收塔；3—干燥塔；4—发烟硫酸储槽；

5—98.3%硫酸储槽；6—干燥酸储槽；7—喷淋式冷却器

合，以保持98.3%硫酸的含量。经冷却后，98.3%酸一部分送往发烟硫酸储槽4以稀释发烟硫酸，另一部分送往干燥酸储槽6以保持干燥酸的含量，大部分送入吸收塔2循环使用，同时可抽出部分作为成品酸。

在干燥塔中吸收的水分随循环酸转入98.3%硫酸储槽5，在吸收塔2中吸收的三氧化硫及干燥塔中吸收的水分，又以98.3%硫酸转入储槽4。如果吸收系统不补充水分，而生成硫酸所需的水分全部来自炉气带入干燥塔的水分，则所得硫酸的 $w(SO_3)$ 为

$$w(SO_3)=\frac{1}{1+m}$$

式中　m——每吸收1kg SO_3 时，随同炉气带入干燥塔的水量，kg。

生产标准发烟硫酸时，$w(SO_3)=0.853$，代入上式得 $m=0.1722$kg。如果 $m<0.1722$kg，表示全部 SO_3 都被制成标准发烟硫酸，则应在吸收系统中补充水分。如果 $m>1722$kg，则只能一部分 SO_3 制成标准发烟硫酸，另一部分制成浓硫酸，或者只能制成浓硫酸。

同理，当 $m=0.25$kg 时，则只能制成 $w(H_2SO_4)=98.3\%$ 的浓硫酸；当 $m>0.25$kg 时，只能部分制成 $w(H_2SO_4)=98.3\%$ 的硫酸，或制成低于 $w(H_2SO_4)=98.3\%$ 的硫酸。当 $0.1722\text{kg}<m<0.25\text{kg}$ 时，可部分制成标准发烟硫酸，部分制成 $w(H_2SO_4)=98.3\%$ 的浓硫酸。

由此可见，进入干燥塔的气体水分含量关系着吸收工序制酸的浓度。

(3) 主要设备　吸收工序的主要设备有吸收塔、冷却器、酸泵。

① 吸收塔。吸收塔其结构如图1-33所示。目前，炉气的干燥塔也采用这种结构的填料塔。塔的外壳用钢板制成，内衬耐酸砖。塔的下部用耐酸砖砌成一层隔板，隔板上有若干孔道以供气体和酸液通过。隔板上堆有填料，使气液更好地分布和接触。在塔的上部设有分酸装置，目的是使淋洒酸在整个塔截面上分布得更均匀。分酸装置一般用铸铁制造，发烟硫酸吸收塔中可用碳钢或铸钢制造。淋洒酸是经高位槽流到塔内分酸装置上的。在分酸装置上面，设有捕沫层用来捕集气体中的酸沫。

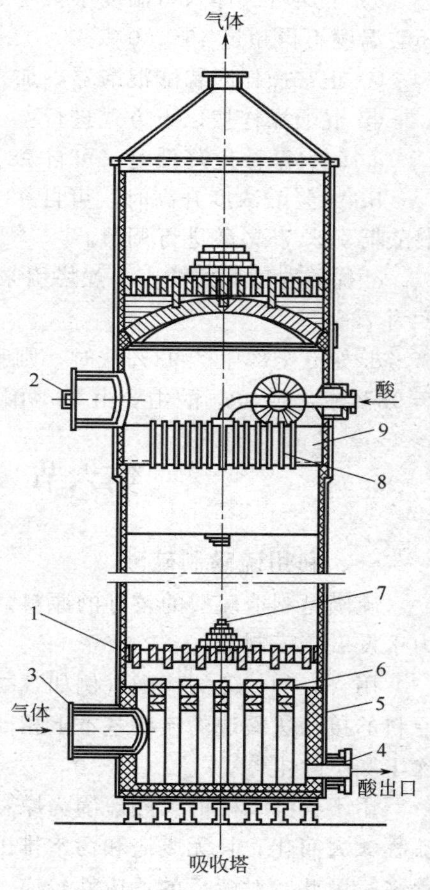

图1-33　吸收塔
1—塔壳体；2—人孔；3—气体进口管；4—酸出口管；5—耐酸砖；6—栅板；7—填料；8—分酸槽；9—酸管

近年来，为了提高填料塔三氧化硫的吸收效率，不再用拉西环、鲍尔环填料，改用新型的阶梯环填料、矩鞍型填料和异鞍型填料。阶梯环填料与一般环形填料的不同处，是在圆环的一端增加一个喇叭口，环的高度仅为直径的一半，喇叭口的高度约为全高的1/5，环内有两层十字形翅片置于心轴内壁之间，上下两层翅片交叉成45°。阶梯环填料的特点是，传质系数高，抗污性能好，压力降小，电能消耗低，酸沫夹带少。中国研制 ϕ25mm 新

型聚丙烯阶梯环填料的尺寸为 ϕ25mm×12.5mm×1.4mm。

除填料吸收塔外，也有采用泡沫吸收塔的。

② 冷却器。一般采用排管冷却器、螺旋冷却器和板式换热器。后两者构造紧凑，占地面积小，冷却效率比排管冷却器高。它的缺点是构造复杂，设备费用高，清理和检修较麻烦。

二、干燥吸收过程操作要点

干燥吸收工序塔、槽、泵多，操作中应严格遵守开、停车步骤，生产中保持各项操作指标稳定。特提出如下操作要点。

① 随时注意气体（SO_3）含量的变化情况及温度、压力的波动。

② 经常注意各台泵的扬酸量，务使干燥吸收塔有足够的淋洒量，并注意保持酸浓度平稳。

③ 干燥塔气体入口温度不得超过 40℃左右，吸收塔气体入口温度 120～150℃左右，循环酸温度不得超过 45～50℃。

④ 正常操作时稀酸混酸器，加入量应进行计量，水不准直接加入系统。

⑤ 混酸操作按以下方式进行。

a. 93%酸浓度降低时，可自 98%塔出口之串酸管引来 98%酸进行调节。

b. 98%酸浓度升高时，可自 93%塔出口之串酸管引来 93%酸进行调节，平时可自稀酸混酸器引来 76%酸进行调节。

c. 稀酸混酸器之酸由干燥塔引来加入清水进行稀释，稀释热可由间接冷却器冷却，酸浓度为 76%。

d. 如欲全部生产 93%酸时，则吸收塔之酸的质量分数主要由 76%酸进行混酸。若多生产 98%酸，则 98%酸主要由 93%酸进行调浓，尽可能少用或不用 76%酸来调浓。

第六节　用其他含硫原料制硫酸

一、利用硫磺制硫酸

硫磺是制造硫酸的较好的原料，来源广阔，用以制酸具备许多优点，近年来，各国都致力于发展硫磺制酸。

用含有砷、硒的硫磺（例如气凝硫）为原料制造硫酸的接触法工艺流程，和以硫铁矿为原料的接触法酸洗的流程基本上相同。只是焙烧工序中以焚硫炉代替焙烧炉，并且省去机械除尘和电除尘器。

用不含砷、硒的天然硫磺为原料（含砷量<0.0002%时），由于不需要净化和冷却炉气，流程大大简化，且无废渣和污水排出，水电消耗定额都较低，原料运输量也较使用硫铁矿少得多。因此，对建厂的适应性较广。

用硫磺制酸有许多流程，它们的主要区别是余热利用的方式不同。图 1-34 所示为硫磺制酸工艺流程之一。硫磺投入熔硫池中被蒸汽间接加热熔融，滤去固体杂质，用泵送入焚硫炉中。空气由空气鼓风机送入干燥塔，除去水分后进入焚硫炉。硫磺经燃烧生成二氧化硫，其含量可达 12%～14%，炉气温度为 900～1100℃。炉气经第一废热锅炉（产生蒸汽），被冷却到 420～430℃左右。再经过滤器，然后进入四段式转化器，气体通过第一层催化剂后，大部分二氧化硫转化为三氧化硫，同时温度升高到约 600℃。气体送入第二废热锅炉，使之冷却到 440℃左右。冷却后的气体再进入转化器的第二层与第三层催化剂后，温度又升高。将蒸汽送入转化器内的蒸汽过热器以冷却转化后的气体。二氧化硫气体通过四层转化后，转化率可达 98%。转化后的气体经热水器进行冷却。然后进入吸收塔，用质量分数为 98%的硫酸吸收三氧化硫。尾气经处理后放空。

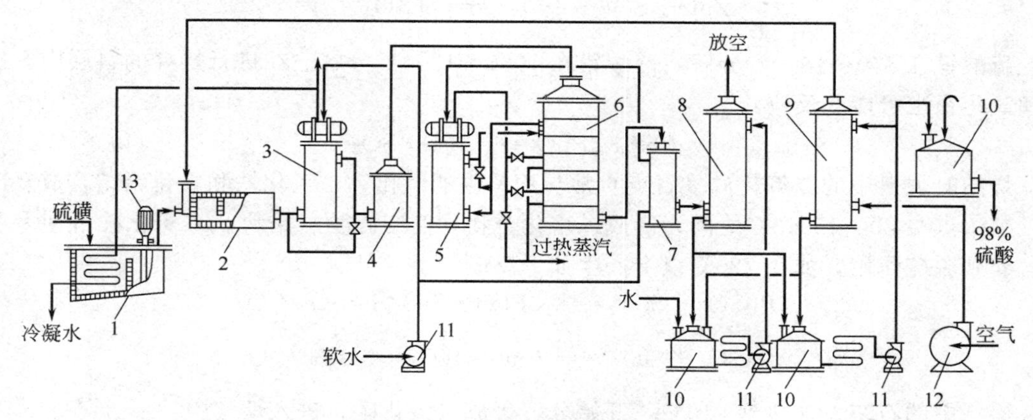

图 1-34　硫磺制酸流程

1—熔硫池；2—焚硫炉；3—第一废热锅炉；4—过滤器；5—第二废热锅炉；6—转化器；7—热水器；8—吸收塔；9—干燥塔；10—储槽；11—泵；12—鼓风机；13—硫磺泵

硫磺制酸流程的特点在于省去了湿法净化工序，热能可以充分利用，除炉气的余热用于产生中压蒸汽外，转化过程中产生的反应热也全部得到利用。

硫磺制酸流程中，干燥塔与吸收塔都是用质量分数为 98%的硫酸淋洒，在吸收塔中吸收三氧化硫以后，硫酸的浓度提高了，尽管在干燥塔中吸收了空气中的水分，但仍需在循环槽内加入适当的水分，以便制成 98%的硫酸成品。

燃烧硫磺目前均采用喷雾燃烧炉，又称焚硫炉，其构造如图 1-35 所示。该炉比燃烧容积一般为 $0.5\sim1.0m^3/(t\cdot d)$。

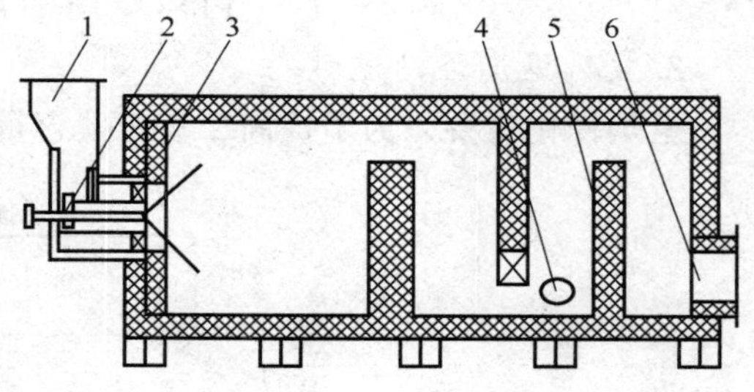

图 1-35　焚硫炉

1—空气入口；2—机械喷嘴；3—旋流叶片；4—二次空气入口；5—析流挡墙；6—炉气出口

二、用有色金属冶炼烟气制硫酸

在有色金属铜、锌、铅的冶炼过程中，产生大量的含有二氧化硫的烟气，这类冶炼烟气污染环境，危害人民健康和农田作物，但是生产硫酸的宝贵资源。目前，中国随着冶炼工业的发展，回收冶炼烟气的二氧化硫生产硫酸已占硫酸生产的 22%。

有色金属的天然矿，多数是以硫化物的形态存在（如 CuS、PbS、ZnS 等）。在冶炼过程中，需首先将硫化物烧结成氧化物，放出冶炼烟气，然后将氧化物加工提炼出有色金属。

有色金属冶炼的主要设备有沸腾炉、烧结炉、鼓风炉、反射炉、电炉、闪速炉、转炉等。

1. 烧结过程的化学反应

烧结处理的混合料由硫化铅、硫化锌精矿、溶剂（石灰石，石英）、返回鼓风机的浮渣，经过烧结的返粉（小于 6mm 的粉料，含硫 2%左右）、烟尘等物料组成。烧结过程中产生如下反应：

$$2PbS+3O_2 \longrightarrow 2PbO+2SO_2+Q$$

$$2ZnS+3O_2 \longrightarrow 2ZnO+2SO_2+Q$$

$$4FeS_2+11O_2 \longrightarrow 2Fe_2O_3+8SO_2+Q$$

另外，烧结过程中还可能生成硫酸盐：

$$2PbO+2SO_2+O_2 \rightleftharpoons 2PbSO_4+Q$$

$$ZnO+SO_2+\frac{1}{2}O_2 \rightleftharpoons ZnSO_4$$

硫酸锌在850～1000℃分解，硫酸铅在1000～1200℃分解。在进行焙烧的料层中，硫化铅和氧化铅也可能起反应：

$$PbS+2PbO \longrightarrow 3Pb+SO_2$$

烧结时炉料中的二氧化硅（石英）常与炉料内的氧化钙、氧化铁和氧化铅结合成复硅酸盐，其熔点在800～1000℃之间，形成易熔化合物，使细碎物料结块。二氧化硅可使一些硫酸盐起到脱硫作用，如在720℃以上产生如下反应：

$$2PbSO_4+SiO_2 \longrightarrow 2PbO \cdot SiO_2+2SO_2+O_2$$

$$CaSO_4+SiO_2 \longrightarrow CaO \cdot SiO_2+SO_2+\frac{1}{2}O_2$$

熔剂中的石灰石加热到910℃，开始分解生成二氧化碳，进入烟气中：

$$CaCO_3 \longrightarrow CaO+CO_2-Q$$

石灰石分解是吸热反应，因此，可以调节局部温度的增高，分解生成的氧化钙，对硫化铅等也有脱硫作用。

$$PbS+CaO \longrightarrow PbO+CaS$$

$$PbSO_4+CaO \longrightarrow PbO+CaSO_4$$

2. 鼓风返烟烧结流程

返烟操作主要是为了提高二氧化碳含量。如图1-36所示为鼓风返烟烧结流程图。

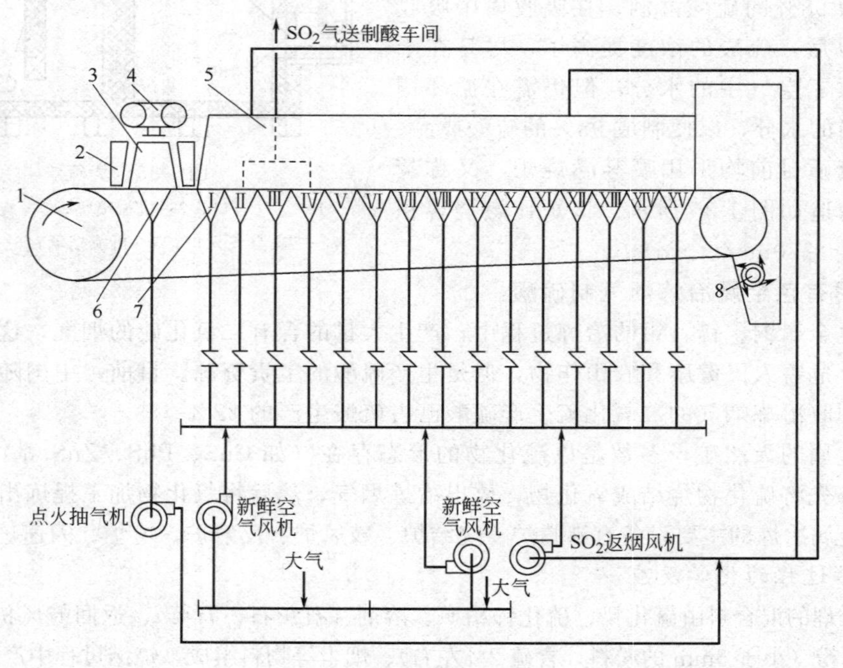

图1-36 鼓风返烟烧结流程

1—烧结机；2—加料漏斗；3—点火机；4—梭式布料机；5—密封烟罩；6—吸风箱；7—Ⅰ～ⅩⅤ鼓风箱；8—单轴破碎机

此流程采用110m² 大型带式烧结机，点火料层用吸风点火，铺主料层后，向上鼓风，由两台风机供应空气，以利于烧结料层氧化脱硫反应的激烈进行，产生二氧化硫烟气。在吸风点火处的料层刚开始烧结时，二氧化硫含量比较低，将这部分烟气和机头、机尾部分的低含量二氧化硫烟气，由返风机返回机尾部的几个风箱，以提高含量。提高二氧化硫含量的烟气由Ⅴ-Ⅵ风箱之间的烟罩出口总管送往制酸系统。

3.带式烧结机的构造

带式烧结机本身是一环形的运输带，其构造如图1-37所示。烧结带由许多紧密串联的小车5组成。小车沿轨道移动，轨道支撑在机架上，机架由两根平行而又彼此相连的钢轨构成。烧结机头部设有两个大齿轮6，装在同一轴上。沿烧结机的支架之间设有点火吸风箱7和鼓风箱8。鼓风箱与鼓风机、返烟机相连，每个风箱有阀门调节鼓风量。

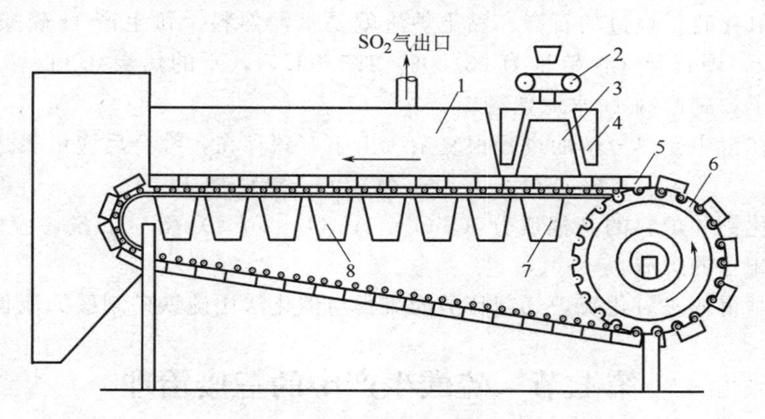

图1-37　带式烧结机的构造图

1—密封烟罩；2—加料机；3—点火机；4—加料漏斗；5—烧结小车；6—大齿轮；7—点火吸风机；8—鼓风箱

小车沿着行走轨道一个跟一个前进，小车运行到达给料设备时，铺点火料层，经点火炉3将混合料点着，再二次给料，将主料层铺好，全部料层燃烧时，小车逐渐运行到烧结机尾部，当到达尾部时，小车便翻倒，将烧结块卸下，空的小车再沿机架下部倾斜的框架返回烧结机头部大齿轮，如此往复循环运转。

4.烧结过程的操作条件

为了使鼓风炉有足够数量的烧结块，同时保证烧结块脱硫良好，有利于生产，应控制好如下操作条件。

(1) 稳定二氧化硫的含量　为了稳定和提高二氧化硫的含量，进烧结机的混合料应含6%～8%的水分，粒度3～6mm。炉料各组分应混合均匀，透气性良好，烧结效率高，烧结料层不跑空气。

(2) 注意控制温度　炉料点火温度应保持在900～1050℃，禁忌忽高忽低，同时使火焰温度在烧结机宽度上分布均匀。避免炉料结壳、阻碍通风，影响二氧化硫的含量。

(3) 料层厚度应适当　点火层小车料层厚度为30～40mm，主料层厚度为280～300mm。当炉料含硫一定时，料层厚，可以提高二氧化硫含量。但炉料含硫偏高时，料层厚，对散热不利，则易产生熔结现象，反而会使二氧化硫含量降低。

(4) 掌握小车速度　烧结小车运行速度应根据炉料的性质，化学成分、准备情况和厚度而定，一般控制在1～2.5m/min之间。

（5）掌握好风箱的风压和风量 鼓风箱的风压和风量是保证烧结良好，提高二氧化硫含量和硫酸产量的重要环节。点火吸风箱应尽量减少漏气，鼓风箱的风量，风压一般在烧结机头部比尾都要高一些，主要使硫化物氧化反应完全，以提高烟气的二氧化硫含量。

冶炼烟气制造硫酸的流程很多，但净化、催化氧化、吸收等工序和用硫铁矿为原料制酸过程基本相同。

三、用石膏制硫酸

天然石膏有两种形态，即石膏（二水硫酸钙 $CaSO_4 \cdot 2H_2O$）和硬石膏（无水硫酸钙 $CaSO_4$）。工业副产石膏，有海水制盐工业副产的碱皮（$CaSO_4 \cdot 2H_2O$）和磷肥工业副产磷石膏，均可用来制硫酸。

用硬石膏制造硫酸时，是将硬石膏与焦炭和黏土砂子等配合在水泥转窑中煅烧，煅烧时石膏分解出二氧化硫。烧过的石膏、黏土炉渣就是水泥熟料。每生产 1t 硫酸约需消耗燃料煤 0.38～0.43t，硬石膏（含硫量为 23.5%）1.5～1.7t，干的焦炭 0.11～0.175t。还需要不少黏土、砂子，副产约 1t 水泥熟料。

无水石膏在窑中受热分解的过程很复杂。由于有碳存在，综合反应可表达为

$$2CaSO_4 + C \xlongequal{\quad} 2CaO + 2SO_2 + CO_2$$

生成的氧化钙和炉料的其他成分（SiO_2、Al_2O_3、Fe_2O_3 等）的量，应恰好相互反应，生成水泥熟料相当的炉渣。

用硬石膏制得的二氧化硫炉气制硫酸的流程与催化法用硫铁矿制酸的流程基本相同。

第七节 硫酸生产中的三废治理

随着工农业和科学技术的发展，为保护环境和人民健康，国家对硫酸生产中三废处理提出很高的要求。如进行硫酸厂设计时必须同时提出“三废”治理设计方案，不进行三废治理的硫酸厂不能投入生产等。

硫酸生产的过程中产生大量的废热、废气、废渣、污水、废酸（包括酸泥）等，对它们有用之物的回收利用，不仅充分利用了资源，降低了硫酸成本，而且减少了公害。炉气焙烧一节介绍了废热和废渣的综合利用，本节重点讲述污水、酸泥、尾气的治理。

一、污水处理

硫酸工业生产过程中排放出大量的污水和污酸，其量和炉气净化流程有关。酸洗流程，若采用封闭循环流程，排放出的含酸污水较少，只有沉淀槽中的酸泥需要处理。

水洗流程污水排放量很大，每生产 1t 硫酸要排放 10～15t 污水。污水中除含有硫酸外，还含其他有毒物质，如含砷 2～20mg/L，含氟 10～100mg/L 和铁、铅、硒、矿尘等。酸、砷、氟对人类及一切生物都有危害。砷是剧毒物质，氟危害人体骨骼及牙齿，酸严重影响水生物的生存。因此对硫酸工业的污水必须进行处理。国家规定工业“废水”最高容许排放含量见表 1-12 所示。

表 1-12 工业“废水”最高容许排放含量

序 号	有 害 物 质 名 称	最高容许排放含量/(mg/L)
1	砷及其无机化合物(按 As 计)	0.5
2	氟的无机化合物(按 F 计)	10
3	铅及其无机化合物(按 Pb 计)	1

续表

序　号	有害物质名称	最高容许排放含量/(mg/L)
4	锌及其化合物(按 Zn 计)	5
5	铜及其化合物(按 Cu 计)	1
6	汞及其无机化合物(按 Hg 计)	0.05
7	pH	6～9
8	悬浮物(水力冲渣、水力排灰、洗煤水、尾矿水)	500

1. 污水处理的方法和原理

目前，对于硫酸工业的污水处理，普遍采用石灰石或电石渣中和法，用石灰中和污水的化学反应如下：

$$CaO + H_2O = Ca(OH)_2$$

$$Ca(OH)_2 + H_2SO_4 = CaSO_4 \downarrow + 2H_2O$$

$$Ca(OH)_2 + 2HF = CaF_2 + 2H_2O$$

$$Ca(OH)_2 + 2H_3AsO_3 = Ca(AsO_2)_2 \downarrow 4H_2O(\text{含 As 量} > 7mg/L)$$

$$2Ca(OH)_2 + 2H_3AsO_3 = 2Ca(OH)AsO_2 + 4H_2O(\text{含 As 量} < 7mg/L)$$

$$Ca(OH)_2 + FeSO_4 = Fe(OH)_2 + CaSO_4 \downarrow$$

$$4Fe(OH)_2 + 2H_2O + O_2 = 4Fe(OH)_3$$

$$2Fe(OH)_2 + 3As_2O_3(\text{固}) = 2Fe(AsO_2)_3 \downarrow + 3H_2O$$

硫铁矿中的砷化物经焙烧后，成为气态的 As_2O_3 混入炉气中，当炉气温度降低至 50～70℃时，As_2O_3 部分转变为固体。因此，As_2O_3 在酸性污水中可能呈 As_2O_3 和 H_3AsO_3 两种形态。

从反应式看出，石灰与酸和 HF 作用，生成难溶的 $CaSO_4$ 和 CaF，从而除去了有害物质 HF。石灰与砷反应，在低温下反应很慢，所生成的 $Ca(AsO_2)_2$ 颗粒微小，不易沉淀。污水中的砷，主要依靠 $Fe(OH)_3$ 的吸附作用除去。$Fe(OH)_3$ 是一种胶体物质，表面积很大，吸附能力强，它在凝聚过程中吸附溶解于水中的砷以及其他化合物，使其共同沉淀，达到进一步除砷的目的。

当焙烧高砷硫铁矿（污水中含砷>50mg/L 时），单纯加石灰中和处理往往达不到排放要求的浓度。因此，可适当加入硫酸亚铁，再加漂白粉，最后用石灰调整 pH 为 8～9（硫酸亚铁为凝聚剂，漂白粉为氧化剂），其主要反应为

$$CaOCl_2 + H_3AsO_3 = CaCl_2 + H_3AsO_4$$

$$2H_3AsO_4 + 3Ca(OH)_2 = Ca_3(AsO_2)_2 \downarrow + 6H_2O$$

漂白粉的用量按方程式计算，过量系数为 1.05～1.1。

2. 污水处理流程和设备

图 1-38 为污水处理的示意流程。

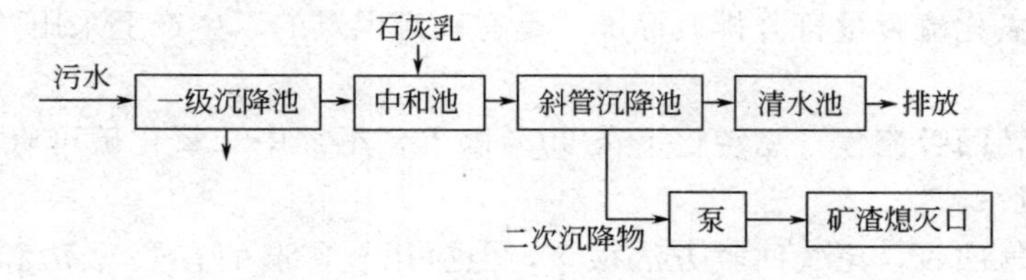

图 1-38　污水处理示意流程

此流程设有两个一级沉降池，交替操作。污水中的大部分矿尘在一级沉降池内自然沉降下来。沉淀下来的矿尘，因未加石灰乳，故不含氢氧化物胶体，从沉降池中挖出一、二天就会干燥，仍做矿尘处理。经一级沉降后的污水还含有酸和砷等有毒物质，送入中和池，加石灰乳进行中和，中和 pH 在 8～9 之间，以利有毒物质的消除。然后进入第二斜管沉降池，含有氢氧化物的污泥在通过斜管时沉淀下来，清水从上溢流。污泥浆用泵送到矿渣（尘）熄灭器，利用矿渣的热量使污泥脱水，以达到解决污泥浆处理的目的。经过处理后的污水，pH 可达 9.0，砷含量为 0.1mg/L，氟含量为 4.0mg/L，再与其他污水相混合达到排放标准后排放。

3.沉淀渣的利用

沉淀渣的主要成分是矿尘、硫酸钙、亚硫酸钙等。对于含铁低的沉淀渣可以掺以其他原料烧制红砖。对于含铁较高的沉淀渣，可以作为水泥的原料。

二、从酸泥中提取硒

硒是一种存在很分散的稀有金属，在许多含硫矿石中都含有微量的硒。常见的是在硫铁矿中，但数量不多，一般约含十万分之几到万分之二。矿石焙烧时，约 45% 的硒以氧化物形态转入炉气中，在炉气净化过程中被捕集下来。一部分溶于洗涤酸中而成亚硒酸，其余的硒则溶解于酸雾中和冷凝液一起在电除雾器内沉降下来。在洗涤酸和酸的冷凝液内亚硒酸被气体所还原：

$$H_2SeO_3 + 2SO_2 + H_2O \longrightarrow Se + 2H_2SO_4$$

从洗涤酸污泥中提取还原硒时，先将污泥用水稀释，再用蒸汽加热制得浆液。浆液经过过滤，沉淀物用水和 0.5% 碱液洗涤并在 90～100℃ 温度下干燥，制得干的“贫”污泥，含硒 3%～5%。“贫”污泥再送去精制。

“富”污泥系由电除雾器的冷凝液中提取。冷凝液在电除雾操作过程中流出来，并需定期洗涤其沉降在器壁和电极上的硒泥。电除雾器冷凝液含硒达 50%，硒以可溶解的 SeO_2 形态存在。为将 SeO_2 还原为单质硒，冷凝液送至专门的加热器内，加热至 90～100℃，与二氧化硫反应即被还原为硒。从加热器出来的冷凝液收集至一个受槽，然后用泵输送至压滤机或吸滤器，过滤出来的“富”泥再经中和送去干燥，即得“富”泥。示意流程如图 1-39 所示。

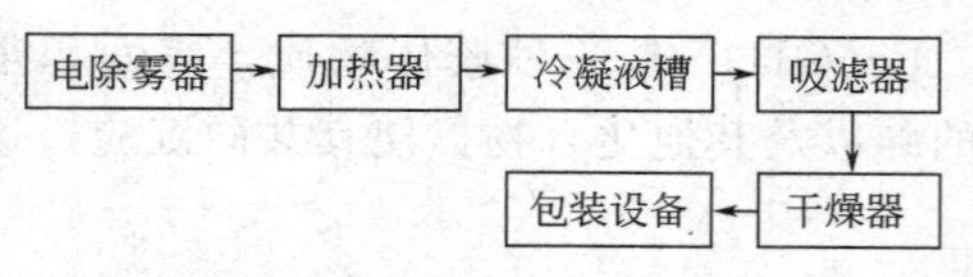

图 1-39 从酸泥中提取硒

三、尾气的处理

从吸收工序流出的尾气中，仍含有少量二氧化硫，其含量因转化率的高低而不同，一般在 0.3%～0.8% 之间。当吸收和捕沫不完全时，尾气中含有微量的二氧化硫和硫酸沫，它们污染环境要设法清除。

要减少尾气中二氧化硫含量，最根本的方法是提高二氧化硫的转化率，但实际生产中将转化率提高到二氧化硫含量符合排放标准，是有一定困难的，生产上采用两种方法来消除尾气烟害：

一是采用两转两吸流程，总转化率在 99% 以上，尾气中二氧化硫可降低至 0.1% 以下，不需处理即可排放；

二是采用尾气回收，尾气回收方法很多，但应用较普遍的有氨-酸法和碱法。国内除少数厂采用碱法外，大部分酸厂特别是大型硫酸厂都采用氨-酸法处理尾气。

1. 氨-酸法的基本原理

该法利用氨水（或氨溶于吸收循环液中）吸收尾气中的二氧化硫，得到亚硫酸铵和亚硫酸氢铵溶液，其反应为

$$SO_2 + 2NH_3 + H_2O = (NH_4)_2SO_3$$

$$(NH_4)_2SO_3 + SO_2 + H_2O = 2NH_4HSO_3$$

$$2(NH_4)_2SO_3 + SO_3 + H_2O = 2NH_4HSO_3 + (NH_4)_2SO_3$$

由于亚硫酸铵和亚硫酸氢铵溶液不稳定，吸收过程尾气中含氧时发生下列副反应：

$$2(NH_4)_2SO_3 + O_2 = 2(NH_4)_2SO_4$$

$$2NH_4HSO_3 + O_2 = 2NH_4HSO_4$$

此外，尾气中微量的 SO_3 酸沫也会与氨作用生成硫酸铵：

$$2NH_3(\text{游离}) + H_2SO_4 = (NH_4)_2SO_4$$

$$2NH_3(\text{游离}) + SO_3 + H_2O = (NH_4)_2SO_4$$

尾气经过氨吸收后，其中二氧化硫含量可降低至 0.2%～0.1%后放空。

上述反应都是放热反应，在吸收过程中，循环母液不经冷却仍可保持常温操作。

当循环吸收液中的亚硫酸氢铵达到一定浓度时，吸收率降低，因此除不断引出部分溶液外，还要在循环塔内连续加入氨气或氨水，使溶液部分再生，反应式为

$$NH_3 + NH_4HSO_3 = (NH_4)_2SO_4$$

以保持吸收液中 $n[(NH_4)_2SO_3]/n[(NH_4HSO_3)]$ 比值不变。部分循环母液送至分解塔后，加入 93%硫酸将溶液进行分解，得到含水蒸气的 100%二氧化硫和硫酸铵溶液。

$$(NH_4)_2SO_3 + H_2SO_4 = (NH_4)_2SO_4 + SO_2 + H_2O$$

$$2NH_4HSO_3 + H_2SO_4 = (NH_4)_2SO_4 + 2SO_2 + H_2O$$

为提高分解效率，硫酸的加入量一般比理论用量大 30%～50%，过量的硫酸在中和塔内用氨气或氨水中和，使溶液为微碱性的硫铵母液。

分解出来的二氧化硫气体，用硫酸干燥后，得到 100%的二氧化硫气体，可单独加工成液体二氧化硫，或在分解塔内通入空气吹出，返回系统循环制酸。

2. 工艺条件及流程

影响二氧化硫吸收的主要因素是循环母液的碱度。增加碱度，可以提高二氧化硫的吸收率。但若碱度过高，二氧化硫的吸收率反而下降。其原因是母液中氨分压太大，容易挥发影响使吸收率下降。一般控制碱度在 8～12tt（滴度）❶。

尾气回收工艺流程如图 1-40 所示。

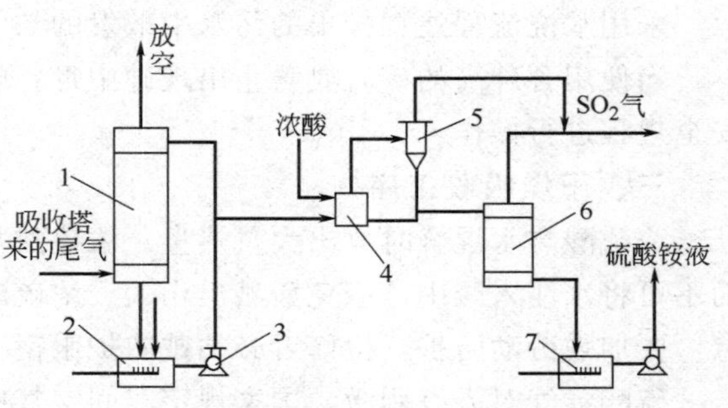

图 1-40　尾气回收流程

1—尾气回收塔；2—循环槽；3—泵；4—混合槽；5—气液分离器；6—分解塔；7—中和槽

吸收塔来的尾气进入尾气回收塔 1，循环母液由泵 3 打入塔 1 顶喷淋，吸收循环液从塔底流入循环槽 2，并在此处补充母液、氨气和水，以保持原有碱度。循环母液相对密度增至 1.17～1.18 后，由泵抽出一部分送至

❶ 滴度（tt）是化工生产厂常用的一种浓度的单位。对于一价酸碱物质 $1tt=\frac{1}{20}mol/L$；2 价酸碱物质 $1tt=\frac{1}{2}\times\frac{1}{20}mol/L$。

混合槽4，与硫酸混合后，送入分解塔6。混合槽分解的一部分二氧化硫气体经旋风分离器5除沫后，与分解塔出来的气体混合返回系统或制造液体二氧化硫。

经分解后的母液进入中和槽7，中和后母液一部分回系统，另一部分可出售做肥料用。

第八节 硫酸生产中的安全技术和劳动保护

硫酸生产中的安全技术和劳动防护措施与一般化工厂差不多，现仅就一些特殊问题做简要阐述。

一、原料、焙烧工序

原料工序一是要有对旋转或往复运动的破碎机械、运输机械的安全防护措施。二是要做好防尘，国家的卫生标准规定了生产车间空气中含矿尘的容许含量是4～6mg/m^3。解决粉尘问题的方法是在散发粉尘较多的地方进行局部通风或采取其他有效措施。

焙烧工序泄漏出的二氧化硫炉气，能刺激人的皮肤、鼻、眼睛和呼吸道的黏膜，引起呼吸器官的疾患。空气中二氧化硫的含量达60mg/m^{3}时，就会引起急性中毒，发生肺水肿和心脏扩大等症。车间空气中二氧化硫容许含量为20mg/m^3。

焙烧工序安全操作方面有几点须注意。

① 沸腾炉用煤气或重油点火升温时，要注意避免爆炸事故。在沸腾炉操作中，如果突然在暂停操作后漏入大量的水，重新开炉沸腾时水迅速汽化也有可能引起爆炸。

② 从沸腾炉及除尘设备放出的热矿尘、矿渣温度达300～880℃，流动性很大，注意不要被矿尘、矿渣烫伤人体。

③ 电除尘器是带50000V以上的高压电设备，要严格按照电气安全技术规程来操作管理。

④ 使用废热锅炉时，除必须按照锅炉安全运行有关指示外，特别要注意炉气的预除尘及按照规定的废热锅炉的进出口炉气温度条件操作，才能避免锅炉管子受腐蚀等事故。

二、净化工序

采用水洗流程注意排出的污水中散发的二氧化硫气体，会污染大气。

当使用含砷高的矿时要防止出现砷中毒。电除雾器和电除尘器，必须严格按照电气操作安全规程进行操作。

三、干燥吸收工序

浓硫酸与水混合时放出大量热量。浓硫酸与水混合时，应将酸缓缓注入水中并加以搅拌而不可将水注入酸中，避免酸溅出伤人。浓硫酸与人的皮肤接触，使皮肤烧伤，并且不易治愈，要加强劳动防护，检修者必须戴防护眼镜。

硫酸蒸气对人有刺激，国家规定车间空气中容许三氧化硫及硫酸蒸气含量为2mg/m^3。

四、转化工序

钒催化剂装入转化器中或自转化器取出过筛时，个人防护用具需穿戴齐全。避免发生钒催化剂中毒。五氧化二钒粉尘在车间空气中容许最高含量为1.5mg/m^3

复习思考题

1. 试述硫铁矿焙烧反应及影响焙烧速度的因素？
2. 沸腾焙烧的基本原理是什么？

3. 焙烧过程产生的热能和烧渣如何回收利用？
4. 焙烧炉气中含有哪些杂质？其危害是什么？
5. 如何除掉焙烧炉气中的杂质？
6. 试述焙烧和净化工艺流程。
7. 何谓固体流态化？
8. 沸腾焙烧炉结构如何？各部有什么作用？
9. 炉气干燥的原理是什么？其工艺条件如何选择？
10. 何谓二氧化硫催化氧化的平衡转化率？平衡转化率与平衡常数有什么关系？
11. 二氧化硫氧化的催化剂有几种？性能如何？
12. 二氧化硫在催化剂表面上催化氧化的机理如何？工艺条件如何选择？
13. 比较“一转一吸”和“二转二吸”工艺流程有何异同点？后者有哪些优越性？
14. 三氧化硫吸收工艺条件如何选择？
15. 绘出硫酸生产全过程工艺流程图。

第二章　硝　　酸

第一节　概　　述

硝酸是基本化学工业中重要的产品之一，它既是氨加工的重要产品，又是化学工业，军工某些产品的原料。在各类酸中，产量仅次于硫酸居第二位。

硝酸大部分用于制造肥料，如硝酸铵，硝酸钾，硝酸钙等。用硝酸处理磷灰石，可制得高浓度的氮磷复合肥料。

浓硝酸广泛用于有机合成工业，是生产三硝基甲苯（即 TNT）、苦味酸、硝化纤维、硝化甘油和雷汞的原料。硝酸将苯硝化并经还原制成的苯胺，为染料生产的最主要的中间体之一。用硝酸将苯氧化可使苯变成邻苯二甲酸，其酸酐广泛地用于染料及塑料的制造上。

此外，医药、有色金属冶炼及原子能工业等方面均需要硝酸。为了加速工农业生产的发展，必须大力发展硝酸的生产。

制造硝酸的最早方法是用浓硫酸分解硝石（$NaNO_3$）：

$$H_2SO_4+2NaNO_3 = Na_2SO_4+2HNO_3$$

因此法受到原料来源的限制，而且需要硫酸，故这种方法未能得到广泛采用。

1901 年开始用电弧法自空气中制取氮氧化物。在电弧的作用下，使氮与氧直接化合成一氧化氮，再进一步加工制成硝酸。自 1913 年氨直接合成并以氨接触氧化制造硝酸方法在工业上实现以后，电弧法因电能消耗太大而被淘汰。

目前工业硝酸都是以氨作为原料采用氨的接触氧化法进行生产的。

氨接触氧化法制硝酸的总反应式为

$$NH_3+2O_2 = HNO_3+H_2O \quad \Delta H=-422\text{kJ}$$

反应可分三步进行，即氨的接触氧化，一氧化氮的氧化和氮氧化物的吸收。用此法生产的产品为 45％～60％的稀硝酸。

浓硝酸（98％～99％ HNO_3）的生产方法有两种，即稀硝酸浓缩法和直接合成法。稀硝酸浓缩法是借助于脱水剂的作用将稀硝酸浓缩，按脱水剂的不同可分为浓硫酸法和硝酸镁法。直接合成法是先将氨加工成液态的四氧化二氮，然后再将此液态的氮氧化物与一定比例的水混合，在加压下通入纯氧，按下式反应直接合成浓硝酸：

$$2N_2O_4(l)+2H_2O(l)+O_2(g) = 4HNO_3(l) \quad \Delta H=-78.80\text{kJ}$$

第二节　稀硝酸的制造

一、硝酸和氮氧化物的性质

1. 硝酸的物理性质

化学纯硝酸（100％）是无色液体，带有刺鼻的窒息性气味，密度 1.51g/cm³。硝酸的沸点为 83℃；气化潜热为 30.35kJ/mol；纯硝酸的熔点为 －41.6℃；溶解潜热为

2.51kJ/mol。

无水硝酸极不稳定，一旦受热和见光就会分解出二氧化氮（红棕色）而溶于硝酸，故工业用的硝酸多呈黄色。溶有多量二氧化氮的无水硝酸呈红棕色，叫作发烟硝酸。硝酸易溶于任何数量的水中，溶于水时放出热量，只有在-41℃时才成白雪状的晶体存在。

硝酸水溶液的沸点随 HNO_3 含量的增加而增加，当 HNO_3 的质量分数为68.4%时，其沸点达最高温度121.9℃，然后又重新降低，如图2-1所示。

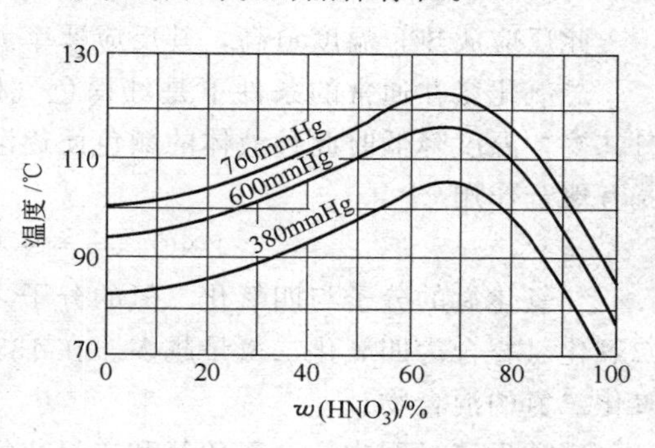

图2-1　硝酸水溶液的沸点

（注：1mmHg=133.322Pa，下同）

含68.4% HNO_3 的混合物为恒沸混合物，即蒸气与液体中的 HNO_3 含量相同。因此用烧沸的方法将稀酸蒸馏时，只能将稀硝酸蒸浓到含 HNO_3 68.4%。工业上只有在用含42%以下的硝酸来制得含59%～63%的硝酸时，才用直接蒸馏法。

2. 硝酸的化学性质

硝酸是强酸中的一种，能溶解很多金属，与很多物质起化学反应。因此它可用来制造很多硝酸盐，如硝酸银、硝酸钠、硝酸钡等。

浓硝酸具有强烈的硝化作用，与硫酸制成的混酸能与很多有机化合物结合成硝化物。如硝基苯、硝基萘、三硝基甲苯、硝化甘油等。

浓硝酸还是强氧化剂。除金、铂、铑、钽、铱外，可将所有金属氧化。当硝酸氧化其他物质时，便放出部分氧，硝酸本身即分解放出氮氧化物。

无水硝酸甚至于在常温下能局部地进行热分解，其反应可用下式表示：

$$4HNO_3 = 4NO_2 + O_2 + 2H_2O$$

将浓硝酸按1∶3的比例与盐酸混合，其混合液称为王水。此溶液中含有氯化亚硝酰，并放出游离氯，游离氯是一种强氧化剂。

$$HNO_3 + 3HCl = NOCl + Cl_2 + 2H_2O$$

这就是各种金属包括金、铂等之所以溶于王水中的原因。

动物组织和植物组织受到硝酸的作用即被破坏。硝酸落到皮肤上，皮肤即被染成黄色并烧坏。纸、稻草、木屑等与浓硝酸接触时会着火。硝酸能腐蚀除金、铂以外的所有金属，腐蚀强度与硝酸浓度及硝酸的温度有关。因此，硝酸生产中的容器及设备，要按浓度选择材质。一般与稀硝酸接触的容器、设备采用不锈钢，与浓硝酸接触的容器、设备采用高纯度的铬。

3. 氮氧化物的性质

氨接触氧化法制取硝酸时，氮的氧化物是中间产物，了解它们的特性，有助于了解硝酸生产过程。

氮的氧化物有五种：一氧化二氮（N_2O）；一氧化氮（NO），二氧化氮（NO_2）或其聚合物四氧化二氮（N_2O_4）；三氧化二氮（N_2O_3）；五氧化二氮（N_2O_5）。

一氧化二氮是一种无色的气体，有微弱的、特殊的气味。不被空气中氧所氧化。一氧化二氮能溶于水，人吸入一氧化二氮即处于一种特殊形式的醉态，因此又把它称为“笑气”，有时在医药上做麻醉剂用。

一氧化氮是一种无色的，难于液化的气体。一氧化氮难溶于水，但易为某些盐类溶液所吸收而生成各种配合物，如：$FeSO_4 \cdot NO$、$CaCl_2 \cdot NO$ 等。一氧化氮容易和氧化合，低于140℃时，则几乎完全被氧化成二氧化氮

$$2NO + O_2 \rightleftharpoons 2NO_2 \quad \Delta H = -112.6kJ$$

此反应放热，温度愈高，其反应速率愈慢。

二氧化氮在通常的条件下是红褐色气体，有窒息气味，容易凝缩成棕色液体，沸点为21.5℃，温度降低时此种液体的颜色便逐渐消失。在−10.8℃时凝结成无色的晶体。二氧化氮有聚合作用

$$2NO_2 \rightleftharpoons N_2O_4 \quad \Delta H = -56.94kJ$$

二氧化氮的分子与四氧化二氮的分子之间存在一定平衡，是依温度而定的，温度越低，二氧化氮叠合为四氧化二氮量越多。在135℃和−10℃之间时，液体或气体是二氧化氮和四氧化二氮的混合物。

硝酸生产过程中，一氧化氮和二氧化氮结合生成三氧化二氮：

$$NO + NO_2 = N_2O_3 \quad \Delta H = -40.19kJ$$

当温度降低和压力升高时，更有利于生成三氧化二氮。低温时三氧化二氮是暗蓝色的液体，密度为1.44g/cm^3，沸点3.5℃。

五氧化二氮又称硝酸酐，由气态或液态的氮氧化物被臭氧所氧化时生成

$$N_2O_4 + O_3 = N_2O_5 + O_2$$

或在高于202MPa（本书如无特殊说明，均指表压）压力下，由四氧化二氮和氧直接制得，五氧化二氮和其他氮氧化物不同，它在常温时为无色的针状晶体。一般情况下，将一氧化氮用氧来氧化时，不会有五氧化二氮生成。

二、氨接触氧化的理论基础

1. 氨的接触氧化反应

由于催化剂和反应条件不同，氨与氧相互作用可生成不同的产物

$$4NH_3 + 5O_2 = 4NO + 6H_2O \quad \Delta H = -907.38kJ \quad (2\text{-}1)$$

$$4NH_3 + 4O_2 = 2N_2O + 6H_2O \quad \Delta H = -1104.90kJ \quad (2\text{-}2)$$

$$4NH_3 + 3O_2 = 2N_2 + 6H_2O \quad \Delta H = -1269.02kJ \quad (2\text{-}3)$$

除上述反应外，还可能产生下列副反应

氨的分解

$$2NH_3 = N_2 + 3H_2 \quad \Delta H = 91.94kJ$$

一氧化氮的分解

$$2NO = N_2 + O_2 \quad \Delta H = -180.61kJ$$

氨和一氧化氮相互作用

$$4NH_3 + 6NO = 5N_2 + 6H_2O \quad \Delta H = -1810.80kJ$$

由于一氧化氮是硝酸生产中必不可少的中间物，因而希望反应能按式（2-1）进行，其余反应则设法使之不进行或少进行。

反应式（2-1），反应式（2-2），反应式（2-3）三个反应在90℃时的平衡常数，根据涅伦斯特公式计算结果如下

$$K_{p_1} = \frac{p_{NO}^4 \cdot p_{H_2O}^6}{p_{NH_3}^4 \cdot p_{O_2}^5} = 1 \times 10^{53}$$

$$K_{p2}=\frac{p_{N_2O}^4 \cdot p_{H_2O}^6}{p_{NH_3}^4 \cdot p_{O_2}^4}=1\times10^{61}$$

$$K_{p3}=\frac{p_{N_2}^2 \cdot p_{H_2O}^6}{p_{NH_3}^4 \cdot p_{O_2}^3}=1\times10^{67}$$

从 K_p 的计算结果可以看出，虽然这三个反应都是可逆反应，但因为它们的平衡常数都很大，因此，都可看成是向右进行的不可逆反应。

在三个平衡常数中，以 K_{p3} 为最大，K_{p2} 次之，K_{p1} 最小，这表示在氨氧化时，生成单质氮的反应进行的最完全。只要有足够的时间，氨氧化的最终结果是生成单质氮，因此，为了阻止反应式（2-2）、式（2-3）反应的进行，就必须从改变反应速率着手，其关键问题，是寻找一种具有良好选择能力的催化剂。这种催化剂的性能要求它只能使生成一氧化氮的反应加速，且使其余反应受到抑制。

氨在接触氧化过程中被氧化成一氧化氮的氨量通常用接触氧化率（α）来表示，即

$$\alpha=\frac{\text{氧化为 NO 的氨量}}{\text{总 }NH_3\text{ 量}}\times100\%$$

实际生产中，氨氧化率可按分析数据求得：

$$\alpha=\frac{\text{反应后 }\varphi(NO)}{\text{反应前 }\varphi(NO)}\times100\%$$

2. 氨接触氧化的催化剂

目前氨接触氧化所采用的催化剂基本上可以分为两大类。一类是以金属铂为主体的铂系催化剂。另一类是以其他金属为主体的催化剂，如铁铋催化剂、钴铝催化剂等，通称为非铂系催化剂。

（1）铂系催化剂　铂催化剂虽然价格昂贵，但因铂催化剂或铂合金催化剂，是接触效率最好的催化剂，而且能在长时期中保持高度的活性，具有足够的化学稳定性和机械强度，易于再生，容易点燃，操作方便。因此，国内外用氨接触氧化法制造硝酸均用铂及铂合金催化剂。

① 化学组成，纯铂和铂族中的金属对氨都有一定的催化能力，纯铂（Pt）在高温下受气体撞击后，会使表面变得松弛，凹凸不平，铂微粒很容易被气体带走。但铂的合金性能很好，即具有高的机械强度，而且活性比纯铂还高。

铂的合金一般是铂和铱，铂和铑或铂和钯的合金，由含 1%的铱的铂铱合金制成的催化剂，其活性比纯铂高。由含 5%～7%的铑的铂铑合金的特点是活性高、机械强度大，但铑比铂昂贵得多。因此，有时采用铂铑钯三元合金，由于钯的加入可减少铑的用量。目前最常用的铂、铑、钯三元合金组成为 $w(Pt)=93\%$、$w(Pd)=4\%$，$w(Rh)=3\%$。也有采用铂铱合金者，如 $w(Pt)=99\%$，$w(Ir)=1\%$，其活性也很高。铂系催化剂即使含有少量杂质，如银、铜、铝，尤其是铁，都会使氨的接触氧化率降低。因此，用来制造铂系催化剂的铂必须非常纯净。

② 形态，由于铂合金具有较好的机械强度和延展性能，工业上都把它拉成丝，织成网，这样可以在铂用量较少的情况下，获得较大的接触表面积。采用网状催化剂还可以使氧化炉构造最简单。同时，由于铂的传热性能好，一经点火能很快开工。铂网示意如图 2-2 所示。

通常使用的铂丝直径为 0.045～0.09mm，铂网不为铂丝占据的自由面积占整个面积的 50%～60%。常见的铂网直径为 1.1m、1.6m、2m 和 2.8m。铂丝直径为 0.09mm 时，每

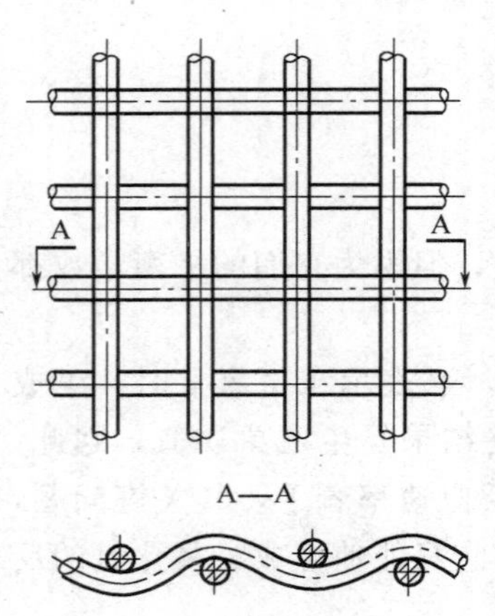

图 2-2　铂网示意图

1cm 长有 32 根铂丝，每 $1cm^2$ 的孔数为 1024。

在氧化炉中，催化剂系由数层铂网叠成。层数的多少取决于氧化炉的操作压力，层数多会增大气流所受的阻力。常压下一般为 3～4 层，加压下（0.8MPa 左右）则有 16～20 层铂网。

③ 铂网的活化、中毒和再生。新铂网光滑，发亮而具有弹性，活性小。为了提高活性，新铂网在使用前需进行“活化”处理。其处理方法是用氢气火焰进行烘烤，使铂网变得疏松、粗糙而失去光泽，从而增加接触表面积，提高活性。使用过的铂网若以后再用时可以不必再活化。

铂网对杂质非常敏感，很容易中毒，气体中许多杂质都会降低铂的活性。磷化氢（PH_3）是最强烈的毒物，它可造成铂网永久性中毒。气体中含 0.00002％的 PH_3 时，会使氨氧化率降低到 80％，PH_3 含量达 0.02％时，氧化率会降低至 3.9％，铂网永久中毒不能再生。

硫化氢（H_2S），也会使铂网中毒。当气体中硫化氢含量小时，可以使铂网暂时性中毒，若气体中含 1％ H_2S，铂网的活性会降低百分之几。

乙炔（C_2H_2），可造成铂网暂时中毒。乙炔自身能燃烧，使铂网温度升高，会使氧化率降至 65％～70％。

空气中含有的灰尘（主要是各种金属氧化物）和氨气中可能带来铁粉等机械杂质遮盖在铂网表面，会造成暂时中毒。此外，若气体中夹带润滑油，油燃烧后残留的炭会渗入铂中，也能降低催化剂活性。

为了防止铂催化剂中毒，气体必须要净化，催化剂使用一定时间后，若氧化率降低于 95％，就应进行再生处理，以除去毒物和污垢。

催化剂再生时，先将铂网从氧化炉中取出，用水冲洗杂质和灰尘，然后浸在 10％～15％的试剂盐酸溶液中，加热到 70～80℃，在这个温度下保持 1～2h。随后将铂网取出用蒸馏水洗涤，到水呈中性为止，再将铂网干燥并在氢气火焰中加以灼烧。再生后铂网的活性基本恢复正常，而且再生时进行活化所需的时间要比新网短得多。

④ 铂网的损失和回收，铂网在生产中处于高温并受到气流的冲刷，表面发生物理变化，催化剂的细粒容易被气体带走，造成铂的损失，铂的损失量与催化剂成分、接触温度、压力、气体成分、网丝直径、网直径、气流方向及气流速度有关，铂平均损失量与催化剂的组成及接触温度的关系如图 2-3 所示。

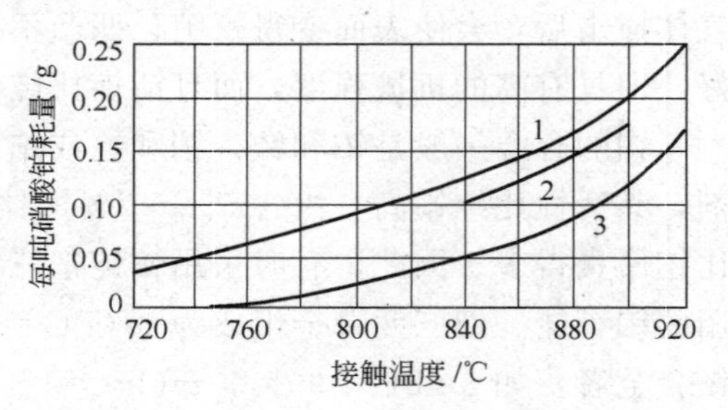

图 2-3　催化剂的成分和接触温度对铂耗的影响

1—Pt 网；2—Pt-Rh 网（Rh 2％）；3—Pt-Rh 网（Rh 10％）

由图 2-3 可知，在相同温度下，催化剂组成不一样，其损失也不同，这是因为催化剂的机械强度不一样之故。Pt-Rh 合金网的铂耗比纯铂网要低。Pt-Rh 网比纯铂网坚固。Pt-Pd 网却不如纯铂网。在各种成分的 Pt-Rh 合金中，Pt 与 10％ Rh 的合金的损失最小。Rh 含量增加到 10％以上将增加铂耗，通常采用 Rh 含量为 5％～7％与 Pt 的合金。

由图 2-3 可知，随着温度的升高，催化剂表面更活泼，也更疏松，因而铂耗增加，当温度超过 880～920℃时，铂损失就急剧增大。因此氨的催化氧化不适宜在 920℃以上条件下操作。通常常压氧化时，铂网温度取 800℃左右，加压下取 880℃左右。

加压下氧化时，由于气体的密度大，相应的温度也得提高才能得到同等的一氧化氮生成率，所以造成了铂网损失大大增加。

此外，铂网损失还与铂丝线径、气流方向、铂丝放置的相对位置及氨氧化混合气体的组成等有关。一般每生产 1t 100％的硝酸，常压法铂耗为 45～50mg，中压法为 100mg，高压法达 170～180mg。

铂网使用一定时间后，铂网损失量在 20％以上，或被损面积达 1/3 以上，无法修补时即报废，重新熔化加工制成新铂网。

铂网使用过程中，被气流带走的铂，约一半左右是成胶体铂泥沉积在硝酸储槽中，可定期加以清理回收。约有 1/4 被废气带走，其余则以粉状沉积在设备管道中。

进一步回收气体中的铂粉，生产中有用二氧化锆、氧化铝、硅胶、白云石或沸石，加工成 5～8mm 厚的片状，放在氧化炉铂网后回收铂。较简便的方法是管道设铂捕集器，器中放玻璃丝和瓷球为过滤物质。但要求耐热性高，压力降小，也有采用生石灰作为过滤介质，吸附挥发铂后，再将石灰溶解后回收铂。效率较好的是在氧化炉铂网后，安装六层钯-金合金网，可回收 37％～42％的铂。

(2) 非铂系催化剂　为了降低铂耗，寻找便宜易得的催化剂，以代替昂贵的铂系催化剂是一个重要的方向。非铂系催化剂的研究主要集中于铁系和钴系的范围。用铁系催化剂完全代替铂网，因氧化率不及铂网高，故极少采用。较多的是将铁系催化剂与铂网联合使用，此外，还有铁铬系催化剂，利用合成氨工业的中温变换铁铬催化剂进行氨氧化的试验研究，20 世纪 50 年代初期就已经开始，国外对此研究较多。国内也进行过铂-铁铬两段催化剂的研究，并曾进行过工业化试验。

钴系催化剂的研究在 20 世纪 20 年代即已开始，发现以 97％Co_2O_3、3％Bi_2O_3 组分的催化剂活性较好，初期氧化率可达 95％。

非铂催化剂的优点是，与铂催化剂比较价廉易得，新制备的非铂催化剂活性往往较高。它的缺点是活性容易降低，活性温度范围较窄，且用过的催化剂不容易点着，使用愈久的催化剂其点火时间也愈长。上述铁系催化剂和铂网联合使用（即将铂网和非铂催化剂分置二段），先把氨空气混合气通过一层铂铑合金段（第一段），约有 85％～90％的氨在此氧化，然后再通至非铂催化剂上继续氧化到 97％～97.5％。这样通过一层铂网后气体温度提高了，克服了非铂催化剂的缺点。

3. 氨接触氧化的机理

从氨与氧反应生成一氧化氮的反应式（2-1）可见，要四个分子氨和五个分子氧碰在一起才能发生作用。事实上九个分子碰在一起的机会是很少的，其实这只不过是一个表示从氨生成一氧化氮的总反应式。实际上，氨与氧要经过许多中间步骤才能生成一氧化氮或氮气。

关于氨氧化的机理，虽经许多年研究，仍未取得一致结论。根据大量的实验结果，认为机理如下。

① 氨氧化过程中铂催化剂对氧的吸附能力最强，而对氢、氨、一氧化氮、氮、水蒸气吸附能力较小。铂吸附氧和氨时，首先将氧分子中的原子与原子间的键破坏，成为吸附态的氧原子；

② 原子态的氧和被催化剂表面吸附的氨在催化剂表面上反应，生成羟氨（NH_2OH）：

$$NH_3+[O] \longrightarrow NH_2OH$$

③ 羟氨很不稳定，在铂催化剂上很快分解生成一氧化氮：

$$NH_2OH \longrightarrow NO+3H \xrightarrow{[O]} NO+H_2O$$

④ 铂对一氧化氮和水蒸气吸附能力较小，它们离开铂催化剂表面进入气相中。

上述过程中，由于氨较难吸附、故氨的氧化反应中，主要由氨向铂催化剂表面扩散的这一步决定整个氧化反应的速率，反应受扩散控制。

4. 氨接触氧化工艺条件的选择

选择氨接触氧化工艺条件时，首先必须保证接触氧化率（α）高，氧化率高可降低氨耗。其次应有尽可能高的生产强度和比较低的铂损失。

（1）温度　温度高，催化剂的活性高，生产实践证明，要想 NO 的产率在 96%以上，温度必须高于 780℃。但温度不能过高，当超过 920℃时，铂网的损失速度增加很快，同时，副反应也将加剧，并使氧化率下降。因此常压操作的氧化炉一般为 780～840℃，加压下为了提高氧化炉的生产强度，采用较大的气流速度（即接触时间短），为了保证氧化率不降低，提高铂网温度以增加催化剂的活性，如压力（绝）0.8MPa 操作的氧化炉采用 870～900℃。

氨氧化时，铂网的温度是靠反应本身的放热来维持的。混合气中氨的含量对反应过程中催化剂所达到的温度有直接影响。氨的含量愈大，铂网的温度就愈高。根据热量衡算的结果，氨含量每降低或增加 1%，则铂网的温度理论上可降低或升高 70℃左右。当混合气中含有 10%氨时，由于自热就可在 650～700℃温度范围内进行氧化。要想达到更高的温度，便需提高混合气中氨的含量，或在氧化过程进行之前将混合气预热。

（2）压力　由于氨氧化生成一氧化氮的反应实际上是不可逆的，因此增加压力只能减少气体体积，不会改变一氧化氮产率。工业生产条件下，加压氧化（0.8～1.0MPa）比常压氧化接触氧化率低 1%～2%。为了提高其氧化率就要提高反应温度和缩短接触时间，使处理气体量增加，故提高了催化剂的生产强度，常压下每 1kg 铂催化剂每昼夜只氧化 1.5t 氨左右，而在 0.9MPa 压力下便提高到 10t。特别是提高压力能大大加速下一步一氧化氮氧化速度，可使吸收塔的体积减小。

此外，加压氧化比常压氧化设备紧凑，投资费用少。但加压氧化气流速度较大，因而气体对铂网的冲击加剧，加上铂网的温度较高，使铂网机械损失加重。一般加压下铂的机械损失要比常压大 4～5 倍。

生产中常压和加压氧化均有采用，加压氧化采用 0.3～0.5MPa，国外有高达 1MPa 的。

（3）气流速度　当铂网规格和层数不变时，在一定的时间内，流过的气量（即气流速度）愈多，则混合气与催化剂接触的时间（即接触时间）愈短，气流速度愈快，催化剂的生产强度就愈大。

当气流速度太慢即接触时间太长，氨在铂网前高温处停留时间过长，会引起氨的分解，同时还会引起已氧化生成的一氧化氮的分解，从而降低氧化率。

$$2NH_3 = N_2+3H_2$$

$$2NO = N_2+O_2$$

当气流速度太快时，在铂网上生成的中间产物羟氨（NH_2OH）来不及在铂网上分解，离开铂网后再分解，而生成氮。另外，有部分氨滑过铂网，与生成的一氧化氮作用，生成氮和水蒸气，因而也降低了氨氧化率。

$$6NO+4NH_3 = 5N_2+6H_2O$$

由上述可见，接触时间太长或太短均使氧化率降低。因此实际生产中如何选择一个适当的接触时间，对于提高氨的氧化率是非常重要的。

根据数学推导得

$$\tau=\frac{V_{自由}}{f_s \cdot S \cdot v}=1.1\times10^{-2}\times\frac{f \cdot d \cdot m}{f_s \cdot v} \tag{2-4}$$

式中　τ——接触时间，s；

$V_{自由}$——催化剂自由空间，m^3；

f_s——铂网自由面积百分数，或铂网自由空间占总体积百分数；

S——铂网截面积，m^2；

v——气体速度，m/s；

d——铂丝的线径，cm；

m——铂网数目。

即当铂网规格一定时，接触时间与网数成正比，而和气速成反比。为了避免氨过早氧化，在常压下气体在接触网区内的流速不应低于 0.3m/s。在加压下操作时，由于反应温度较高，铂网前的温度也较高。为了避免氨的过早分解，宜采取比常压时为大的气流速度，使氨很快通过网前非接触区。为了保证氨在铂网内的接触时间，加压操作就必须采用多层铂网。

另据推导

$$A=1.97\times10^5\times\frac{x_0 d f p_k}{S\tau T_k} \tag{2-5}$$

式中　A——铂催化剂生产强度；

x_0——混合气体中氨的摩尔分数；

T_k——操作温度，K；

p_k——操作压力，MPa；

S——铂网比表面积。

由式（2-5）可见，其他条件一定时，铂催化剂生产强度与接触时间成反比。若再将式（2-5）与式（2-4）联立，则

$$A=1.79\times10^7\ \frac{x_0 p_k f_s w}{ST_k m} \tag{2-6}$$

可见，当其他条件一定时，生产强度与气流速度成正比。

在常压下，750℃下一氧化氮产率与铂催化剂生产强度之间的关系如表 2-1 所示。

表 2-1　铂催化剂生产强度与一氧化氮产率的关系

生产强度/[kg/(m^2·d)]	380	700	1000	1350	1560
一氧化氮产率/%	98.8	98.7	98.5	94.5	90.0

从工业生产的角度看，虽然由于增大了气体线速度，而使一氧化氮产率稍有减低，但能提高反应速率，增大生产强度，所以还是有利的。不过随着气流速度的增大，通过铂网的阻力增大，铂的损失也增加。

常压操作时，铂网的生产强度一般是 600～800kg/(m^2·d)，接触时间为 10^{-4}s 左右。加压操作时，实际接触时间变化不大，但因气体体积缩小，铂网生产强度增加。如

0.45MPa、3m 直径的氨氧化炉生产强度为 1500kg/(m^2·d)，接触时间为 1.55×10^{-4}s。

(4) 混合气组成　氨接触氧化的混合气是由氨和含氧气体组成的。在混合气中，氧与氨的比值[$n(O_2)/n(NH_3)=r$]，是影响氨氧化率的重要因素之一，当混合气中氧含量增加时，r 值增加，有利于 NO 的生成，使氧化率增加。若增加混合气中的氨含量，则可以提高铂网的生产强度。选择 $n(O_2)/n(NH_3)$ 比值时应全面考虑。

需要指出，确定 $n(O_2)/n(NH_3)$比值时，除要考虑氨氧化需要氧外，还要考虑到一氧化氮氧化所需的氧量。因此，用氨制硝酸的总需氧量应由下式决定

$$NH_3+2O_2 \longrightarrow HNO_3+H_2O$$

由反应式中可以看出，其 $n(O_2)/n(NH_3)$比 $r=2$，配制 $r=2$ 的氨空气混合气，其氨含量可以由 100mol 空气为基准计算。

100mol 空气中含 O_2 21mol：$r=2$ 时，

则相应氨量应为：21/2=10.5 (mol)

混合气的总量为：100+10.5=110.5 (mol)

则氨摩尔分数为：10.5/110.5×100%=9.5%

所以在氨氧化时，若氨摩尔分数>9.5%，则在后步反应过程中一定要补加二次空气。

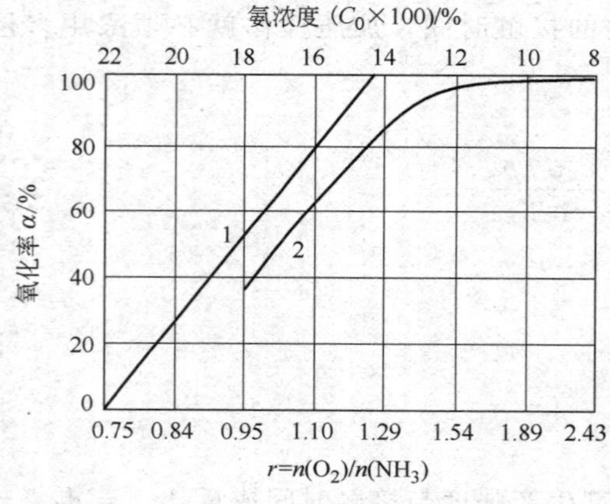

图 2-4　氨氧化率与氨空气混合气中氧氨物质的量之比的关系

图 2-4 是氨-空混合气在 900℃下，氨氧化率与混合气中氧氨比，氨含量的关系图。直线 1 表示完全按生成一氧化氮反应时的理论情况，曲线 2 表示实际情况。

由图可见，当 $n(O_2)/n(NH_3)$小于 1.7 时，随 $n(O_2)/n(NH_3)$的增加，氧化率便急剧降低，当 $n(O_2)/n(NH_3)$ 大于 2 时，随 $n(O_2)/n(NH_3)$的增加，氧化率增加极小。氧氨物质的量之比大于 1.7，可使氧化率达 95%以上，这是因为氧过量时铂网活性表面被氧吸附所占的比例增大。若氧气过量较小，则氨会在未被氧所遮盖的铂催化剂表面直接分解成单质氮和氢，而氢又进一步与氧作用生成水蒸气，从而消耗了一部分氧。当氧氨物质的量之比大于 2 时，因为铂网活性表面已被吸附的氧所饱和，再增加氧的含量无明显作用，故氧化率增加较少。

因此，氨空气混合气中氧氨物质的量之比一般维持在 1.7～2 之间。催化剂活性高或氧化温度高时，氧的过剩量可以少些，如采用活性较大的铂铑催化剂，并在较高温度 (800℃) 下，氧氨物质的量之比便可取得低些，在 800℃时，取 1.5～1.6。使用非铂催化剂，由于它的活性小些，氧氨物质的量之比应大于 2，否则氧化率会急剧降低。与氧氨物质的量之比相应的混合气体中氨的摩尔分数应在 9.5%～11.5%范围内。

中国有些大中型化肥厂，为保证较高氧化率，不降低氧氨比，又要提高氨含量，可获得浓度高一些的一氧化氮，采用在氨空气混合气中加入纯氧或富氧空气。一般情况是：

$x(NH_3)$=11.3%～12% (超过 12.5%～13%有爆炸危险)；

$x(O_2)$=23%～26%；

$n(O_2)/n(NH_3)$=2.0～2.2。

例 氨量 $500m^3/h$，空气量 $4500m^3/h$，混合气中氨的体积分数为 10%，$n(O_2)/n(NH_3)\approx1.9$，欲使氨的体积分数达到 12.0%，$n(O_2)/n(NH_3)=2.2$，氨量不变，求需加纯氧多少？混合气的总量变化如何？

解 ① 当 $n(O_2)/n(NH_3)=2.2$ 时，需氧的总量是

$$q_V(O_2)=500\times2.2=1100m^3/h$$

② 氨的体积分数 12%时，需纯氧和空气量是

$$\frac{q_V(NH_3)}{q_V(NH_3)+q_V(O_2)+q_V(\text{空气})}=12\%$$

$$\frac{500}{500+q_V(O_2)+q_V(\text{空气})}=0.12$$

$$q_V(O_2)+q_V(\text{空气})=\frac{500-0.12\times500}{0.12}=3670m^3/h$$

③ 需加纯氧量是

$$q_V(O_2)+\frac{1100-q_V(O_2)}{0.22}=3670m^3/h$$

$$q_V(O_2)=420m^3/h$$

④ 混合气总量的变化是

$$\frac{(4500+500)-(3670-500)}{4500+500}=16.6\%$$

(5) 爆炸及其预防措施 氨空气或氨氧混合气中，当氨的含量在一定范围内点火时便引起爆炸，此时氨的最小浓度称为这个混合气的最低爆炸极限。氨的最大浓度称为最高爆炸极限，这个范围的上下限度叫作爆炸极限。当条件改变时，混合气体的爆炸极限也会改变。氨空气混合气的爆炸极限随温度增高而增宽，越易爆炸，混合物自下而上通过时，爆炸极限变宽。含氧量越多，越易爆炸。压力越高，越易爆炸等。氨空气混合气的爆炸极限如表 2-2 所示。

表 2-2 氨空气混合气的爆炸极限

气体火焰方向	爆炸极限[以 $\varphi(NH_3)/\%$]				
	180℃	140℃	250℃	350℃	450℃
向上	16.1～26.6	15～28.7	14～30.4	13～32.2	12.3～33.9
水平	18.2～25.6	17～27.5	15.9～29.6	14.7～31.1	13.5～33.1
向下	不爆炸	19.9～26.3	17.8～28.2	16～30	14.4～32.0

为了保证安全生产，防止爆炸，在设计和生产中要采取必要措施。严格控制操作条件，使气流均匀通过接触网、合理设计接触氧化设备、添加水蒸气、避免引爆物的存在等。

5. 工艺流程和主要设备

(1) 工艺流程 氨的接触氧化流程因操作压力不同而有常压和加压之分，但基本程序是相同的。以常压法氧化流程为例，工艺流程见图 2-5。

空气先进入洗涤塔 1 以除去机械与化学杂质，然后通过泥袋过滤器 2 与来自气柜的氨，在氨过滤器 9 中除去杂质后进入混合器 10，经过净化的空气和氨气混合后一起由鼓风机送入纸板过滤器 4 和氧化炉 5，温度为 800℃左右的氨氧化物气体从氧化炉出来直接进入废热锅炉 6，在此产生动力蒸汽，气体冷却到 180℃，然后在快速冷却器 7 中冷却到 40℃。在这里大量水蒸气被冷凝下来，并有少量的 NO 被氧化成 NO_2，而溶入水中，形成 2%～3%的稀硝酸排出系统。

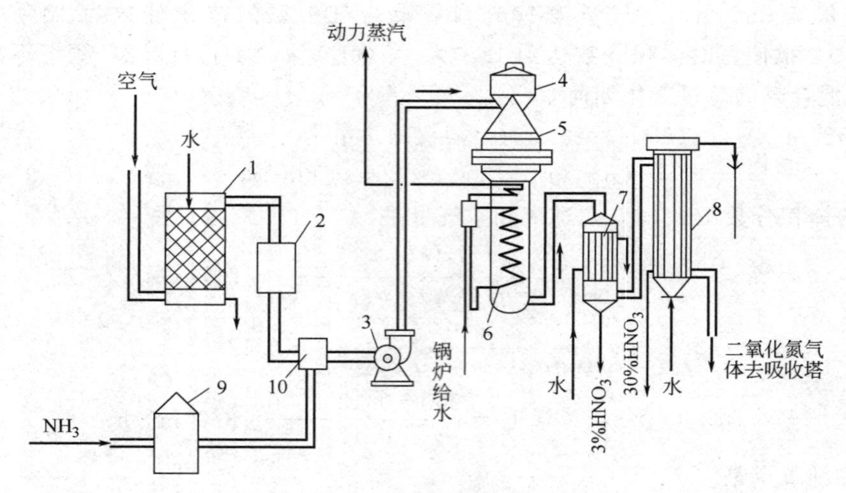

图 2-5 常压下氨的接触氧化流程

1—水洗涤塔；2—泥袋过滤器；3—鼓风机；4—纸板过滤器；5—氧化炉；6—废热锅炉；7—快速冷却器；8—普通冷却器；9—氨过滤器；10—氨空气混合器

（2）主要设备氧化炉 氧化炉是氨氧化部分的主要设备。氨氧化率的高低与氧化炉的结构有关。现在广泛采用的氧化炉是由上下两个圆锥体和中间一个圆柱体所组成的容器。锥体的角度应该满足氨空气混合气分散均匀和铂网受热均匀，一般是 70℃左右。

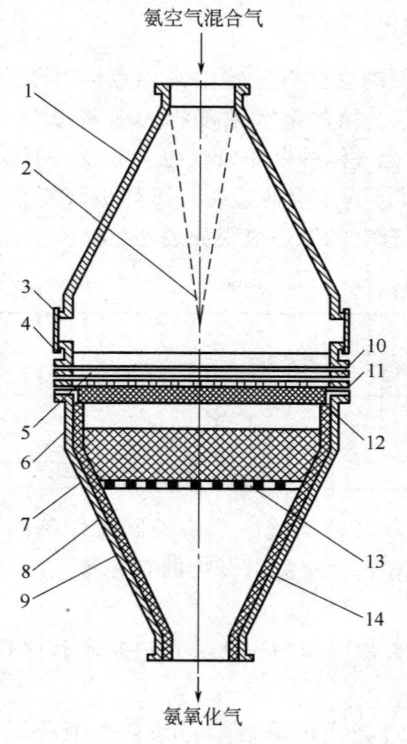

图 2-6 氧化炉

1—上锥体；2—锥形气体分布器；3—视孔；4—上圆柱体；5，12—铂催化剂层；6—下圆柱体；7—消声环；8—绝热材料；9—耐火砖；10—压网圈；11—托网梁；13—花板；14—下锥体

氧化炉有两种形式：一种是由下面送入氨-空气混合气，混合气从下向上通过；另一种是由上面送入氨-空气混合气，混合气从上向下通过。近年来新建工厂都用直径较大的，从上向下形式的氧化炉。它的主要优点是：下锥体内可用耐火砖衬里，减少了散热损失；在氧化炉与废热锅炉设计成联合设备时，可以更加有效地回收热量；气流方向与铂网的重力方向一致，可以减少网的振动，降低铂的损失。

图 2-6 为从上而下形式直径 2m 的氧化炉。

氧化炉上锥体和上圆柱体用耐热不锈钢制成，下锥体和下圆柱体用普通碳钢制成，内衬石棉板和耐火砖。上锥体设有一个锥形气体分布器，在分布器上开孔时，要使气流分布避免中间量大，周边量小的现象。分布器的作用是防止混合气分布不均和在网前形成涡流。下锥体的花板上，堆放有 ϕ25mm×25mm×5mm 的瓷环，起消声作用，又名消声环。

上下圆柱体之间用法兰连接，在法兰和法兰之间夹有压网圈。用以夹紧铂网。在大直径氧化炉中，以防铂网在气流冲击和高温作用下垂变形，一般都在网的下面绷紧一些不锈钢的钢条。

在上圆柱体上装有四个视孔及分析氨的取样孔，视孔用来观察铂网灼热时的颜色，以判断温度高低及铂网是否受热均匀。

下圆柱上有点火孔，供开工时在此伸入点火器之用。此外，尚有测温孔及分析一氧化氮的取样孔。

图 2-7 为大型氧化炉-废热锅炉联合装置，氧化炉的直径为 3m，采用五张铂-铑-钯网和一张纯铂网组成催化剂层，在 0.45MPa 下操作，氧化率可达 98%。联合装置上部为氧化炉，中部为过热器，下部为立式列管换热器。

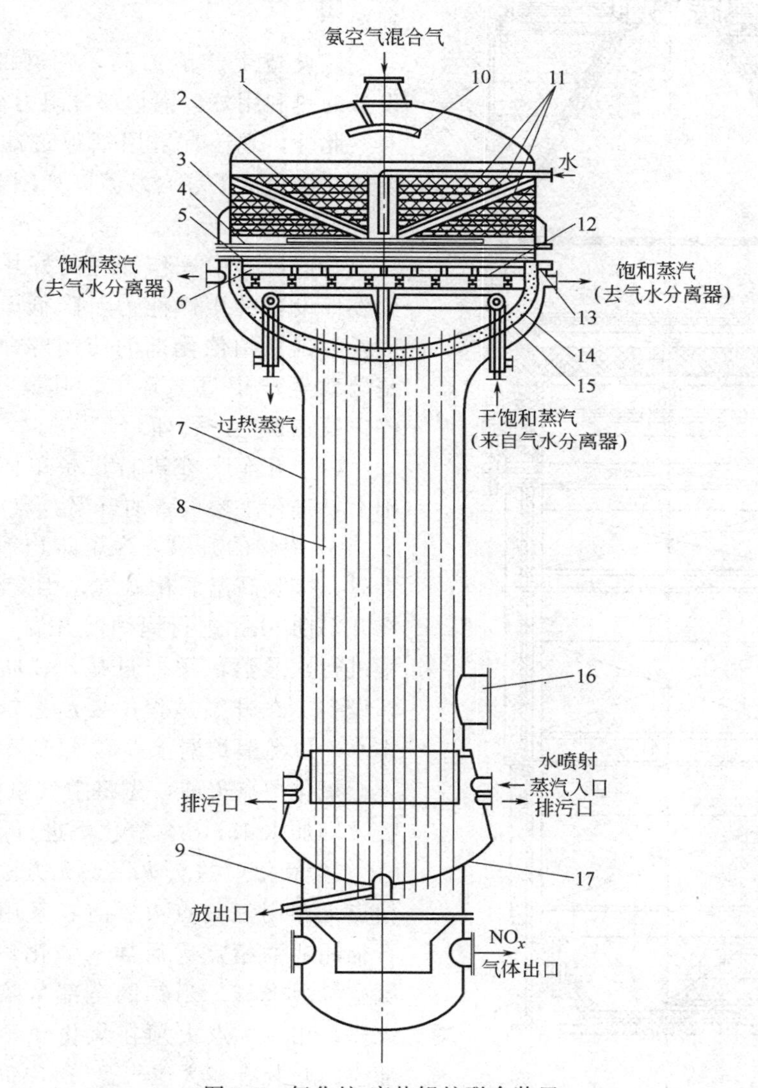

图 2-7 氧化炉-废热锅炉联合装置

1—氧化炉炉头；2—铝环；3—不锈钢环；4—铂铑钯网；5—纯铂网；6—石英管托网架；7—换热器；8—列管；9—底；10—气体分布板；11—花板；12—蒸汽加热器（过热器）；13—法兰；14—隔热层；15—上管板（凹形）；16—人孔；17—下管板（凹形）

氨空气混合气由氧化炉炉头顶部通入，经气体分布器、铝环和不锈钢环填充层，使气体均匀分布在铂网上。通过铂催化剂层进行氨的氧化，并产生了大量的反应热。为了充分利用反应热，在炉头下部设有过热器。过热器内温度高达 850℃的氮氧化合物气体与干饱和蒸汽进行间接换热，使温度为 288℃的干饱和蒸汽进一步加热，产生 390℃，2.5MPa 的过热蒸汽。为了能够更加有效地利用热量，蒸汽过热器和列管换热器之间设有隔热层。

氮氧化物气体经过过热器，温度降至745℃，进入下部换热器的列管内，与列管间的水进行换热，产生饱和蒸汽。本身温度降至240℃，由底部送出，换热器管间的水与锅炉汽包形成自然对流循环，汽包分离出来的水仍回到锅炉。

该设备生产能力高，铂网的生产强度大，设备的热利用好，锅炉部分阻力小，操作方便。

此外，现还有采用纸板过滤器、氧化炉和废热锅炉组成的联合装置。如图 2-8 所示。

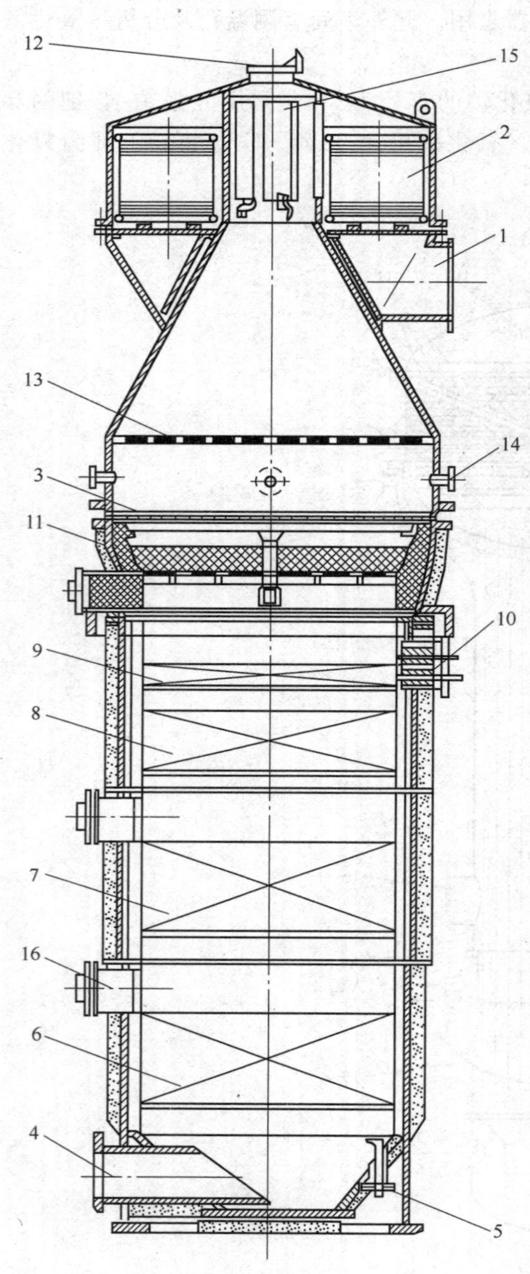

图 2-8　纸板过滤器、氧化炉和废热锅炉

1—混合气入口；2—纸板过滤器；3—铂网；4—氧化氮气出口；5—锅炉水入口；6—第一节热盘管；7—第二节热盘管；8—锅炉盘管；9—过热蒸汽盘管；10—过热蒸汽出入口；11—磁环；12—安全板；13—花板；14—视孔；15—止逆板；16—人孔

6. 操作要点

生产过程中操作管理的好坏，将直接关系到发挥设备的生产能力及降低电、氨等原料的消耗，延长铂催化剂的使用寿命。氨接触氧化是硝酸生产中重要环节、其操作要点包括开、停车及正常生产管理。

(1) 开车　在进行设备单体、联动试车基础上，进行主要设备的升温、点火及系统开车。

① 锅炉的升温，为了防止锅炉在氧化炉点火时，接收高温氧化氮气，因受热过猛而损害，在开车前 6h，进行锅炉的升温。升温初期要缓慢进行，通蒸汽不要过猛，以防振动剧烈而损坏设备。在升温过程中要注意锅炉液位，定期排水，以免锅炉漏水。

氧化炉点火前，先将空气量调至正常气量，吸收塔加水 15min，氧化炉进行点火。

② 氧化炉的点火，点火方法有两种，用酒精点火和用氢气点火。前者系用不锈钢棒外绕石棉绳沾酒精点火后插入氧化炉中，即时送入氨空气混合气，当铂网全部呈暗红色后抽出点火棒。用氢气点火须在氧化炉顶（催化剂网上部空间）装有一大氢气盘管（ϕ50mm），管下方有孔和一小氢气管及点火装置。点火时先将点火装置送电升压（6000～7000V）待电炉丝发红后小氢气管开启送入氢气，氢气着火后切断点火电源。开启大氢气管，沿炉圆周方向孔进入氢气均着火后送入氨空气混合气（氢火焰方向和气流方向一致）。铂网温度达 400℃左右可停止点火。

点火时要注意进入氧化炉内的氢气必须燃烧，否则增加混合气中氢含量，易引起爆炸。

同时，要随时观看铂网上的颜色，当铂网温度达400℃左右时可停止点火，若点火后，网上呈现有黑斑时，可增加氨量，使氨的含量提高至11.0%～11.5%，用提高炉温的方法将黑点灼烧至消失。

③ 氧化炉点火后，炉温达300℃时，锅炉停止预热（短期停车锅炉进行保温），联系有关岗位开蒸汽出口阀，向外送出蒸汽。炉温达600℃时，开启锅炉自动加水装置，控制锅炉液位在1/2～2/3。炉温达760℃时，稳定加氨量，当炉温稳定后，可逐步将氨流量由手动调节转入自动调节，并密切注视各部分运行情况。

④ 氧化炉点火后，开启冷却器上部的加水阀往冷却器内加水，使点火初期生成的铵盐被洗掉，防止铵盐积累产生爆炸事故。氨氧化后序岗位做好开车准备。

（2）停车

① 与有关方面联系，准备停车用的防护器材及工具。

② 氧化切断氨气前半小时，停止吸收塔顶加水，并停下水泵，停止水槽加水。

氧化逐渐减负荷，减少混合气氨含量，以降低氧化温度，最后切断氨气。当氧化炉温度降至600℃时，锅炉加水自动转为手动控制，保持锅炉液位，停止向外送蒸汽。

③ 氧化切断氨气后，停下冷酸泵，关冷却器底部排酸阀，氨蒸发器停止通蒸汽。到酸含量低于40%以下时停止送酸，把塔内存酸放至地槽。

④ 氧化炉温度降至300℃时，停鼓风机和电动油泵。

⑤ 风机停止氧化炉吹风降温后，立即关闭锅炉出口阀及二次空气阀，以防系统酸性气体倒流。开氧化炉上放空阀，开锅炉排酸导淋阀，锅炉保温保压。

⑥ 短期停车时，吸收塔，冷却器冷却水可不停，冬季停车要注意防冻，设备管道内的存水要全部放掉，或保持少量流动，以防冻结。

（3）生产的正常管理

① 为保证氧化炉安全运行，必须注意混合气中的氨浓度不能超过指标的高限，注意空气量的变化和氨气温度、压力的变化，一般情况下，混合气中氨摩尔分数每变化1.0%，氧化炉温度变化65～70℃，因此，操作中根据氨量来调节氧化炉温，这是最重要的控制要点。

② 废热锅炉操作中要控制好锅炉蒸汽压力，蒸汽压力过低，出锅炉的氧化氮气体容易产生冷凝酸，使锅炉出气室腐蚀。压力过高，出口氧化氮气体温度升高，增加了吸收系统的冷却负荷，影响一氧化氮和二氧化氮的吸收，因此蒸汽压力必须控制在指标范围。

锅炉用软水的水质要严加控制，为保持一定的质量，要定期将炉内水进行适当排放，使炉内水质稳定在指标范围内。

③ 操作中，要严防液氨带入氧化炉，一旦发现有带液现象，要立即停车，避免事故发生。

三、一氧化氮的氧化

氨接触氧化后的气体中，主要含NO、O_2、N_2和水蒸气，将一氧化氮继续氧化，便可得到氮的高级氧化物NO_2、N_2O_3、N_2O_4：

$$2NO+O_2 \rightleftharpoons 2NO_2 \quad \Delta H=-112.62kJ \tag{2-7}$$

$$NO+NO_2 \rightleftharpoons N_2O_3 \quad \Delta H=-40.19kJ \tag{2-8}$$

$$2NO_2 \rightleftharpoons N_2O_4 \quad \Delta H=-56.94kJ \tag{2-9}$$

一般情况下，一氧化氮氧化时，不会生成五氧化二氮，故可不考虑N_2O_5的影响。

一氧化氮氧化的反应均为放热，体积减小的可逆反应，降低温度增加压力会使反应平衡向右移动，即有利于一氧化氮的氧化。

此外，反应式（2-8）和式（2-9）的反应速率较大，NO和NO_2生成N_2O_3的速率在0.1内便可达到平衡，NO_2叠合成N_2O_4的速率更快，在10^{-4}s内便可达到平衡。

由于气体中N_2O_3的平衡浓度极小，NO_2的叠合反应对硝酸生产没有影响，所以讨论NO的氧化时可以不考虑反应式（2-8）和式（2-9）。

NO氧化生成NO_2的反应是硝酸生产中最重要的反应之一。NO氧化的好坏关系到NO_2的含量和硝酸的产量。NO氧化生成NO_2的反应可以在气相或液相中没有催化剂时进行，也可以在固体催化剂上进行。一般工业生产采用前者，因为这时反应速率已是足够快了。但NO氧化成NO_2的反应速率与硝酸生产中其他反应相比较，是最慢的一个反应，因此，NO氧化为NO_2的反应是硝酸生产的关键。

必须指出，在吸收过程中生成HNO_3的同时会放出NO，$3NO_2+H_2O = 2HNO_3+NO$。这时，放出的NO还要继续氧化，再被吸收，所以反应式（2-7）在吸收过程中也是很重要的。

1. 一氧化氮氧化反应的化学平衡

$$2NO+O_2 \rightleftharpoons 2NO_2 \quad \Delta H=-123.92\text{kJ}$$

当反应达到平衡时，平衡常数

$$K_{p_1}=\frac{p_{NO_2}^2}{p_{NO}^2 \cdot p_{O_2}}$$

平衡常数是温度的函数，又可用下式表示：

$$\lg K_{p_1}=\frac{5749}{T}-1.751T+0.0005T^2+2.839$$

从上式可见，温度越低，K_{p_1}值越大，p_{NO_2}也越大，即NO的平衡氧化度越高。

NO氧化是体积缩小的反应，提高压力亦有利于氧化。

NO氧化反应的平衡氧化度α_T随压力p和温度T而改变的函数关系，如图2-9所示。

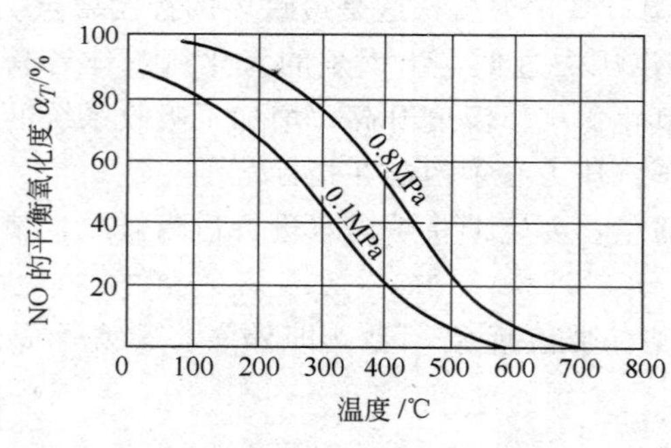

图2-9　NO的平衡氧化度α_T与温度压力的关系

（NO起始含量9.92%，O_2起始含量5.68%）

由图可见，温度降低，压力升高时，平衡氧化度上升；在常压下当温度低于100℃或0.8MPa下温度低于200℃时，α_T都几乎为1，表示反应式（2-7）可看成是向右不可逆反应。反之，当温度高于800℃时，α_T接近于0，表示反应式（2-7）可看成向左不可逆反应。

上述说明，当氨刚通过接触氧化炉时，温度还很高，不可能有NO_2生成。以后气体逐渐冷却，气体温度冷至室温时（低于100℃），不论是在常压或加压下，实际上反应式（2-7）可完全向右进行。即可按照完全不可逆反应处理，所以关键仍是速率问题。

2. 一氧化氮氧化反应的速率及影响因素

（1）反应速率　根据实验，NO氧化为NO_2的反应速率公式为

$$\frac{dc_{NO_2}}{d\tau}=k'_c c_{NO}^2 c_{O_2}-k''_c c_{NO_2}^2 \tag{2-10}$$

式中　　k'_C、k''_C——正、逆反应速率常数；

c_{NO_2}、c_{NO}、c_{O_2}——反应中 NO_2、NO、O_2 的瞬时浓度。

在 200℃以下，反应可以认为是不可逆的，逆反应速率可忽略不计，反应速率公式可简化为：

$$\frac{dc_{NO_2}}{d\tau}=k'_c c_{NO}^2 \cdot c_{O_2} \tag{2-11}$$

对 NO 氧化而言有一个反常现象，即反应速率常数 k'_c 不符合阿伦尼乌斯公式，即温度升高，不仅不能加快反应速率，反而使反应减慢。这是因为 NO 的氧化反应实际上是按两个步骤进行，其反应式为

$$2NO = (NO)_2 + Q \tag{2-12}$$

$$(NO)_2 + O_2 = 2NO_2 \tag{2-13}$$

反应中，NO 首先以很大的速率叠合成 $(NO)_2$，瞬间即达到平衡，其平衡常数

$$K=\frac{c_{(NO)_2}}{c_{NO}^2}$$

然后 $(NO)_2$ 与氧作用生成 NO_2，这个反应进行得很慢，是整个反应的控制步骤，其反应速率为

$$\frac{dc_{NO_2}}{d\tau}=K' \cdot c_{NO_2} c_{O_2}$$

联立以上两式，解之得

$$\frac{dc_{NO_2}}{d\tau}=K'(K \cdot c_{NO}^2) \cdot c_{O_2}=k'_c c_{NO}^2 \cdot c_{O_2}$$

由上式可见，反应速率常数 K'_c 实际上包括两个常数 k' 和 K。k' 与通常的速率常数一样，随温度升高而增大。由于反应是放热反应，平衡常数 K 将随温度升高而降低。K 的减小值是超过 k' 的增大值的，净结果是温度升高时 k'_c 降低，因而使反应速率变慢。

气体组成还可用分压表示，经推导得如下公式

$$k_p x^2(NO) p^2 \tau=\frac{x(NO)}{(r-1)(1-\alpha)}+\frac{1}{(r-1)}\ln\frac{r(1-\alpha)}{1-x(NO)} \tag{2-14}$$

式中　k_p——反应速率常数；

$x(NO)$——NO 的起始含量/2，摩尔分数；

p——压力，大气压；

r——$x(O_2)/x(NO)$；

$x(O_2)$——氧的起始含量，摩尔分数；

α——氧化率。

另外，实验测得 K_p 与温度的关系如下：

温度/℃	0	36	60	100	140	200	240	300	340	390
K_p	69.3	12.8	19.2	19.5	13.5	8.71	6.83	5.13	4.34	3.66

(2) 反应速率的影响因素

① 温度。从 K_p 与温度的关系和式 (2-14) 可以看出，当其他条件不变时，温度降低，反应速率常数 K_p 增加，α 和 r 一定时，$K_p x^2(NO) p^2 \tau$ 不变，则 NO 氧化所需时间 τ 降低。所以降低温度能加快 NO 氧化反应速率。

② 压力。当其他条件一定而改变操作压力 p 时，由于 p 对 K_p 的影响不大，因而可以近似地看成 τ 与 p^2 成反比。即增加操作压力，氧化所需时间 τ 减少很多，所以加压操作可以大大加快 NO 的氧化速率。

加压氧化还可以减少反应容积，因为 NO 氧化所需要的容积 V 等于气体的体积流量 q_{V_0}（m^3/s）和所需要的氧化时间 τ（s）的乘积，即

$$V=q_{V_0}\tau$$

其中 τ 与 p^2 成反比，q_{V_0} 又与 p 成反比，故 V 约与 p^3 成反比。这说明若压力增加一倍，一氧化氮氧化所需容积可缩小至1/8。

③ 气体组成。由前述，一氧化氮氧化反应的反应速率与一氧化氮浓度的平方及氧浓度的乘积成正比。所以增加气体中 NO 摩尔分数 $x(NO)$，可以大大加快反应速率，缩短反应所需时间。但实际生产中，一氧化氮浓度受到氨氧化过程的限制，因为氨氧化时气体中氨的摩尔分数小于12%。因此，要提高反应速率，就只有从增加氧浓度着手。

如用氨空气混合气进行接触氧化时，若氨的摩尔分数在9.5%以上，则在以后工序中还要添加含氧气体（称二次空气）。加入含氧气体量的多少，应能保证 NO 的氧化速率尽可能大，氧化所需空间尽可能小为原则，这就要确定一个最适宜浓度。一般情况下氧摩尔分数为加入含氧气体的1/3为宜。

3. 工艺条件及设备流程概述

从上面的讨论可知，保证 NO 氧化的良好工艺条件是：加压、低温和最适宜的气体浓度。这些也正是吸收的良好条件。

从氨氧化工段出来的气体为了避免硝酸蒸气冷凝后对废热锅炉的腐蚀，一般不低于200℃。为了使 NO 进一步氧化，就必须将气体冷却，并且温度愈低愈好，在冷却过程中 NO 就不断地氧化。但必须注意：气体中由于含有水蒸气，在达到露点后，就开始冷凝，从而会有一部分 NO 和 NO_2 溶解在水中而形成冷凝酸。这样不但降低了气体中氮氧化物的浓度，而且对以后的吸收不利。

为了解决这一问题，气体必须很快冷却，使其中的水分尽快冷凝，同时让 NO 来不及充分氧化成 NO_2，这样就可以减少 NO_2，因溶解在冷凝水中而造成的损失。这个冷却过程是在所谓“快速冷却器”中进行的，快速冷却器有淋洒排管式、竖立列管式、鼓泡式等。气体以高速通过冷却器的管内，管外用大量冷却水冷却，使气体的冷却和水的冷凝过程在短时间内完成。

经过快速冷却后，气体中水分大部分被除去，这时就可使 NO 充分地氧化。氧化通常在气相，液相或气液界面上进行，可分干法氧化和湿法氧化两种。

干法氧化是把气体通过一个氧化塔，让气体在里面充分地停留，从而达到氧化的目的。氧化塔可在室温操作，也可以采用冷却措施，以排除氧化时放出的热量，有时，工厂中并无特设的氧化器，实际上输送氮氧化气体的管道，就是一氧化氮的氧化设备。

湿法氧化是将气体通入一塔内，塔中用较浓的硝酸喷淋。一氧化氮与氧在气相空间，液相内以及气液相界面进行氧化时，大量喷淋酸可以移走氧化时放出的热量，由于 HNO_3 的存在及液相氧化反应，而加速了 NO 的氧化，反应式为

$$2HNO_3+NO = 3NO_2+H_2O$$

湿法氧化较干法氧化有很多优点，湿法氧化时，大量喷淋酸能吸收热量，移走了反应热，降低了温度，故换热效率要比干法高得多。其次一氧化氮的氧化作用在液相中进行得比

较快，所以湿法氧化速度大于干法氧化速度。

通常湿法氧化用于常压流程。在加压流程中，由于一氧化氮氧化的完全程度和速度都相当大，所以采用干法氧化。

四、氮氧化物的吸收

一氧化氮氧化后的混合气体中含有NO、NO_2、N_2O_3、N_2O_4等氮氧化物，习惯上称这种气体为硝化气。硝化气中除一氧化氮外，均能与水发生作用，其反应式如下：

$$2NO_2+H_2O \longrightarrow HNO_3+HNO_2 \quad \Delta H=-115.97kJ \tag{2-15}$$

$$N_2O_4+H_2O \longrightarrow HNO_3+HNO_2 \quad \Delta H=-59.20kJ \tag{2-16}$$

$$N_2O_3+H_2O \longrightarrow 2HNO_2 \quad \Delta H=-55.68kJ \tag{2-17}$$

反应式（2-15）和反应式（2-16）都生成等量的硝酸和亚硝酸。且NO_2和N_2O_4相互转化很快，能很快达到平衡，因此，如果不是讨论它们互相转化的机理，吸收过程可用反应式（2-15）来表示。

如前述，气体中含N_2O_3量很少，因此，反应式（2-17）可不考虑，同时，HNO_2是极不稳定的，工业生产条件下它将迅速分解

$$3HNO_2 \longrightarrow HNO_3+2NO+H_2O \quad \Delta H=-75.78kJ$$

用水吸收氮氧化物的总反应式可概括为

$$3NO_2(g)+H_2O(l) \longrightarrow 2HNO_3(l)+NO(g) \quad \Delta H=-136.03kJ \tag{2-18}$$

由反应式（2-18）可见，被水吸收的NO_2只有2/3生成硝酸，有1/3又转化为NO，若要使这部分NO被吸收，则必须继续氧化为NO_2才行，而下一循环被吸收时，又只有其中的2/3被吸收，其余的1/3又变为NO，过程如此继续进行。

所以要使1mol NO完全转化为HNO_3，则在整个过程中氧化的NO量不是1mol，而是

$$1+\frac{1}{3}+\left(\frac{1}{3}\right)^2+\left(\frac{1}{3}\right)^3+\cdots+\left(\frac{1}{3}\right)^n=1.5mol$$

由于用水吸收氮氧化物时，NO_2吸收反应和NO氧化反应同时交叉进行，就使整个过程变得复杂了。

1. 吸收反应的化学平衡

研究化学反应平衡的目的在于解决：

① 在一定的氧化氮气体组成下，能够得到成品酸的最大浓度；

② 在一定的温度下用水（实际生产上用一定浓度的稀硝酸）来吸收NO_2所能达到的平衡转化度。

(1) 平衡常数　吸收反应为一放热、分子数减少的可逆反应，因此降低温度，增加压力对平衡有利。定量的关系可用平衡常数来研究。

设：K_p为平衡常数

$$K_p=\frac{p_{NO}\cdot p^2_{HNO_3}}{p^3_{NO_2}\cdot p_{H_2O}}=\frac{p_{NO}}{p^3_{NO_2}}\cdot\frac{p^2_{HNO_3}}{p_{H_2O}}$$

为测定和计算方便起见，把K_p分成两个系数

$$K_1=\frac{p_{NO}}{p^3_{NO_2}} \quad K_2=\frac{p^2_{HNO_3}}{p_{H_2O}}$$

所以$K_p=K_1\times K_2$

K_p 只与温度有关，而 K_1 与 K_2 除了与温度有关外，还与溶液中的酸含量有关，K_2 系根据液面上的蒸气压求定，而 K_1 则根据在一定浓度的硝酸溶液上的 p_{NO} 和 p_{NO_2} 求定，不同浓度和温度下的 K_1 和 K_2 值如表 2-3 所示。

由表 2-3 和图 2-10 可以看出：温度愈低，K_1 值愈大，硝酸浓度愈低，K_1 值也愈大；K_2 值与温度及硝酸浓度的关系和 K_1 值相反，温度愈高，K_2 值愈大，硝酸浓度愈高，K_2 值也愈大。

表 2-3　在不同温度和酸浓度下的 K_1 和 K_2 值

$w(HNO_3)$/%	$\lg K_1$			$\lg K_2$			$\lg K_p$		
	25℃	50℃	75℃	25℃	50℃	75℃	25℃	50℃	75℃
24.1	+5.37	+4.2	+3.17	−7.77	−6.75	−5.66	−2.40	−2.55	−2.49
33.8	+4.36	+3.18	+2.19	−6.75	−5.65	−4.66	−2.39	−2.47	−2.47
40.2	+3.7	+2.58	+1.63	−5.91	−4.86	−3.97	−2.21	−2.38	−2.35
45.1	+3.2	+2.1	+1.18	−5.52	−4.44	−3.5	−2.30	−2.34	−2.32
49.4	+2.75	+1.67	+0.77	−5.12	−3.93	−3.11	−2.38	−2.26	−2.34
69.9	−0.13	−0.69	−1.12	−2.12	−1.69	−1.27	−2.25	−2.38	−2.39
						平均	−2.34	−2.38	−2.39

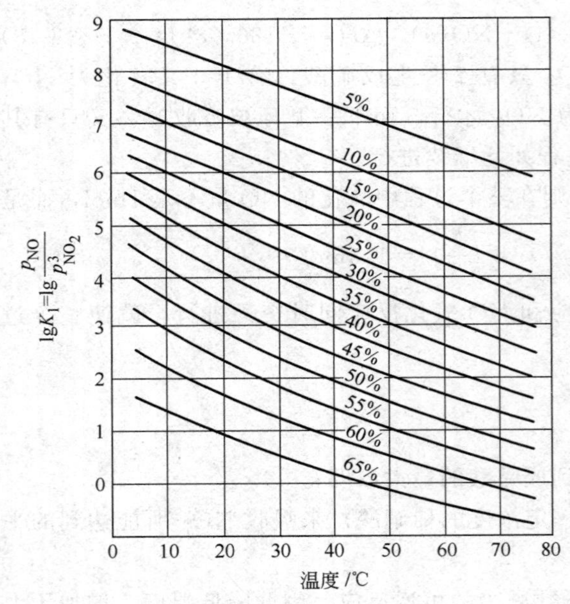

图 2-10　$\lg K_1=\lg\frac{p_{NO}}{p^3_{NO_2}}$ 与温度及酸浓度的关系

研究结果证明，液相组分的分压 p_{HNO_3} 和 p_{H_2O} 比气相组分的分压 p_{NO} 和 p_{NO_2} 小得多，可以认为吸收过程主要决定于常数 K_1。所以实际工作中，一般按 K_1 常数式进行反应平衡的计算。

从化学平衡的角度来看，用硝酸的水溶液来吸收二氧化氮时，温度越低，K_1 的值越大，酸浓度越低，K_1 值越大。低浓度的硝酸虽使吸收较完全，然而所得成品酸浓度亦很低。当酸浓度增大时，即溶液中 HNO_3 多，H_2O 少，$3NO_2+H_2O \rightleftharpoons 2HNO_3+NO$ 反应向左进行，因而 NO 减少，NO_2 增多，K_1 值减少。由图 2-10 中看出，当硝酸质量分数大于 65% 时，温度高于 45℃，$\lg K_1<1$，说明吸收过程再不能进行，反应向逆反应方向进行。所以，一般用硝酸水溶液吸收氮氧化物气体时，成品酸所能达到的浓度有一定的限制。

(2) 二氧化氮吸收度和转化度的计算　二氧化氮吸收度是指被吸收的 NO_2（包括 N_2O_4）的量与吸收前 NO_2 的总量之比，用 Z 表示。

二氧化氮转化度是指转化为硝酸的 NO_2（包括 N_2O_4）量与吸收前的 NO_2 总量之比，用 Y 表示。

由吸收反应可知，对一次吸收过程而言，$Y=\frac{2}{3}Z$，对应于某一塔板或一定酸浓度下平衡吸收度（Z_T）和平衡转化度（Y_T）可用解析法和图解法计算，在此主要介绍图解法。

图 2-11 是在 0.1MPa 下和 25℃时，分别以气相中 NO 和 NO_2 的摩尔分数为纵横坐标，以酸浓度为参变数作的图。图中有下列几种曲线。

平衡线：在图中用粗实曲线表示。平衡线表示成平衡的气相和液相的组成，平衡线上各点对应的纵横坐标相当于与液相组成（即相当于一定浓度的酸）成平衡的气相组成。

从图上很容易查出平衡浓度。例如平衡时气相中含 $x(NO)=4\%$、$x(NO_2)=7\%$，由图可知，与之成平衡的硝酸质量分数为 50%。

吸收进行线：这是一条直线，在图中用虚线表示。吸收进行线表示吸收过程中随吸收反应的进行，气相组成的变化。气相被吸收时，NO_2 量减少，NO 增加，气相组成随吸收进行线的方向自上而下（如 $C\rightarrow D$）变化；反之，当气体解吸时，气相组成随吸收进行线的方向自下而上（如 $A\rightarrow B$）变化。

等氧化度线：氧化度 $\alpha=\dfrac{x(NO_2)}{x(NO)+x(NO_2)}$

整理后得：

$$x(NO_2)=\frac{\alpha}{1-\alpha}\cdot x(NO) \qquad (2\text{-}19)$$

式（2-19）表示一条通过原点的直线，其斜率为$\dfrac{\alpha}{1-\alpha}$。氧化度大时，斜率大。反之，斜率小，图中用细直线表示。

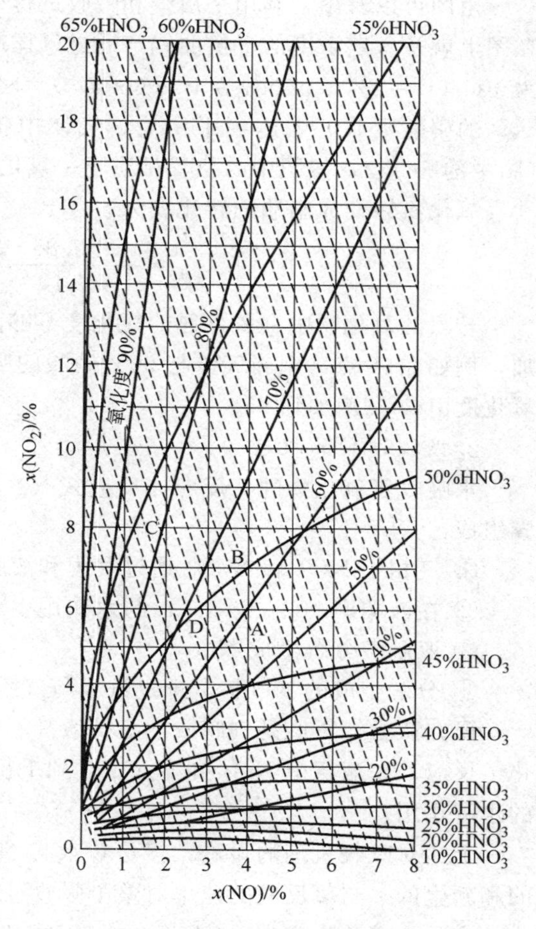

图 2-11　硝酸液面上气体中一氧化氮和二氧化氮的比例与硝酸浓度的关系

从图上的平衡关系，可得出几点结论。

① 实际气体组成在图 2-11 上为一点，已知硝酸的浓度后，与该酸浓度相应的平衡气相组成，在图上为一根曲线。点和曲线的相对位置决定于反应过程进行的方向，是吸收还是解析，即酸浓度是增加还是降低。若点在曲线的上面，气相中的 NO_2 分压大于硝酸液面上的 NO_2 平衡分压，进行吸收过程。气相组成沿着吸收进行线自左上角向右下角移动，如 $C\rightarrow D$，反之，点在曲线的下面，则硝酸分解，气相组成由右下角移向左上方，如 $A\rightarrow B$。若气相组成点落在曲线上时，就达到平衡状态。

② 由图还可看出，酸浓度越大，平衡曲线下面的分解区扩大，上面的吸收区缩小。若要使吸收过程进行，必须使二氧化氮的浓度或氧化度很大，如这二者较小，气相组成点落在曲线下面，这样将不是吸收，而是一氧化氮和硝酸进行反应，使一氧化氮变为二氧化氮结果氧化度增加，这就是直接法合成浓硝酸过程中的湿法氧化。

由此可见，气体的最初组成一定时，制得的硝酸浓度不可能大于其平衡浓度，例如当气体组成相当于 B 点，则制得的硝酸浓度最多只能是 50%（实际上还会低些）。由图可见，当硝酸质量分数为 65%时，平衡曲线与纵坐标很近，吸收区很小，所以在常温常压下操作时，很难获得比 65%更浓（严格说来是 68%）的硝酸。实际生产上，一般不会超过 50%，若要获得高浓度的硝酸，就必须降低温度，或者增加压力，而且尤以加压更为显著。

③ 图 2-11 只适用于温度为 25℃，压力（绝对）0.1MPa 的条件下，若在其他条件下，必须另外作平衡曲线图。

由图可以看出，利用平衡线和吸收进行线就能找到吸收达到平衡时的气相组成，该组成在图上就是一定浓度的平衡曲线与通过气体起始组成点的吸收进行线的交点，如硝化气组成为 $x(NO)=2\%$，$x(NO_2)+2x(N_2O_4)=8\%$（图中的 C 点），在常压下，温度为 25℃，用 50%的硝酸吸收，当达到平衡后，气体中将含有 5.85% NO_2（包括 N_2O_4）和 2.7% NO（图中的 D 点），按图中的位置相当于一氧化氮的 68%已被氧化。

氧化氮转变成硝酸的转化度为

$$y_T=\frac{10-5.85-2.7}{10}\times 100\%=14.5\%$$

若氮的氧化物中一氧化氮的氧化度不够高时，由于部分硝酸的分解，氧化度反而有所增加，例如在 A 点，则当气体与 50%硝酸的吸收反应达到平衡后（图中 B 点），一氧化氮的氧化度由 60%增加到 65%。

2. 吸收过程的机理

水吸收氮氧化物的总反应如反应式（2-18），这是一气液相间的非均相反应，由下列步骤组成：

① 气相中 NO_2 和 N_2O_4 通过气膜和液膜向液相扩散；

② 在液相中 NO_2 或 N_2O_4 与水作用生成硝酸和亚硝酸；

③ 亚硝酸分解生成 NO；

④ 分解生成的 NO 扩散透过液膜与气膜回到气相中。

研究认为：不论是气膜或液膜扩散都不是控制步骤，控制步骤是液相中氮氧化物与水的化学反应；在液相中 NO_2 和 N_2O_4 达到平衡，控制步骤是 N_2O_4 的水解作用，而不是 NO_2 的水解作用。

上述对吸收机理的讨论，仅是对水与 NO_2 或 N_2O_4 的反应而言，没有考虑 NO（原有的和新生的）与氧反应的速率对整个吸收过程的影响。

实际在硝酸生产中，NO 氧化和 NO_2 吸收这两个反应的相对速率并不是一成不变的。在吸收系统的前部，由于进入吸收塔的气体已经充分氧化，氧化度较高（70%～80%），此气体中 NO 的绝对浓度比较高，NO 氧化速率与 c_{NO}^2 成正比，故氧化速率大，往往大于 NO_2 的吸收速率，因此过程的控制步骤就是吸收控制。

在吸收系统的后部，由于大部分氮氧化物被吸收，因之其中 NO 的绝对浓度也降低，所以吸收速率和 NO 的氧化速率都减小。但由于 NO 氧化速率与 c_{NO}^2 成比例，故降低得快，因而 NO 的氧化速率小于 NO_2 的吸收速率，因此 NO 的氧化成为控制步骤。

在吸收系统的中部，则 NO 的氧化及 NO_2 的吸收速率相差不大，情况就比较复杂了，因此这两种速率都要考虑。

3. 吸收工艺条件的选择

研究吸收反应的化学平衡时，提出吸收度和转化度概念，对于一次吸收过程，$y=\frac{2}{3}Z$，实际生产中，由于吸收多次反复进行，吸收的氮氧化物几乎全部转化为硝酸，故二者可认为相等，用总吸收度 β 表示，其定义是指被吸收氮氧化物的量与进入系统气体中氮氧化物量的比值。

用水吸收氮氧化物过程中要求生成硝酸的浓度 c_{HNO_3} 应尽可能高，总吸收度 β 要尽可能大。同时希望在一定的吸收设备中所能生产的酸尽可能多，即生产强度大，或者说是每昼夜生产 1t 100% HNO_3 所需要的吸收容积 [m^3/(t·d)，称为吸收容积系数，用 $V_{吸}$ 表示] 要尽可能小，$V_{吸}$ 愈小则消耗的设备材料愈少，可节约不锈钢材料，减少投资。

实际生产过程中，这三者是有矛盾的。如硝酸成品最大浓度决定于吸收平衡，生产中吸收速率不是极快的，产品酸的吸收达不到平衡，因此吸收容积 $V_{吸}$ 愈大，停留时间愈长，愈接近于平衡，故 c_{HNO_3} 和 $V_{吸}$ 之间存在矛盾。又如若 c_{HNO_3} 一定，β 大，则所需吸收容积增加 $V_{吸}$ 增大，生产强度会降低。

提高 β，减小 $V_{吸}$ 实质上是一个加快吸收速率问题，根据上节的讨论可知，必须同时考虑 NO_2 吸收和 NO 氧化这两个同时进行的反应速率。降低温度，增加压力对加速这两个反应都是有利的。

(1) 温度的选择 吸收过程的反应，除亚硝酸分解是吸热反应外，其余都是放热反应，降低温度，有利于平衡向生成硝酸的方向移动。例如，夏季温度高，常压下产品酸的质量分数不易超过 47%～48%，但在冬季，气温低，成品酸的质量分数可达 50%左右。

降低温度对加快 NO 的氧化也是有利的。同时，降低温度，可以减少反应所需的容积。例如常压下产品酸的质量分数为 50%，总吸收度为 92%时，若以温度 30℃的吸收容积系数作为 100，则 5℃时只有 23，而 40℃时可达到 150。

无论从提高成品酸浓度，还是提高生产强度或增加总吸收度三方面考虑，降低温度都是有利的。

由于 NO_2 的吸收和 NO 的氧化过程中放出大量的热量（生成 1t 100% HNO_3 放出 192.5×10^4 kJ 热量），除去热量的方法一般都是用水。因受冷却水温度的限制，通常吸收温度维持在 20～35℃左右，若要进一步降低温度，需用人工冷却的方法利用液氨蒸发以冷却盐水（一般用硝酸钙水溶液），然后用冷却盐水带走热量，这时可在 0℃以下进行吸收。

冷却的方式有直接和间接两种。一般常压下用前一种方式，加压下用后一种方式。

(2) 压力 压力对吸收过程的平衡和速度都有影响，加压可以提高酸的平衡浓度，获得较浓的酸。同时 NO 氧化所需的体积与压力的三次方成反比，而 NO 氧化反应在吸收中又占显著地位，所以加压可以大大减少吸收容积，从而可降低不锈钢的耗量。表 2-4 表示压力与吸收容积系数的关系（37℃）。

表 2-4 压力与吸收容积系数的关系（37℃）

压力(绝)/MPa	0.35			0.5		
总吸收度 β/%	94	95	95.5	96	97	98
吸收容积系数/[m^3/(t·d)]	1.2	1.7	2.3	0.8	1.0	1.5

压力不可选择过高，如果压力过高一则动力消耗增加的多，二则吸收设备要耐高压。对材料的要求也更高。

因此，最适宜的操作压力的确定一定要全面衡量。目前除采用常压外，加压操作压力在 0.15～0.9MPa 之间。国外也有采用 1.3～1.5MPa，甚至 1.7MPa 的。

(3) 气体组成

① 氮氧化物的浓度。根据吸收平衡的讨论，提高 NO_2 的浓度，即可提高产品酸的浓

度。成品酸含量 c_{HNO_3}（在 55%～60%之间）与通至吸收塔气体中 NO_2 含量 c_{NO_2} 的关系为

$$c_{HNO_3}^2 = 6120 - \frac{19900}{c_{NO_2}}$$

由此可见，当 c_{NO_2} 增加时，c_{HNO_3} 就可提高。要使 c_{NO_2} 提高，就要尽可能提高进入吸收塔气体的氧化度 α，同时要尽可能地减少溶解在水中 NO_2 的量。采用快速冷却器，除去水分后，气体应充分的氧化，然后再进入吸收塔。

通常湿法氧化用于常压吸收的流程，若进入吸收塔的 NO_2 浓度不够大（即 NO 氧化度不够高），则和塔顶流下来的酸相遇时，不但不可能被吸收，反而进行 NO 氧化，结果第一塔只起湿法氧化作用，而生产成品酸的位置就会移至第二塔。为了能使第一塔出成品酸（常压下）气体应该从第一个塔的塔顶，而不从塔底加入，当它自上而下流过第一塔时，在塔上半部可能继续进行氧化，而在塔下半部则被吸收。这样成品酸就可以从第一塔导出，同时也提高了吸收效率，实际生产证明这是正确的。

② 氧的浓度。氧化氮气体中氧的浓度直接影响 NO 的氧化速率。当氨-空气混合气中 $\varphi_{(NH_3)}$ >9.5%，即氧氨比 r<2 时，在吸收部分就要补充二次空气。NO 氧化部分曾谈到为了使 NO 氧化时体积最小，则二次空气最适宜的加入量是应使气体中氧含量维持在 7%左右，那时只是单独考虑 NO 的氧化。实际上在吸收时，NO 氧化和 NO_2 吸收是同时进行的，情况比较复杂，很难从解析法算出最适宜温度。通常是根据吸收后尾气中氧的浓度来判断二次空气加入量，常压吸收时，一般在 5%左右，加压吸收时可降为 2.5%～3%，尾气中含氧量高表示补充空气过多，反之即表示补充空气少。

实际生产中，二次空气大多采用一次或分两次加入吸收系统。

若在氨接触氧化时采用纯氧或富氧空气，这不仅对氨的氧化有利，而且也能加速 NO 氧化，减少吸收容积系数，如表 2-5 所示。

表 2-5 氧的用量与吸收容积系数的关系

氧用量/(m^3/t)	0	250	400	600
吸收容积系数/[m^3/(t·d)]	28.6	9.77	7.76	5.08

4. 工艺流程和主要设备

(1) 工艺流程概述 用水吸收氮氧化物制造稀硝酸的流程，按操作压力的不同有常压吸收与加压吸收之分。

对反应中放出的大量的热，可采用直接或间接冷却的方法除去。确定冷却设备传热面积时，必须考虑吸收系统前部生成热量多，传热面积应该大些。系统后部，因放热量少，传热面积可以小些，到最后甚至利用自然热已可将热量除去。

加压吸收一般用 1～2 个吸收塔，常压吸收用 6～8 个吸收塔。

在常压流程中通常采用多塔吸收，这是因为在生产上要获得一定浓度的稀硝酸，而且要利用循环冷却方法将放出的热量除去，若只用一个吸收塔，塔顶喷淋酸的浓度要求较高，硝酸液面上氮氧化物的平衡分压也较大，相应的尾气中氮氧化物的含量增高，结果使总吸收度降低。为要解决这一矛盾，可以设想把一个塔分成数段，每段用不同浓度的酸循环吸收，氮氧化物从塔底进入，塔顶引出，塔顶循环酸较稀，塔底的循环酸最浓。这在原则上是可以的。但再考虑到常压吸收时所需的吸收容积很大，这么一个庞大的设备将是又高又大。如把

它的各段分开串联组合，就形成由若干塔组成的塔系了。

从理论上讲，分成的段数越多，气体和酸的浓度间的分配越合适，所以增加塔数目是有利的。但塔数目过多也不恰当，这时塔高和塔径之比将过小，气流和酸流不易分布均匀。

如果塔高和塔径比维持一定，则系统阻力增加。而且塔数过多，占地过大，流程管道和辅助设备将要增加，所以一般采用 6～8 个塔。

生产中，成品酸可溶解氮氧化物而呈黄色，硝酸浓度越高，氮氧化物溶解量越大。如58%～60%的硝酸中含有 2%～4%的氮氧化物。

为了减少溶入的氮氧化物的损失以及提高成品酸的质量，需要在将成品酸送入仓库前，在塔内通入空气，进行“漂白”处理，以使溶入的氮氧化物解吸。

(2) 主要设备—吸收塔　在常压操作下，吸收塔过去一般采用不锈钢制的填料塔，随着生产的发展，目前中国不少工厂已采用筛板塔，它的结构与一般带有内溢流管的筛板塔相同。每座塔筛板一般为 3～4 块，塔径为 2m，塔高为 12m，材料为硬聚氯乙烯，其结构如图 2-12 所示。

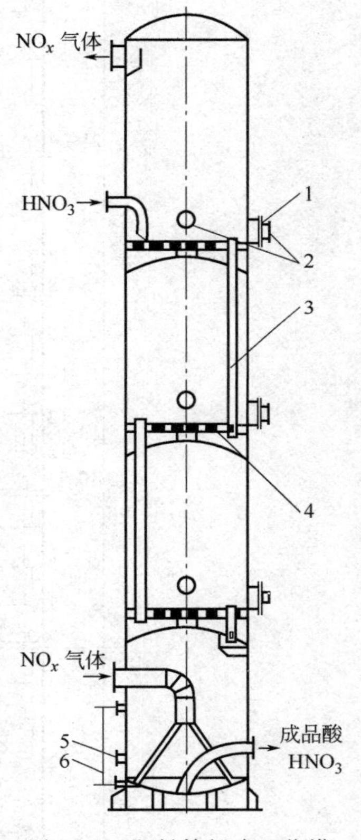

图 2-12　塑料筛板式吸收塔
1—人孔；2—视孔；
3—溢流管；4—筛板；
5—串酸管；6—液位计

在加压下操作的筛板式吸收塔如图 2-13 和图 2-14 所示，图 2-13 为小型筛板吸收塔，与常压吸收塔不同之处是筛板多，一般为 32～40 块，而且为了移走吸收过程所放出的热量，在筛板上设有冷却蛇管，内通冷却水。加压操作采用较大的筛板吸收塔，塔径有 3m、4m、5m、6m 等。一套吸收设备采用两个吸收塔—第一与第二吸收塔。加压操作第一吸收塔的结构如图 2-14 所示。

第一吸收塔根据作用不同可分为三部分：底部为漂白区；中部为氧化区；上部为吸收区。漂白区设有 3～4 块筛板，由吸收区来的酸经降酸管流到漂白区最上一层筛板与通入的空气进行硝酸的脱硝过程，成品酸由底部排酸管排出。氧化区的主要作用是氮氧化物气体有一定的停留时间，以便进行 NO 的氧化。吸收区进行 NO_2 的吸收过程。氧化区与吸收区之间有一隔板。氧化区为一空塔型，有氮氧化物气体的进出口，氮氧化物气体首先进入第一吸收塔的氧化区，由氧化区出来的气体经冷却器冷却后，再返回第一吸收塔的吸收区，经过 14 层筛板与酸逆流接触吸收 NO_2 后，尾气经中央管从上向下去第二吸收塔。喷淋酸由第二吸收塔来，加到塔吸收区的最上一层筛板上。

加压操作第二吸收塔的结构与第一吸收塔相同，只是无氧化区和漂白区，两个塔均采用不锈钢制成。

5. 吸收操作要点

加压与常压生产硝酸的吸收操作，两者由于设备结构的不同，操作方法有较大的区别。操作管理好坏的主要标志是设备生产效率的高低，生产强度的大小，产品质量与稳定及安全等方面。

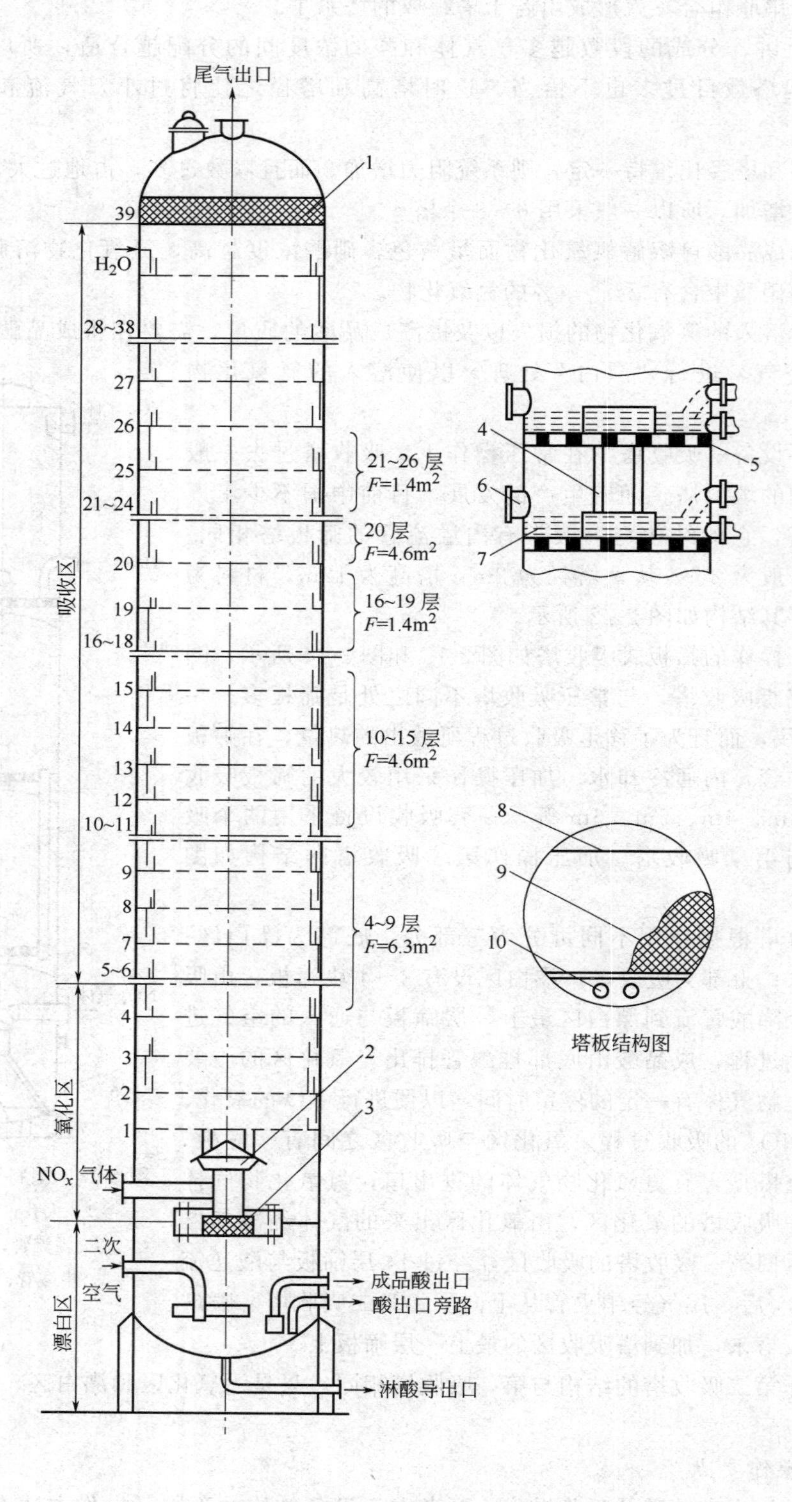

图 2-13 筛板式吸收塔

1，3—丝网除沫器；2—风帽；4，10—溢流酸管；5—筛板；
6—人孔；7—冷却盘管；8—受液板；9—筛板

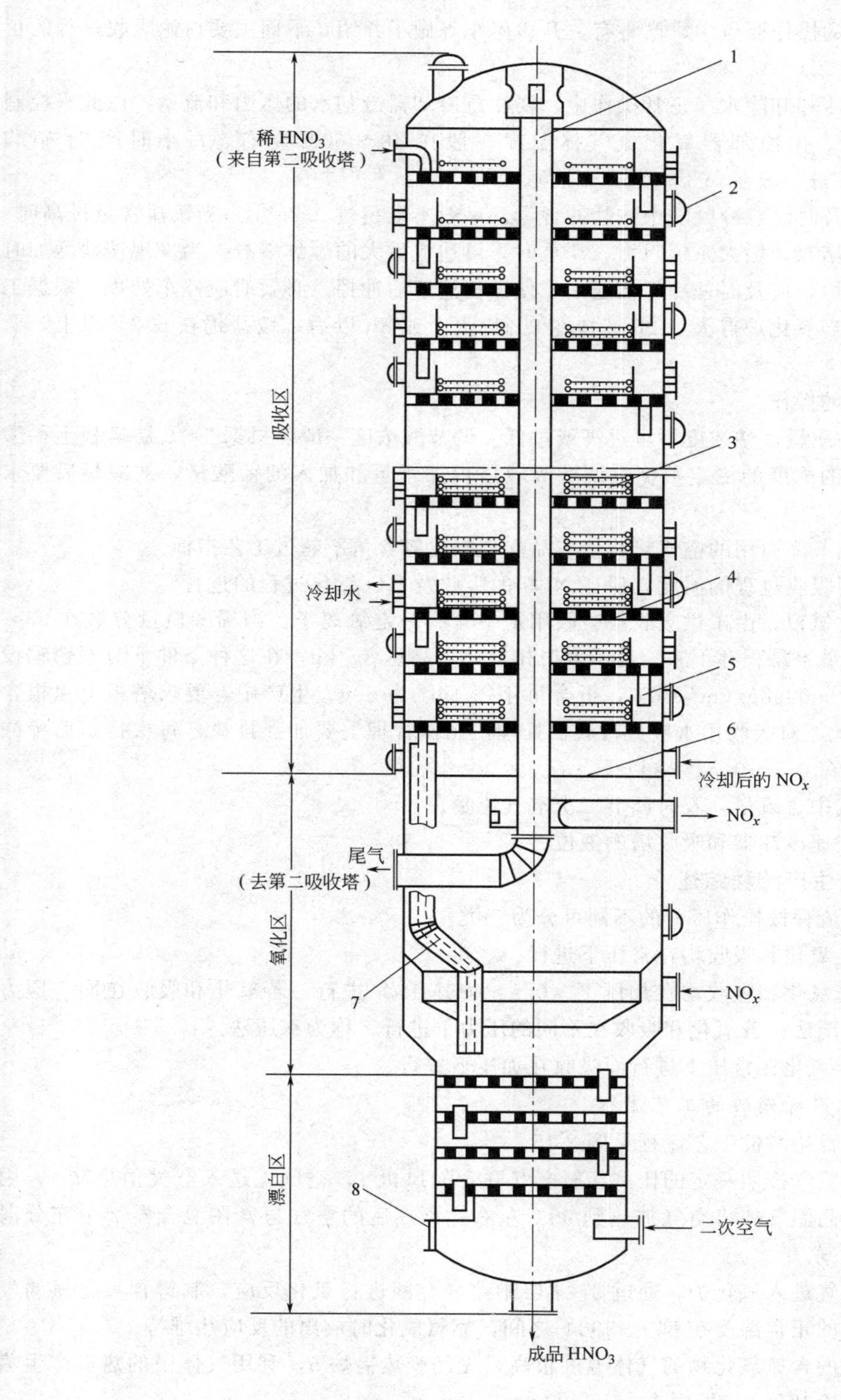

图 2-14　加压操作第一吸收塔

1—中央管；2—人孔；3—冷却盘管；4—筛板；5—溢流板；6—隔板；7—降酸管；8—液位计

氨氧化部分的操作要点中，已将有关开、停车等做了介绍，下面主要讨论吸收过程的正常操作。

（1）气体的冷却和除水 正常操作中，要注意冷却器冷却水的压力和流量，以此来控制气体的冷却温度。出冷却器氧化氮气体温度一般在 40～60℃左右。每小时产 1t 硝酸（100%），冷却酸量一般在 0.3～0.6m^3 之间。

操作中还要及时注意冷凝酸中铵盐的含量，一般不准超过 0.2g/L。当铵盐含量过高时，轻者引起冷凝器堵塞，增大系统阻力，严重时，可造成重大的爆炸事故。当发现铵盐增加时（氧化炉刚点火时），应及时往冷却器通水，使铵盐溶解后冲掉。必要时应停车处理。根据工厂的生产经验，当氧化炉点火后 2h 铵盐在 2%以上，或 8h 以后，铵盐仍在 0.2%以上，要立即停车处理。

（2）吸收塔的操作

① 保证产品质量，酸浓度不可过高或过低。调节酸浓度一般要根据 5～9 层塔板上稀酸的浓度或成品酸的浓度的测定数据，调节吸收塔内加水量和加入的稀酸量，加减量后要求稳定。

② 要适当调节漂白用的空气量，使成品酸中氧化氮含量不超过工艺指标。

③ 认真控制吸收过程的温度，保证 NO_2 的吸收及 NO 氧化过程的进行。

④ 定期排放氯根，由于供吸收塔吸收用水中含有一定氯离子，当稀酸质量分数在 25%左右时，氯离子最容易积存下来。若不及时排放，可高达 3g/kg，在这种条件下对不锈钢设备的腐蚀速度为 0.0058g/(m^2·d)，折合每年每 1m^2 为 50g。生产中，要求塔板上氯根含量＜1g/kg，为此，对吸收用水应进行脱盐处理，操作管理上要加强排氯，每次排氯后稀酸中的氯根含量应在 0.4～0.5g/kg 以下。

⑤ 根据尾气中含氧量，及时调节二次空气流量。

⑥ 控制好快速冷却器和吸收塔的液位。

五、稀硝酸生产流程综述

稀硝酸生产流程按操作压力的不同可分为三类。

① 常压法：氧化和吸收均在常压下进行。

② 加压法：氧化和吸收均在加压下（0.5～0.9MPa）进行，若氧化和吸收在同一压力下进行，称为全压法；若氧化和吸收在不同的压力下进行，称为双压法。

③ 综合法：氧化在常压下进行而吸收在加压下进行。

1. 常压法生产稀硝酸的工艺流程

常压法生产稀硝酸的工艺流程见图 2-15。

氨与干净的空气按照一定的比例经氨空气联合鼓风机 1，空气先送入空气预热器 4，用氧化炉 3 出来的高温气体将空气加热到 90℃左右。预热后的空气与氨在混合器 2 中充分混合成氨空气混合气。

氨空气混合气进入氧化炉，通过 3～4 层铂铑合金网进行氧化反应，制得含氧化氮的气体，铂铑合金网的正常温度在 800～900℃之间，靠氨氧化时放出的反应热维持。

氧化后生成的含氮氧化物的气体温度很高，先经废热锅炉 5，利用气体中的热量产生蒸汽。同时气体被冷却到 200℃左右。

含氮氧化物气体离废热锅炉后进入空气预热器和冷却冷凝器 6，气体进一步冷却至 40～50℃。冷却器通常用不锈钢制成。

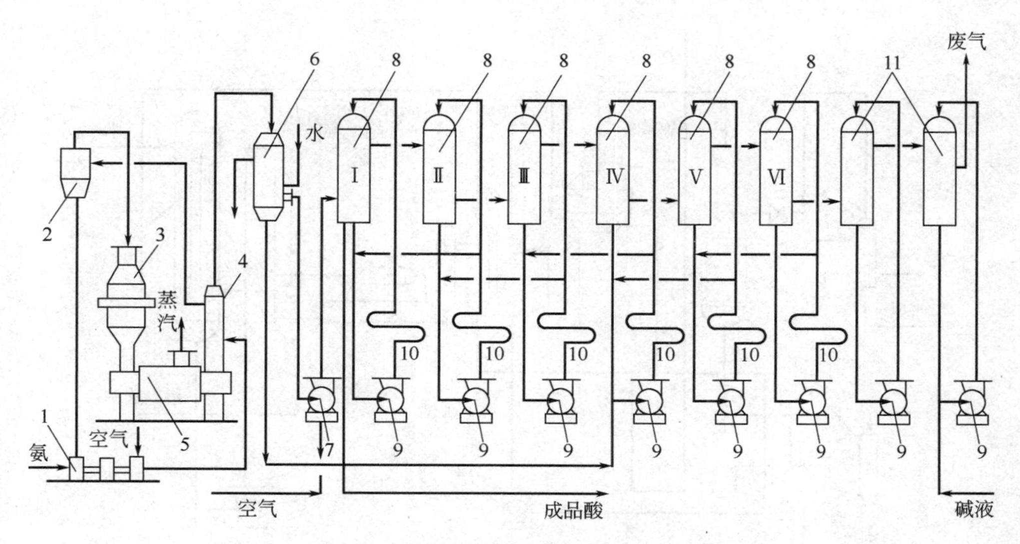

图 2-15　常压法制造稀硝酸的工艺流程

1—氨空气联合鼓风机；2—混合器；3—氧化炉；4—空气预热器；5—废热锅炉；6—冷却冷凝器；7—鼓风机；8—吸收塔；9—泵；10—硝酸冷却器；11—碱液吸收塔

冷却后的氮氧化物气体进入鼓风机 7 加压，并在此加入补充空气。氮氧化物气体压力约 10.67～12.00kPa，送入吸收系统，依次通过 6～8 个酸吸收塔 8 和两个碱吸收塔 11。酸吸收塔中进行 NO 氧化和 NO_2 的吸收反应。每个吸收塔中都用适当浓度的硝酸喷洒。喷洒酸从塔底引出在酸冷却器 10 中用水冷却后，用离心泵 9 送塔顶喷淋。在各吸收塔中酸液循环。按气体流程的最后一个酸吸收塔中加入冷凝水。酸液与气体逆向流动，在第一吸收塔中酸液达到最高浓度，即得到 47%～49%稀硝酸，最后一个吸收塔排出尾气送碱液吸收塔 11，吸收残余氮氧化物后，废气放空。

该流程的特点是：氨的接触氧化，一氧化氮氧化和二氧化氮吸收都在常压下进行；氨氧化可采用 3～4 层铂催化剂或采用铂和非铂两段催化剂；吸收塔、冷却器，泵、低温气管，酸管，阀件等均能用硬聚氯乙烯材料，可节约大量不锈钢材；酸吸收塔常用泡沫塔（具有 3～4 块筛板）；产品酸质量分数较低，为 47%～49%。

2. 加压法生产稀硝酸的工艺流程

加压法生产稀硝酸的工艺流程见图 2-16 所示。

氨气经预热器 1 预热至 60℃在文氏混合器与压力为 0.34～0.39MPa 的空气混合。氨空气混合气中氨含量维持在 10%～11%左右，进入氧化炉-废热锅炉联合装置 5 的上部经铂网接触氧化。氧化炉中装有 6 层铂网，反应温度维持在 840℃左右，氧化后气体经废热锅炉后温度降低。废热锅炉副产蒸汽，供空气压缩机 4 的透平作为动力。

由废热锅炉出来的氮氧化物气体再经水加热器 6，尾气预热器 7 和水冷却器 8，进一步冷却。最后冷却至 50℃进入第一吸收塔底部氧化段，使 NO 氧化成 NO_2，经氮氧化物快冷器 9 冷却至 50℃，NO_2 气体先进入第一吸收塔 10 底部与由第二吸收塔 11 来的 10%～11%稀硝酸逆流接触，生成 50%～55%的稀硝酸。吸收塔塔板上设有冷却排管，管中通冷却水，除去热量，未被吸收完的氮氧化物气体再进入第二吸收塔用冷凝水吸收，出塔气体中氮氧化物含量一般应低于 0.2%。吸收后气体经尾气预热器换热后送至尾气透平回收能量，其回收量为空气压缩机总动力的 1/3，然后进排气筒放空。

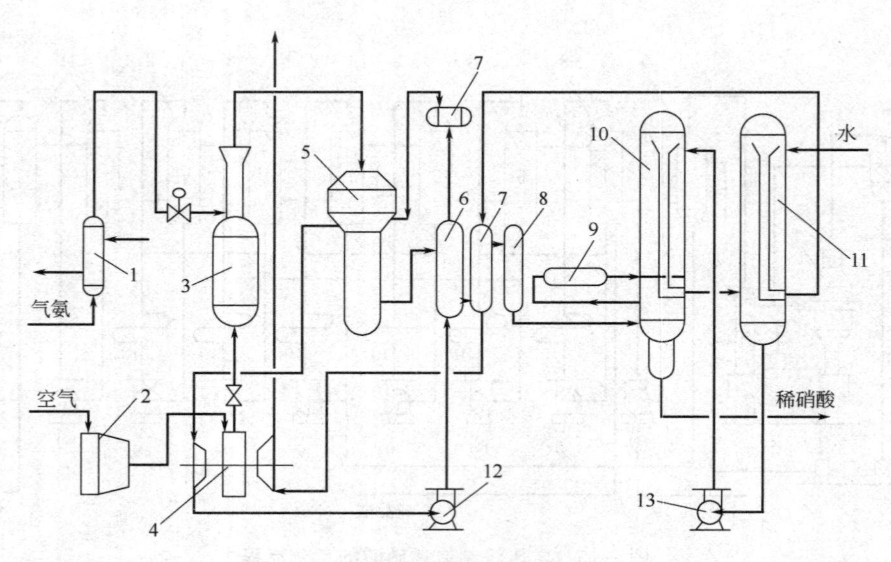

图 2-16　加压法制造稀硝酸的工艺流程

1—气氨预热器；2—空气过滤器；3—素瓷过滤器；4—空气压缩机；5—氧化炉-废热锅炉联合装置；6—水加热器；7—尾气预热器；8—水冷却器；9—氮氧化物快冷器；10—第一吸收塔；11—第二吸收塔；12—锅炉水泵；13—稀硝酸泵

上述流程为大型硝酸厂全加压流程之一，其特点如下：氧化和吸收都在加压下进行，透平压缩机放在前面用来压缩空气，避免了腐蚀问题；空气过滤器装填泡沫塑料，净化度较高，二次净化用素瓷过滤器 3；采用大型氧化炉-废热锅炉联合装置，并副产 1.37MPa 的饱和蒸汽和 2.45MPa、390℃的过热蒸汽；设置了氮氧化物快冷器 9，从吸收塔氧化区引出的氮氧化物气体，进入该快冷器，利用液氨蒸发使气体冷却，温度降至 50℃，返回吸收塔，强化了吸收操作，吸收率在 99%以上，成品酸质量分数可达 50%～55%；充分回收了热量和动力。

1998 年中国河南平顶山尼龙 66 盐公司，引进美国魏泽里技术，建成了中国第一座加压法装置。设计能力为年产硝酸（以 100%计）3.3 万吨，氨氧化炉操作压力 1.16MPa，反应温度 921℃，吸收塔出口压力 1.124MPa，尾气中氮氧化物含量已低于排放标准（≤180cm³/m³），流程中无尾气处理装置。

3. 综合法生产稀硝酸的工艺流程

综合法是把常压法与加压法加以综合。这种方法的工艺流程的前半部，即氨的氧化部分，与常压的工艺流程相同。流程的后半部，即 NO 的氧化和 NO_2 的吸收部分，与加压法的工艺流程相同。只是在两者之间增设了一个氧化氮气体透平压缩机。

图 2-17 为综合法生产稀硝酸的流程之一。

综合法稀硝酸生产流程的特点是：常压氧化，加压吸收，产品酸的质量分数为 47%～53%。采用氧化炉-废热锅炉联合装置，设备紧凑，节省管道，热损失小，热量可得到充分利用，但纸板过滤器易烧毁。采用带有透平装置的压缩机，降低电能消耗。采用泡沫筛板吸收塔，吸收效率高，可达 98%，与常压吸收比较，吸收容积可大大缩小，并节省了酸泵，因而设备费用可大为节省。

空气通过罗茨鼓风机送入水洗涤塔 1 和泥袋过滤器 2，除去机械杂质和化学杂质。来自

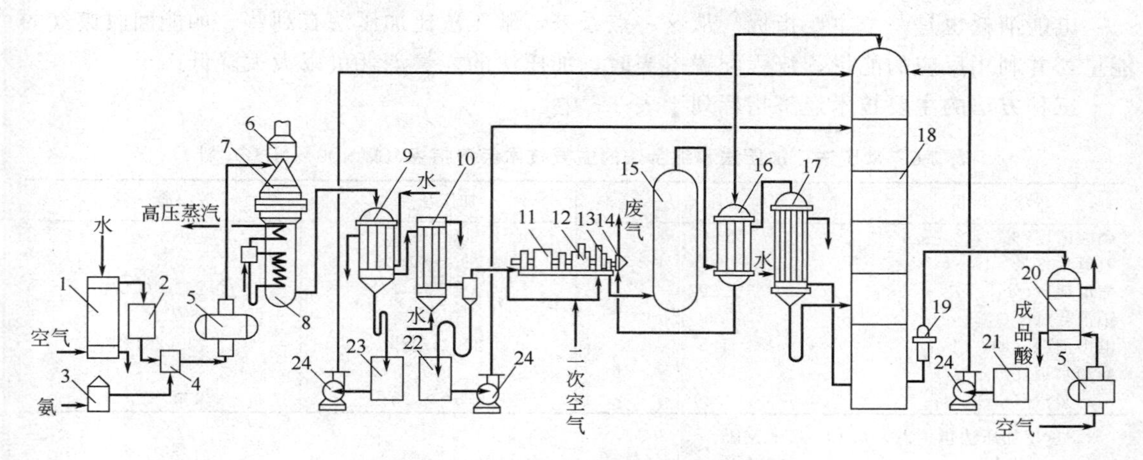

图 2-17 综合法制造稀硝酸的工艺流程

1—水洗涤塔；2—泥袋过滤器；3—氨过滤器；4—氨空气混合器；5—罗茨鼓风机；6—纸板过滤器；7—氧化炉；8—废热锅炉；9—快速冷却器；10—气体冷却器；11—电动机；12—减速箱；13—透平压缩机；14—透平膨胀机；15—氧化塔；16—尾气预热器；17—水冷却器；18—酸吸收塔；19—液面自动调节器；20—漂白塔；21—冷凝液储槽；22—25%～30%HNO_3 储槽；23—2%～3%HNO_3 储槽；24—泵

合成系统的氨气经过氨过滤器 3 除去油污和机械杂质后，在混合器 4 中与净化空气混合，使氨的浓度在 10.5%～12%之间，混合后的氨空气经纸板过滤器 6 进入氧化炉 7。

氨空气混合气经氧化炉催化剂层，氧化成的 NO 气体，温度为 760～800℃从氧化炉引出送入废热锅炉 8 回收热量，NO 气体被冷却到 180℃，进入快速冷却器 9 中（气体停留时间为 0.1～0.2s）被冷却到 40℃，在此由于温度降低，有少量 NO 被氧化后溶于水蒸气冷凝液，故有 2%～3%的稀硝酸生成，应随时用酸泵 24 将它送到吸收塔 18。出快速冷却器的气体，再通过冷却器 10 用水冷却，进一步降低气体温度和除去水分，与此同时有质量分数为 25%～30%的稀硝酸生成，其冷凝酸送入储槽 22，用泵 24 送到与硝酸浓度相应的吸收塔的塔板上。

经气体冷却器 10 冷却到 30℃的气体通过透平压缩机 13 从常压升到 0.35MPa，温度约为 120～130℃，然后送入 NO 氧化塔 15，使 NO 的氧化度达 70%左右。由于氧化反应放热，出氧化塔气体温度升高到 200℃，将此气体通过尾气预热器 16 和水冷却器 17 后，直接送入吸收塔 18 底部，氮氧化物气体自吸收塔底部上升，生产硝酸用水由冷凝液储槽 21 经泵 24 加入吸收塔顶，气液逆流。吸收氮氧化物后生成的硝酸，经漂白塔 20 将其中溶解的气体氮氧化物用空气赶出，塔底放出成品酸，送入储槽。

吸收塔顶放出的尾气，在 0.26～0.28MPa 下，经尾气预热器 16 预热到 160～180℃，送入透平膨胀机，膨胀到 0.1MPa，此时约回收 30%～35%的能量，废气放空。

4. 常压、加压及综合法的比较

衡量一种工艺流程优劣的标准，主要是技术经济指标和设备的投资。而氨氧化法生产稀硝酸的技术经济指标主要包括氨耗、铂耗、电耗和冷却水消耗等。

以上三种稀硝酸生产工艺各有其优缺点。从降低氨的消耗，提高氨利用率方面看，常压下氧化（此时氨氧化率高），加压下吸收（吸收率高）是有利的，即综合法较好。

减少铂的消耗量也很重要，不仅因铂昂贵，而且其来源也有限。所以改用非铂催化剂或二段催化剂是有很大意义的。

电能消耗也是一个主要指标。从这一点看来，常压法比加压法有利些。如能回收废气的能量，并利用反应的能量，流程配置得当时，加压法的能量消耗可以大大降低。

三种方法的主要技术经济指标列于表 2-6 中。

表 2-6　常压法，加压法和综合法的主要技术经济指标（以 100%NHO_3 计）

项　目	常　压　法	加压法①	综　合　法
硝酸浓度/%	45～50	50～60	50～70
氨氧化率/%	97	95～97	97
氨消耗/(t/t)	0.292	0.290	0.285～0.290
铂消耗/(g/t)	0.06	0.11	0.10
电力消耗/(kW·h/t)	125	250(15)②	230(20)②
冷却水消耗/(m^3/t)	150	170	170
副产蒸汽/(t/t)	0.89	0.8～1.38	0.95～1.4

① 这里加压法指压力为 0.19～0.45MPa。

② 括号内为用蒸汽透平时的电耗。

目前，硝酸生产的发展趋势主要是单系列大规模，以利于降低投资和成本。

随着氮磷钾复合肥料的出现，迫切需要高浓度（60%）的硝酸，而且要严格控制大气污染，因此要求尾气中 NO_x 的含量尽可能低。一些先进国家的尾气排放标准已规定为<200cm^3/m^3。提高吸收压力，即可以提高酸浓度，又可以降低尾气中 NO_x 含量，因此新建厂一般采用加压法或综合法。当吸收压力（绝压）为 0.85～1.5MPa 时，不需采取措施，尾气中 NO_x 即可降至 200cm^3/m^3 以下，但采用中压法（0.3～0.5MPa）吸收时，就必须设尾气处理装置，减少大气污染。

六、氮氧化物尾气处理

硝酸生产在常压下用酸吸收氮氧化物气体，酸吸收率一般为 90%～92%，加压时酸吸收率可达 96%～99%，氮氧化物也不能完全被吸收。如果将酸吸收后尾气放空，势必将这一部分残余的氮氧化物损失掉，增加了氨的消耗，提高了生产成本。同时污染大气，危害人、畜及农作物等。一个日产 340t 硝酸的装置，其尾气量为 34000m^3/h，一般含氮氧化物 0.08%～0.3%。因此，回收尾气中氮氧化物是十分重要的。

国内外对硝酸尾气处理工作一直比较重视，近年来尾气排放标准日益严格，一般要求排放的尾气中含 NO_x 在 200cm^3/m^3 以下。目前采用的处理尾气的方法有三种：一是用溶液进行湿法吸收；二是用固体物质进行吸附吸收；三是用催化剂进行催化转化。

1. 湿法吸收

湿法吸收通常用 H_2SO_4、HNO_3、NaOH 和 Na_2CO_3 等。

（1）硫酸吸收　采用浓硫酸（92%H_2SO_4）来吸收尾气中氮氧化物，其反应式如下

$$2NO_2 + H_2SO_4 \longrightarrow HSNO_5 + HNO_3$$

$$N_2O_3 + 2H_2SO_4 \longrightarrow 2HSNO_5 + H_2O$$

吸收后生成含硝硫酸。此法 NO 氧化度大于 50%，否则尾气放空时氮氧化物损失大，因 NO 不被氧化。现在用硫酸吸收已很少采用。

（2）碱液吸收　硝酸生产尾气中氮氧化物广泛采用碱液吸收。常用的碱液是 NaOH、Na_2CO_3 以及 $Ca(OH)_2$、$NH_3 \cdot H_2O$ 和 $Mg(OH)_2$ 等。

用 NaOH 或 Na_2CO_3 吸收尾气中氮氧化物的反应如下

$$2NO_2 + 2NaOH \longrightarrow NaNO_2 + NaNO_3 + H_2O$$

$$NO + NO_2 + 2NaOH \longrightarrow 2NaNO_2 + H_2O$$

$$2NO_2 + Na_2CO_3 \longrightarrow NaNO_2 + NaNO_3 + CO_2$$

$$NO + NO_2 + Na_2CO_3 \longrightarrow 2NaNO_2 + CO_2$$

上述反应均可看成不可逆的中和反应，所以不必考虑其平衡问题，关键是吸收速率。影响碱液吸收速率的主要因素是尾气中氮氧化物浓度和碱液浓度。

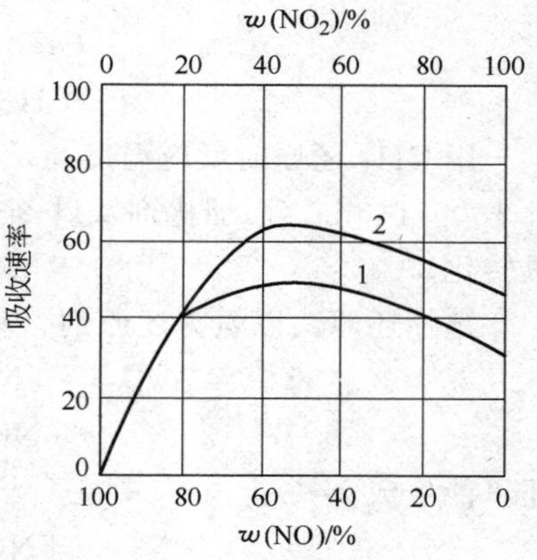

图 2-18　NO 与 NO_2 的不同比例下，碱液吸收氮氧化物的吸收速率

1—氮氧化物的质量分数为 1%；2—氮氧化物的质量分数为 2%

由图 2-18 可见，当尾气中氮氧化物浓度越大时，吸收速率也越大。从尾气中 NO 与 NO_2 的不同比例来看，当 NO 与 NO_2 之比为 1 时，也就是 NO 氧化度为 50% 时，吸收速率为最大。此时吸收后的产品为 $NaNO_2$（用 Na_2CO_3 吸收），$NaNO_2$ 是一种媒染剂，在染料工业上用途很大。

由于 NaOH 价格比较昂贵，而便宜的 $Ca(OH)_2$ 又因溶解度较小容易堵塞设备，所以目前常用的是纯碱水溶液。其质量分数一般控制在 20%～30%，浓度过高时吸收速率会稍有下降，且可能会有结晶析出，浓度太低，循环碱液量大，增加设备容积和动力消耗，并蒸浓溶液耗热量多。

碱液吸收中采用 $Mg(OH)_2$ 的悬浮水溶液做吸收剂是较新的方法。该法的基本原理是：氢氧化镁水溶液吸收氮氧化物后生成亚硝酸镁悬浮液。亚硝酸镁加热至 140℃，便分解为 NO 和硝酸镁，硝酸镁用氨处理，并以硝酸铵形态回收，所得氢氧化镁水溶液再用于吸收。吸收和再生反应为

$$Mg(OH)_2 + NO + NO_2 \longrightarrow Mg(NO_2)_2 + H_2O$$

$$3Mg(NO_2)_2 + 2H_2O \longrightarrow 2Mg(OH)_2 + Mg(NO_3)_2 + 4NO$$

$$Mg(NO_3)_2 + 2NH_3 + 2H_2O \longrightarrow 2NH_4NO_3 + Mg(OH)_2$$

综合上述该法与一般碱液吸收的区别在于：应用此法可回收 NO 以增加硝酸产量，同时吸收液可循环使用，这在经济上是有利的。

湿法吸收的优点是处理气量大，不受操作压力限制，且方法简便，操作稳定。因而采用常压、低压吸收的硝酸厂用此法处理尾气是比较适合的。其缺点是处理精度不高，副产物用量不大。

2. 用固体物质吸收或吸附

(1) 固体物质吸收法　该法的特点是吸收过程简单，吸收效果好，脱除精度高，但吸收剂用量大，吸收后生成的副产品量也大，处理有困难。

(2) 吸附法　用固体吸收氮氧化物时，由于吸收剂同氮氧化物发生化学反应后，不能再生，需处理大量副产物。吸附法就没有这些缺点，吸附氮氧化物后的吸附剂可用简单方法再生并能回收氮氧化物。但目前该法也处于试验阶段。吸附法常用的吸附剂有活性炭、硅铝胶、硅胶、氧化锰及分子筛等。

3. 催化还原法

催化还原法是另一类被广泛采用的硝酸尾气处理方法。它的特点是脱除氮氧化物的程度高，且不存在湿法吸收伴随产生废液或副产品的处理问题。在用于加压吸收时还可利用尾气膨胀透平回收动力。因此，它的发展较快。

催化还原法依所用还原气体的不同，可分为非选择性还原和选择性还原两类。

非选择性还原用天然气作为还原剂，并用含铂和钯 0.5%～2%的金属催化剂（多用 Al_2O_3 为载体)，其催化还原反应为

$$CH_4+4NO_2 = 4NO+CO_2+2H_2O$$
$$CH_4+4NO = 2N_2+CO_2+2H_2O$$
$$CH_4+2O_2 = CO_2+2H_2O$$

用 CH_4 还原时反应温度高，尾气需预热，又因每 1% O_2 与 CH_4 反应会使催化剂床温升 130～140℃，而催化剂及设备材质允许最高温度为 780℃因而氧含量大于 2.6%时要分两段转化。

选择还原法以氨为还原剂、基本反应为

$$6NO+4NH_3 = 5N_2+6H_2O$$
$$6NO_2+8NH_3 = 7N_2+12H_2O$$

还可能生成 N_2O：

$$8NO+2NH_3 = 5N_2O+3H_2O$$
$$8NO_2+6NH_3 = 7N_2O+9H_2O$$

在氧存在下，氨还可能进行下面的反应

$$4NH_3+3O_2 = 2N_2+6H_2O$$
$$4NH_3+4O_2 = 2N_2O+6H_2O$$
$$4NH_3+5O_2 = 4NO+6H_2O$$

在一定温度范围内 NH_3 与 NO_x 反应生成 N_2 的速率大大超过 NH_3 与 O_2 反应生成 N_2 或 NO_x 的速率，故具有选择性。只需用少量燃料即可达到脱除 NO_x 的目的。

选择性还原温度以 210～270℃范围为宜，低于 210℃有 NH_4NO_2 形成，它会堵塞管路并能引起爆炸，超过 270℃则氨氧化反应较显著，影响选择性。

还可采用非铂铜铬催化剂（含 10%亚铬酸铜）作为选择性催化剂。

第三节 浓硝酸的制造

随着工农业和国防工业的发展，越来越需要浓度高的硝酸。用氨的接触氧化法生产的硝酸受吸收平衡的限制，只能得到稀硝酸。实验证明，常压下成品酸的最大浓度为共沸酸(68%)。在 0.8MPa 下，由于 NO_x 分压较高，成品酸的质量分数可达 80%左右，稀硝酸生产流程只能生产接近或低于共沸酸的浓度。

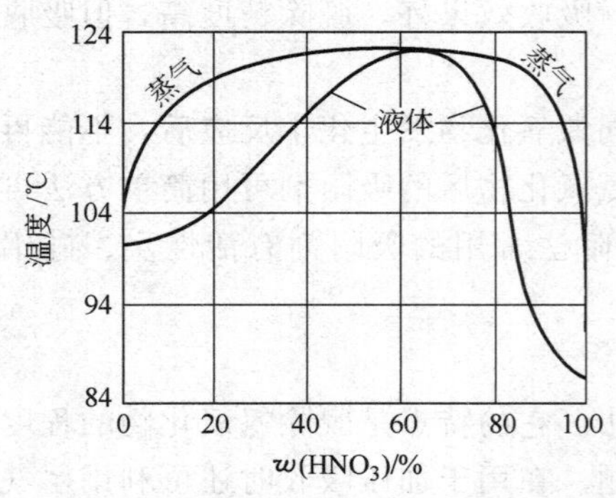

图 2-19 HNO_3-H_2O 系统的沸腾曲线

工业上制取浓硝酸有两种方法：其一先制得稀硝酸，借助脱水剂进行浓缩，称为“间硝”；其二是以氮氧化物、氧及水直接合成浓硝酸，称为“直硝”。

一、从稀硝酸浓缩制造浓硝酸

1. 概述

由图 2-19 和表 2-7 可以看出，当 HNO_3 的含量低于 68.4%的溶液沸腾时，在气相所含的水分较多，而所含的酸较少；如果 HNO_3 的含量大于 68.4%的溶液沸腾时，则气相中含酸较多而含水量

较少。所以用直接烧沸的方法来蒸馏稀硝酸时，仅可以将硝酸蒸浓到含 HNO_3 68.4%（此时即为二元恒沸混合物），即使继续蒸浓这个混合物，其成分也不会改变。质量分数 68.4%以下的沸点为 394.9K(121.9℃)。工业上只有当制备 59%～60%的硝酸时，才采用直接蒸馏的方法。

表 2-7　硝酸水溶液的沸点及气液相的平衡组成

沸点/K	$w(HNO_3)$/%		沸点/K	$w(HNO_3)$/%	
	液相	气相		液相	气相
373.0	0	0	394.5	70.1	75.0
379.5	24.2	2.15	391.0	76.5	92.0
385.0	33.0	5.9	385.0	80.0	97.0
391.5	49.8	19.85	372.0	85.2	99.0
394.5	51.0	29.0	363.5	90.2	99.7
394.8	55.2	35.1	358.9	96.0	99.9
394.9	68.4	68.4	358.4	100.0	100.0

要想制成 96%～98%的 HNO_3 时，就必须加脱水剂。稀硝酸借助脱水剂的作用，浓缩至 68.4%，再经蒸馏制得浓硝酸。

工业上对脱水剂的要求是：脱水率高，即能大大降低硝酸液面上的 H_2O 分压；不与硝酸发生反应；脱水剂本身蒸气分压极小，不会混入硝酸蒸气中；热稳定性好，价廉且对设备腐蚀性小等。

生产中一般用碱土金属的硝酸盐（如硝酸镁、硝酸钙、硝酸锌等）溶液或浓硫酸作为脱水剂。

用浓硫酸浓缩稀硝酸过程中，设备腐蚀较严重，劳动条件恶劣。现多用硝酸镁做脱水剂，可节省操作费，检修方便，产品质量好，劳动条件改善，本书主要讲这种浓缩方法。

2. 硝酸镁法生产浓硝酸

(1) 硝酸镁的性质　硝酸镁是无色晶体，其晶型有三种晶系，已知的有无水硝酸镁和带有一、二、三、六和九个分子结晶水的硝酸镁，一般常见的是带有六个分子结晶水的硝酸镁 [$Mg(NO_3)_2 \cdot 6H_2O$]。它是一种无色单斜晶体，与有机物混合会发热，在熔点温度时，失去结晶水而凝结成玻璃状物质。硝酸镁溶于水，其溶解度多温图如图 2-20 所示。

由图 2-20 可见，D 点为临界溶解度，即当硝酸镁溶液的质量分数为 57.8%时，其结晶温度为 90℃，此时析出 $Mg(NO_3)_2 \cdot 6H_2O$ 结晶；F 点为转熔点，即当硝酸镁溶液的质量分数为 81.1%时，其结晶温度为 130.9℃，此时 $Mg(NO_3)_2$ 和 $Mg(NO_3)_2 \cdot 2H_2O$ 结晶共同析出。由此可见，在选择硝酸镁操作温度时，应该避开这些最高点，以免溶液结晶。

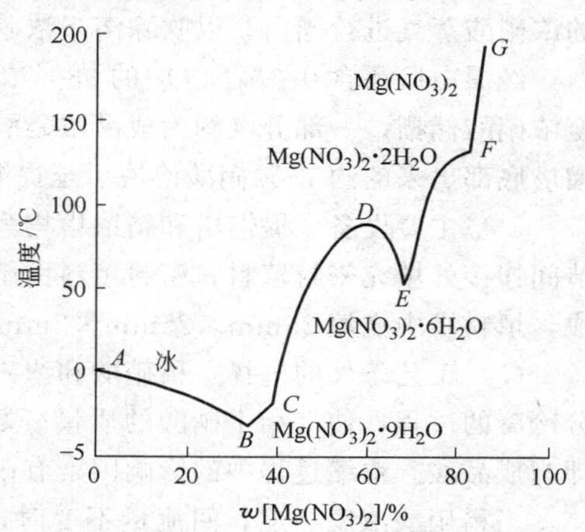

图 2-20　硝酸镁在水中溶解度多温曲线图

当硝酸镁溶液的质量分数大于 67.6%时，其凝固点随溶液浓度增加而升高，溶液的质量分数超过 81%时，其凝固点直线上升，这就会造成管道堵塞而影响生产。当硝酸镁浓度太低时，则脱水效果不好，故在实际操作中，质量分数一般控制在64%～80%之间，即浓硝酸镁的质量分数不超过80%，加热器出口不低于64%。

(2) 硝酸镁法浓缩的原理 质量分数为72%～74%的硝酸镁溶液加入稀硝酸中，便立即吸收稀硝酸中的水分，使硝酸的质量分数提高到68.4%以上。硝酸镁由于吸收水分，质量分数下降到65%左右。此时硝酸和硝酸镁混合溶液的气相中 HNO_3 的质量分数在80%以上，再将它精馏即可得到成品浓硝酸。

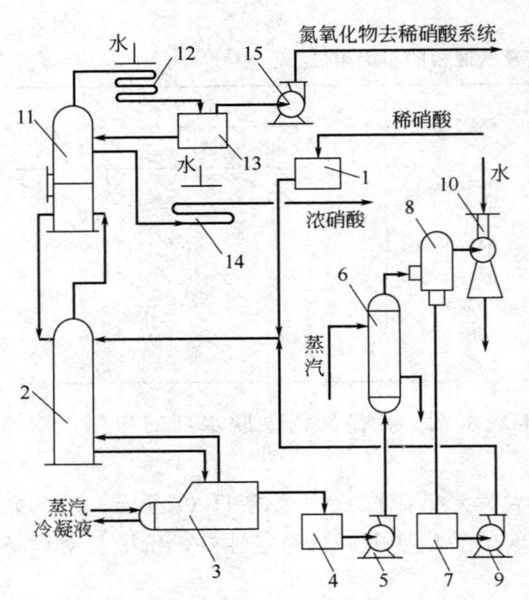

图2-21 硝酸镁法生产浓硝酸的工艺流程
1—稀硝酸高位槽；2—提馏塔；3—加热器；4—稀硝酸镁储槽；5—稀硝酸镁泵；6—蒸发器；7—浓硝酸镁储槽；8—分离器；9—浓硝酸镁泵；10—水喷射器；11—精馏漂白塔；12—硝酸冷凝器；13—分配器；14—硝酸冷却器；15—排风机

(3) 工艺流程 硝酸镁法生产浓硝酸的工艺流程如图2-21所示。

由高位槽1来的42%～50%稀硝酸，经计量后并与由泵9送来的72%的硝酸镁溶液按质量1∶(4～6) 配比，在混合槽混合后一起进入提馏塔2的顶部，溶液在提馏塔内自上而下与加热器3蒸出之硝酸蒸气进行热交换。

提馏塔下部的硝酸镁溶液依靠液位自动流入加热器。加热器以压力（绝）1.3MPa的蒸汽间接加热。加热器中的硝酸镁溶液维持在174～177℃。加热器出来的含有0.05%的硝酸，67.5%硝酸镁溶液进入稀硝酸镁储槽4，然后用泵5送入蒸发器6进行蒸发。蒸发器出来的气液乳浊液经分离器8分离后得72%浓硝酸镁溶液，流入浓硝酸镁储槽7，然后用泵送回提馏塔循环使用。

稀硝酸镁溶液蒸发过程系在约0.078MPa的真空下进行，由水喷射器10维持真空。

提馏塔顶出来的115～120℃含有87%左右硝酸的蒸气进入精馏漂白塔11。塔顶出来的约86℃的98%的硝酸蒸气引自硝酸冷凝器12冷凝，然后进入分布器13，不凝性气体由排风机15抽吸至稀硝酸系统回收，浓硝酸则进入精馏漂白塔的漂白段。在此利用由塔下部来的浓硝酸蒸气进行漂白，以吹除溶于浓硝酸中的氮氧化物气体。

经漂白后还含0.3% N_2O_4 的98%浓硝酸，一部分作为成品经硝酸冷却器14冷却后送至浓硝酸储槽，一部分（约为成品浓硝酸的两倍）作为回流酸从精馏漂白段至精馏段。由精馏塔底部出来的约75%硝酸溶液引至提馏塔。

(4) 主要设备 提馏塔和精馏塔均为填料塔，由若干塔节组成，材料为硅铁。塔节与塔节间连接处填充密封填料，密封填料由辉绿岩加水玻璃、浸泡石棉绳，上面铺一层玻璃丝构成，填料塔中充填25mm×25mm×2mm的玻璃杯。如图2-22所示为提馏塔的简图。

(5) 工艺条件的选择 稀硝酸和浓硝酸镁混合物在精馏过程中，经历多次部分气化和部分冷凝的过程，使气相中硝酸的质量分数一次比一次提高，最后达98%以上，经过冷凝后即为成品酸。浓缩过程中的影响因素有硝酸镁溶液的浓度，配料比，塔内温度等。

当稀硝酸浓度一定，回流量不变时，硝酸镁溶液的浓度愈高，则馏出硝酸的浓度也愈高，操作也愈易控制。但工业生产上，受硝酸镁性质影响，一般采用72%～74%的硝酸镁溶液。

生产中一般控制硝酸镁溶液和稀硝酸质量比（即配料比）在4∶1～6∶1左右，加热器中硝酸镁溶液的质量分数为65%～67%之间较适宜。虽然配料比增大，利于获得高浓度硝酸。但若过大，使进入加热器的硝酸镁溶液浓度增加，沸点上升，黏度增大，不利于硝酸镁的脱硝。实践中对于回流酸量和浓硝酸产量的质量比（称回流比）取2较为合适。

塔内温度依硝酸的性质而定（如图2-19所示）。生产中控制精馏塔顶温度为85℃，漂白塔顶温度为80～85℃。

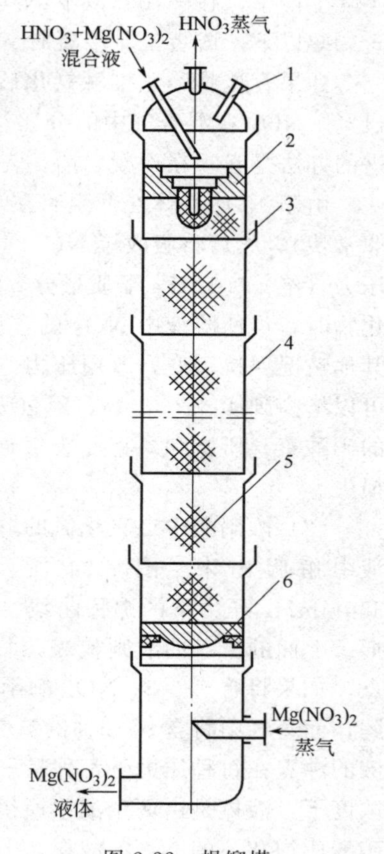

图 2-22 提馏塔

1—温度计口；2—分布器；3—密封填料；4—塔节；5—玻璃环填料；6—栅板

二、由氨直接合成浓硝酸

1. 概述

由间硝法制得的浓硝酸，质量分数只有98%并含有SO_4^{2-}等其他杂质。需要预先制出稀硝酸，浓缩过程中又要消耗浓硫酸或硝酸镁。若直接由氮氧化物合成浓硝酸就没有上述的缺点。直接合成浓硝酸的反应是：

$$2N_2O_4(i)+2H_2O+O_2(g)\longrightarrow 4HNO_3(i) \quad \Delta H=-78.80\text{kJ}$$

用氨为原料直接合成浓硝酸，首先必须制得液态的N_2O_4。将液态的N_2O_4与一定比例的水混合，在加压下通入纯氧，便可直接合成硝酸。

工艺过程包括下面几个步骤。

① 氨的接触氧化：这一步骤和制造稀硝酸情况相同。

② 由氨制造硝酸的反应生成水，如不除去得不到浓硝酸。除水的方法分两步进行：首先在快速冷却器中冷却，以便除去系统中大量的水分，并使氮氧化物溶于水中的量尽量减少。然后在普通冷却器中进一步除去水分并使气体降温。

③ 一氧化氮的氧化。为了获得较高氧化度，氧化分两步进行：第一步称初氧化采用干法氧化，在氧化塔内用空气将NO氧化，用65%稀硝酸冷却洗涤也起部分氧化作用，氧化度可达90%～93%；第二步称重氧化采用湿法氧化，由于低浓度的NO借空气氧化的速率太慢，因此余下的NO用浓硝酸加以氧化，反应为$2HNO_3+NO \longrightarrow 3NO_2+H_2O$。因为在较浓硝酸溶液（68%以上）上的NO平衡分压很小，所以用浓硝酸可将NO氧化得很完全，氧化度可达98%～99%。此反应速率很快，且随温度的升高而加大。

④ 液态N_2O_4的制备。

⑤ 由液态N_2O_4直接合成浓硝酸。

2. 液态四氧化二氮的制备

(1) 用硝酸吸收二氧化氮　由于NO_2和N_2O_4之间在瞬间即可达到平衡，因此将气体NO_2或N_2O_4冷凝，便可得到液体N_2O_4。不同温度下，液体N_2O_4面上的蒸气压p可用下式表示：

$$\lg p=14.6\lg T-33.15726$$

用普通坐标表示，即如图2-23所示。

从图2-23可看出，温度愈低，则N_2O_4液面上的平衡分压愈小，即冷凝得愈完全。但实际生产中，在-10℃以下N_2O_4就会生成固体析出堵塞设备管道。因此一般不能冷却至-10℃以下，或者说，冷凝时N_2O_4的压力不得小于20.26kPa。

如果直接将经氨接触氧化后所得的硝化气进行冷却和冷凝，由于氮氧化物的浓度只有11%，NO_2在混合气中的分压很低，即使在加压操作下，N_2O_4的冷凝还不能很完全。改进的办法是必须在冷凝以前，先使气体的NO_2浓度提高。

由于NO_2气体在低温时在浓硝酸中有较大的溶解度，用浓硝酸吸收NO_2（吸收速率也非常快），然后将吸收了NO_2气体的硝酸解吸即可获得高浓度的NO_2气体。如在-10℃和压力（绝）0.1MPa下质量分数为98%的硝酸吸收用空气将氨氧化得到的硝化气体中的氮氧化物时，可使溶液中NO_2的含量达到28%～30%，在0℃时，也可达到24%～25%，如果其他情况保持不变，改用压力（绝）0.7MPa的压力，则在-10℃时，溶液中NO_2的含量可以增高到40%～45%，经过吸收后的气体中NO_2含量$<0.1\%\sim0.2\%$，但却为该温度下的硝酸蒸气所饱和。将此废气通至吸收塔中用水或稀硝酸加以洗涤，减少其中硝酸蒸气的损失。

（2）浓硝酸中二氧化氮的解吸　将吸收了NO_2气体的硝酸溶液加热，即可使NO_2从溶液中解吸出来。图2-24所示为HNO_3-NO_2二元体系在760mmHg、600mmHg和350mmHg压力下的沸腾曲线。下面的三条曲线表示液体的沸点随溶液的组成而变化的情形。上面的三条曲线则代表蒸气中氮氧化物的含量。左面纵坐标轴上各点代表纯硝酸的沸点。如果将含有30% NO_2的硝酸加热，则在760mmHg压力下，它将于40℃左右的温度沸腾，而蒸气中将含96.5%的氮氧化物和3.5%的硝酸。当NO_2的质量分数超过45%时，溶液的沸点在每种压力下都保持一个不变的数值，此沸点并与N_2O_4的沸点对应，因为在这种浓度下，液体是由两个液层所组成的，一个是为氮氧化物所饱和了的硝酸层，另一个则是为硝酸所饱和了的N_2O_4液层。

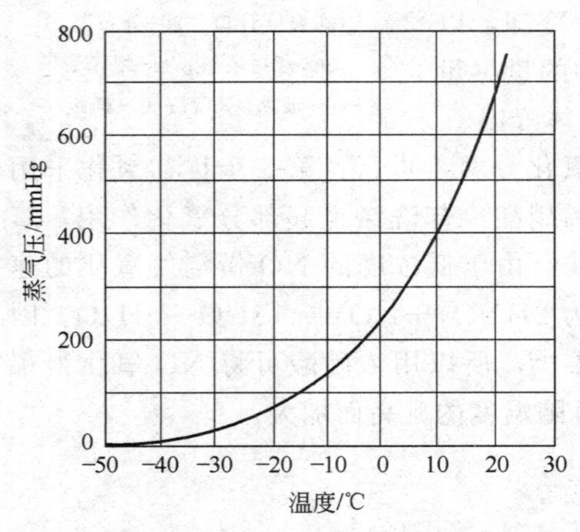

图2-23　液态四氧化二氮液面上的蒸气压
（1mmHg=133.322Pa）

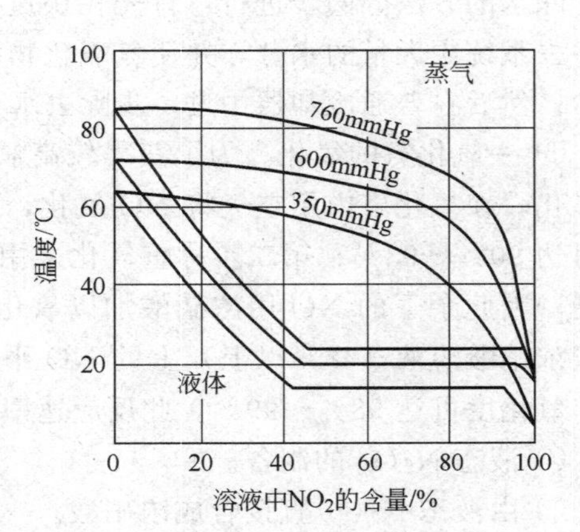

图2-24　在不同压力HNO_3-NO_2系统的沸腾曲线22%的硝酸
（1mmHg=133.322Pa）

如果将含80%氮氧化物的硝酸加热，则当氮氧化物含量降低到45%以前，它一直在一个不变的温度下沸腾，并且所放出的蒸气亦保持一个不变的成分（约为100%的氮氧化物）。当氮氧化物含量降低到45%以后，沸点开始升高，蒸气中硝酸溶液分别在760mmHg和600mmHg下加热沸腾，则在蒸气中分别含有85%氮氧化物和15%硝酸及78%氮氧化物和

22%的硝酸。

由上例看出，增加压力，对二氧化氮的解吸是有利的。但是，加压下沸点较高，使设备腐蚀加重，并且为了防止气体由设备和管线等的缝隙中漏出造成损失，故通常是在稍稍减压下进行操作。

浓硝酸中 NO_2 解吸的过程是在用纯铝制成具有塔板或填充物的塔中进行（称漂白塔）的。含 NO_2 的硝酸冷至 0℃自塔顶加入，在塔内受热解吸，蒸气自塔中出来时温度约为 40℃，含有 97%～98%的氮氧化物和 2%～3%的硝酸。此气体中的氮氧化物被冷却冷凝后，可得液态的 N_2O_4。

漂白塔结构图如图 2-25 所示。

（3）四氧化二氮的冷凝　冷凝析出的氮氧化物的量与冷凝前的氮氧化物总量之比定义为氮氧化物的冷凝度，以此表示 NO_2 和 N_2O_4 冷凝量。

冷凝度与温度、压力和气体中最初的 NO_2 总量有关。其关系列于表 2-8 中。

表 2-8　NO_2 的冷凝度（%）（初始含量为 10%）

气体压力(绝)/MPa	温度/℃				
	5	−3	−10	−15.5	−20
10	33.10	56.10	72.90	78.31	84.49
8	16.61	44.74	66.18	72.74	80.54
5	—	9.75	45.10	55.88	66.59

由上表可见，冷凝度随压力增加和温度降低而增大，如气体中 NO_2 初始含量为 10%时，1.0MPa 下，冷至－20℃时冷凝度可达 84.4%，0.5MPa 下，冷至－3℃，冷凝度只有 9.75%。为了避免 N_2O_4 固体析出堵塞管道，一般气体温度不宜低于－10℃。

如果在含氮的氧化物气体中有少量水蒸气存在，会使液体的凝固点降低，从而改善了液化条件。N_2O_4 与水混合物的凝固点与所含水量的关系如表 2-9 所示。

表 2-9　N_2O_4 与水的混合物的凝固点与所含水量的关系

混合物中水分的质量分数/%	2	3	5.5	10	15	19.6
凝固点/℃	−13.4	−14.2	−16.0	−19.0	−22.2	−25.6

生产中常压操作必须经过上述的浓硝酸吸收和解吸过程，若加压操作，则因冷凝度较大，可省掉这两步。

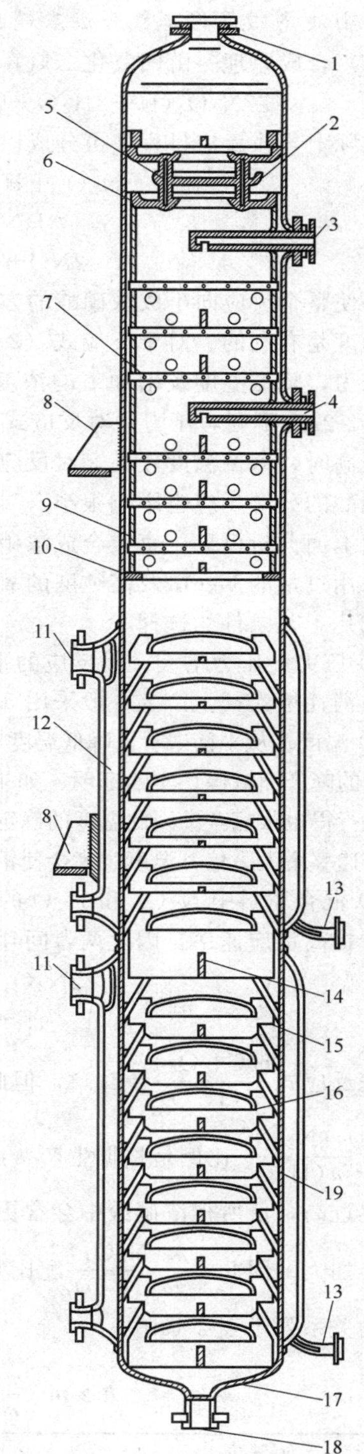

图 2-25　漂白塔结构

1—N_2O_4 气体出口；2—盘式塔板；3—冷酸入口；4—热酸入口；5—串棒；6—环式塔板；7—十字板；8—支架；9—支撑圈；10—支撑环；11—蒸汽入口；12—蒸汽夹套；13—冷凝液出口；14—支架；15—支架；16—泡罩；17—下锥体；18—浓硝酸出口；19—筒体

3.由液态四氧化二氮合成浓硝酸

(1) 合成原理 由四氧化二氮直接合成浓硝酸的总反应式是

$$2N_2O_4(l)+2H_2O+O_2(g) = 4HNO_3(l) \quad \Delta H=-78.80kJ$$

实际上，该反应过程又可分成以下三步：

$$N_2O_4+H_2O = HNO_3+HNO_2+Q_1 \quad (2\text{-}20)$$

$$3HNO_2 = HNO_3+2NO+H_2O+Q_2 \quad (2\text{-}21)$$

$$2NO+O_2 = 2NO_2 = N_2O_4+Q_3 \quad (2\text{-}22)$$

要使整个反应向生成浓硝酸的方向进行，从反应式（2-20）来看，提高 N_2O_4 的浓度和降低温度是有利的。对于反应式（2-21），提高温度和不断搅拌则有利于亚硝酸的分解，而提高压力，降低温度及增加氧的浓度对反应式（2-22）有利，温度高对反应式（2-20）、反应式（2-22）不利，压力大对反应式（2-21）不利。对反应式（2-22）而言，当氧含量和压力都很高时，即使温度较高，对反应的影响也不大。同样，在高温和有搅拌的情况下，压力对亚硝酸的分解反应也影响很小。

由上面分析可见，直接合成浓硝酸适宜的工艺条件是：提高反应的压力和控制一定的温度，采用过量的 N_2O_4 及高纯度的氧并加以良好地搅拌。

(2) 工艺条件的选择

① 压力。压力增大，对反应的平衡和反应速率都有有利影响，但压力过高，效果不大且动力消耗增大，生产上一般采用 5.0MPa。

② 温度。从平衡来看，降低温度对直接合成浓硝酸的总反应是有利的。而合成反应速率却随温度的降低而减慢。实践证明，如果在 5.0MPa，有过剩的 N_2O_4 和氧的存在，即使在高温下反应进行得也很完全。因此温度的确定主要根据整个反应的速率。如温度由 70℃增高到 90℃，可使反应速率增大一倍，温度过高会使铝设备的腐蚀加剧工业上合成温度一般选择在 65～70℃。

③ 混合原料中 N_2O_4 和 H_2O 的比例。从合成反应式来看，提高 N_2O_4 和 H_2O 浓度均有利于提高反应速率，因此两者间存在着适当的比例。

$$\underset{92}{2N_2O_4}+\underset{18}{2H_2O}+O_2 = 4HNO_3$$

按反应式$\frac{m(N_2O_4)}{m(H_2O)}=5.11$，但此时反应速率很小，增大$\frac{m(N_2O_4)}{m(H_2O)}$比例，可以提高反应速率。$\frac{m(N_2O_4)}{m(H_2O)}$比例是根据生产费用最低来决定的，因为比例高，可以缩短反应时间，如若配比过高，使所得浓硝酸中会含更多的 N_2O_4，产品量减少且蒸汽耗量和 N_2O_4 冷凝时冷冻量会加大。因此，$\frac{m(N_2O_4)}{m(H_2O)}$配比要综合考虑。$\frac{m(N_2O_4)}{m(H_2O)}$与合成时间和直接合成浓硝酸总费用的关系列于表 2-10 中。

表 2-10 $\frac{m(N_2O_4)}{m(H_2O)}$与合成时间及总费用关系①

$\frac{m(N_2O_4)}{m(H_2O)}$	6.2	6.82	7.5	8.3	9.28
时间/min	240	70	30	15	6
每生产 1t 产品所需费用的比例	1①	0.78	0.865	0.965	1.1

① 以比例$\frac{m(N_2O_4)}{m(H_2O)}=6.2$时费用作为 1。

由上表可知，当$\frac{m(N_2O_4)}{m(H_2O)}=6.82$时，所需的总费用最小，这相当于在高压反应器制成的酸中含有25%～30%过剩的N_2O_4。

液态N_2O_4制备中，有副产物稀硝酸生成，所以在配制高压反应器的混合原料时，不必用水而用稀硝酸。

④ 氧的用量及其分散度。氧的用量愈多、则反应速率愈快，一般氧的用量是理论量的1.5～1.6倍。氧不仅是原料而且还用来维持高压反应器内的反应压力。氧气穿过溶液的分散度愈大，氧与混合物的接触也愈好，搅拌效果也愈好，因此加快了反应速率。

氧的纯度也很重要，当其纯度低时，由于氧的分压降低，反应速率也随之降低，如用纯度低于80%的氧进行反应，则根本得不到浓硝酸。一般要求氧的纯度达到98%，氧气中只允许含极少量的非可燃性的惰性气体，不允许有水分和有机物存在。

4. 工艺流程和设备

直接法合成浓硝酸的工艺流程见图2-26所示。该流程的氨接触氧化部分与常压下生产稀硝酸的装置一样，是用空气将氨氧化，氨的质量分数保持在10.5%～12%之间。接触氧化后的气体经废热锅炉换热后，通过快速冷却器，使其中氮氧化物与水分的含量之比为5.1∶1，骤冷后的冷凝液（含1%～3%稀硝酸）排除出去。氧化氮气体再进入气体冷却器中，进一步降温，在此又有质量分数为25%～30%的稀硝酸生成。然后将含氮氧化物的气体（主要是NO）送入氧化塔1，在塔中与空气进行反应生成NO_2，氧化率达90%以上。氧

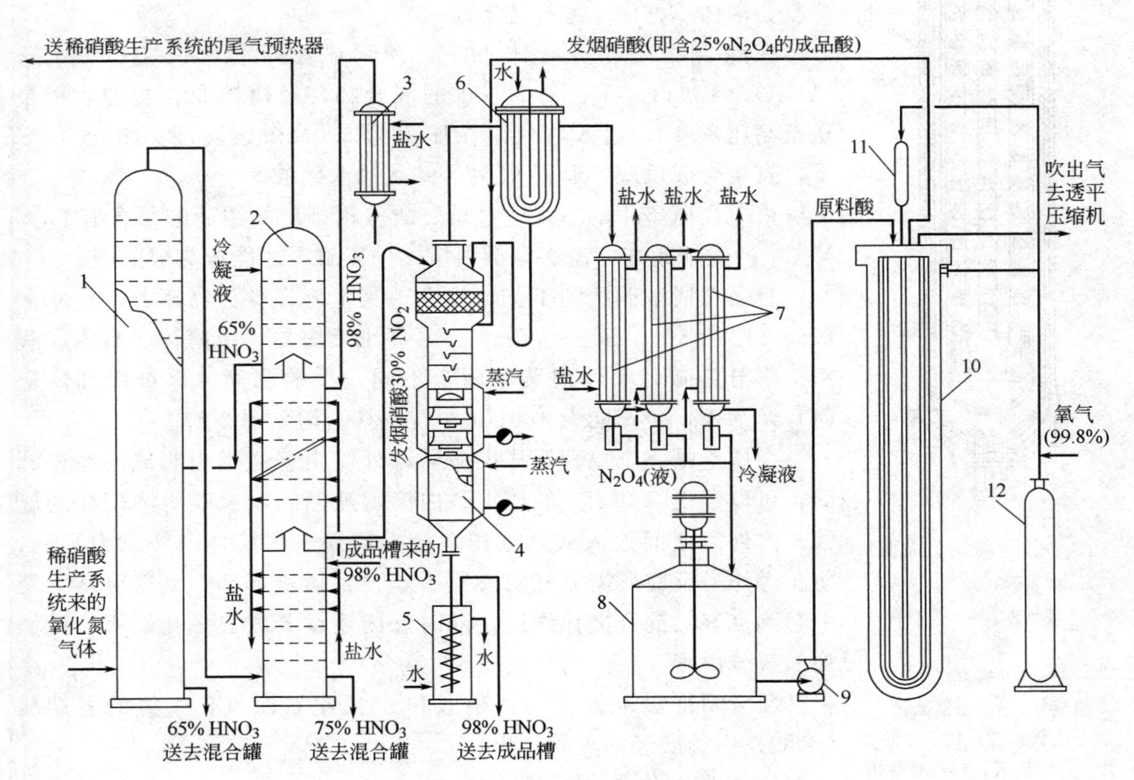

图2-26　直接法合成浓硝酸的工艺流程

1—氧化塔；2—发烟硝酸吸收塔；3—浓硝酸冷却器；4—漂白塔；5—成品酸冷却器；6—初步冷却器；7—N_2O_4冷凝器；8—混合罐；9—泵；10—高压釜；11—缓冲罐；12—氧气储瓶

化时放出热量，由发烟硝酸吸收塔2上段来的65%的硝酸带走，而硝酸被稀释到55%送至混合罐8，氧化后的氮氧化物气体送往发烟硝酸吸收塔2的底部。

发烟硝酸吸收塔共分成三段。下段为重氧化段，气体中的NO在此被质量分数为98%的硝酸几乎全部氧化为NO_2，同时98%的硝酸被稀释到75%，其反应为

$$NO+2HNO_3 \longrightarrow 3NO_2+H_2O-Q$$

中段为发烟硝酸吸收段，用温度为－10℃的98%浓硝酸作为吸收剂，吸收NO_2后产生含30% NO_2的发烟硝酸（$HNO_3 \cdot NO_2$）：

$$NO_2+HNO_3 \longrightarrow HNO_3 \cdot NO_2+Q$$

发烟硝酸由中段底部送至漂白塔4，反应热量由筛板上的盘管内的冷冻盐水冷却除去。

上段为洗涤段，以冷凝水洗涤尾气中的硝酸雾沫后成为65%的稀硝酸，此酸送到氧化塔1。吸收后尾气中含有0.2%的氮氧化物，送去稀硝酸生产系统，回收能量后排至高空。

含30% NO_2的发烟硝酸经漂白塔4受热分解，$HNO_3 \cdot NO_2 \longrightarrow HNO_3+NO_2-Q$，成品浓硝酸从塔底放出送至成品酸储槽，部分酸可供发烟硝酸吸收塔循环使用。塔顶分解出来的纯NO_2经初步冷却器6以水冷除去酸雾后，进入N_2O_4冷凝器7，以盐水冷凝为液体N_2O_4，送入混合罐8。

在混合罐中，将液体N_2O_4和稀硝酸配成$m(N_2O_4):m(HNO_3):m(H_2O)=7:2:1$的混合物，经搅拌混合均匀后用泵送至高压釜10，通入氧气，在压力为5.0MPa、温度为65～70℃下，发生合成反应，制得98%～99%的浓硝酸。

由于高压釜中的N_2O_4过量，故釜顶排出的浓硝酸是含有25% N_2O_4的发烟硝酸，需送至漂白塔4中段解吸才能成为成品酸。

直接合成浓硝酸的工艺流程中，其主要设备为高压釜，尺寸一般为ϕ1220mm，$H \approx$9000mm。系高压反应器，由筒体、封头、釜头三部分组成，筒体内装有两个不同直径的圆筒（保护筒和反应筒）及筛板，生产能力400t/d左右。其结构见图2-27。

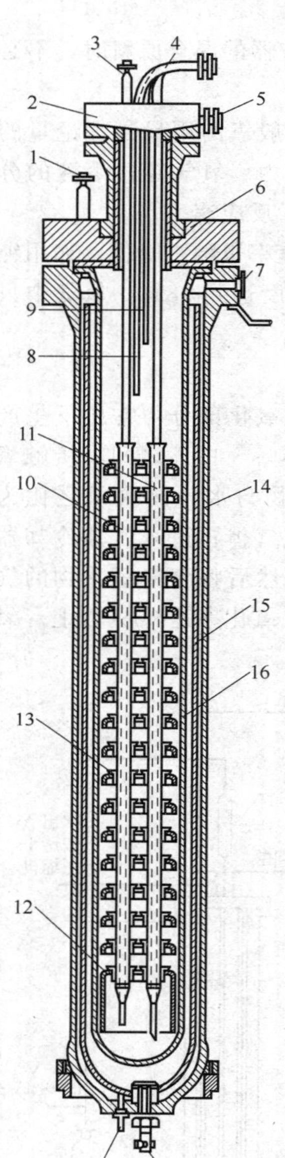

图2-27　高压釜简图

1—加料管；2—小釜头；3—进氧管；4—排酸管；5—吹气管；6—大盖；7—外筒进氧管；8—下溢流管；9—上溢流管；10—进氧套管；11—排酸套管；12—筛板；13—管翻边；14—钢筒；15—保护筒；16—反应筒；17—钢筒检查管；18—保护筒检查管

高压釜是一个双套筒式反应器，外筒由普通钢板制成的厚壁圆筒，可以经受5.0MPa的压力。内筒由纯铝制成，以耐浓硝酸的腐蚀。内外筒之间通入氧气保压，使反应筒（内筒）内外压力平衡，防止爆炸。反应所需氧气用管子由釜顶直插釜下部，氧气可从下至上起到良好的混合搅拌作用，同时釜内还设置数块多孔筛板。以增加氧气分散度。

反应制得含98%～99%硝酸和25%左右四氧化二氮的发烟酸（热酸）由釜底经中央管导出。

5. 主要操作要点

直接合成浓硝酸工艺过程中，岗位很多，但主要的是高压釜和漂白塔岗位，故重点介绍它们的操作要点。

(1) 高压釜岗位操作要点 高压釜是液体 N_2O_4 直接合成浓硝酸的主要设备，担负着重要任务。生产中要严格遵守操作规程，管理好本岗位所属设备、仪表、电气设施等。其操作要点如下。

① 开车。首先做好开车前的各种准备，进行高压釜系统吹出、试压和酸洗及氧气置换。然后通知混合罐岗位准备混合料，联系开制氧机送氧气，当氧主管压力升至 5.9MPa 以上时，开始向高压釜送混合料，釜内压力升至 5.0MPa 时，保持此压力反应 30～50min，即反应结束。混合罐岗位向高压釜连续送料，控制高压釜液面在上、下溢流之间，通知漂白塔岗位，高压釜即已连续排酸。

② 停车。联系混合罐岗位停止送料，同时通知制氧机岗位停车原因和需停车时间，让其酌情停制氧机。如系较长时间停车，可将氧储瓶氧气倒回低压氧气系统。并将塔内酸排完。打开吹气阀门放余压。如进行拆卸小釜头的检修、在放余压后，用氧气将釜内氮氧化物置换干净。如需动火，再联系制氧机岗位压缩氮气置换。

当遇有制氧机停电、设备、管线大量漏酸、漏氧、氧气含碳量超过、排不出酸等情况可紧急停车。

(2) 漂白塔岗位操作要点

① 开车。系统气密试压、酸洗结束后，联系泵岗位收开车用酸。将蒸汽引入总管，预热漂白塔，预热 5min 左右，手摸塔底发热即可开塔，并通知混合罐岗位准备接受 N_2O_4，通知泵岗位准备接受冷凝液。

在开塔的同时应给初冷器通水，并向冷凝器加适当盐水。

高压釜岗位排酸后，待热酸高位槽液面升至 500mm 后打开阀门，向漂白塔加热酸，并适当提高蒸汽压力。

② 停车。在处理冷、热酸槽液面的过程中逐渐停塔，逐步关小冷、热酸阀门及蒸汽阀门，直至关闭。关闭初冷器上水阀门和蒸汽总管调节阀，打开导淋。

冬季停车应采取相应防冻措施，将管线中存水放净以防管线、阀门冷裂。

遇停电、停蒸汽、停水、停负压等情况应紧急停车。

复习思考题

1. 氨接触氧化的反应有哪些？主要反应是什么？反应速率如何？
2. 氨接触氧化的催化剂有几种？哪些物质能使铂催化剂中毒？再生方法如何？
3. 氨接触氧化的机理是什么？
4. 影响氨接触氧化的因素有哪些？简述如何影响？
5. 试绘出氨氧化工艺流程图。
6. NO 的氧化分几步进行？温度对反应速率如何影响？
7. 何谓 NO_2 的吸收度和转化度？可用哪两种方法计算？
8. 吸收过程机理如何？吸收工艺条件如何选择？
9. 试述常压法、加压法、综合法生产稀硝酸工艺流程，并能对各法进行比较。
10. 氮氧化物尾气为何要进行处理？有哪些尾气处理方法？
11. 硝酸镁法浓缩稀硝酸的原理和工艺流程如何？
12. 由氨直接合成浓硝酸生产过程包括几步？
13. 如何制得液态 N_2O_4？
14. 由液态 N_2O_4 如何合成浓硝酸，其工艺条件如何选择？
15. 试述“直硝”法生产浓硝酸工艺流程。

第二篇　化学肥料

化学肥料泛指用化学方法制造的肥料，一般为含有农作物所需营养元素的无机盐。化学肥料与农家肥料相比，具有养分高、肥效快、储运和施用方便等优点。还可以有目的地利用化学肥料调节土壤中的养分的含量比例，促进农作物的高产和稳产。各种化学肥料对农作物的一般增产效果见表 3-1。

表 3-1　化学肥料增产效果（kg 化肥）

名　称	稻谷/kg	小麦/kg	玉米/kg	蔬菜/kg	棉花/kg	其他/kg
尿素	10～15	5～8	8～15	190～200	3～5	
硝酸铵	5～8	5～7	8～11	50～90	0.8～1.1	
氯化铵	3.8～6.2	3.8～5	6～8	36～60	0.6～0.8	
碳酸氢铵		3～5	2.5			
过磷酸钙	2.16	2.45	3.05		0.3～0.8	大豆 2.0
重过磷酸钙	4.53	6.50	7.27			
硝酸磷肥	4.31	3.87	4.46		1.79	番茄 6.23
磷酸铵	0.95～3.29				2～2.3(籽棉)	
硫酸钾(以 K_2O 计)	5.50	2.80			1.90(籽棉)	油菜籽 1.90

由于化学肥料对于改良土壤结构和使土壤团粒化等作用远不及农家肥料。因此，不能以化学肥料完全代替农家肥料，两者必须配合使用。

农作物在其生长过程中，要不断地从外界摄取营养，它们所需的营养元素约有六七十种之多。其中有十多种被认为是不可缺少的，即碳、氢、氧、氮、磷、钾、硫、钙、镁以及铁、硼、锌、铜、锰、钼、钴、碘等。碳、氢、氧三种元素，农作物可以分别从空气中的二氧化碳和土壤里的水中获得。其他元素，由于土壤中含量不足，或者由于农作物对其需要量较大，必须依靠人工施肥加以补充。

农作物需要补充量多的氮、磷、钾，称为常量元素肥料，习惯上称为肥料的三要素。需要补充量较少的硫、钙、镁等称为小量元素肥料。需要补充量极少的硼、锌、铁、锰、铜、钼等，称为微量元素肥料。

目前生产的化学肥料品种很多，通常可分为只含一种元素的单一肥料（如氮、磷、钾肥）和含有两种或两种以上营养元素的多效肥料。多效肥料又可分为将几种养分机械混合在一起的混合肥料和几种养分以化合物形态结合在一起的复合肥料。

各种肥料分述如下。

（1）氮肥　氮肥有尿素、硝酸铵、硫酸铵、氯化铵、碳酸氢铵、石灰氮等。

氮是组成蛋白质的主要元素（蛋白质中含有 16%～18%的氮），也是叶绿素、酶（生物催化剂）以及核酸、维生素等的主要成分。施用氮肥能使农作物长得叶茂枝壮，尤其是对以茎叶为主的作物更为有利。

（2）磷肥　磷肥有过磷酸钙、重过磷酸钙、富过磷酸钙、沉淀磷酸钙、钙镁磷肥、脱氟磷肥、钢渣磷肥等。

磷是组成原生质、细胞核的重要元素。它能促进农作物生长发育、开花结实、籽实早熟，并提高籽实的质量。

(3) 钾肥　钾肥有氯化钾、硫酸钾、窑灰钾肥等。

钾主要存在于农作物的营养器官中，尤其是芽、幼叶、根尖等处含量最多。它能促进碳水化合物和蛋白质的合成。施用钾肥后可使茎秆坚硬，增强作物的抗病、抗倒伏能力，提高作物的产品质量。

(4) 复合肥料与混合肥料　复合肥料与混合肥料包括磷酸铵、硫酸铵、尿素磷铵、硝酸磷铵、硝酸钾、偏磷酸铵、尿素硝酸铵、尿素氯化钾、钾氮混肥等。

(5) 微量元素肥料　微量元素肥料系指硼、铜、锰、锌、钼等的化合物。

微量元素大多数作为植物体内的酶或一些维生素的组成部分。

以上品种为固体肥料，此外，还有液体肥料，如氨水、液氨或用盐类的液氨溶液，如尿素、硝酸铵溶液，可直接施于土壤中。液体肥料使用方便，制造过程简单，但运输及储存有困难，宜用于工厂附近农村，随取随用。

(6) 腐殖酸类肥料　腐殖酸类肥料系指腐殖酸铵、腐殖酸类磷肥、腐殖酸类钾肥等。这类肥料属于有机肥料，在中国是近年来发展起来的一类肥料。

腐殖酸类肥料施用的效果，既有肥料的效果，又有植物生长刺激素的作用，能使植物提前发芽，提前成熟，另外还能改进土质。对板地、砂土、黏土地、盐碱地、酸性或碱性土壤，皆有改进作用。施用腐殖酸类肥料，可使土壤疏松、水分含量、酸碱性合适，不危害作物。土壤中难溶的钾盐、磷酸盐，以及使用的磷肥中非水溶性的磷酸盐，可在它的作用下，逐渐成为可溶性的能被植物吸收的养分。

天然腐殖酸是埋于地下的植物，经腐烂分解而成的一组天然的碳氧酸。它是一种无定形暗褐色物质，呈胶体状，结构复杂，是一种有机高分子化合物的混合物，主要由碳、氢、氧等元素和少量氮、硫、磷等元素构成。

制腐殖酸的原料很多，如泥煤、褐煤、碎木、木屑以及多年腐烂的草本植物等。

制造腐殖酸的方法有直接氨化法、酸法、空气氧化法等。如果原料中含腐殖酸较多（达50%以上），即可采用直接氨化法，先将原料粉碎，然后用氨水氨化，就可施于地里。如果原料中含腐殖酸较少（30%以下），亦可先用空气氧化法，提高原料中腐殖酸的百分含量，然后再进行氧化。如果需制较纯的腐殖酸或高含量的腐殖酸铵，即可采用酸法，以盐酸法为好。将腐殖酸提出，再进行氨化。

上述各类肥料中，肥效释放有快慢，多数化学肥料是速效的。还有缓效肥料（或长效肥料），是用某些聚合物或特制材料作为水溶性肥料的保护层，从而使肥效缓慢地释放，以减少肥料的流失和提高肥效，尿醛肥料、涂硫尿素、用钙镁磷肥包裹的碳酸氢铵等都属缓效肥料。为了减少肥料养分的损失，目前世界各国致力于缓效肥料的开发和研制。

第三章 尿素生产工艺

第一节 概 述

在化学肥料中，以氮肥需要量最大，应用最广。尿素是氮肥中的一个重要品种。目前，尿素的发展速度和生产规模已超过了氮肥其他品种。

一、尿素的性质

1. 物理性质

尿素（Urea）学名碳酰胺，分子式为$CO(NH_2)_2$，结构式 $\begin{matrix} H \\ | \\ H-N \\ H-N \\ | \\ H \end{matrix}\!\!>C=O$ ，相对分子质量60.06，含氮量46.65%。因为在人类及哺乳动物的尿液中含有这种物质，故称尿素。纯尿素为无色、无味、无臭的针状或棱柱状结晶。工业上尿素产品因含有杂质，一般是白色或浅黄色结晶。

纯尿素的熔点在常压下为132.7℃，超过此温度开始分解；密度分别为：熔融尿素$1.22g/cm^3$（132.7℃），晶状尿素$1.335g/cm^3$，粒状尿素$1.4g/cm^3$。在25℃下的比热容为1.34kJ/(kg/℃)，结晶热为242.21kJ/kg。

尿素易吸湿，吸湿性次于硝酸铵而大于硫酸铵，故包装、储运要注意防潮。

2. 化学性质

（1）尿素的缩合反应　在真空中，加热固体尿素到120～130℃时，尿素并不分解，但要升华。加热到160～190℃时，尿素可转变成氰酸铵：

$$H_2N-CO-NH_2 \rightleftharpoons NH_4[O-C\equiv N]$$

在常压下，加热干燥固体尿素至高于它的熔点温度时，两分子尿素缩合成难溶于水的缩二脲并放出氨气：

$$2CO(NH_2)_2 = NH_2CONHCONH_2 + NH_3\uparrow$$

当温度超过170℃时，三分子尿素缩合生成缩三脲或三聚氰酸等。

$$3CO(NH_2)_2 = NH_2CONHCONHCONH_2 + 2NH_3\uparrow$$

$$3CO(NH_2)_2 = C_3N_3(OH)_3 + 3NH_3\uparrow$$

此外，尿素还可以和甲醛进行缩合，生成尿甲醛缩合物。此缩合物可作为脲醛塑料的原料，也是一种好的缓效肥料。

（2）尿素的水解作用　在酸性、碱性或中性溶液中，60℃以下，尿素不发生水解作用。随着温度的升高，水解速度加快，水解程度也增大（80℃时，1h内可以水解0.5%，110℃时，1h内可增加到3%）。水解过程可视为如下步骤。

第一步：　$$CO(NH_2)_2 + H_2O \rightleftharpoons NH_2COONH_4$$

（氨基甲酸铵又称无水碳酸铵）

第二步：　$$NH_2COONH_4 + H_2O \rightleftharpoons (NH_4)_2CO_3$$

第三步：　　$(NH_4)_2CO_3 \rightleftharpoons 2NH_3 + CO_2 + H_2O$

尿素水解反应的速率与温度和加热的时间有关，在有氨存在的情况下，可以抑制尿素的水解。

(3) 尿素的加成反应　尿素在强酸溶液中呈现弱碱性，但其碱性极弱，不能使一般指示剂变色。尿素能与酸作用生成盐，如与硝酸作用，生成尿素的硝酸盐，其反应式为

$$CO(NH_2)_2 + HNO_3 = CO(NH_2)_2 \cdot HNO_3$$

在强碱性溶液中，尿素又呈现弱酸性，故尿素又能与碱作用，如尿素与氢氧化钠作用生成碳酸钠等。

二、尿素的用途与规格

尿素在农业和工业上都有广泛的用途。作为肥料，尿素的含氮量为硝酸铵的 1.3 倍，硫酸铵的 2.2 倍，碳酸氢铵的 2.6 倍。尿素是中性速效肥料，不含酸根，长久施用，不会使土质板结，释出的二氧化碳还可被作物吸收，促进光合作用。国外有将尿素和甲醛或乌洛托平 [$(CH_2)_6N_4$] 进行缩合制得缓效的尿醛缩合肥料。还有用来生产硝酸铵尿素 [$NH_4NO_3 \cdot CO(NH_2)_2$]、氯化铵尿素 [$NH_4Cl \cdot CO(NH_2)_2$] 等复合肥料。施用尿素时要注意缩二脲的含量，因其对种子发芽和生长起抑制作用，含缩二脲量高的尿素不能作为拌种肥料。

在工业上，尿素可作为高聚物合成材料。工业尿素总消耗量约有一半用来制成尿素-甲醛树脂，用于生产塑料、漆料和胶合剂等。此外，医药、纤维素、炸药、制革、选矿、颜料、石油脱蜡等的生产中也要用尿素。国外用尿素做污染控制剂，吸收污染物，保护环境。

尿素还可用作牛、羊等反刍动物的辅助饲料，能使肉、奶增产。作为饲料用的尿素规格和用法有特殊要求，不能乱用，而且饲喂前必须经过试验。

中国 2001 年颁布的工农业用尿素的标准如表 3-2 所示。

表 3-2　尿素国家标准（GB 2440—2001）

项目			工业用			农业用		
			优等品	一级品	合格品	优等品	一级品	合格品
总氮(N)(以干基计)		≥	46.5%	46.3%	46.3%	46.4%	46.2%	46.0%
缩二脲		≤	0.5%	0.9%	1.0%	0.9%	1.0%	1.5%
水(H_2O)分		≤	0.3%	0.5%	0.7%	0.4%	0.5%	1.0%
铁(以 Fe 计)		≤	0.0005%	0.0005%	0.0010%			
碱度(以 NH_3 计)		≤	0.01%	0.02%	0.03%			
硫酸盐(以 SO_4^{2-} 计)		≤	0.005%	0.010%	0.020%			
水不溶物		≤	0.005%	0.010%	0.040%			
亚甲基二脲		≤				0.6%	0.6%	0.6%
颗粒	δ0.85～2.80mm	≥	90%	90%	90%	93%	90%	90%
	δ1.18～3.35mm	≥						
	δ2.00～4.75mm	≥						
	δ4.00～8.00mm	≥						

注：1. 若尿素生产工艺中不加甲醛，可不做亚甲基二脲含量的测定。

2. 指标中粒度项只需符合四档中任一档即可，包装标识中应标明。

三、尿素的生产方法简介

1773 年鲁爱耳在蒸发人尿时发现了尿素。1828 年佛勒在实验室由氨及氰酸合成得尿素：

$$NH_3 + O{=}C{=}N{-}H \rightleftharpoons O{=}C\begin{matrix} \diagup NH_2 \\ \diagdown NH_2 \end{matrix}$$

此后，出现了以氨基甲酸铵、碳酸铵及氰氨基钙（石灰氮）等作为原料的 50 余种合成尿素

方法。这些方法都因原料难得或有毒性或因反应条件难以控制而在工业上均未得到实现。

目前，世界上广泛采用由氨和二氧化碳直接合成尿素法。1922 年首先在德国的法本公司奥堡工厂用该法进行工业生产。20 世纪 30 年代中期有了连续生产的不循环法，20 世纪 50 年代初期发展了半循环法，20 世纪 60 年代初期尿素生产技术以水溶液全循环法为主，20 世纪 70 年代以气提法生产尿素占优势。

由氨和二氧化碳合成尿素的总反应为

$$2NH_3+CO_2 \rightleftharpoons CO(NH_2)_2+H_2O+Q$$

这是一个可逆放热反应，因受化学平衡的限制，NH_3 和 CO_2 通过合成塔一次反应只能部分转化为尿素。生产过程常分为下列四步：

① 氨与二氧化碳原料的供应及净化；

② 氨与二氧化碳合成尿素；

③ 未反应物的分离与回收；

④ 尿素溶液的加工。

通常按第三步的不同而分成不同的生产方法。

1. 不循环法和半循环法

氨和二氧化碳在尿素合成塔内进行反应后，未反应的氨和二氧化碳不返回合成塔，而送去加工做其他产品（如硫酸铵），这种方法称为不循环法，示意流程如图 3-1 所示。

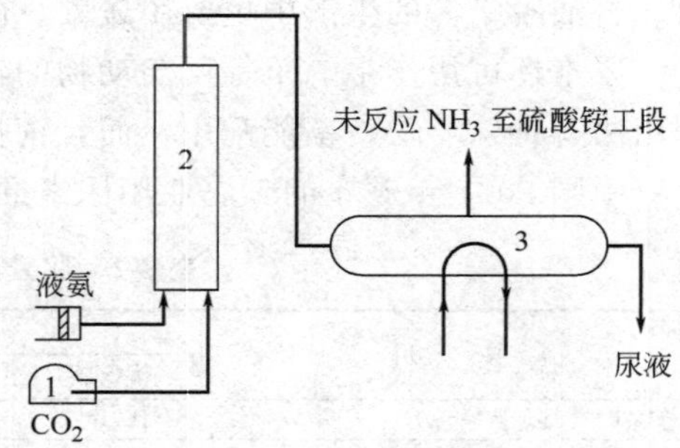

图 3-1　不循环法流程示意图

1—二氧化碳压缩机；2—尿素合成塔；3—加热分解器

半循环法（或称部分循环法）是将合成后未反应的氨和二氧化碳，从尿液中分离后，其中一部分氨冷凝成液氨返回合成塔，另一部分不返回合成塔而送去加工成其他产品，其示意流程如图 3-2 所示。

图 3-3 所示为高效半循环法流程，此流程将未转化的氨和二氧化碳分离后，除了回收一部分冷凝液氨外，还将一部分未反应的氨和二氧化碳用水吸收，也返回合成塔。高效半循环法流程比半循环法流程有所进步，即有较多的氨和二氧化碳循环使用，但仍有一部分未反应物不返回合成塔。

2. 全循环法

全循环法是将未转化成尿素的氨和二氧化碳经蒸馏和分离后全部返回合成系统循环使用，构成密闭的循环系统，原料的利用最完全，氨利用率达 98%以上。

全循环法由于分解、循环返回的方法不同，又分为热气全循环法、气体分离（选择性吸收）全循环法、水溶液全循环法、气提全循环法等不同流程。

（1）热气全循环法　是将未反应的氨和二氧化碳混合物，在高温下送入一个特制的压缩机中加压，再循环进入合成塔中合成尿素。此法投资较高，动力消耗大。为防止结晶堵塞，操作温度高，腐蚀较严重。

（2）气体分离全循环法　该法是将蒸馏出来的未反应的氨和二氧化碳，借助选择性吸收剂吸收其中的一组分（氨或二氧化碳），吸收后溶液再生，循环使用，将解吸出来的气体与未被吸收气体分别返回系统中去（作为选择性吸收氨的吸收剂有硝酸尿素水溶液、磷酸铵水溶液等。作为选择性吸收二氧化碳的吸收剂有一乙醇胺和热碳酸盐）。该法比热气全循环法为优，但流程复杂，动力消耗较多。

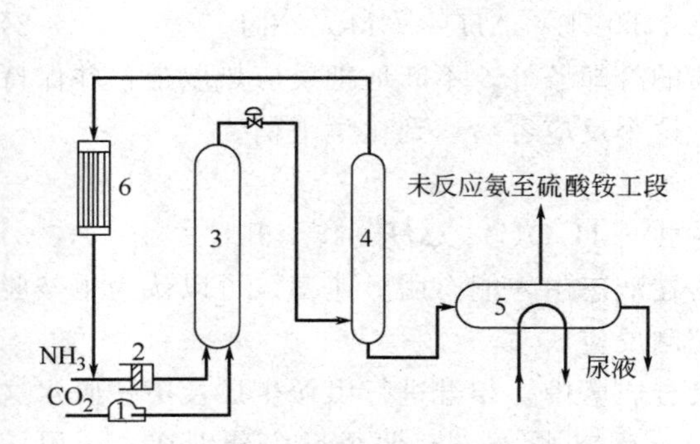

图 3-2　半循环法流程示意图

1—二氧化碳压缩机；2—液氨泵；3—合成塔；4—高压分离器；5—低压加热分离器；6—氨冷凝器

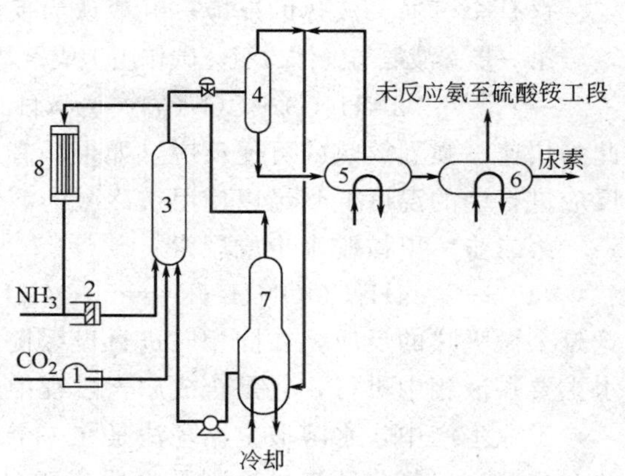

图 3-3　高效半循环法流程示意图

1—二氧化碳压缩机；2—液氨泵；3—尿素合成塔；4—预分离器；5—高压加热分离器；6—低压加热分离器；7—高压吸收塔；8—氨冷凝器

（3）水溶液全循环法　又称碳酸盐溶液全循环法。它的特点是利用水（或稀溶液）吸收未反应的氨和二氧化碳以形成氨基甲酸铵或碳酸铵溶液，再用循环泵打回合成塔。由于未反应的氨和二氧化碳呈水溶液形态进行循环，故循环消耗的动力比其他方法均低得多，流程也较简单，投资较低，是目前生产尿素用得多、比较完善的方法。在水溶液全循环基础上，根据不同的分离与回收流程和尿液的不同加工方法，又产生了全循环改良 C 法和气提法。

（4）气提法　气提法是利用一种气体介质在与合成等压的条件下分解甲铵并将分解物返回系统使用的方法。这种气体介质又称“气提介质”。“气提介质”可选用二氧化碳气、氨气和变换气，依次称为二氧化碳气气提法、氨气气提法、变换气气提法。由于变换气来自合成氨厂，该法又称“变换气气提联尿”，即氨和尿素联合生产的简称流程。“联尿”技术是值得研究和有发展前途的技术，它可以使合成氨和尿素的生产工艺流程缩短，节省动力。

四、尿素生产对原料的要求

合成尿素的主要原料是液氨和气体二氧化碳。它们分别是合成氨厂的主副产品，所以尿素工厂和合成氨工厂常设在一起联合生产。

合成尿素一般要求液氨质量分数大于 99.5%，油含量小于 10mg/kg，水和惰性物质质量分数小于 0.5%，并不含有固体杂质，如催化剂粉、铁屑等。液氨送尿素系统之前应有一定的静压头和过冷度。

合成尿素对二氧化碳的要求，主要是从合成转化率和设备的防腐情况考虑的。二氧化碳纯度低，将会降低合成转化率。含硫量高将使设备腐蚀严重。一般要求二氧化碳纯度大于 98.5%（以干基体积分数计），硫化物含量小于 $15mg/m^3$。二氧化碳气送到尿素生产系统时，应为该温度下的水蒸气所饱和，并具有一定压力。

第二节　尿素的合成

一、合成尿素的反应机理

由液氨和气体二氧化碳直接合成尿素的总反应式为

$$2NH_3(l)+CO_2(g) \rightleftharpoons CO(NH_2)_2(l)+H_2O(l)+Q \quad (3\text{-}1)$$

这是个可逆、放热的反应。一般认为反应是在液相中分两步进行的。

第一步　液氨与气体二氧化碳作用生成氨基甲酸铵（简称甲铵，下同），故称为甲铵生成反应：

$$2NH_3(l)+CO_2(g) \rightleftharpoons NH_4COONH_2(l) \quad \Delta H=-119.20kJ \quad (3\text{-}2)$$

此为快速、强烈放热的可逆反应，如果具有足够的冷却条件，不断地把反应热取走，并保持反应进行中的温度低到足以使甲铵冷凝为液体，这个反应容易达到化学平衡。

第二步　甲铵脱水生成尿素

$$NH_4COONH_2(l) \rightleftharpoons CO(NH_2)_2(l)+H_2O(l) \quad \Delta H=15.49kJ \quad (3\text{-}3)$$

这是个微吸热的反应，在固相时进行极缓慢，需在液态中才能有明显速率，可以认为甲铵脱水主要在液相中进行，它是合成尿素过程中的控制反应。

工业生产中，水溶液全循环法是在一个尿素合成塔中，相继进行甲铵生成及甲铵脱水这两个反应。二氧化碳气提法则是将反应式（3-2）、反应式（3-3）两个反应分别在高压甲铵冷凝器及尿素合成塔两个设备中进行。两种方法合成尿素的机理是完全相同的，不同的是后者在高压甲铵冷凝器内可回收甲铵生成时放出的大量反应热，副产蒸汽，降低能量消耗。

二、氨基甲酸铵的性质

甲铵是带有浓氨味的无色晶体，具有强烈的吸湿性，易溶于水中，而且很不稳定，在常压下会分解成氨和二氧化碳。

1. 甲铵的离解压力

甲铵的离解压力是指在一定温度条件下，固体或液体甲铵表面上的氨和二氧化碳蒸气混合物的平衡压力。

实验测得固体甲铵在不同温度下的离解压力数值如下：

温度/℃	40	47	59	60	72	80	84	100	105	120	140	144	160
离解压力/atm	0.32	0.5	1.0	1.2	2.0	3.3	4.0	8.0	10	20	43	50	90

甲铵的离解压力随温度的升高而显著增加，其关系如图 3-4 所示。

由图 3-4 可以看出，当温度为 59℃时，甲铵的离解压力等于 1atm（101325Pa），这个温度就是甲铵在常压下的分解温度，说明常压下甲铵在 59℃以上是不稳定的。

2. 甲铵的熔化温度

甲铵的熔化温度因其加热固体甲铵的速度不同而异。在加热过程中有少量的尿素和水生成，降低了甲铵的熔化温度，因而影响测定结果的准确性。

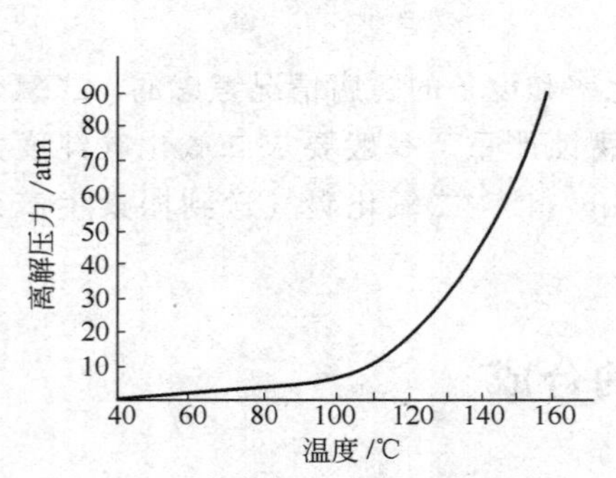

图 3-4　甲铵离解压力与温度的关系

（1atm=101325Pa）

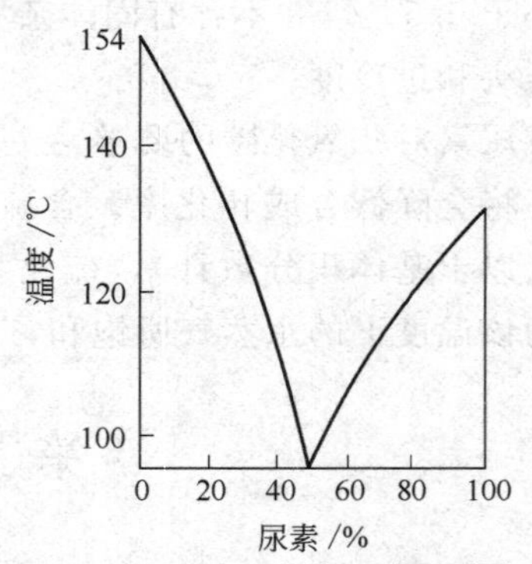

图 3-5　甲铵-尿素体系熔融曲线

一般认为甲铵的熔化温度为154℃，如图3-5所示。当甲铵中尿素的质量分数为10%时，甲铵的熔化温度降到148℃，尿素质量分数增加到20%时，甲铵熔化温度降到138℃。98℃是曲线上出现的最低熔点，对应的质量分数为51%的甲铵和49%的尿素。

水的存在也会影响甲铵熔融温度，如图3-6甲铵和水的熔点图所示，当甲铵中含水10%时，甲铵熔融温度降到142℃，含水20%时甲铵熔融温度降到120℃。此外，加入碳酸氢铵及其他物质时，也会降低甲铵的熔点。

3. 甲铵的溶解性

甲铵同其他铵盐一样易溶于水，如图3-6所示，曲线以上区域为液相区，曲线下部是固液两相共存区，固相的组成随甲铵与水的组成及温度而不同。温度从−13～5℃范围内，曲线 AB 是甲铵溶液被碳酸铵所饱和的饱和曲线。当温度高于5℃而低于60℃时，曲线 BC 为甲铵溶液与复盐倍半碳酸铵［$(NH_4)_2CO_3 \cdot 2NH_4HCO_3$］成平衡的饱和曲线。$CD$ 线为高于60℃时，甲铵与水生成饱和溶液的饱和曲线。

由图3-6可见，甲铵在水中的溶解度随温度的升高而增加，但当温度低于60℃时，甲铵就有可能转化为其他碳酸盐。这一特性是选择合成塔氨水升温操作条件的理论依据。

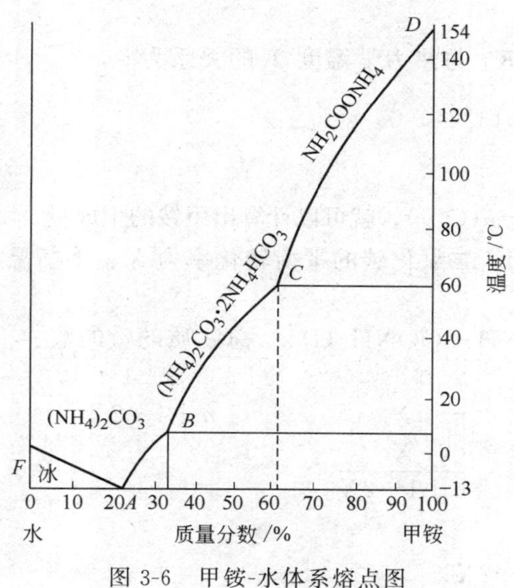

图3-6　甲铵-水体系熔点图

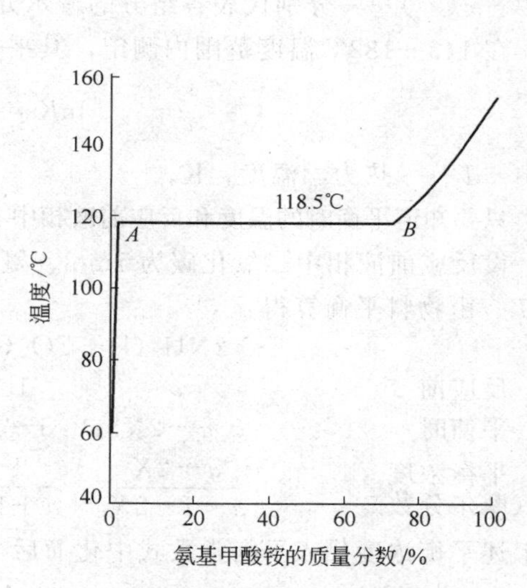

图3-7　氨-甲铵体系与温度的关系

甲铵在液氨中的溶解情况，由图3-7可见，当温度在0～118℃时，甲铵只是极微量溶于液氨中。温度在118.5℃时甲铵与液氨形成两种共轭溶液：一种是以液氨为主体其中溶解有3%的甲铵；另一种是以甲铵为主体，其中溶解有26%的氨。温度在118.5℃以上，甲铵大量溶于液氨中。

尿素的存在会使甲铵在液氨中的溶解度大大增加，例如温度40℃时，甲铵在液氨中溶解度小于1%，当溶液中尿素含量为35%时，甲铵的溶解度将增加到30%。

三、氨基甲酸铵的生成

干燥的氨和二氧化碳作用，不论比例如何，只能生成甲铵。当有水存在时，除了生成甲铵外，还会生成铵的其他碳酸盐。

1. 生成甲铵的化学平衡

氨和二氧化碳生成甲铵的反应是一个强放热反应。在生产上氨基甲酸铵的平衡常数有三种表示法。

第一种：　　$2NH_3(g)+CO_2(g) \rightleftharpoons NH_4COONH_2(s)+Q_1$

$$K_1=p_{NH_3}^2 \cdot p_{CO_2}$$

式中　p_{NH_3}——氨的分压；

p_{CO_2}——二氧化碳的分压。

可将此平衡常数表示式简化为以下计算式。

设 p_s 为氨和二氧化碳气相物质的量之比等于2时的离解压力，那么

$$p_s=p_{NH_3}+p_{CO_2}$$

$$p_{NH_3}=\frac{2}{3}p_s \qquad p_{CO_2}=\frac{1}{3}p_s$$

$$K_1=p_{NH_3}^2 \times p_{CO_2}=\left(\frac{2}{3}p_s\right)^2 \times \frac{1}{3}p_s=\frac{4}{27}p_s^3$$

通过对离解压力 p_s 的测定，可以得到不同温度下的平衡常数值。

第二种：　　$2NH_3(l)+CO_2(l) \rightleftharpoons NH_4COONH_2(l)+Q_2$

$$K_1=\frac{x(NH_4COONH_2)_{液}}{x(NH_3)_{液}^2 \cdot x(CO_2)_{液}}$$

式中　$x(\ )$——分别代表各组分的摩尔分数。

在143～182℃温度范围内测定，其平衡常数 K_1 与热力学温度 T 的关系为

$$\ln K_1=\frac{8200}{T}-13.24$$

式中　T——热力学温度，K。

只要知道平衡时的温度和反应前液相中 $n(NH_3)/n(CO_2)$，就可以计算出甲铵的生成量。

设反应前液相中二氧化碳为1mol、氨为 a mol、二氧化碳的平衡转化率为 X、平衡温度为 T。由物料平衡算得：

	$2NH_3(l)$	$+CO_2(l) \rightleftharpoons$	$NH_4COONH_2(l)$	总物质的量的数
反应前	a	1	0	$a+1$
平衡时	$a-2X$	$1-X$	X	$a+1-2X$
平衡浓度（摩尔分数）	$\frac{a-2X}{a+1-2X}$	$\frac{1-X}{a+1-2X}$	$\frac{X}{a+1-2X}$	

将上述平衡浓度代入平衡常数式中化简后得：

$$K_1=\frac{X(a+1-2X)^2}{(a-2X)^2(1-X)}$$

只要知道 T 及 a 值，就可以计算出平衡时甲铵的生成率 X。

第三种：　　$2NH_3(l)+CO_2(g) \rightleftharpoons NH_4COONH_2(l)+Q_3$

其平衡组成，可以近似地用液相反应的计算式换算而得。根据亨利定律

$$p_{CO_2}=H_{CO_2}x(CO_2)_{液}$$

$$x(CO_2)_{液}=p_{CO_2}/H_{CO_2}$$

式中　H_{CO_2}——二氧化碳的亨利系数，MPa；

$x(CO_2)_{液}$——液相中二氧化碳的摩尔分数；

p_{CO_2}——二氧化碳的分压，MPa。

将 $x(CO_2)_{液}$ 代入液相反应的平衡常数式中可得：

$$K_1=\frac{x(NH_4COONH_2)_{液}}{x(NH_3)_{液}^2 \cdot p_{CO_2}} \cdot H_{CO_2}$$

如果知道 K_1、p_{CO_2}、H_{CO_2} 值，即可以计算甲铵生成率。

2. 甲铵的生成速率

在常温常压下生成甲铵的速率相当缓慢，而且甲铵极不稳定。压力和温度对甲铵的生成速率有很大的影响。若其他条件相同，甲铵的生成速率几乎与压力的平方成正比。在一定范围内，提高温度也能加快甲铵的生成速率。在压力为 10.44MPa 和温度为 150℃时，生成甲铵的速率极快，几乎是瞬时完成的。因此，在合成尿素的工业生产过程中，采用高压及与该压力相适应的温度，对加快甲铵的生成速率是很必要的。

四、尿素的合成

1. 合成反应的化学平衡

生成尿素的反应如下

$$2NH_3(l)+CO_2(g) \rightleftharpoons NH_4COONH_2(l)+Q_1$$

$$NH_4COONH_2(l) \rightleftharpoons CO(NH_2)_2(l)+H_2O(l)-Q_2$$

工业生产中，生成尿素反应进行的程度可以用二氧化碳转化成尿素的百分数（称二氧化碳转化率）来表示。

$$X_{CO_2}=\frac{\text{转化成尿素的二氧化碳量}}{\text{二氧化碳总量}}\times 100\%$$

$$=\frac{\text{尿素的质量分数}}{\text{尿素的质量分数}+1.365\times\text{二氧化碳的质量分数}}\times 100\%$$

式中　X_{CO_2}——二氧化碳转化率；

1.365——表示尿素相对分子质量与二氧化碳相对分子质量之比。

在一定条件下，当上述反应达到化学平衡时的转化率，称为平衡转化率。实际生产中反应并未达到化学平衡，故用平衡达成率来表示达到化学平衡的程度，即

$$\text{平衡达成率}=\frac{\text{实际 } X_{CO_2}}{\text{化学平衡时 } X_{CO_2}}\times 100\%$$

尿素平衡转化率的准确数据，对工艺计算很重要。但因反应体系较复杂，难以由平衡方程式和平衡常数准确地计算平衡转化率，在工艺计算中常采用简化的计算方法或经验公式，有时采用实测值。

(1) 弗里扎克法　意大利 M・弗里扎克根据在间歇操作的合成反应器中测出的数据，于 1948 年发表了计算平衡转化率的公式和算图。弗氏方法是把反应体系看成由 NH_3、CO_2、$CO(NH_2)_2$、H_2O 四种物质构成的一个均匀体系，总的反应式是：$2NH_3+CO_2 \rightleftharpoons CO(NH_2)_2+H_2O$

平衡常数

$$K=\frac{x[CO(NH_2)_2]\cdot x(H_2O)}{x(NH_3)^2\cdot x(CO_2)} \tag{3-4}$$

式中　$x(\ )$——分别为反应体系中尿素、水、氨、二氧化碳的摩尔分数。

以 1mol 二氧化碳为基准，设 $n(NH_3)/n(CO_2)=a$、$n(H_2O)/n(CO_2)=b$、达平衡时二氧化碳转化为尿素的转化率为 X_0，则反应前后体系关系为：

反应前/mol		平衡时/mol	平衡摩尔分数
NH_3	a	$a-2X_0$	$(a-2X_0)/(1+a+b-X_0)$
CO_2	1	$1-X_0$	$(1-X_0)/(1+a+b-X_0)$
$CO(NH_2)_2$	0	X_0	$X_0/(1+a+b-X_0)$
H_2O	b	$b+X_0$	$(b+X_0)/(1+a+b-X_0)$
总计	$1+a+b$	$1+a+b-X_0$	

将各组分的摩尔分数代入式（3-4），得出：

$$K=\frac{X_0(b+X_0)(1+a+b-X_0)}{(1-X_0)(a-2X_0)^2}$$

当 $a=2$，$b=0$ 时，得

$$K=\frac{X_0^2(3-X_0)}{4(1-X_0)^3} \tag{3-5}$$

弗里扎克在间歇操作恒容反应器中测定了不同温度下的 X_0 值，用式（3-5）计算出平衡常数 K，如表 3-3 示。

表 3-3　不同温度下平衡常数 K 的数值

温度/℃	K		温度/℃	K	
	弗里扎克数据	马罗维克数据		弗里扎克数据	马罗维克数据
150	0.80	0.84	180	1.23	1.80
155	—	0.93	185	—	2.05
16	0.92	1.07	190	1.45	2.38
165	—	1.20	195	—	2.73
170	1.07	1.37	200	1.07	3.10
175	—	1.56			

弗里扎克的平衡转化率算图如图 3-8 所示。图中右上方的插图为无外加水和过量氨时，合成尿素的平衡转化率和温度的关系。横坐标表示反应温度，纵坐标表示二氧化碳转化为尿素的平衡转化率。由插图可知，二氧化碳转化率随温度的增加而增加，成一直线关系。

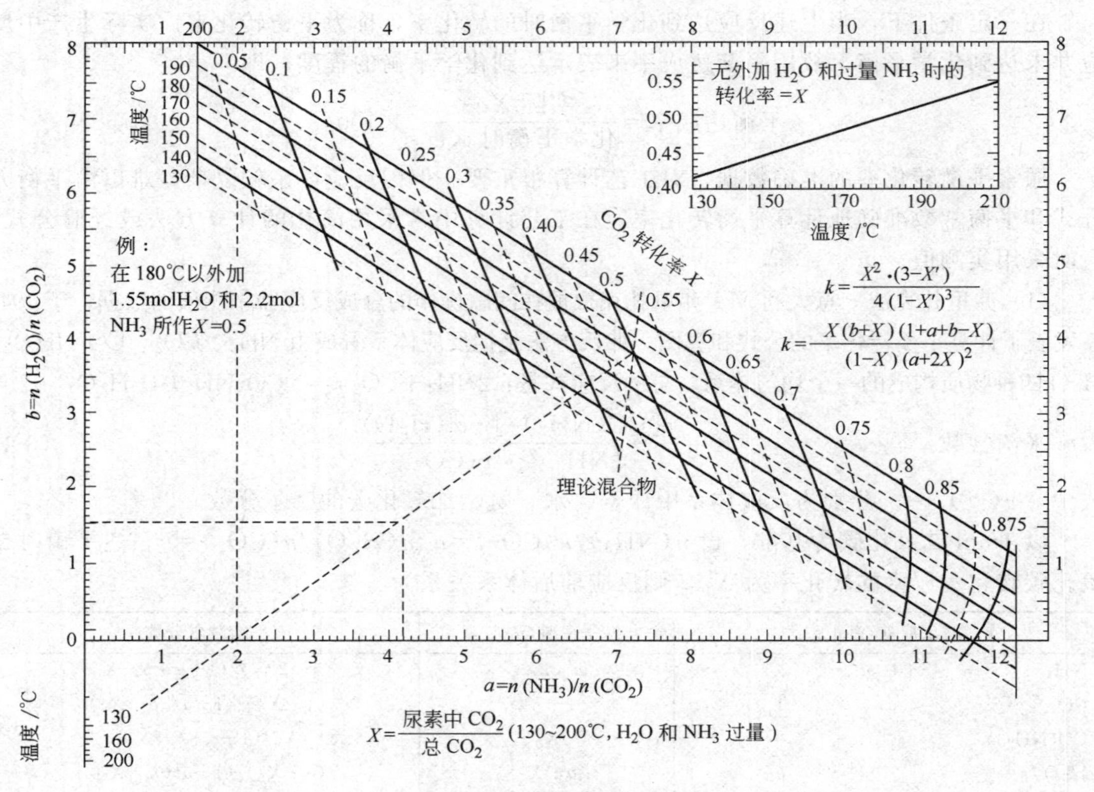

图 3-8　弗里扎克平衡转化率算图

正图是在实际生产中有过量氨和外加水存在的情况下，二氧化碳转化为尿素的平衡转化率与温度的关系曲线。横坐标为 $n(NH_3)/n(CO_2)$，在 O 点以上的纵坐标为 $n(H_2O)/n(CO_2)$，O 点以下的纵坐标表示反应温度。图的中间是一系列的温度线和转化率线。

如果已知原料中的 $n(NH_3)/n(CO_2)=a$ 和 $n(H_2O)/n(CO_2)=b$，反应温度 T，首先在横坐标上找出 a，在 O 点以上的纵坐标上找出 b，并分别过 a、b 对横坐标、纵坐标做垂线，垂线相交之点即为加料状态点。然后在 O 点以下的纵坐标上找出对应的温度点，连接反应温度点和加料状态点，并将连线延长，使之与图中对应的等温线相交。交点所对应的转化率即为该条件下二氧化碳转化成尿素的平衡转化率。

例如：已知原料中的 $n(NH_3)/n(CO_2)=4.2$，$n(H_2O)/n(CO_2)=1.55$，反应温度为180℃，按上述方法，从图中找出该条件下的二氧化碳转化率为50%。

(2) 马罗维克法　美国马罗维克根据现代大型尿素装置的实际数据，修改了平衡常数 K 值（表 3-5）。马罗维克的 K 值可按下式计算。

$$K=16.2499\times10^{-4}T-0.23638$$

式中　T——温度，K。

将平衡常数 K 代入式（3-5），就可以算出平衡转化率 X_0。

用马罗维克的方法算出的尿素平衡转化率比较接近现代高效工业尿素合成塔的运行情况，比弗氏的准确些，但仍然有误差，只能做近似的计算。

图 3-9 是马罗维克的尿素平衡转化率算图，该算图共有五根标尺线，一组参考曲线和一个参考点 P。五根标尺线分别表示温度（℉）、$n(H_2O)/n(CO_2)$、平衡常数（K）、平衡转化率（X）及 $n(NH_3)/n(CO_2)$。

要确定一个系统的平衡转化率（X）时，首先根据系统反应温度在标尺 1 上找到温度点，将温度点与参考点 P 相连并延长到标尺 3，相交在标尺 3 上的交点的读数即为该温度下的反应平衡常数。然后在标尺 2 及标尺 5 上，根据进料中的 $n(H_2O)/n(CO_2)$ 及 $n(NH_3)/n(CO_2)$，找出对应点，连接两对应点为一直线，并与参考曲线中代表同一 a、b 值的一条曲线相交。最后将参考曲线上的交点与标尺 3 上所得的 K 值点连接，并延长连接线与标尺 4 相交。此标尺 4 上的交点所对应的数值，即为给定条件下系统达到平衡时的转化率。

例　已知原料中的 $n(NH_3)/n(CO_2)=3.6$，$n(H_2O)/n(CO_2)=0.5$，反应温度为185℃$\left(℉=\frac{9}{5}℃+32\right)$，试用算图 3-9 计算二氧化碳的平衡转化率。

根据已知条件，在标尺 1 上找到反应温度为 185℃（365℉）的对应点，将该点和参考点 P 作直线交于标尺 3，此交点即为该温度下的平衡常数 $K=2.3$。在标尺 2 上找出 $n(H_2O)/n(CO_2)=0.5$ 的点，在标尺 5 上找出 $n(NH_3)/n(CO_2)=3.6$ 的点，连接两点与参考曲线上 $n(H_2O)/n(CO_2)=0.5$ 的曲线相交，将这个交点与平衡常数为 2.06 点相连，并延长连线与标尺 4 相交，交点所对应的数值，即为该条件下的二氧化碳平衡转化率。

生产上还用下述公式计算二氧化碳的转化率：

$$X_{CO_2}=\frac{n_1}{n_1+n_2}\times100\%$$

式中　X_{CO_2}——二氧化碳转化率；

n_1——二氧化碳压缩机送入合成塔的二氧化碳的物质的量，kmol；

n_2——一段甲铵泵送入合成塔的二氧化碳的物质的量，kmol。

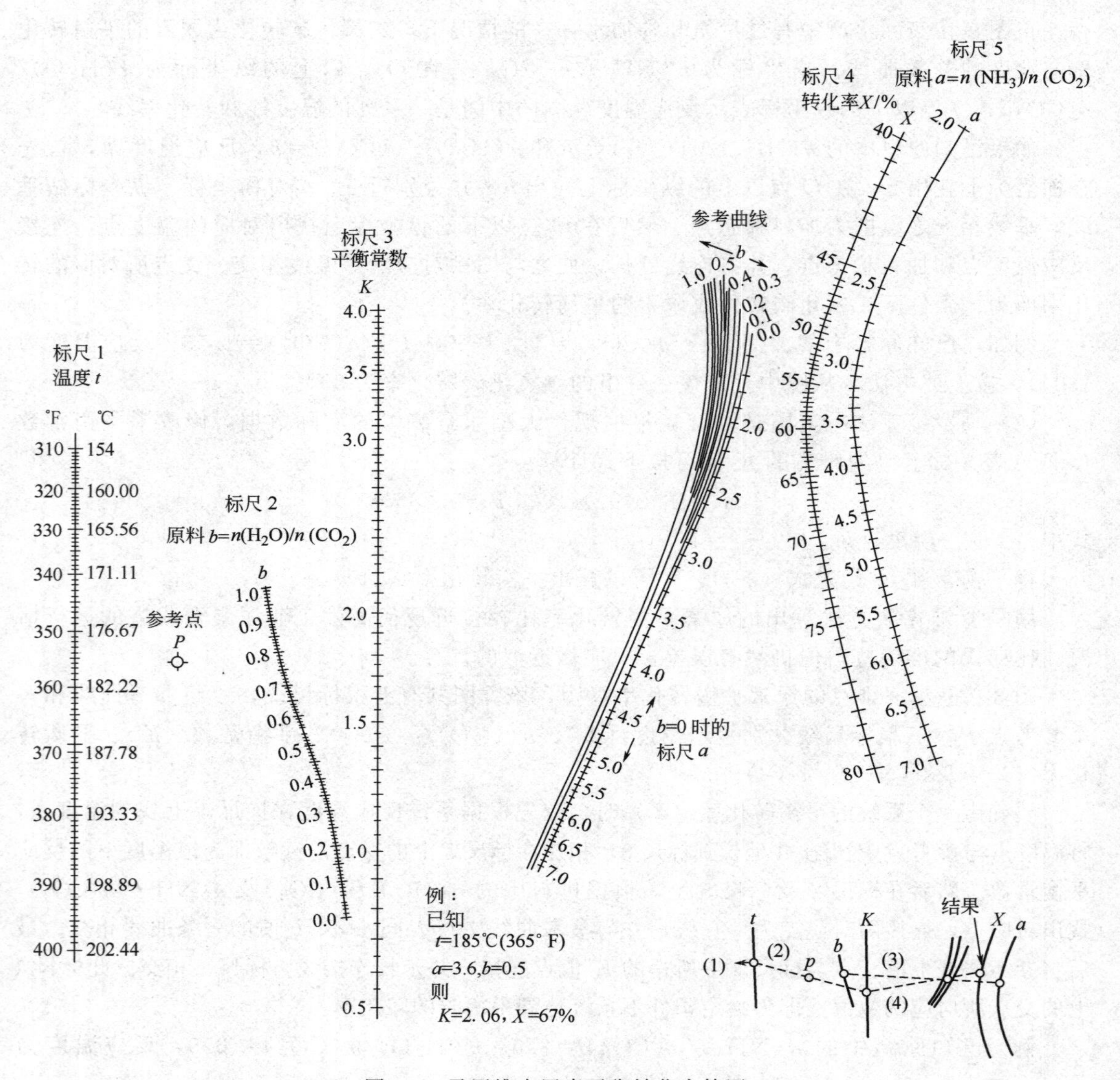

图 3-9　马罗维克尿素平衡转化率算图

此公式在生产正常且二氧化碳全部回收而无损失的情况下才较精确。生产操作时用此式可做粗略的估计。

例　已知二氧化碳压缩机打气量 5600m^3

甲铵液组分：$w(NH_3)=41.6\%$，$w(CO_2)=32.5\%$

高压甲铵泵转速：58.5r/min

高压液氨泵打量：29.5m^3/h（25.6℃）

合成塔操作条件：压力 $p=19.61$MPa，温度 $t=190$℃

求：合成塔的二氧化碳转化率

解　① 按照已知数据计算转化率。

根据制造厂数据，甲铵泵的转速为 75r/min 时，打液量为 18m^3/h；甲铵液密度 $\rho=1.1g/cm^3$。

每 1h 由高压甲铵泵送入合成塔的二氧化碳量

$$n_2=\frac{58.5\times18\times1100\times0.325}{75\times44}=114\text{kmol}$$

每 1h 由二氧化碳压缩机送入合成塔的二氧化碳量

$$n_1=\frac{5600}{22.4}=250\text{kmol}$$

因此，在实际生产中二氧化碳的转化率为

$$X_{CO_2}=\frac{250}{114+250}\times100\%=69\%$$

② 按照合成塔生产工艺条件，查图求平衡转化率。

求合成塔的 $n(H_2O)/n(CO_2)$：

每 1h 进合成塔的水量

$$n(H_2O)=\frac{58.5\times18\times1100\times0.259}{75\times18}=222$$

进塔 $n(H_2O)/n(CO_2)=\frac{222}{114+250}=0.61$

求合成塔的 $n(H_2O)/n(CO_2)$：

在 25.6℃时，液氨密度 0.6kg/L

每 1h 由氨泵送入的氨

$$\frac{29.5\times0.6\times1000}{17}=1041\text{kmol}$$

每 1h 由甲铵泵送入的氨

$$\frac{58.5\times18\times1100\times0.416}{75\times17}=377\text{kmol}$$

进塔 $n(NH_3)/n(CO_2)=\frac{1041+377}{114+250}=3.9$

从图 3-9 查得二氧化碳平衡转化率 $X_{CO_2}=0.72$。若以此算图为依据，合成塔的平衡达成率为

$$\frac{0.69}{0.72}\times100\%=96\%$$

③ 设计条件与实际生产数据比较。

合成塔设计条件：$t=190℃$，$p=19.61\text{MPa}$，$n(NH_3)/n(CO_2)=4.0$，$n(H_2O)/n(CO_2)=0.64$，$X_{CO_2}=0.64$。

根据设计条件查图 3-9，得设计的平衡转化率为 $X=0.7$，设计的平衡达成率 $\frac{0.64}{0.7}\times100\%=91.4\%$

以上实际生产中的计算结果比较，可以看出，实际生产的平衡达成率比设计值高，设计中是留有一定余地的。这样的计算方法可以作为操作时判断的参考。

2. 合成尿素的反应速率

从生成尿素的反应机理可知，甲铵脱水是反应的控制阶段。甲铵脱水反应速率（或转化率）随温度及时间的变化如图 3-10 所示。由图可看出，反应开始时，甲铵脱水的速度缓慢，随着尿素和水的生成，反应速率逐渐增快，其原因是当尿素和水生成时，降低了甲铵的熔点

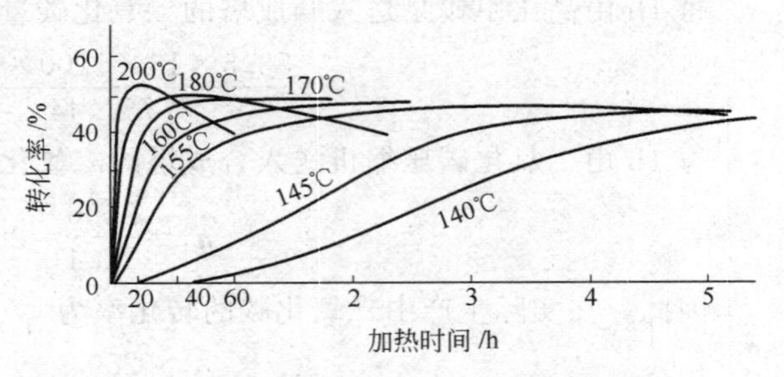

图 3-10　甲铵脱水反应速率曲线

起到自催化的作用。但随着甲铵的转化而生成的水量不断增加，反应物的浓度逐渐减少，生成物的浓度逐渐增加，逆反应速率越来越大，最后反应达到平衡。

温度低于 150℃时，甲铵脱水反应达到平衡所需时间较长，因为温度低于甲铵熔点反应在固态进行速率很慢。

从图 3-10 还可以看出，甲铵脱水生成尿素的速率随着反应温度的增高而增大。若保持相同的反应时间，转化温度愈高，转化率也愈高，反应时间增长，转化率反而下降，这是由于尿素在长时间高温下缩合或水解的缘故。正常生产时物料在塔内的停留时间为 1h 左右。

五、尿素合成工艺条件的选择

尿素合成工艺条件的选择，不仅要满足液相反应和自热平衡，而且要求在较短时间内达到较高的转化率。由甲铵及尿素的性质和甲铵脱水生成尿素的化学平衡及反应速率可知，影响尿素合成的主要因素有温度、原料的配比、压力、反应时间及惰性气体等。

1. 温度的选择

液相甲铵脱水反应是吸热较少，速率较慢的反应。反应开始时，随着温度上升，甲铵脱水反应平衡常数将增大，甲铵脱水反应速率也增快，平衡转化率将随温度的上升而增加。工业生产中，测得温度与转化率的关系如下表所示：

反应温度/℃	170	180	190	注：当 $n(NH_3)/n(CO_2)=4$
转化率/%	62	65	67.5	$n(H_2O)/n(CO_2)=0.6$

因此，提高温度有利于尿素的生成。但是温度又不能提得过高。实际测定中发现，在某一温度下平衡转化率有极大值（相应温度在 190～200℃之间），当超过此温度后，平衡转化率反而下降，如图 3-11 所示。

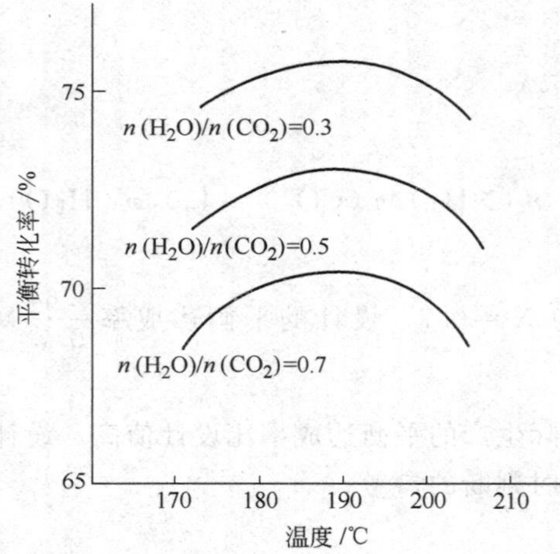

图 3-11　尿素平衡转化率与温度的关系
[$n(NH_3)/n(CO_2)=4.0$，$n(H_2O)/n(CO_2)$ 分别为 0.3、0.5 及 0.7]

产生这一现象的原因主要是甲铵在液相中分解成氨和二氧化碳所造成的，尿素合成总的平衡常数决定于甲铵解离平衡常数 K_1' 和甲铵脱水生成尿素的平衡常数 K_2。当温度在 190～200℃以下时，甲铵脱水生成尿素的平衡常数 K_2 随着温度的升高而增大，对总反应起主导作用。当温度高于 190～200℃以上时，随温度上升甲铵解离平衡常数 K_1' 上升，对总反应起主导作用，使甲铵的平衡组成浓度下降。此时部分甲铵在液相中分解成为游离的二氧化碳和氨，从而降低了尿素合成转化率。

此外，当温度过高时，由于尿素的水解速率加快及生成缩二脲的副反应加剧，也导致了尿素合成转化率的下降。

工业生产中，为了获得最高尿素转化率，按工艺要求，温度选择在转化率极大值或近于极大值的位置。不同的进料 $n(NH_3)/n(CO_2)$ 有不同的极大值。如果当进料 $n(NH_3)/n(CO_2)$ 选择一定时，合成塔的最佳温度还受到合成塔衬里材料耐蚀能力的限制。随温度上升，塔内物料对衬里的腐蚀速度增快，当超过某一温度，腐蚀速度会急剧增加。不同衬里材料，允许采用的合成塔操作温度不同如下表所示。

衬里材料	合成塔操作温度/℃	衬里材料	合成塔操作温度/℃
铅	160～175	钛	200
AISI 316L 不锈钢	190	锆	200～230

在选择合成操作温度时，还需考虑温度对反应速率的影响，如在相同进料条件下，合成塔温度采用 200℃，要比采用 190℃时反应速率大一倍，而平衡转化率下降仅 1%左右。

温度对尿素生产成本也有影响，从图 3-11 可看出，操作温度为 197～199℃转化率最大，尿素成本最低，超过 200℃，成本随温度的升高而增加［当 $n(NH_3)/n(CO_2)=4$ 时］。

因此，对合成塔温度的选择就不仅从最大反应速率，最高转化率方面考虑，必须对系统做全面考察，综合平衡来谋求合成塔的最佳工艺条件。但是无论如何，合成塔温度条件的选择，还是以合成塔衬里材料耐腐蚀能力作为主要因素来考虑的。对水溶液全循环法而言，当选择 $n(NH_3)/n(CO_2)=4$ 时，一般温度控制在 180～190℃之间。全循环二氧化碳气提法采用较低的合成操作压力，尿素合成塔采用 316L 不锈钢衬里，故操作温度在 190℃以下。全循环改良 C 法合成操作压力较高，合成塔又采用耐腐蚀的钛钢做衬里，因而合成操作温度可控制在 200℃左右。

2. 氨碳比的选择

氨碳比指的是原始反应物料中 $n(NH_3)/n(CO_2)$ 比。“氨过量率”是指原料中的氨量超过化学反应式的理论量的百分数。两者是有联系的。如当原料中 $n(NH_3)/n(CO_2)=2$，此时的氨过量率为 0；而当 $n(NH_3)/n(CO_2)=4$ 时，则氨过量率为 100%。

经研究指出，二氧化碳过量时对尿素的转化率并无影响，而氨过量却能提高尿素的转化率。因为过剩的氨促使二氧化碳转化，同时能与生成的水结合成水合氨，降低水的活度，也促使平衡向生成尿素方向移动。另外，过剩氨还可控制合成塔内自热平衡，从而简化了合成设备结构和维持最适宜的反应温度。并能抑制合成塔内甲铵的水解和尿素的缩合等有害副反应，使尿素反应平衡转化率提高。

所以，工业生产中均选用不同程度的过量氨。但是氨过量又不可过大，过大会增加循环回收的负荷，增加动力消耗，合成塔操作也会出现不正常情况，故氨过量要适宜。一般水溶液全循环法氨碳物质的量之比选择在 3.5～4.5 之间。全循环二氧化碳气提法，选择氨碳物质的量之比为 2.8 左右。全循环改良 C 法因选用较高温度和压力，故氨碳物质的量之比要高一些。

3. 水碳比的选择

水碳比是指进入合成塔的物料中水和二氧化碳的物质的量之比［$n(H_2O)/n(CO_2)$］。进入合成塔的物料中的水一方面是甲铵脱水生成尿素产生的，由反应式知，生成 1mol 尿素将同时产生 1mol 水，这是生产中不可避免的。另一方面未反应的氨和二氧化碳以甲铵水溶液的形式返回合成塔中带入了水。这部分水量的多少，取决于合成转化率和循环吸收的操作条件，若合成转化率或循环吸收条件发生变化均可能引起水碳比的变化。

水碳比的增加，对尿素合成反应不利。合成塔内水分多，降低甲铵浓度，同时不利于甲铵脱水生成尿素而有利于尿素的水解。在工业生产条件下，如合成塔温度为188℃，当 $n(NH_3)/n(CO_2)$ 在3.9～4.0范围内，$n(H_2O)/n(CO_2)$ 每增加0.1，转化率将下降1.5%。当 $n(NH_3)/n(CO_2)$ 在4.0～4.3范围内，$n(H_2O)/n(CO_2)$ 每增加0.1，转化率将下降1%。生产中，水碳比增加将使二氧化碳转化率下降，未反应物将增加，使其循环系统需要更多的水来吸收，返回合成塔的水更增加。这样由于水量控制不当，造成操作的恶性循环，有时只好被迫降低生产负荷或排放吸收液。因此，水碳比应作为一个主要生产指标，加以严格控制。对于一般水溶液全循环法，当 $n(NH_3)/n(CO_2)$ 为4时，控制水碳比在0.6～0.7之间。二氧化碳气提法控制水碳比在0.35左右。全循环改良C法控制水碳比在0.35～0.4。

4. 操作压力的选择

合成尿素的总反应是一个体积缩小的反应，因而提高压力对合成尿素是有利的。当合成塔容积不变时，甲铵脱水生成尿素的转化率随压力的增高而急剧增加。如当压力为15.60MPa时，尿素的合成率仅为35%，而当压力增加到21.30MPa时，尿素合成率增加到51%，压力增加到28.40MPa时，尿素合成率将增加到57%。另外，在高温下，甲铵易分解成氨和二氧化碳并进入气相，使尿素转化率下降。所以，工业生产上所选用的操作压力一定要高于物料的平衡压力，以保证甲铵不离解、过量氨不气化，并使之利于气体的溶解和冷凝，减少气相容积，增大液相数量和密度，利于甲铵脱水生成尿素。

由以上叙述可见，提高操作压力对合成尿素是有利的，但是压力也不能过高，因为操作压力与尿素合成转化率的关系并非直线关系。在较高的压力下，尿素的合成转化率逐步趋于一个定值，压力再继续提高，转化率的变化不大，而压缩氨和二氧化碳时的动力消耗却增加较大，使尿素生产成本增高。并且高压下甲铵对设备的腐蚀加剧。因此，选择合成操作压力，不仅要考虑工艺技术条件的可能性，还必须考虑经济的合理性。

工业生产上，在上述温度、物料配比条件下，水溶液全循环法合成操作压力控制在18～20MPa。全循环二氧化碳气提法合成操作压力控制在13～14MPa。全循环改良C法，合成操作压力控制在23～25MPa压。

5. 物料停留时间的选择

在一定的条件下，甲铵的生成反应速率极快，反应进行比较完全，但甲铵的脱水反应速率很慢，反应进行很不完全。所以合成尿素的反应时间主要是指甲铵脱水生成尿素反应的时间。

物料在合成塔内停留时间与转化率的关系如图3-12所示。由图可见，甲铵转化成尿素的转化率随反应时间的增加而增加，开始增加较快，以后逐渐减慢。

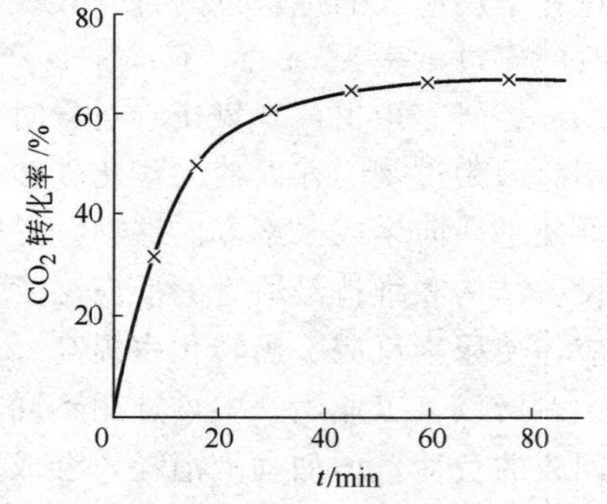

图3-12　物料在合成塔内停留时间与转化率的关系

[压力19.60MPa，温度180℃，$n(NH_3)/n(CO_2)=4.04$，$n(H_2O)/n(CO_2)=0.66$]

为了使甲铵脱水反应进行得比较完全，就必须使料液在合成塔内有足够的停留时间。但是，反应时间过长，尿素合成转化率没有明显增加，生产能力反而下降，结果仍是不经济的。生产中，反应时间一般选取0.6～0.8h，可使反应基本接近于平衡状态。

六、尿素合成工艺流程

1. 水溶液全循环法流程

水溶液全循环法的工艺流程如图3-13所示。由合成氨系统来的液氨 [$w(NH_3)=$

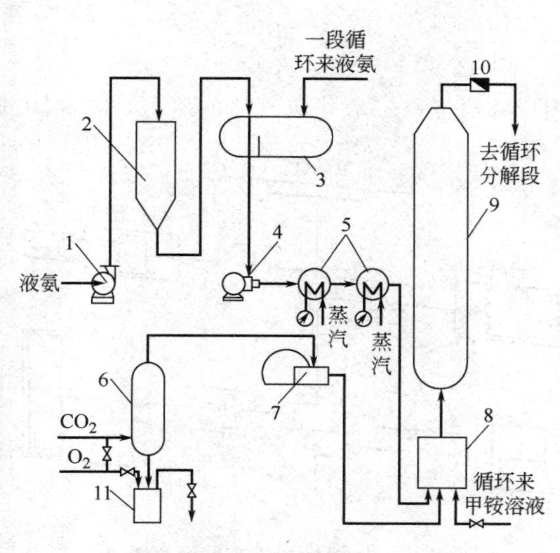

图 3-13　水溶液全循环法合成尿素的工艺流程图

1—液氨升压泵；2—液氨过滤器；3—液氨缓冲槽；4—高压氨泵；5—液氨预热器；6—气液分离器；7—二氧化碳压缩机；8—第一反应器（预反应器或混合器）；9—合成塔（第二反应器）；10—自动减压阀；11—水封

99.8%]，经液氨升压泵 1 将压力提高至 2.5MPa，通过液氨过滤器 2 除去杂质，送入液氨缓冲槽 3 中的原料室。一段循环系统来的液氨送入液氨缓冲槽回流室，其中一部分液氨用作一段循环的回流氨，多余的循环液氨流过溢流隔板进入原料室与新鲜液氨混合，混合后压力约 1.7MPa。液氨由缓冲槽 3 进入高压氨泵 4，将液氨加压至 2.0MPa。为了维持合成反应温度，高压液氨先经预热器 5，将液氨预热到 45～55℃，然后进入第一反应器 8（预反应器或混合器）。

经脱硫、净化、提纯后的二氧化碳原料气，含二氧化碳为 98%以上，未进入压缩机之前，在进气总管内先与氧混合。加入氧气是为了防止腐蚀合成系统的设备（形成氧化膜保护层），氧气的加入量约为二氧化碳进气总体积的 0.5%。混有氧的二氧化碳经过一个带有水封的气液分离器 6 后（将气体中的水滴除去，以减少物料带入的水分，同时保护压缩机），进入二氧化碳压缩机 7，气体加压至 20MPa，温度为 125℃，然后进入第一反应器 8，与液氨和用卧式三联柱塞高压泵送来一段循环的甲铵溶液混合进行反应，约有 90%左右的二氧化碳生成甲铵，反应放出的热量使熔融液温度升到 170～175℃。含有甲铵、过量氨、二氧化碳和水的熔融液进入合成塔 9，未反应的氨和二氧化碳在塔内继续反应生成甲铵，同时甲铵脱水生成尿素溶液。物料在塔内停留 1h 左右，二氧化碳转化率达 62%～64%。含有尿素、过量氨、未转化的甲铵、水及少量游离二氧化碳的尿素熔融物从合成塔顶出来，温度约为 190～195℃，经自动减压阀 10 降至 1.7MPa，再进入循环工序。

2. 全循环二氧化碳气提法流程

二氧化碳气提法合成工艺流程图，见第六节图 3-35。合成氨系统来的二氧化碳气进入尿素合成塔之前，加入空气使其中含有一定量的氧，经液滴分离器将气体中的水分除去后，进入二氧化碳压缩机，加压到 13.5MPa 以上，加压后的二氧化碳进入气提塔 2 的底部与尿素合成塔 1 来的尿素溶液在管内逆流接触，用蒸汽间接加热进行气提。然后，气体进入高压甲铵冷凝器 5。

合成氨系统来的液氨，其压力为 2.5MPa，温度 40℃，氨的质量分数大于 99.5%。将液氨加压到 16～18MPa 后进入高压喷射器，与高压洗涤器 6 来的浓甲铵液在高压喷射器内混合，然后进入高压甲铵冷凝器 5 与气提塔来的氨、二氧化碳气体在管内反应生成甲铵熔融物，管外用 0.45MPa 蒸汽冷凝液冷凝并副产蒸汽。在高压甲铵冷凝器内，物料$n(NH_3)/n(CO_2)$约为 2.8～3.0，$n(H_2O)/n(CO_2)$约为 0.34，反应物出口温度约为 165～170℃。经高压甲铵冷凝器后溶液和少量气体分别进入尿素合成塔 1 底部，在塔内甲铵脱水生成尿素，二氧化碳转化率约 53%左右，混合液通过塔内的溢流管从塔底部流出。

七、尿素合成的主要设备

1. 二氧化碳气体压缩机

二氧化碳气体的压缩，其任务是用二氧化碳压缩机提高二氧化碳气体的压力，将高压的二氧化碳气体送往尿素合成塔。

现对一般尿素生产常用的对称平衡M型压缩机进行简述。

（1）二氧化碳压缩机结构概述　二氧化碳压缩机为卧式四到五段对称平衡式，它用钢性联轴节与异步电动机相连。面朝电动机方向看，第一、四、五段气缸在机身的右面，二、三段气缸在机身的左面，如图3-14所示。

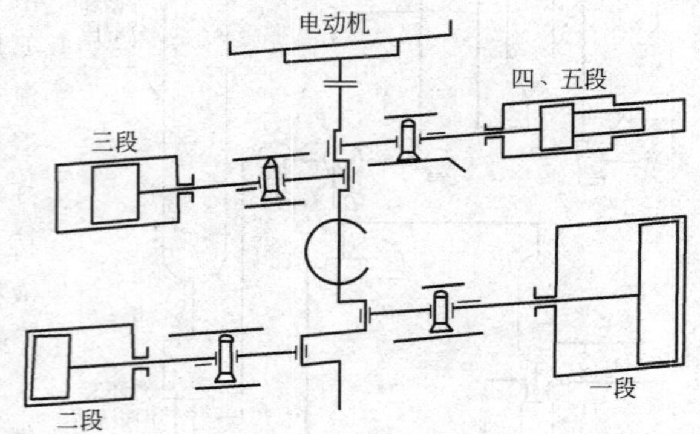

图3-14　压缩机各段布置示意图

一、二、三段缸为双作用，四、五段为单作用。在一段气缸的前后死点，设有可调节生产能力在70%～100%范围内的余隙缸。如果再用一回一旁路阀，生产能力可调到50%。

二氧化碳压缩机中一、二、三段气缸为双作用夹套式气缸，用优质灰铸铁制成，夹套中流通冷却水，用以带走部分热量。四、五段气缸为单作用夹套气缸。四段缸由铸钢制成，五段缸由锻钢制成。亦均通入冷却水冷却。为了防止活塞与气缸啮合，提高气缸使用寿命，四、五段缸均镶有铸铁缸套。

（2）流程简介　二氧化碳压缩机运行过程中，流程包括气体流程、循环油流程和气缸油流程。

来自合成氨系统的二氧化碳气体，在常温及压力（绝）0.1MPa下与约为二氧化碳总体积的0.5%的氧混合，经液滴分离器，进入第一段吸入管，在靠近气缸入口处装有一个锥形不锈钢过滤网，将气体中的杂质除去。气体共经五段压缩，各段之间设有冷却器。第一段为卧式管束式冷却器，第二段为立式管束式冷却器，第三、四段为逆流套管式冷却器。二氧化碳走管内，冷却水走管间。气体经第五段压缩后，压力达19.61MPa，温度为125℃，不经过冷却，直接经油分离器送往尿素合成塔。

压缩机每一段均设有气体油水分离器，用手动控制将油水排至油分离器，经分离后废油回收，气体回到一段入口。

在各分离段之间有脉动抑制器，一段吹入管线上也装有一个脉动抑制器，以减少震动。每段脉动抑制器上都装有安全阀，发生超压时安全阀跳开卸压。一、二、三、四段卸压气体回到一段吸入总管，五段卸压后气体放空。五段安全阀后的管线有伴管保温，以防卸压时二氧化碳气体节流膨胀形成干冰，堵塞管线。

四、五段气缸间有一根管子与三段进口相连，它的作用是平衡四段、五段与三段之间的活塞力，称为平衡段。

第五段出口分离器上装有一个止逆阀，当压缩机突然停车时，使二氧化碳出口管气体不致倒流回压缩机。

当压缩机开车、停车、试车以及生产系统发生故障时，如果压缩系统需要与合成系统切断联系，但压缩机又不必立刻停车，气体可以通过压缩系统本身设备管道作循环流动。在一段进口设有放空支管，支管上装有一个电动放空阀，当系统停车或减负荷时，由此处放空。

在一段出口有近路管连通到一段入口，可以用手控制阀来调节压缩机输气量。另外也可以将一段吸入气体按工作压力逐段压缩，最后由五段出口回到一段入口，构成一个循环，或者直接放入大气。

二氧化碳压缩机运行中，油箱内循环油通过齿轮油泵，送往油过滤器（油过滤器顶上有一个溢流阀，可以用来调节油压大小），而后进入冷却器，经过冷却分四路同时进入四个主轴瓦和四个十字头滑道。主轴瓦的油通过主轴上的油孔进入曲柄瓦对轴瓦进行润滑和冷却，最后流入曲轴箱。进入十字头滑道的油不但润滑滑道，而且通过十字头上的小孔，进入十字头销瓦进行润滑，经润滑后的热油流到曲轴箱，由曲轴箱下部通过油管回到循环油箱。

气缸和各段填料箱的润滑是由一个电动机带动两个压力注油器加油的，每个润滑点上的油分别由单个柱塞供给，油的数量可以调节。其中，中压注油器供一至四段气缸及填料用油，高压注油器专为第五段气缸输油。

2.尿素合成塔

合成塔是合成尿素的关键设备之一，液氨与二氧化碳在塔内反应生成尿素。由于反应需在高温高压下操作，故尿素合成塔应符合高温高压容器的要求，机械结构要简单、坚固、气密性良好和便于检修。工业上高压筒体一般采用较大的高径比。塔外壳需保温。

尿素合成塔塔体可由整体锻造或用多层钢板卷焊制成，顶盖与筒体之间一般采用强制密封。塔体内需有足够反应需要的空间，为防止物料返混，塔内有的装有挡板，但无催化剂和换热装置。因合成反应液具有强烈腐蚀作用，塔内壁采用耐腐蚀材料衬里。

尿素合成塔有套筒式和衬里式两种，后者目前采用较多，并依采用尿素生产方法不同，其衬里式合成塔结构可有所不同。

不锈钢衬里合成塔的结构如图 3-15 所示。高压筒体分成三部分，即封头、底盖及筒身。筒身采用高强度碳钢，分成若干节进行锻造焊接。

在高压筒内壁上衬有耐腐蚀的 AISI316L 不锈钢或者高铬锰不锈钢，其厚度不得小于 5mm。直筒部分的衬里分为若干节，每节由几块钢板拼成，其纵焊缝待与高压筒体贴紧后才焊接，在筒体内对应衬里的焊缝处开有 46mm 宽，3mm 深的沟槽，并垫 3mm 厚的不锈钢带，避免焊接时，不锈钢与碳钢接触，保证焊接质量。

在衬里的每一环焊缝处高压筒体开有许多 ϕ8mm 小孔，分别与垫板的环隙相通，生产时向其中通入蒸汽并引出，用以检查焊缝是否渗漏，称之为检漏道和检漏孔。

筒体外壁设有若干测温点，用于测量合成塔塔壁温度。

塔内离下部物料进口 2m 和 4m 处，设置二层多孔挡板使物料混合均匀，同时防止熔融物上移过程中由于密度变化造成对流返混。顶盖与熔融液接触部分以及封头内表面用不锈钢堆焊加以保护。

在尿素合成塔前可以设置一个高压混合器，二氧化碳和液氨先在此反应生成甲铵，并使合成塔内上下温差较小。

尿素生产采用二氧化碳气提法时，其尿素合成塔结构如图 3-16 所示。

日产 1620t 尿素合成塔，内衬 8mm 厚的不锈钢板。塔内装有若干块多孔筛板和溢流管等。

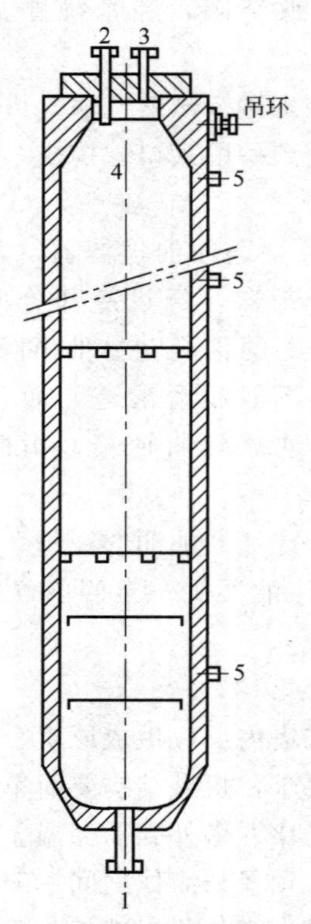

图 3-15 衬里式尿素合成塔

1—进口；2—出口；3—温度计孔；4—人孔；5—塔壁温度计孔

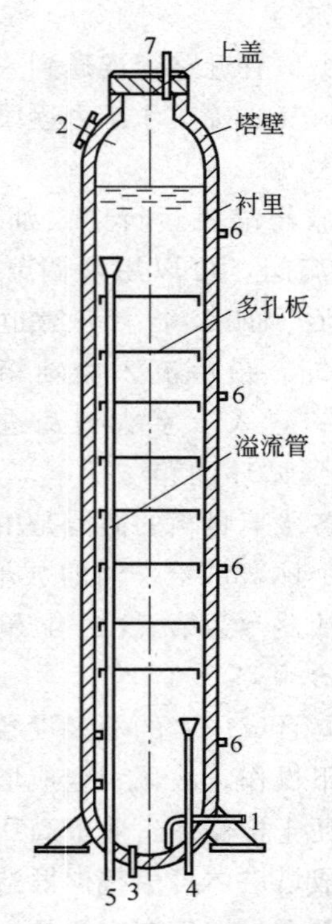

图 3-16 二氧化碳气提法尿素合成塔

1—气体进口；2—气体出口；3—液体进口；4—送高压喷射泵的甲铵液出口；5—至气提塔的尿液出口；6—塔壁温度指示孔；7—液位传送器孔

八、尿素合成塔状态分析及操作要点

1. 合成塔正常生产时的状态

一般水溶液全循环法尿素生产中，甲铵的生成与脱水转化为尿素是同时在一个合成塔内进行的，而且各种因素的影响也同时并存，塔内既有化学平衡，又有气液平衡，是多种过程同时进行、多种平衡同时建立的一个复杂过程。

合成塔内物料的组成、温度、压力三者的变化是互相依存，互相影响的。

(1) 合成塔的组成变化 当原料氨、二氧化碳及甲铵溶液进入合成塔底部后，立即进行第一步生成液相甲铵的反应。混合物中大部分为液态甲铵，少部分为溶解的游离氨和二氧化碳，另有一小部分氨和二氧化碳呈气相存在。此时，气液平衡状态中气液相分配量由进料组成、温度和压力决定。

随着液态甲铵的生成，合成塔内温度将升高。甲铵脱水生成尿素的反应也即开始，相对应的气液相组成也发生变化。物料在合成塔内上移的过程中其组成和气液相分配量，随液相中尿素生成而改变。从塔底到塔顶，液相中甲铵量逐渐减少，尿素量逐渐增多。随着尿素的不断生成，理论上要求到塔顶物料出口处气相氨和二氧化碳应全部冷凝于液相中，实际上是不可能的。所以合成塔出口仍为气液混合物，以液相为主，而且气相中氨和二氧化碳含量比合成塔底部气相中二者的含量少得多。

(2) 合成塔内温度的变化　从尿素合成反应机理知，生成甲铵反应放热量远大于甲铵脱水吸热量，所以整个生成尿素反应为放热反应。

当原料氨、二氧化碳以及甲铵溶液进入合成塔底部后，开始第一步反应并放出大量的热量，使合成塔底部混合液温度猛烈上升。随着物料沿合成塔逐渐上移，尿素按一定速度生成，则液相甲铵的浓度逐渐减少。原来的气液相平衡关系不断被破坏，使气相中的氨和二氧化碳按尿素生成速度的一定比例不断冷凝于液相中，又在液相不断生成甲铵。由于甲铵生成反应热远大于生成尿素吸收的热量，使得系统温度上升。温度上升的结果又反过来加快了尿素生成的速度，又需要气相冷凝过程加速进行。如此重复循环，直到液相中化学平衡建立，同时也达到新的气液平衡状态。所以合成塔内物料的上移和相伴的温度上升是由于反应液中尿素含量的增加以及反应过程中气相氨和二氧化碳不断冷凝放热和生成甲铵反应热而产生的效果。

采用多层挡板的尿素合成塔，塔内物料流动，由于气液混合均匀，大范围的返混现象减少，各段物料平衡容易建立，所以合成塔内温度分布由塔底到塔顶逐步上升，在合成塔出口处温度最高。

对无挡板的合成塔，塔内物料上移过程中，尿素含量升高，物料密度增大，塔内物料会产生重力对流现象，其对流结果使塔中部尿素含量高，相应中部温度也高，塔内某处出现“热点”现象。为克服这个缺点只好减少塔径加大塔高，使高径比增加。

(3) 合成塔内压力的变化　物料在合成塔内由下而上地运动中，不断进行甲铵脱水生成尿素的反应，物料的组成也不断地发生变化。由于物系中甲铵含量逐渐减少而尿素含量逐渐增加，气相中氨和二氧化碳的含量也逐渐减少。所以物系的蒸气压随物料逐渐上移而下降，到塔顶时物系的蒸气压最小。如果把合成塔出口物料的平衡压力作为合成塔操作。压力的选择依据，那么将使合成塔操作压力偏低，塔底甲铵平衡蒸气压力要大于操作压力，则塔底甲铵可能分解，导致尿素转化率下降。因此，选择合成塔操作压力时，考虑塔内组成变化引起平衡压改变这一因素及其他影响，操作压力应高于塔顶平衡压力 20～30MPa。

还有一点要说明的，就是塔内物料的蒸气压和塔内温度的变化有关，虽然合成塔内温度由塔底向塔顶逐渐升高，但是温度升高对蒸气压的影响远小于组成变化的影响，所以并不能改变蒸气压由塔底至塔顶逐渐下降的趋势。

2. 合成塔操作要点

(1) 原始开车

① 合成塔的预热。合成塔预热是化工投料前的一项重要准备工作。采用不锈钢衬里结构的合成塔，因不锈钢线膨胀系数约为碳钢线膨胀系数的 1.45 倍。如果对合成塔不作预热处理，当物料投入塔后，由于甲铵生成使反应迅速进行，温度猛烈上升，有损坏衬里结构的危险。同时从尿素反应机理知，甲铵脱水需在液相中进行，纯甲铵的熔点为 154℃，为使物料进塔后便生成液态甲铵，合成塔就必须预热到 150℃或稍高些。

预热的方法可以采用氨水预热或蒸汽预热。

氨水预热的要求依甲铵与水体系熔点图 3-6 而定，预热温度大于 60℃，可保证物料以甲铵状态存在。当塔温达到 65℃时，合成塔压力达到 12.3MPa 以上，即可通二氧化碳。由于塔内充满浓氨水，二氧化碳进入后便有甲铵生成。这样合成塔的升温过程也是甲铵生成的反应过程，两个过程可以紧密结合，升温速率不控制。整个预热时间约 2h 左右。采用氨水升温，因引进大量水（水量约为氨量的 10%～15%），需注意其对初始尿素合成转化率的影响。一般套筒式合成塔均采用此法预热。

蒸汽预热法适用于衬里式和套筒式合成塔。对于衬里式合成塔，预热温度的确定要考虑尿素合成工艺的要求和保证衬里不变形两个方面。预热温度一般为150℃或稍高，塔壁温升速率不超过6～8℃/h。

用蒸汽预热时，初始塔内充满空气。当蒸汽从塔顶引入后，缓缓地将空气置换掉（因空气的存在会减慢温升速度)。通入蒸汽后，蒸汽阀不要开得过大，开始混合后，顶部温度约为30～40℃，以后顶部温度慢慢上升，并慢慢向下移动，一般说将塔顶内温升速率控制在低限范围内（6～8℃)。使塔壁温升速率不会太大，合成塔预热能顺利进行。

合成塔温度在100℃以前预热比较困难，升温时间也长，约占总预热时间的2/3～3/5左右。

当塔内顶部温度达到100℃后，原则上蒸汽阀不应再开大，直到塔底温度与塔顶温度相等为止，然后再提高塔内蒸汽压力，继续进行塔内升温到150℃左右。预热过程中，冷凝水从塔底连续排出。

合成塔上检漏孔蒸汽应当关闭，一般待合成塔氨升压完毕后才打开，以防由于检漏孔蒸汽压力太大，而塔内压力较小，将衬里压瘪。

② 合成塔的氨升压。尿素合成塔在投料前需要将液氨预热、气化、引入合成塔，升压到8～9MPa以上，这一阶段的操作称为氨升压。

在合成塔氨升压前，循环系统必须做好充氮、充液、引氨的准备工作。

中压系统要充氮0.5MPa，低压系统要充氮0.2MPa。在无氮气供应时，也可以直接用氨升压，此时需将中压吸收塔底部加热蒸汽阀打开，使塔内喷淋回流氨气化，达到循环系统升压的目的。当直接用氨升压时，由于循环系统内的空气未能排出，氨和空气混合有可能成为爆炸性气体，因此要注意安全。

系统引氨时要注意将液氨管道内的水及泵体内的水彻底排除干净，避免泵产生气缚和管道内形成气阻。

合成塔氨升压时必须注意氨预热温度控制在150℃左右，以保证氨呈气相入塔，同时务使大部分水蒸气从塔内置换出来。

③ 投料。当氨升压到8～9MPa，二氧化碳开始送入合成塔，这一过程称为投料。

原始开车时，由于投料前合成塔系空塔，投料过程反应液逐渐充满合成塔，在此过程中填充度比正常充满时小。塔内温度、压力也比正常生产时低。若投料量大，因转化率较低使未反应物循环量较多，操作难以稳定。一般开车初期合成塔投料采用系统负荷的70%为宜。

原始开车中，塔内温度和压力应注意按进料组分情况进行控制。投料后，氨和二氧化碳在塔内立即进行反应，物料温度迅速上升。为了保证液相中的甲铵不致分解，使反应顺利进行，应注意控制升压速率，须使操作压力大于系统在该温度下的平衡压力。

合成塔出料前，循环、蒸发、造粒、解吸等工序相应做好开车准备。

(2) 停车 尿素系统停车一般分为三种情况，长期停车、短期停车及紧急停车。

当外界条件影响或者工厂本身问题，在合成塔保压期间（保压期间，就是合成塔液体不排放，保持塔内压力和温度，一般为24h)，系统不能恢复生产，应该采用长期停车，合成塔做排空处理。如果在合成塔保压时间内，系统能恢复生产，可用短期停车办法处理。当发生断电、断水以及其他重大事故时操作工人应立即进行紧急停车处理。

停车时要注意不要发生设备超温超压，严重腐蚀、冻裂及结晶堵塞设备管道和物料排放影响人身安全等。

① 长期停车。

a. 合成循环系统停车。为了便于停料的操作，停车前系统可适当减负荷至70%。停车停料次序是先停二氧化碳，再停液氨，最后停甲铵，其目的为了防止停车过程中二氧化碳过量，引起进口管线堵塞。

停车前如发生合成塔压力传送管堵塞不能作为压力指示时，可将冲洗水送入合成塔，根据冲洗水泵出口压力作为指示压力（即塔内压力）进行停车。

停料过程中应该始终保持压缩机及氨泵和甲铵泵的出口压力高于合成塔内压力，防止合成塔进口止逆阀泄漏，合成反应液倒回造成管道堵塞。待停料完毕后，证明入塔阀门确已切断，才可进行压缩机或者泵的自身卸压，将合成塔出口减压阀全部关死。

停料后要注意合成塔进口物料管用高压水泵打水稀释，保证合成塔反应液排放时，排放管内不会堵塞。由于停料后合成反应液不再流入中压和低压分解加热器，此时应停止供应蒸汽，防止加热器到管内残留的尿液，因加热大量生成缩二脲堵塞列管，另外中压吸收塔、蒸发岗位应相应做好停车操作。

b. 合成塔卸压到8MPa。停车后为了回收合成塔内过剩氨，略开减压阀，降低合成塔压力到8MPa，使大部分过量氨及少量的甲铵分解出来，这部分氨经中压吸收塔到氨冷凝器回收为液氨。当氨缓冲槽液位不再上升时，可关减压阀。合成塔压力不能降得太低，因为压力过低，甲铵大量分解，塔内温度将迅速下降，容易析出结晶。与此同时，分解产生的二氧化碳导入中压吸收系统，又需加氨吸收，耗费氨量，给停车带来困难，延长了停车时间。

c. 合成塔内反应液向低压循环排放，直至排空一般约需5h左右。排放时要注意管线是否畅通。合成塔卸压时应将检漏孔蒸汽关死，以防卸压完毕后，将衬里压坏。

d. 合成塔的置换处理　当合成塔压力卸至1.0MPa，联系蒸发用一段喷射泵将塔内残余气体抽出，为了避免塔内抽成负压并置换塔内氨气，在抽真空同时可以从塔顶通入中压蒸汽（1.2MPa），塔底排出气体无氨味时证明塔内已置换完毕。如合成塔不检修，可直接进行预热到150℃，并紧固塔盖螺丝。如合成塔需检修，将塔内蒸汽排放完毕，然后通空气或者氮气慢慢冷却，严禁用冷水（因塔内温度很高，骤然降温会损坏衬里）进行冷却。

此外，长期停车时，中、低压循环系统卸压，将设备内溶液排放完，注意防止设备管线内出现结晶。待蒸发系统停车清洗设备后方可进行系统大修。

② 短期停车。短期停车前1h，合成塔进料二氧化碳的加氧指标控制在高限约0.6%～0.8%（体积分数）左右。停车时尽可能不要使合成塔的压力下降太多，防止保压期间由于温度下降，压力下降，合成反应液中氧逸出，造成腐蚀。根据经验，如果合成塔压力低于14.70MPa，应该做排放处理，不能继续保压。

停车期间为防止合成塔出现结晶，每8h塔底冲水一次，每次尽量少冲水。

此外，短期停车时，中低压循环系统的溶液要稀释和排放，蒸发系统的处理与长期停车相同。

③ 紧急停车。

a. 断电停车发生时，须立即将合成塔的氨、二氧化碳、甲铵进口切断阀关死，防止合成塔物料倒回，其他设备需做相应处理。

b. 断水及发生其他重大事故时，首先停止二氧化碳、液氨、甲铵物料进入合成塔，合成塔进行保压处理。并迅速控制中低压循环压力，防止超压。低压甲铵泵继续向洗涤塔送溶液，塔顶加大喷淋液，较快降低甲铵液浓度，利于对事故的处理。根据情况，再决定系统长期停车还是短期停车。

(3) 短期停车后的开车 合成塔充满、循环系统保压后的开车与前述原始开车情况相同。合成塔充满、循环系统卸压、排空后的开车需注意以下几点。

① 循环系统的准备按原始开车中的准备进行。

② 检查合成塔出料管是否畅通，减压阀是否灵活好用。微开减压阀观察合成塔内压力有否下降，预分离器气相温度有否上升，如果有这种情况，证明合成塔出料管畅通，具备开车投料条件。反之，要做相应处理。

③ 短期停车后的开车，由于合成塔内压力及温度的降低，反应液中二氧化碳转化率较停车前低。因此开车时应注意温度、压力的变化，控制进塔物料$n(NH_3)/n(CO_2)$比为低限，提高塔内温度，正常运行后再恢复正常指标。

④ 注意开车时加热蒸汽调节阀的使用，以减少中低压分解加热蒸汽调节阀的强烈震动或跳动。

(4) 合成塔的正常调节和维护 合成塔正常调节的中心任务就是为了提高或保证二氧化碳转化率和防止合成塔衬里腐蚀，延长塔的使用寿命。

① 二氧化碳转化率的控制。生产中二氧化碳转化率可根据各种仪表指示、记录的趋势，得到定性的了解。再由实际生产数据按X_{CO_2}计算式计算得到定量数值，从而及时进行调节。

合成塔在相同负荷和操作压力一定的条件下，减压阀开度增加时表明合成反应液中气相量增多，液相减少，二氧化碳转化率降低。反之，减压阀开度越小，即转化率越高。

此外，还可根据合成塔顶、底部温度变化，中压吸收塔温度的变化及鼓泡段二氧化碳含量的变化等情况定性判断二氧化碳转化率的变化。

生产中控制转化率的大小主要是调节温度和压力。

a. 合成塔的温度调节。生产中，合成塔顶部和底部都设有温度点，合成塔温度的调节主要是控制合成塔顶温度，对一般水溶液全循环法流程而言，要求合成塔顶温度控制在188～190℃之间，并尽量保持稳定。

由于合成塔顶，塔底温度的变化受进塔的$n(NH_3)/n(CO_2)$比、$n(NH_3)/n(CO_2)$比和氨预热温度的影响，因此生产上一般均以这三个参数来调节合成塔温度。

$n(NH_3)/n(CO_2)$的调节：一般生产中$n(NH_3)/n(CO_2)$比维持在3.8～4.0之间，如果$n(NH_3)/n(CO_2)$比过高，不仅需要提高氨预热温度，而且对转化率没有明显的提高，并对中压吸收塔操作带来困难。因此，控制适当的$n(NH_3)/n(CO_2)$比，达到适宜合成温度相对地延长停留时间，将有利于提高二氧化碳转化率。生产过程中若负荷改变（进塔二氧化碳量改变）、塔温大幅度变化、中压吸收塔甲铵液组成发生变化、开停一段甲铵泵、二氧化碳压缩机等设备运行不正常时要及时调节进料$n(NH_3)/n(CO_2)$比。

$n(H_2O)/n(CO_2)$的调节：$n(H_2O)/n(CO_2)$比的控制对合成塔的温度及转化率的影响均十分明显。为了控制好合成塔循环水量，开车时，甲铵泵以很慢速度送氨水入合成塔，中压吸收塔保持适宜水量，维持稳定液位，尽量少排放，运行中稳定中压吸收塔操作，保证甲铵液组分在指标范围内。

氨预热温度的调节：氨预热温度根据$n(NH_3)/n(CO_2)$比的不同而不同，一般维持在40～50℃之间。正常运行中当合成塔温度变化不大时，可采用预热温度调节，一般氨预热温度上升10～20℃，塔顶温度变化1～2℃。

b. 合成塔压力调节要注意以下几点。

开车、停车、倒泵、倒压缩机、负荷波动大以及减压阀开度过小等情况时，要将压力调节由自控改手控操作，并略降压操作，避免调节不当，造成超压；

防止减压阀阀头脱落，阀杆折断，仪表管线中断等产生严重超压恶性事故；

防止测压管堵塞，造成压力虚假现象；

定期检查阀芯磨损情况，注意及时更换避免阀门控制失灵；

原始开车投料后，要注意调节压力与温度的关系；注意防止负荷过大、过小，使阀门失调；当断二氧化碳时，压缩机大量吸入空气送进合成塔，造成塔底温度突然下降，塔内压力急剧上升，阀门开度突然加大，循环系统也超压，要立即短期停车；

在水试车中，保持流体中含有一定量气体，否则阀门将产生强烈震动，无法调节；

短期停车后要注意保压。

生产中为了控制适宜的二氧化碳转化率，除了对合成塔温度和压力进行调节外，还要注意对系统负荷、原料二氧化碳浓度等做适当调节，以保证生产稳定进行。

② 生产中注意防止和减少合成塔的腐蚀。生产中合成塔的腐蚀主要取决反应液的温度、溶解氧的浓度，物料组成、合成塔衬里表面状态（活化或钝化）以及对腐蚀有影响的杂质是否存在等条件。

a. 温度。合成塔衬里材料不同，允许的操作温度不同，一般都严格控制合成塔温度指标，要严格防止超温运行。生产一段时间后，合成塔要停车进行检查，用肉眼观察衬里的腐蚀情况。正常生产中要防止合成塔压力与温度的急剧波动。要严格遵守合成塔预热及停车保压与冷却的操作规定，严防衬里破裂。

b. 原料二氧化碳气中加氧是合成塔衬里防腐蚀的关键，操作中应注意以下几点。

原始开车或短期停车后再开车，合成塔内操作条件变化较大，加氧量要适当增加到0.8%左右，待运行4h后加氧可恢复到正常指标；

短期停车保压1～1.5h，加氧量增加到0.8%左右。停车保压前，最好不要用空气代替纯氧，如不得已一定要用空气，则停车保压的时间要适当缩短；

正常生产中用空气代替纯氧时，其数量为纯氧的5倍，一般控制其体积分数为3%～4%；

短期停车后保压时间一般不超过24h。当合成塔压力低于14.70MPa时，溶解氧逸出量增大，合成塔要及时排空处理；

生产中要经常观察尿液颜色，如发现颜色微黄，证明尿液中铁含量增加，操作中要多加氧。如颜色成为棕色或深咖啡色，则必须立即停车，合成塔要排空检查处理。

c. 进料组成对腐蚀起着很重要的作用。尿素合成反应液中影响腐蚀的成分主要是甲铵的浓度，增加进料$n(NH_3)/n(CO_2)$比能降低腐蚀。

d. 开车前需对合成塔衬里进行钝化处理，使其保持良好的钝化态。正常生产中加入的氧量应能满足保持衬里氧化层的需要。

e. 对合成塔腐蚀过程有影响的杂质是指硫化氢及氯离子。硫化氢的存在能破坏和阻止氧化膜的生成，促进腐蚀。要求原料二氧化碳气中硫化氢含量小于$30mg/m^3$。无论正常运行或短期停车过程，合成塔不允许加入含有氯离子的水，生产用水一般均用冷凝水，否则会对衬里腐蚀。

第三节 未反应物的分离与回收

从尿素合成塔排出的物料，除含尿素和水外，尚有未转化为尿素的甲铵、过量氨和二氧化碳及少量的惰性气体。如某厂一合成塔，原始物料 $n(NH_3)/n(CO_2)=4.0$，$n(H_2O)/n(CO_2)=0.8$，$X_{CO_2}=65\%$。以 1kmol 二氧化碳为基准，合成反应液中将生成尿素 0.65kmol，水共有 0.8＋0.65＝1.45kmol，故：

未转化的氨＝4.0－2×0.65＝2.75kmol

未转化的二氧化碳＝1－0.65＝0.35kmol

合成反应液的组成，若以质量分数计算分别为：尿素 30.8%；水 20.7%；二氧化碳 12.2%；氨 36.3%。这说明未转化为尿素的氨和二氧化碳是相当多的，它们以甲铵和溶解于尿液中游离氨、游离二氧化碳形式存在着。为了回收氨和二氧化碳，首先是将未转化的甲铵分解为氨和二氧化碳，然后是使溶解在溶液中的游离氨和二氧化碳从溶液中解吸出来。工业上采用的分离方法主要有两种，即减压加热法和气提法。分解出来的氨和二氧化碳经冷凝吸收后，部分氨以液氨的形态返回合成塔，另一部分氨和二氧化碳作用后以甲铵水溶液的形态返回合成塔。

一、减压加热法

1. 减压加热分离未反应物

(1) 分离原理　在一定的条件下，甲铵可以分解成氨和二氧化碳，反应式为

$$NH_2COONH_2 \rightleftharpoons 2NH_3 + CO_2 - Q$$

甲铵分解为气体氨和二氧化碳是一个可逆的吸热反应，反应后气体体积增大。因此，降低压力和升高温度对于甲铵的分解是有利的。

游离氨和二氧化碳在尿液中的溶解度随温度的升高和压力的降低而减小。因此，对系统降低压力和增高分解温度对于氨和二氧化碳从溶液中分离出来也是有利的。

为了保证未反应物的分离和回收尽量完全，一般均采用两段减压加热分离、两段冷凝回收的方法。采用两段减压加热分离时，第一步将尿素合成反应液减压到 1.67～1.77MPa，并加热到 160℃左右，使之第一次分解，称为中压分解；第二步再减压到 0.30MPa，加热到 147～150℃，使之第二次分解，称为低压分解。对应两次分解有两次吸收，即中压吸收和低压吸收。

中压系统分解的量约占未反应物总量的 85%～90%左右，因而中压分解系统工作的好坏，将影响全系统回收效率及技术经济指标。

衡量中压分解系统分解情况的好坏可以用两种方法表示。

第一种：用甲铵分解率、总氨蒸出率及气相水分的质量分数（%）来表示中压系统分离情况。

甲铵分解率定义为分解成气体的二氧化碳量与合成反应液中未转化成尿素的二氧化碳的物质的量之比。可用下数学式表示：

$$\eta_{甲铵}=\frac{\left(\frac{n(CO_2)}{n(u)}\right)'-\left(\frac{n(CO_2)}{n(u)}\right)''}{\left(\frac{n(CO_2)}{n(u)}\right)'}\times 100\%$$

式中 $\eta_{甲铵}$——甲铵分解率，%；

$\left(\frac{n(CO_2)}{n(u)}\right)'$——进分解塔尿液中二氧化碳与尿素（u）的物质的量之比；

$\left(\frac{n(CO_2)}{n(u)}\right)''$——出分解塔尿液中二氧化碳与尿素的物质的量之比。

总氨蒸出率定义为从液相中蒸出氨的数量与合成反应液中未转化成尿素的氨的物质的量之比。数学表示式如下：

$$\eta_{总氨}=\frac{\left(\frac{n(NH_3)}{n(u)}\right)'-\left(\frac{n(NH_3)}{n(u)}\right)''}{\left(\frac{n(NH_3)}{n(u)}\right)'}\times 100\%$$

式中 $\eta_{总氨}$——总氨蒸出率，%；

$\left(\frac{n(NH_3)}{n(u)}\right)'$——进分解塔尿液中氨与尿素的物质的量之比；

$\left(\frac{n(NH_3)}{n(u)}\right)''$——出分解塔尿液中氨与尿素的物质的量之比。

分解气体中气相水分的质量分数可以用下面计算式求得：

$$w(H_2O)=\frac{[m(c_1)-m(c_2)]}{[m(a_1)-m(a_2)]+[m(b_1)-m(b_2)]+[m(c_1)-m(c_2)]}\times 100\%$$

式中 $m(a_1)$——进分解塔尿液中二氧化碳与尿素质量比；

$m(b_1)$——进分解塔尿液中氨与尿素质量比；

$m(c_1)$——进分解塔尿液中水与尿素质量比；

$m(a_2)$——出分解塔尿液中二氧化碳与尿素质量比；

$m(b_2)$——出分解塔尿液中氨与尿素质量比；

$m(c_2)$——出分解塔尿液中水与尿素质量比。

第二种：直接用出中压分解系统尿液中二氧化碳含量、氨含量及水与尿素的物质的量之比来表示分离的程度。

水与尿素的物质的量之比为：

$$n=\frac{3.33w[u_{熔(水)}]}{w[u_{熔(尿)}]}$$

式中 n——水与尿素的物质的量之比；

$w[u_{熔(水)}]$——尿液中水的质量分数；

$w[u_{熔(尿)}]$——尿液中尿素的质量分数；

3.33——尿素的相对分子质量与水相对分子质量之比。

第二种表示法比第一种表示法简单、科学、实用。它不仅表示了每个组分各自分离的情况，同时还能说明各组分在分离后的相互关系，以及分离与回收的相互关系。目前多采用第二种方法表示。

例 出中压分解系统尿液组成设计值，$w(NH_3)=8\%$，$w(u)=62\%$，$w(CO_2)=2.5\%$。

先求出水尿比

$$n(H_2O)/n[CO(NH_2)_2]=\frac{100-8-62-2.5}{62}\times 3.33=1.477$$

然后对生产中中压分解和回收过程进行分析：

当尿液中氨的质量分数＞8％，说明中压分解系统氨蒸出率过低；

当尿液中二氧化碳的质量分数＞2.5％，说明中压分解系统甲铵分解率过低；

当尿液中水尿的物质的量之比＜1.477，说明中压分解系统气相水分含量高；

当尿液中水尿的物质的量之比＜1.477，氨的质量分数≤8％，二氧化碳的质量分数大大超过2.5％，说明回收系统操作将会发生困难；

当尿液中水尿的物质的量之比＜1.477，二氧化碳的质量分数≤2.5％，氨的质量分数大大超过8％，说明氨过剩、氨的回收减少；

当尿液中水尿的物质的量之比＞1.477，二氧化碳的质量分数为2.5％，氨的质量分数为8％，说明回收系统要适当增加循环水量；

当尿液中水尿比、二氧含碳含量、氨含量与设计条件偏差很多，则全系统（合成、分解，吸收）工艺条件需重新调整。

（2）分解过程工艺条件的选择

① 温度的影响及选择。升高温度对甲铵的分解和过量氨与二氧化碳的解吸都是有利的。温度对总氨蒸出率和甲铵分解率的影响如图3-17所示。

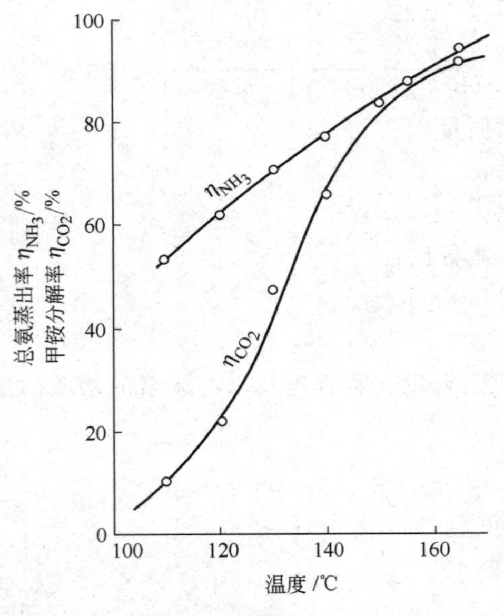

图3-17 温度对总氨蒸出率和甲铵分解率的影响（压力为1.67MPa）

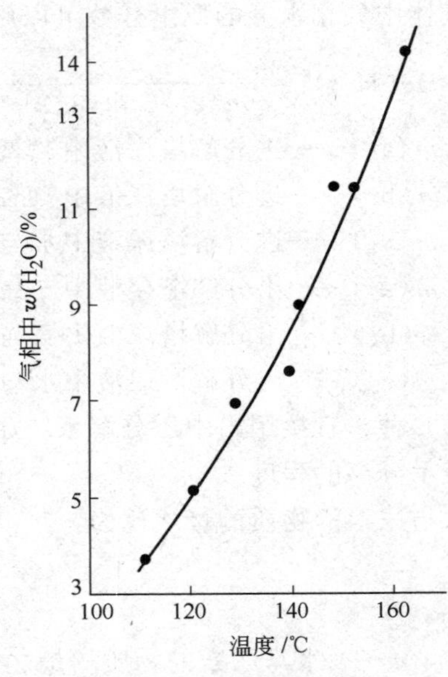

图3-18 温度对气相含水量的影响（压力为1.96MPa）

由图3-17看出，甲铵分解率和总氨蒸出率均随温度升高而增大。温度小于130℃时，甲铵分解率比总氨蒸出率小得多，温度高于130℃以上，甲铵分解率随温度的升高而急剧加大。其原因是合成反应液中的过量氨呈物理溶解，而甲铵呈化合态存在，过量氨在减压节流后，即使温度较低也能大量蒸出。甲铵的分解必须使操作温度大于甲铵在该压力下的离解温度才有可能大量分解。温度为160℃左右时，甲铵分解率与总氨蒸出率几乎相等，反应接近平衡，甲铵分解率和总氨蒸出率的提高趋于缓慢。当温度高于160℃以上，甲铵分解率和总氨蒸出率在该压力下提高非常缓慢。同时，尿素的水解及缩合等副反应随温度的升高而加快。

温度对分解气相中的水分含量有明显影响，如图 3-18 所示。气相中的水分含量随温度的升高而增加。气相含水量增加，必然增加回收液中的水含量，从而使进入合成塔的甲铵液浓度降低，这不仅不利于系统的水平衡，而且会使尿素合成率降低。

另外，气相温度太高，不利于分解气的回收，加热蒸汽和回收冷却用水的消耗量均要增加，并且甲铵对设备的腐蚀也加剧。因此，分解温度不能太高，一般中压分解温度选择在158～160℃左右。

低压分解温度对甲铵分解率和总氨蒸出率的影响如图 3-19 所示。随温度的升高，甲铵分解率和总氨蒸出率也相应增加。因此，提高温度，有利于低压分解。

图 3-20 是低压分解温度与气相中水含量的关系。由图看出，气相中水分含量随温度的升高而增加，气相中的水分还随液相中水含量的增加而增加。为了平衡全系统水量使低压分解分离器出口气相水分不致全部进入低压吸收系统，采用加精馏塔装置是一个较好的办法。即低压分解分离器出口气体进入精馏塔，精馏后气相水分减少送入低压吸收系统。

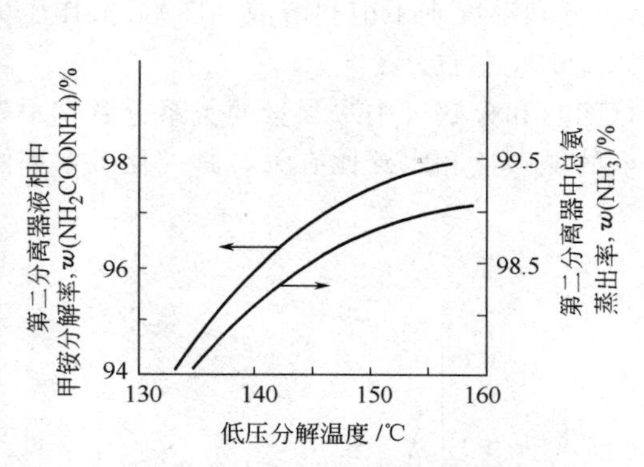

图 3-19　低压分解温度对甲铵分解率和总氨蒸出率的关系

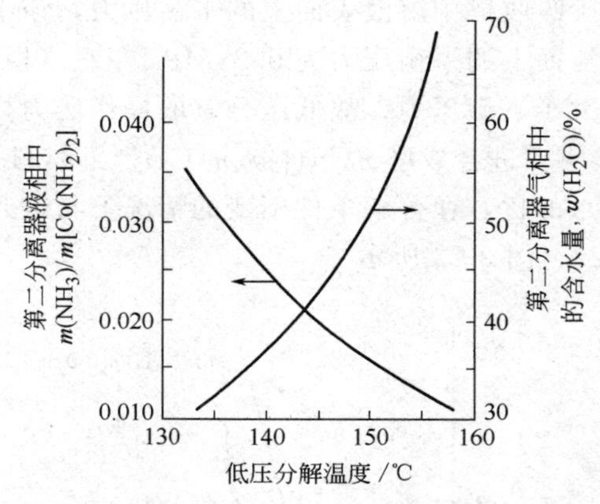

图 3-20　低压分解温度与分解气相中水含量的关系

经中压分解后，尿液中的尿素和水分含量大大增加，如果低压分解温度太高则必然加速缩二脲的生成和尿素的水解。因此低压分解温度不能太高，一般控制在 140～150℃左右。

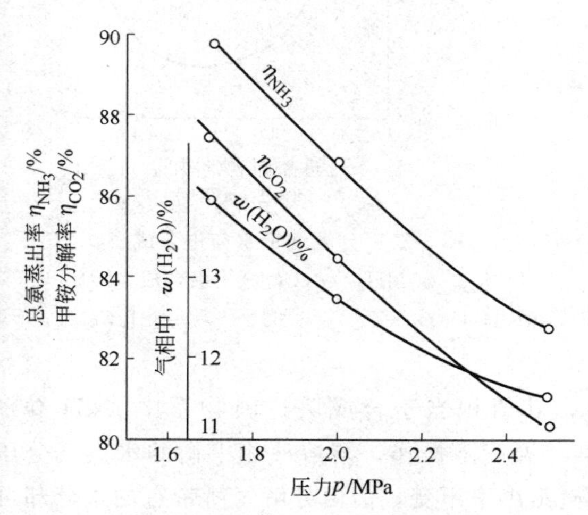

图 3-21　压力对甲铵分解率、总氨蒸出率和气相含水量的影响

② 压力的影响及选择。生产中为简化工艺流程及方便操作，每一循环过程分解和吸收常常控制在同一个压力等级。由于分解和吸收对压力的要求相矛盾。因此，中压循环压力选择应从吸收、气氨冷凝及中压分解三方面的条件进行缩合考虑。

分解过程中，降低压力对甲铵分解和氨及二氧化碳从溶液中的解吸均是有利的，压力对甲铵分解率和总氨蒸出率及系统气液相组成之间的关系，如图 3-21 所示。

由图可见，甲铵分解率和总氨蒸出率均随压力的降低而急剧增大。同时分解液中的氨和二氧化碳也随压力的降低而减少。

在水溶液全循环法合成尿素的生产过程中，中压分解气经过中压吸收塔吸收二氧化碳之后，气氨将在氨冷凝器中冷凝成液氨。因此，中压分解的压力要根据氨冷凝器中冷却水所能达到的冷凝温度来确定，它至少要大于操作温度下氨冷凝器管内液氨的饱和蒸气压。不同温度下氨的饱和蒸气压如表 3-3 所示。

表 3-3　不同温度下氨的饱和蒸气压

温度/℃	30	35	40	45	50
饱和蒸气压(绝)/MPa	1.20	1.39	1.61	1.84	2.10

一般冷却水温度为 30℃，冷凝器管内外温度差约 10℃，气氨约在 40℃下冷凝，对应的饱和蒸气压为 1.61MPa，故中压分解压力一般选择 1.67MPa 左右。

低压分解气送往低压吸收部分，用稀氨水吸收成稀甲铵溶液，因而低压分解压力主要决定于吸收塔中溶液表面上的平衡压力，该平衡压力又与溶液的浓度和温度有关。通常稀甲铵溶液面上的平衡压力为 0.25MPa 左右（根据溶液组分和温度查不饱和溶液相图），操作压力应大于平衡压力，故低压分解的操作压力控制在 0.3MPa 左右。

③ 进合成塔 $n(NH_3)/n(CO_2)$、$n(H_2O)/n(CO_2)$和分解气中水含量的关系分解气中氨和水的比，在分解条件不变的情况下与进入合成塔的氨碳比和水碳比有关，其变化关系如图 3-22、图 3-23 所示。

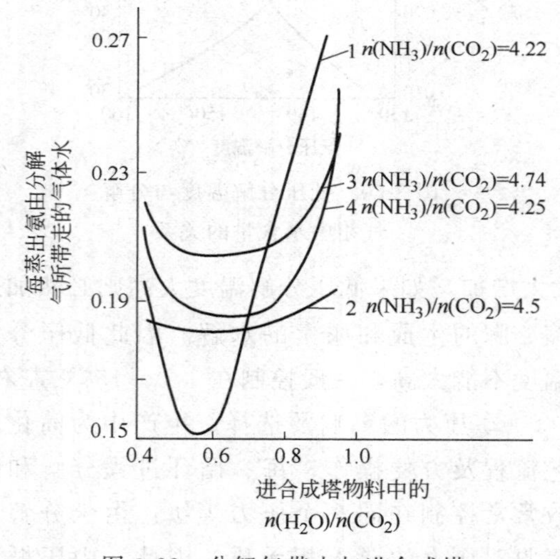

图 3-22　分解气带水与进合成塔 $n(H_2O)/n(CO_2)$关系

曲线 1、2　$p_{合成}=21.57MPa$、$p_{分解}=1.96MPa$、$t_{分解}=155℃$

曲线 3、4　$p_{合成}=21.57MPa$、$p_{分解}=1.67MPa$、$t_{分解}=150℃$

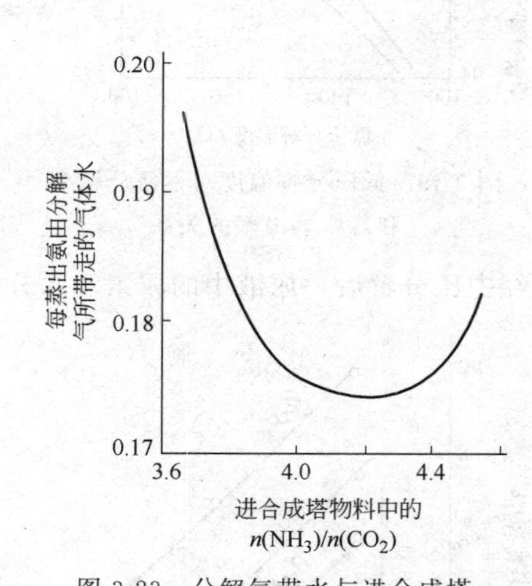

图 3-23　分解气带水与进合成塔 $n(NH_3)/n(CO_2)$关系合成 $n(H_2O)/n(CO_2)=0.65$、$p_{合成}=21.57MPa$

由图 3-22 看出几条曲线都有一个最低点，其值相当于合成塔进料物系中 $n(H_2O)/n(CO_2)$在 0.58～0.6 处。它表明分解系统在某一温度下操作，与溶液相平衡的水蒸气分压似乎有一最低点。这时，即使甲铵分解率和总氨蒸出率不变，但由分解气所带有的水分却可降到最低限度。

图 3-23 表示在一定的合成压力和 $n(H_2O)/n(CO_2)$的情况下，分解气中带水和进合成

塔 $n(NH_3)/n(CO_2)$ 关系曲线同样出现最低点，该点位置约在合成塔进料中 $n(NH_3)/n(CO_2)$ 为 4.1～4.3 处。

所以，为使中压分解气中带水含量最低，选择合成塔进料 $n(NH_3)/n(CO_2)$、$n(H_2O)/n(CO_2)$ 在曲线最低点为宜（这条件对于合成塔的操作正好也是适当的）。

2.未反应物的回收

（1）未反应物吸收的原理　从尿素合成反应液中分离出来的未反应物氨和二氧化碳，通过吸收设备将它们冷凝吸收，制成浓甲铵液和浓氨水，分别用泵送回合成塔中继续使用。

吸收是分解的逆过程，由于分解过程是多段的顺流操作，所以吸收过程采用多段的逆流操作，示意如下：

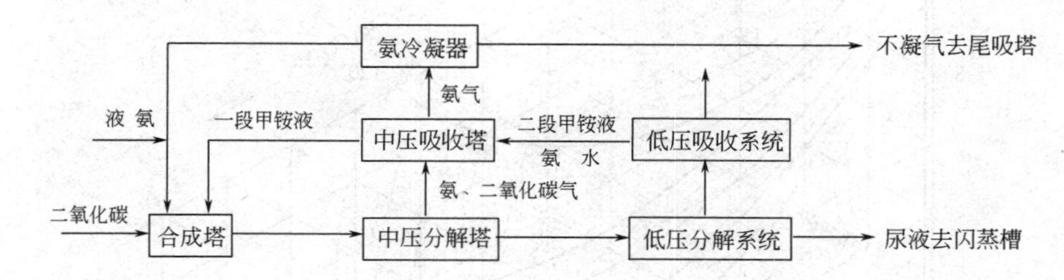

吸收过程伴有两个化学反应：

$$NH_3 + H_2O \rightleftharpoons NH_3H_2O + Q_1$$

$$2NH_3 + CO_2 \rightleftharpoons NH_2COONH_4 + Q_2$$

反应中放出大量的热，降低温度对吸收平衡有利。但温度不能过低，因为在一定的压力下，一定组分的溶液有某一熔点温度，如果低于熔点温度，会有甲铵结晶生成，影响回收过程顺利进行。因此，为使吸收过程进行得完全，又防止出现甲铵结晶，就必须研究在一定压力下甲铵水溶液的气液平衡，用以指导生产，选择适宜工艺条件。

吸收过程中所用的吸收液为 NH_3-CO_2-H_2O 三元体系的溶液，制得的甲铵溶液也是该三元体系的溶液。因此，对 NH_3-CO_2-H_2O 三元体系的性质必须了解。

① NH_3-CO_2-H_2O 三元体系饱和溶液相图。在进行 NH_3-CO_2-H_2O 三元体系熔点线测定中，发现温度曲线上有明晰的转折点，在转折点下析出的固相其组成已发生变化，根据结晶物变化情况用相界面线将系统画成若干相区。即：碳酸氢铵相区、倍半碳酸铵相区、碳酸铵相区、氨基甲酸铵相区、两相溶液区等。在某一相区内的溶液，如条件变化析出结晶，其结晶物必然是相对应的组成物。例如甲铵相区析出的是甲铵结晶，碳酸铵相区析出的是碳酸氢铵结晶。

尿素生产中的吸收液一般都位于甲铵相区，现讨论甲铵相区的情况。图 3-24 为 NH_3-CO_2-H_2O 体系饱和溶液的相图。三角形各顶点分别代表纯氨、二氧化碳和水。图内粗实线代表相界面线，线两边的饱和溶液析出固相结晶不同，该线代表与两种固相共存的饱和溶液。每个相区内均有不同的等温曲线，这些曲线即为饱和溶液的熔点线。在甲铵相区内，还有一组等压线，表示甲铵在一定组分、熔点条件下的压力状态。通过此相图可以查得 NH_3-CO_2-H_2O 体系饱和溶液的任意组分下的熔点。

例　已知某 NH_3-CO_2-H_2O 三元系饱和溶液组成，$n(H_2O)/n(CO_2)=1.8$，$n(NH_3)/n(CO_2)=3.12$，求该溶液的熔点及熔点状态下的压力。

解　将 $n(NH_3)/n(CO_2)$ 与 $n(H_2O)/n(CO_2)$ 分别用氨和二氧化碳质量分数来表示。

得 $n(NH_3)/n(CO_2)=3.12$ 相当于 $w(NH_3)=\frac{3.12\times17}{3.12\times17+44}\times100\%=54.6\%$

$n(H_2O)/n(CO_2)=1.8$ 相当于 $w(CO_2)=\frac{44}{1.8\times18+44}\times100\%=57.6\%$

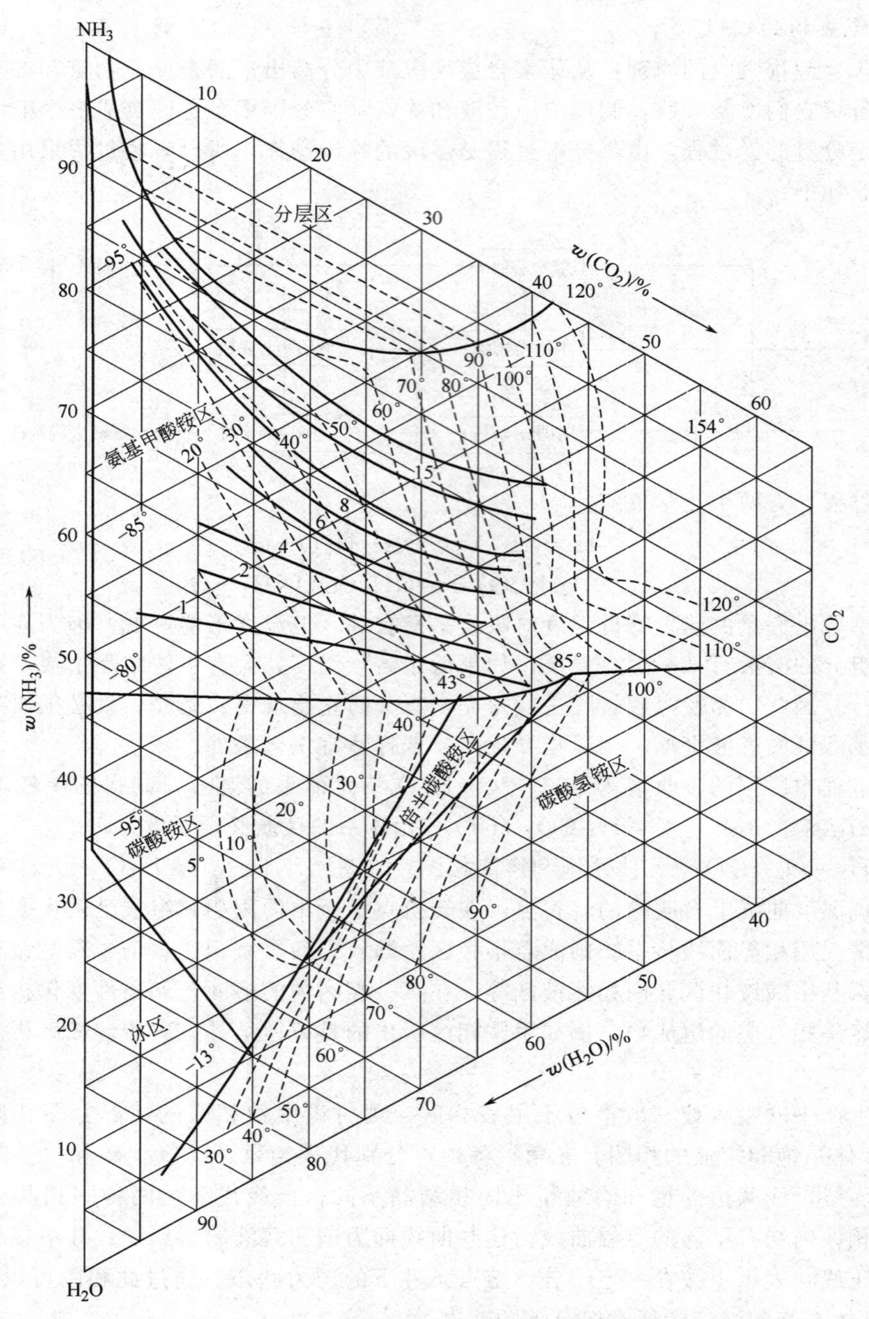

图 3-24　NH_3-CO_2-H_2O 体系饱和溶液的相图（以质量分数表示）

……饱和等温线/℃；——饱和等压线（绝）/(kgf/cm^2)；

两个固相共存的饱和溶液

($1kgf/cm^2=9.80665\times10^4Pa$)

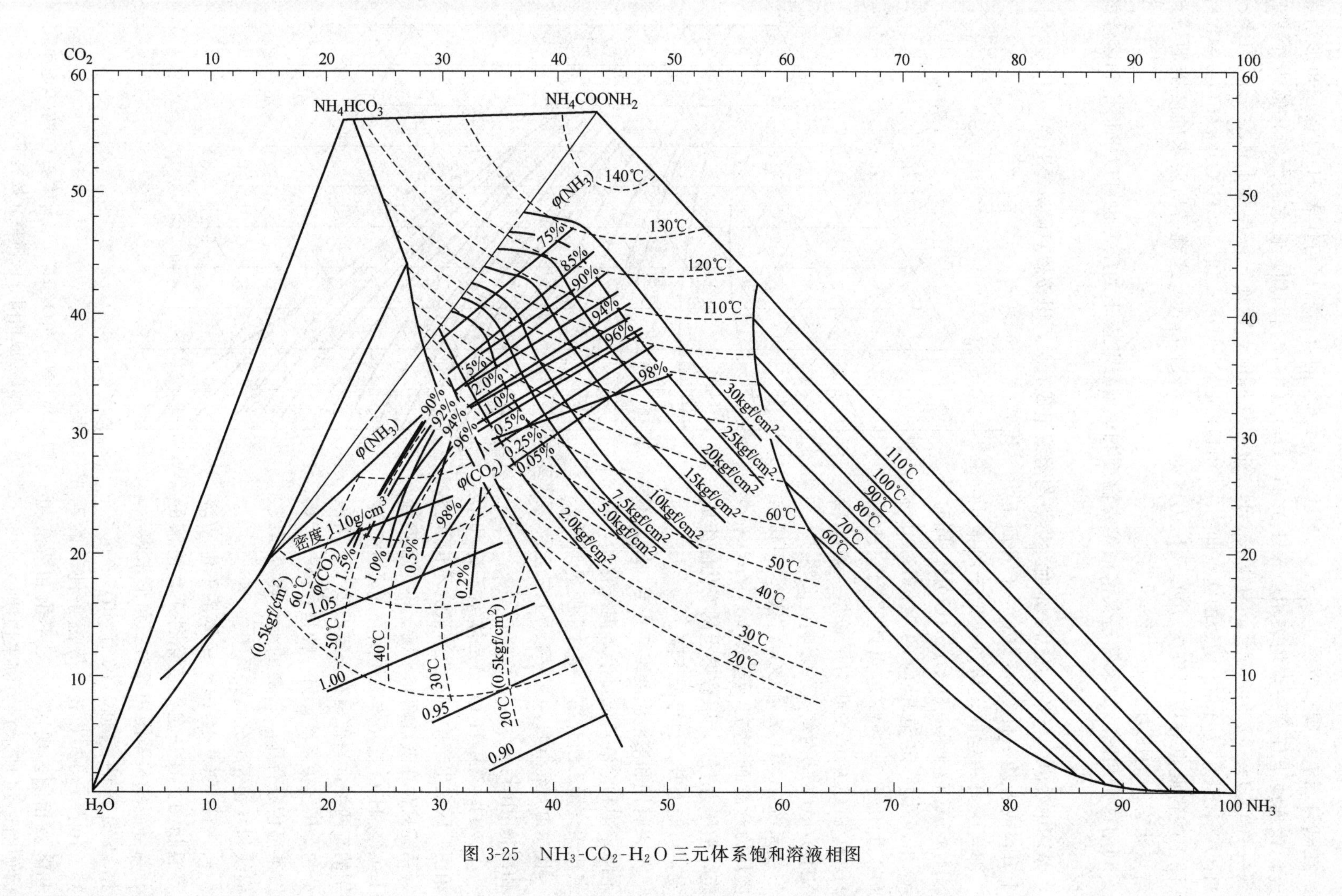

图 3-25　NH_3-CO_2-H_2O 三元体系饱和溶液相图

在氨与二氧化碳边界线上找到 $w(NH_3)=54.6\%$ 的点，然后与代表 H_2O 的三角形顶点相连，该连线上任意一点均表示 $n(NH_3)/n(CO_2)$ 为 3.12。同理，在水与二氧化碳边界线上找到 $w(CO_2)=57.6\%$ 的点，与代表 NH_3 的三角形顶点相连，该连线上任意一点均表示 $n(H_2O)/n(CO_2)$ 为 1.8。两线的交点即为 $n(NH_3)/n(CO_2)=3.12$、$n(H_2O)/n(CO_2)=1.8$。从图上查得此点对应温度为 70℃ 及压力（绝）为 $8kgf/cm^2$，这就是所要求的溶液的熔点和熔点状态下的压力。

利用这张相图，如果知道某溶液熔点温度和该熔点状态下的压力也可以求得饱和溶液的组成。

从图中看出，当系统压力一定时，熔点与溶液组成有关，甲铵熔点随 $n(NH_3)/n(CO_2)$ 下降而上升，或者随 $n(H_2O)/n(CO_2)$ 上升而下降。即当压力一定时，熔点决定于溶液中 $n(NH_3)/n(CO_2)$ 或 $n(H_2O)/n(CO_2)$。同时可看出，在一定范围内的等 $n(H_2O)/n(CO_2)$ 线几乎与甲铵熔点线平行，所以 $n(H_2O)/n(CO_2)$ 的变化对甲铵熔点影响较 $n(NH_3)/n(CO_2)$ 对熔点的影响更大些。

当系统 $n(NH_3)/n(CO_2)$ 固定，甲铵熔点随压力升高而升高。若 $n(H_2O)/n(CO_2)$ 一定，随压力上升，甲铵熔点的变化随组成而定，可能上升，也可能下降。

如果将饱和溶液温度维持一定，压力不断下降，饱和溶液组成将沿等温线移动，其二氧化碳含量不断升高，氨含量明显下降。

图 3-25 系 NH_3-CO_2-H_2O 三元体系饱和溶液相图。

② NH_3-CO_2-H_2O 三元体系不饱和溶液相图。尿素生产中，吸收溶液为不饱和溶液，系统只存在气液两相平衡。不饱和溶液 NH_3-CO_2-H_2O 三元体系相图在工业生产中常用的有两种：一种是在一定温度下，溶液组分与等压线关系图；另一种是在高于“熔点”某温度条件下，溶液的组分与等压线、等温线和气相等组分线关系图。

a. NH_3-CO_2-H_2O 三元体系不饱和溶液等温相图。在一定温度条件下，溶液的组分与等压线关系图用等边三角形来表示。根据已发表的数据，仅有 40℃、60℃、80℃、100℃、120℃五个等温条件下的不饱和溶液相图。现以 100℃不饱和溶液相图（如图 3-26 所示）为例来说明。

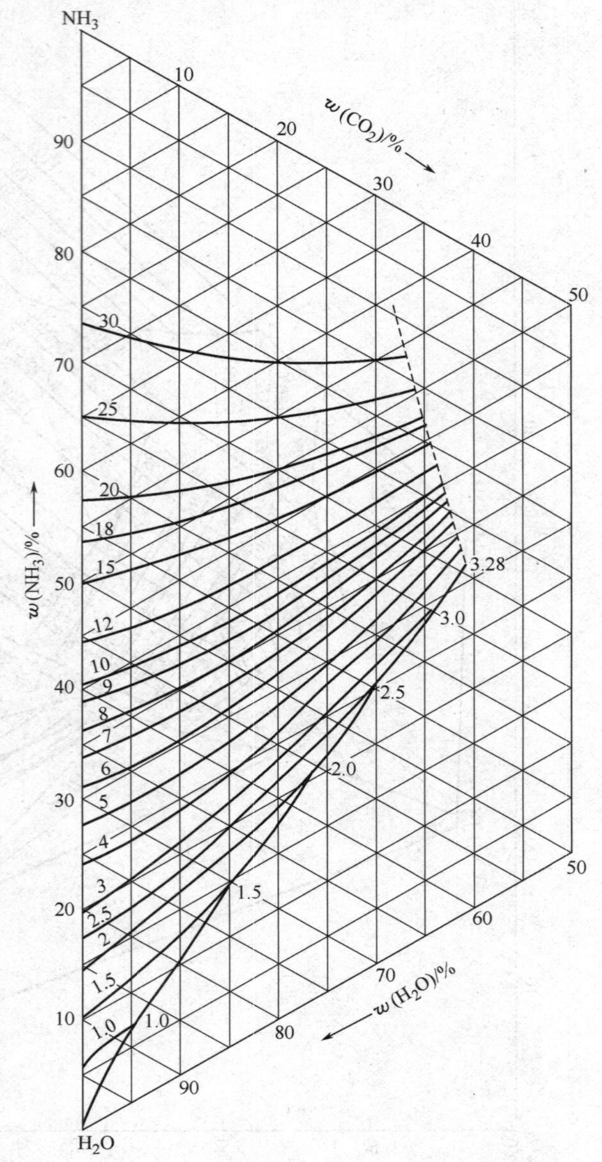

图 3-26　NH_3-CO_2-H_2O 三元体系 100℃不饱和溶液相图（以质量分数表示）

溶液所处条件为100℃恒温，图中粗实线代表100℃等温边界线，虚线为100℃饱和溶液等温线。虚线上部表示有结晶析出的饱和溶液区，虚线下部表示不饱和溶液区，在该相区内，有一组等压线，表示不饱和溶液在100℃下与溶液组分相对应的压力。

这种相图，每张只是在一个指定的温度条件下绘制的，在实际应用时，溶液温度应与相图所指定的温度一致。如有偏差，从相图中查得数据也会发生误差。因此实际应用时，需绘制一组不同温度条件下的相图。通过这些相图可以查到一定温度，不同压力下的任意不饱和溶液的组分。或者根据不饱和溶液组分和温度查得平衡蒸气压等。

例　已知某溶液组分，$w(NH_3)=42\%$，$w(CO_2)=28\%$，$w(H_2O)=30\%$，溶液温度为100℃。求该溶液的平衡蒸气压。

解　利用NH_3-CO_2-H_2O三元系100℃下不饱和溶液相图（图3-26）可查到此时溶液平衡蒸气压（绝）为$20kgf/cm^2$。

b.高于“熔点”某温度不饱和溶液NH_3-CO_2-H_2O三元体系相图。这种图用直角三角形表示，如图3-27所示。

以高于熔点20℃不饱和溶液相图为例，所谓高于熔点20℃是指同样溶液组分而不饱和溶液温度比饱和溶液温度高20℃。

直角三角形各顶点表示NH_3、CO_2、H_2O各组分的质量分数为100%，图内粗实线代表相界面线，每个相区内均有不同温度的等温曲线，这些线即为不饱和溶液的沸点线。在甲铵相区内有一组等压线，它表示高于熔点20℃的不饱和甲铵溶液在一定组分下相对应的压力。在碳酸铵相区还有一组当压力固定用等温线表示的沸点线，该线称之为等沸线，线上各沸点相同。

利用这种相图可以查得在选定高于熔点某一数值内不同温度、不同压力下的饱和溶液的组成。

例　已知溶液组分$w(NH_3)=42\%$，$w(CO_2)=28\%$，$w(H_2O)=30\%$，溶液温度78℃。求该溶液的平衡蒸气压。

解　先查已知组分饱和溶液的熔点，从相图3-25查得$t_{熔}=58℃$。

近似估计溶液温度高于熔点温度为$78-58=20℃$，然后从高于熔点20℃不饱和溶液相图3-27得出对应该组分溶液平衡蒸气压（绝）为$12.5kgf/cm^2$。

对于高于熔点某温度的不饱和溶液三元体系相图目前只有高于熔点10℃和20℃两种。前面讲述的两种不饱和溶液相图不能查出在其他温度下的相平衡条件，如等温条件110℃、90℃，高于熔点5℃、15℃等。这时必须根据溶液沸点与压力的关系，用内插入法或外推法求得其近似值。

从尿素生产工艺流程知，中压分解后的气相混合物进入中压吸收塔，用稀甲铵溶液吸收，制成浓甲铵液，用甲铵泵送回合成塔。经吸收后未冷凝的气氨在氨冷凝器冷凝成液氨，用高压液氨泵送回合成塔。当分解气体被氨水或者稀甲铵溶液吸收后，中压系统溶液处于甲铵相区，低压系统溶液处于碳酸铵相区或者是甲铵相区。下面再分别叙述不同相区溶液组成与平衡气相二氧化碳含量的关系。

甲铵相区内溶液组成与平衡气相二氧化碳含量的关系如下：

在饱和溶液中或高于熔点20℃不饱和溶液中，当溶液水含量固定时，随液相中$n(NH_3)/n(CO_2)$的增加气相二氧化碳含量剧烈下降；

当溶液$n(NH_3)/n(CO_2)$固定，随液相水分含量增加，气相二氧化碳含量亦随之下降。

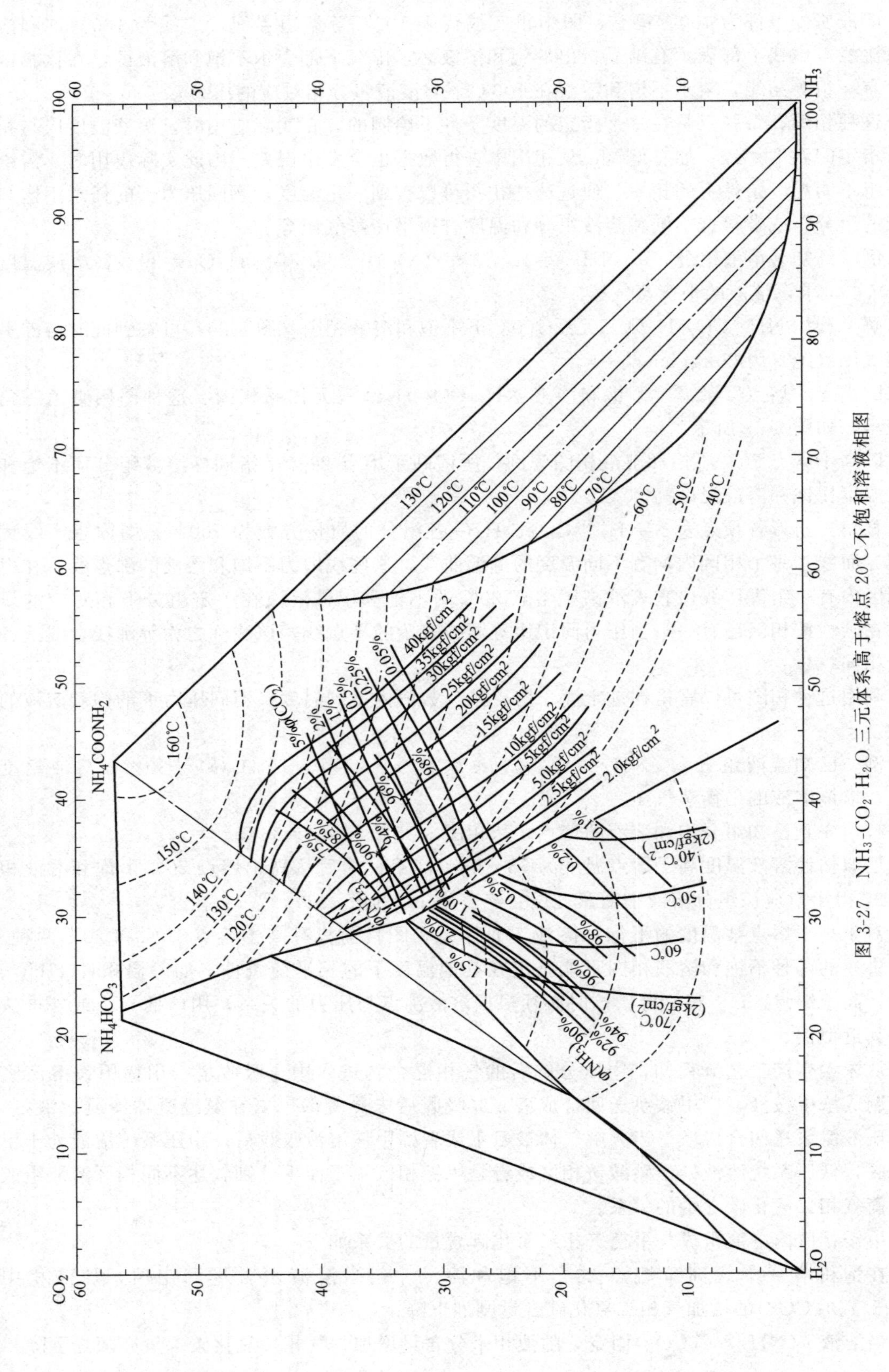

图 3-27 NH_3-CO_2-H_2O 三元体系高于熔点 20℃不饱和溶液相图

反之液相中水含量减少，气相二氧化碳含量将增加；

液相组成固定，气相中二氧化碳含量，随温度的升高而增加。温度增加 20℃，气相二氧化碳含量约增高 2～6 倍左右。尤其在 $n(NH_3)/n(CO_2)$ 较小时，温度对气相二氧化碳含量增加的影响比较显著，在 $n(NH_3)/n(CO_2)$ 较大时，则温度的影响较小。

氨过量的碳酸铵相区，溶液组成与气相组成的关系如下：

在氨过量的碳酸铵相区，气相二氧化碳分压很低（含量少）随液相 $n(NH_3)/n(CO_2)$ 比增大，二氧化碳分压减小；

该相区中，平衡气相氨分压，与氨过量率呈直线变化；即溶液中氨过量率大，碳酸铵相区内气相的氨分压也大；

当压力一定，溶液温度上升，平衡气相二氧化碳含量将增加。

通过 NH_3-CO_2-H_2O 三元体系气液平衡的叙述，从理论上知道，如果想使气相中二氧化碳在吸收塔被彻底吸收，必须选择甲铵相区与碳酸铵相区内的溶液作为吸收液。否则二氧化碳在吸收塔内难于被完全吸收。另外，当吸收的温度、压力条件固定之后，溶液 $n(H_2O)/n(CO_2)$ 的减小固然可以提高甲铵液浓度，有利于合成塔水碳比的降低和二氧化碳转化率的提高，但是不饱和溶液面上平衡气相中二氧化碳含量将增加，吸收效率降低，使吸收塔上部精洗段操作困难。因此对工艺条件的选择提出下述原则：离开吸收塔的吸收液浓度要尽可能高，以利于提高二氧化碳转化率；与其呈平衡气相的二氧化碳气量不能过高，以免给操作带来困难。生产中综合考虑这些因素，找出最佳的操作条件。

（2）中压吸收工艺条件的选择　中压吸收过程在中压吸收塔内进行。中压吸收塔一般由鼓泡段和精洗段两部分组成。从塔底导入分解气先经鼓泡段与自塔顶部、中部送来回流氨水及稀甲铵液进行鼓泡吸收。吸收过程中，释放出大量的热。其热量靠回流氨气化移走。出鼓泡段含有少量二氧化碳的气体上升到精洗段，与塔顶淋洒下的浓氨水逆流接触，使出塔气氨中二氧化碳的体积分数下降到 0.05%以下，气相水分进一步降低。然后未被吸收的气体出中压吸收塔顶，进入氨冷凝器进行冷凝，所得液氨进入液氨缓冲槽，继续返回系统使用。塔底鼓泡段生成的浓甲铵液，由甲铵泵升压送回合成塔。中压吸收过程工艺条件选择，主要包括三个方面：溶液温度、系统压力及溶液中的 $n(H_2O)/n(CO_2)$ 等。

① 中压吸收压力的选择。工业生产中中压吸收压力的选择应从吸收条件、气氨冷凝条件以及中压分解条件三方面进行考虑。

a. 吸收条件对压力的要求。从前述反应式知道，氨和二氧化碳的吸收过程是体积减小过程。所以增加压力，无论对甲铵生成反应的平衡还是吸收速度的加快都是有利的。

在一定温度下，从饱和溶液相图 3-25 和不饱和溶液高于熔点 20℃相图 3-27 可查得如下数据：

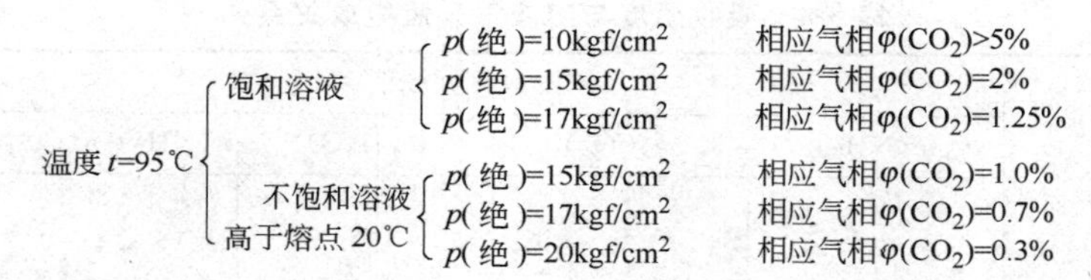

以上数据看出：随压力上升，平衡气相二氧化碳含量下降，即出鼓泡段进入精洗段气相二氧化碳量较少。另外，同样压力条件下，不饱和溶液的平衡气相二氧化碳含量要低，而且随着溶液中不饱和度的增加，平衡气相中二氧化碳量继续下降。

从NH_3-CO_2-H_2O三元体系气液平衡知，溶液中$n(NH_3)/n(CO_2)$对气相二氧化碳含量影响十分显著。随溶液$n(NH_3)/n(CO_2)$比增加，气相二氧化碳含量剧烈下降。但溶液中$n(NH_3)/n(CO_2)$比和气相二氧化碳含量并没有固定的变化比例关系。在$n(NH_3)/n(CO_2)<2.87$时，增加$n(NH_3)/n(CO_2)$比对气相二氧化碳含量影响很大。$n(NH_3)/n(CO_2)>2.87$时，影响则较小。

因此，吸收塔要采用较高的压力和$n(NH_3)/n(CO_2)$比较高的不饱和溶液进行操作。

由于惰性气体的存在，吸收操作压力略大于该条件下溶液表面上气相的平衡压力（选择不饱和溶液的平衡蒸气压约1.60MPa左右）。

b. 气氨冷凝条件对压力的要求。经中压吸收塔吸收后的气体送氨冷凝器冷凝。此时中压吸收塔的操作压力除了应该满足于吸收液平衡蒸气压外，还应该大于氨冷凝器中使氨冷凝的最低压力，后者主要决定于氨冷凝器中冷却水的温度。如中压分解工艺条件选择中已述，气氨约在40℃下冷凝，对应的饱和蒸气压力为1.55MPa，加上氨回收系统惰性气体存在，操作压力应高于氨的饱和蒸气压力0.1～0.2MPa。从气氨冷凝条件要求中压吸收压力应不低于1.60～1.80MPa。

c. 中压分解条件对压力的要求。中压吸收与中压分解组成中压循环回收系统，所以在中压吸收压力选择上必须考虑中压分解条件。

中压分解试验数据

压力$p=1.60$MPa	甲铵分解率89%，总氨蒸出率90%
压力$p=2.00$MPa	甲铵分解率84.5%，总氨蒸出率86.8%

以上表明随分解压上升，总回收率将下降，以致使部分甲铵、游离氨进入低压分解系统，造成低压吸收负荷增加，全系统循环水增加，提高了进合成塔物料$n(H_2O)/n(CO_2)$比，降低了二氧化碳转化率。所以，为获得较好的中压分解条件，在满足吸收和氨冷凝所必需的压力的前提下，选择较低的压力。

综合以上三个方面对压力的要求，一般工业生产中中压吸收操作压力选择在1.6～1.8MPa左右。

② 中压吸收温度的选择。中压吸收温度一般是指最终吸收液的温度，生产上用鼓泡段底部温度来代表。因为鼓泡段底部甲铵溶液最浓，温度最高，而且是直接用泵送入合成塔的。

氨和二氧化碳冷凝吸收和生成甲铵的过程放出大量的热，降低温度对反应平衡有利。

当中压吸收压力固定，温度升高时，溶液中$n(NH_3)/n(CO_2)$比下降，平衡气相二氧化碳含量将迅速上升。查相图3-25、图3-27可得到如表3-4所示数据。

表3-4　吸收温度与溶液气、液组成关系①

鼓泡段底部温度/℃	甲铵组成/%				气相中$\varphi(CO_2)$/%
	$w(NH_3)$	$w(CO_2)$	$w(H_2O)$	$n(NH_3)/n(CO_2)$	
77	47.2	31.6	21.2	3.87	<0.05
90	43	34	23	3.45	0.50
97	40.3	34.5	26.8	3.03	1.0

① 此表系指p(绝)$=17kgf/cm^2$，$n(NH_3)/n(CO_2)=1.6$时的情况。

温度上升，在$n(NH_3)/n(CO_2)$比较小时，气相二氧化碳净值增加更为明显，如表3-5

所示。

表 3-5　温度对甲铵溶液气相二氧化碳含量的影响

		温度/℃	平衡气相 $\varphi(CO_2)$/%	增加净值/%
$w(H_2O)=21.5\%$	$n(NH_3)/n(CO_2)=2.34$	80	8.6	10
		100	18.3	
	$n(NH_3)/n(CO_2)=3.5$	80	0.06	0.15
		100	0.21	

从测定中知道，在前面所述的压力条件下如将溶液中氨的质量分数保持在40%以上，平衡气相二氧化碳的体积分数可以降到0.05%以下。

实际生产中也证明，当吸收塔底温度如超过100℃，精洗段中部温度就容易超过70℃，塔顶二氧化碳将增高。在高负荷时尤其显著。所以一般正常生产时，溶液温度维持90～95℃，高负荷时温度应维持接近下限。

③ 中压吸收溶液 $n(H_2O)/n(CO_2)$ 的选择。其选择主要应从合成转化率、熔点温度以及平衡气相中的二氧化碳含量等三方面加以考虑。

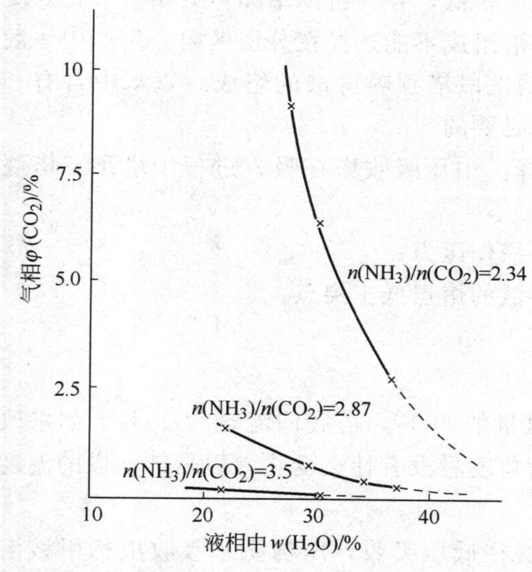

图 3-28　饱和溶液液相中水的质量分数对气相二氧化碳的体积分数的影响

a. 吸收液 $n(H_2O)/n(CO_2)$ 与合成转化率的关系。吸收液中的 $n(H_2O)/n(CO_2)$ 比决定了进合成塔的 $n(H_2O)/n(CO_2)$ 比。吸收液中的 $n(H_2O)/n(CO_2)$ 比增大，则进入合成塔的 $n(H_2O)/n(CO_2)$ 比也增大，二氧化碳转化率下降，未反应物回收量增加。如要保持吸收液浓度，又要使循环液量增大，进合成塔循环甲铵量增大，进塔总水量也增加，物料在塔内停留时间缩短，转化率又下降。如此循环，当转化率下降到某一数值后，只有被迫减少未反应物回收量（采取排放甲铵液减少循环总水量），以调节生产。

b. 吸收液 $n(H_2O)/n(CO_2)$ 比与熔点的关系。吸收液中的 $n(H_2O)/n(CO_2)$ 比低可使合成塔二氧化碳转化率提高，但 $n(H_2O)/n(CO_2)$ 比又不可无限降低。因为 $n(H_2O)/n(CO_2)$ 比越低，吸收液熔点温度就越高，越容易产生甲铵结晶，堵塞设备管道。

c. 吸收液 $n(H_2O)/n(CO_2)$ 比与平衡气相二氧化碳含量的关系。从平衡气相中二氧化碳含量的关系上考虑，吸收液 $n(H_2O)/n(CO_2)$ 比也不能无限降低。在一定的压力、温度下，从液相水的质量分数对平衡气相二氧化碳的体积分数的关系（如图 3-28 所示）可以看出，气相二氧化碳浓度随液相水含量的增加而减少。$n(NH_3)/n(CO_2)$ 比大时，影响较小。反之，影响则大。

为了降低气相中二氧化碳浓度，溶液中保持一定 $n(H_2O)/n(CO_2)$ 比是必要的，一般选择中压吸收液的 $n(H_2O)/n(CO_2)=1.8$ 左右，生产控制值1.9～2.2之间，高负荷时取上限，低负荷时取下限。

④ 喷淋液组成的选择。中压吸收过程中，出鼓泡段含有少量二氧化碳的气体上升到精

洗段与塔顶喷淋的浓氨水接触，以除去气体中残余二氧化碳。同时使气相含水量降低，提高冷凝氨的浓度。

塔顶喷淋液组成的选择，在工业生产上采用两种方法，即采用浓氨水（NH_3-H_2O 二元体系组分）和采用稀碳酸铵液（NH_3-CO_2-H_2O 三元体系组分）作为喷淋液组成。在同一种生产流程中这两种方法不能同时使用，特别是后者不能代替前者。从相律可知，在一定温度和压力下，NH_3-CO_2-H_2O 三元体系溶液中二氧化碳的含量决定于水的含量。如表 3-6 所示。

表 3-6 二氧化碳在不同浓度氨水中的溶解度

$w(NH_3H_2O)/\%$	$w(CO_2)/\%$	$w(NH_3H_2O)/\%$	$w(CO_2)/\%$
100	<0.1	80	<11
90	<0.15	75	<20
85	<5.5		

如果喷淋液组成选择不当，溶液中二氧化碳含量较高，则有可能使喷淋液从甲铵溶液相区跨入到分层区内。

分层区溶液是不稳定的，从相律可知，系统自由度为二，由温度和压力决定系统的状态。当压力固定，则溶液的状态由温度所决定。温度稍低，容易析出结晶，分层消失，温度稍高，对应溶液气相二氧化碳分压猛升。所以喷淋液组成不能选择在分层区内。生产中一般都选择质量分数为 95%左右的高浓度的氨水作为精洗段塔顶喷淋液的组成。氨水中含有一定量的水，对于溶解在精洗段生成的甲铵也是完全必要的。

⑤ 中压吸收塔顶、塔底回流氨量分配率的选择。中压吸收塔在吸收过程中塔顶、塔底都要加入回流氨，它的目的是：

维持该温度下溶液的组分，使其平衡压力等于操作压力；

维持塔内热平衡，保持溶液一定的温度，使溶液的熔点低于沸点；

使与该溶液成平衡的气相二氧化碳分压几乎等于零；

降低精馏出塔气相水分，提高回收氨的纯度。

一般生产中，中压吸收塔顶回流氨为总回流氨量的 80%，塔底回流氨为 20%。如果改变塔顶、塔底分配率，增大底部回流量，从热平衡角度看没有什么变化，但是鼓泡段的温度将变得难以控制。

(3) 低压吸收工艺条件的选择　低压分解气送往低压吸收，用稀氨水吸收成稀甲铵溶液。如前所述，低压分解压力主要决定于吸收塔中溶液表面上的平衡压力。而平衡压力又与溶液的浓度和温度有关。通常稀甲铵溶液面上的平衡压力为 0.25MPa 左右，操作压力应大于平衡压力，故低压循环压力控制在 0.30MPa 左右，低压吸收的操作温度为 40℃。

工业生产中，低压吸收有的采用一次冷凝吸收，有的采用两次冷凝吸收。如水溶液全循环法生产尿素低压吸收用两个低压甲铵冷凝器进行两次冷凝吸收。全循环改良 C 法采用一次低压冷凝吸收。

3. 循环工艺流程

循环系统的工艺流程如图 3-29 所示。

含有尿素、未转化成尿素的甲铵、过剩氨、二氧化碳和水的混合物，经自动减压阀减压至 1.72MPa 后，进入预分离器 1（有的厂改为预精馏塔）。在预分离器内进行气液分离。由预分离器出来的溶液，因膨胀气化，温度降为 120℃，进入中压分解加热器 2 管内，管间用蒸汽加热尿液温度将上升至 160℃，溶液中的甲铵进行中压分解，过量氨解吸，然后进入中压分解分离器 3 进行气液分离。

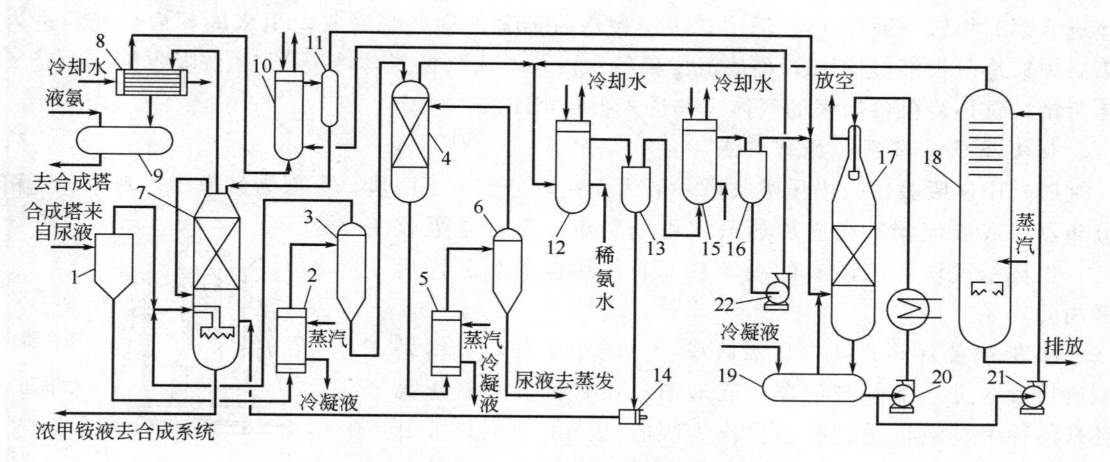

图 3-29　水溶液全循环法循环系统工艺流程图

1—预分离器；2—中压分解加热器；3—中压分解分离器；4—精馏塔；5—低压分解加热器；6—低压分解分离器；7—中压吸收塔；8—氨冷凝器；9—液氨缓冲槽；10—惰性气体洗涤塔；11—气液分离器；12—第一甲铵冷凝器；13—第一甲铵冷凝器液位槽；14—甲铵泵；15—第二甲铵冷凝器；16—第二甲铵冷凝器液位槽；17—吸收塔；18—解吸塔；19—碳铵液收集槽；20—吸收塔给料泵；21—解吸塔给料泵；22—第二甲铵冷凝器液位槽泵

经分离器 3 分离后的溶液再经自动减压阀减至 0.30MPa，使甲铵、过量氨再次分解吸热，尿液温度降到 120℃，进入低压分解精馏塔 4 的顶部淋洒，与低压分解分离器 6 来的气相逆流换热。由于低压分解分离器来的气体温度较高，使尿液温度上升到 134℃左右，大大地减少了低压分解气中的水分。出精馏塔后的尿液进入低压分解加热器 5 的管内，管外用蒸汽加热至 147～150℃，尿液中少量的甲铵、过量氨分解气化后，进入低压分解分离器 6 进行气液分离。分离后的尿液主要含尿素和水，送入蒸发系统。

中压分解分离器 3 分离出来的气体送入一段蒸发器下部加热器，利用部分气体冷凝放出的热量使尿液蒸发，未被冷凝的气体温度下降到 120～125℃。自一段蒸发器回来的气体与中压系统预分离器出来的气体一道进入中压吸收塔 7 底部鼓泡段，用低压循环来的稀甲铵液吸收，有 95%的气态二氧化碳和全部水蒸气被吸收生成浓甲铵液，从塔底部流出，经高压甲铵泵升压后送合成系统循环使用。

在鼓泡段未被吸收的气体（主要是气氨）上升到精洗段，与由液氨缓冲槽 9 来的回流氨和惰性气体冷凝器 11 来的稀氨水相遇，使二氧化碳几乎全部除去。中压吸收塔顶出来的气体氨和惰性气体（N_2、O_2 等）其温度约在 45℃左右，进入氨冷凝器 8，借冷却水将气氨冷凝。冷凝后的液氨流入缓冲槽 9 的回流室。少量液氨由回流室出来分两路进入中压吸收塔顶部和底部，大量回流氨和合成氨系统来新鲜液氨混合后去尿素合成系统。

氨冷凝器中未冷凝的少量气氨和惰性气体去惰性气体冷凝器 10 管间，用第二甲铵冷凝器液位槽 16 送来的稀氨水进行吸收。冷凝器管内用水冷却。稀氨水在惰性气体冷凝器中增浓后，气液一并进入气液分离器 11。分离后的液体去中压吸收塔顶，气体则进入吸收塔 17，用碳铵液收集槽 19 中的液体进行循环吸收，以增浓槽中的液体。未被吸收的惰性气体由塔顶放空。碳铵液储槽 19 中的稀氨水经解吸给料泵 21 打入解吸塔 18 进行解吸，塔下部用蒸汽直接加热，使氨水分解。解吸液排放或施用于农田。解吸气与精馏塔 4 顶部气体合并进入第一甲铵冷凝器 12 管间，被二段蒸发冷凝器送来的稀氨水吸收，管内用水冷却。气液进入第一甲铵冷凝器液位槽13，槽底流出稀甲铵液由甲铵泵14送往中压吸收塔鼓泡段。未凝气体进入第二甲铵冷凝器15，仍用二段蒸发冷凝器来的稀氨水吸收，用水冷却后，气液进入第二甲铵冷凝器液位槽16，槽底流出稀氨水由泵送入惰性气体冷凝器10做吸收剂。未凝气体与惰性气体冷凝器出来的气体一并进入吸收塔17。

4. 中压吸收塔及其操作要点

（1）中压吸收塔　中压吸收塔一般为立式，分上、下两段，下部为鼓泡段，其中有气相分布器（或鼓泡器）和通加热蒸汽用的管束。上部是吸收塔，也称精洗段。该段有的用填料，有的用浮阀塔板，后者用的较多。

图3-30是浮阀式的中压吸收塔。热的中压分解气由塔侧进口管6进入下部鼓泡器，鼓泡通过甲铵液。从低压循环来的稀甲铵液也送到鼓泡段作为吸收液。由鼓泡段上升的气体，进入精洗段下塔板，由于气体作用阀片上升，气体从阀片圆周与塔板液相层进行鼓泡吸收，而后进入上一块塔板。喷淋液从塔两侧进入，在塔板上与气流接触后，经过溢流堰降液管流到下一块塔板，从而完成气体精洗的任务。气体最后冷却到＜50℃，二氧化碳的质量分数低于0.01%～0.05%由塔顶出口4排出。

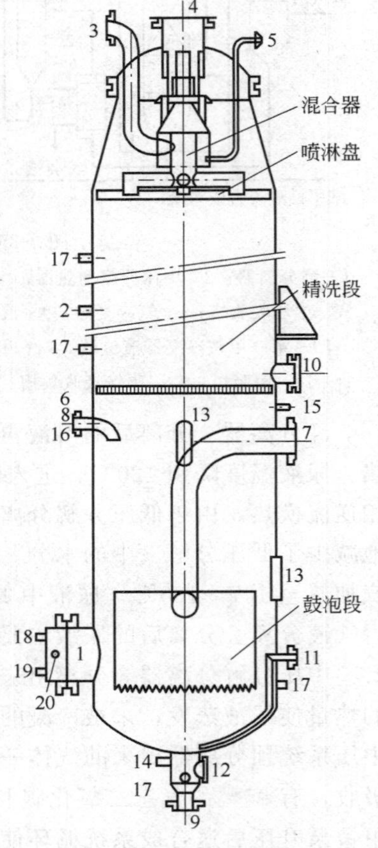

图3-30　中压吸收塔

1—加热管束；2—温度测点；3—液氨入口；4—气体出口；5—浓氨水入口；6—下部液氨回流入口；7—气体出口；8—由低压甲铵泵来的物料进口；9—浓甲铵液出口；10—手孔；11—排污孔；12—液位传送器孔；13—液位计；14，17—温度测点；15—平衡管；16—高压甲铵泵来的物料进口；18—蒸汽进口；19—冷凝液出口；20—压力表接口

中压吸收塔内热量靠多余的液氨移走，调节塔上、下回流氨量可以控制吸收塔内温度。

（2）操作要点　中压吸收塔操作的好坏，对于尿素生产能否实现溶液全循环及其正常运行，是十分关键的。影响中压吸收塔操作因素很多，除塔本身的温度、压力、液位、加水量等控制条件外，合成塔、中压分解塔、氨冷凝器、低压吸收系统、蒸发系统等的工艺条件都对中压吸收有影响。因此，要使中压吸收塔操作正常，必须注意它们的调节和控制。

① 原始开车中合成塔出料前，循环系统应该利用合成塔排出的氨气进行升压（适当开启减压阀），并将原充入的氮气全部排出，使其达到正常压力指示。

② 合成塔未出料前，中压吸收塔要控制好溶液成分、塔内液位和塔顶喷淋液。

中压循环系统压力正常后，中压吸收塔溶液成分根据温度进行调节，一般通过塔底加热器将鼓泡段温度控制在70～80℃左右，对应的氨水的质量分数约50%～60%。若温度过低，溶液中氨浓度过高，二氧化碳大量进入后，溶液温度急剧上升，氨大量气化，鼓泡段液位突然下降，使精洗段负荷增加，操作带来困难。反之溶液中氨浓度偏低，达不到预定吸收效果，甚至使氨冷凝器中析出甲铵结晶，堵塞设备管道，造成停产事故。

合成塔出料前，中压吸收塔液位控制在正常液位下限，同时要注意甲铵泵的转速，避免因甲铵泵打量增加，液位下降过甚。

从二氧化碳进入合成塔后，尽管合成塔还未出料，由于减压阀微开，已有二氧化碳气体进入中压吸收塔，所以中压吸收塔顶应保持有足够的喷淋液。中压吸收塔为维持最低液位，开车时需不断补充水量。喷淋回流氨量以维持塔底温度70～80℃为准。

③ 合成塔出料后，中压吸收塔控制好压力、温度、加水量对整个生产系统尤为重要，其操作要点分述如下。

a. 压力控制：合成反应液经减压进入中压系统后，由于减压加热甲铵大量分解，游离氨大量蒸出，中压系统会出现短期超压现象，除调节好氨冷凝器冷却水外，必要时可增开中压循环压力调节阀副线协助控制压力。同时注意气态氨冷凝量，控制好氨冷凝器液位。

b. 温度控制：中压吸收塔底部温度很重要，一定程度上决定了分解气体中二氧化碳洗涤效果，一般控制在90～95℃。塔底温度通过回流氨蒸发冷却来控制。顶部加氨量约为总加氨量的80%～90%，底部加氨约为10%～20%。正常情况下。顶部喷淋液质量分数为95%左右的浓氨水，使出塔气氨中二氧化碳体积分数小于0.05%，水体积分数在0.1%～0.3%范围内。

中压吸收塔顶部温度取决于顶部氨水的浓度及中压分解系统的压力。塔顶温度升高平衡气相中二氧化碳含量会上升，反之下降。实际测定塔顶温度47℃左右较好。

中压吸收塔精洗段通常设有上、中、下三个温度点，正常情况下这三点温度与顶部温度是一致的。原始开车中，当鼓泡段洗涤吸收效果不好时，上升二氧化碳气体增多，甲铵生成反应上移，反应热使温度上升。为防止此情况产生，在精洗段中部设有温度报警装置。

c. 液位调节：合成塔出料后，中压吸收塔液位猛增，此时由于溶液浓度太稀，可排放一些送入碳铵液储槽，待溶液浓度逐渐趋于正常后，才可将液位调节器投入自控。

d. 加水量的控制：当温度、压力及合成塔负荷一定时，甲铵溶液的组分可以由加入中压吸收塔的水量来进行调节（系指中、低压吸收液中水量），使合成塔返回水量达到正常指标。

二、二氧化碳气提分离法

1. 二氧化碳气提分离法原理

"气提"是在高压下操作的带有化学反应的解吸过程。在尿素生产过程中就是使尿液中的甲铵按下述反应分解为氨和二氧化碳的过程，其分解反应式如下：

$$NH_4COONH_2(l) \rightleftharpoons 2NH_3(g) + CO_2(g) - Q \tag{3-6}$$

这是个可逆、吸热、体积增大的反应。依此特点，只要供给热量，降低压力或减少生成物（NH_3 或 CO_2）组分浓度均可使反应向正方向进行。

二氧化碳气提法就是在保持气提分解压力与合成塔压力相同的条件下，在供给热量的同时，向尿液中通入大量的二氧化碳气，以降低气相中氨的分压（或浓度），促使甲铵分解。

根据反应式，纯态甲铵 $[n(NH_3)/n(CO_2)=2]$ 完全分解时，离解压力设为 p_s

$$p_s = p_{NH_3} + p_{CO_2}$$

式中　p_s——纯甲铵离解压力；

p_{NH_3}——氨的平衡分压；

p_{CO_2}——二氧化碳的平衡分压。

$$p_{NH_3} = \frac{2}{3}p_s \quad p_{CO_2} = \frac{1}{3}p_s$$

温度为 t℃时，甲铵分解反应的平衡常数为：

$$K_t=(p_{NH_3})_2\cdot(p_{CO_2})=\left(\frac{2}{3}p_s\right)^2\cdot\left(\frac{1}{3}p_s\right)=\frac{4}{27}p_s^3 \tag{3-7}$$

若 $n(NH_3)/n(CO_2)\neq 2$，即非纯态甲铵分解时，离解压力设为 p

则
$$p_{NH_3}=p\cdot x(NH_3),\ p_{CO_2}=p\cdot x\ (CO_2)$$

式中 p——非纯态甲铵离解压力；

$x(NH_3)$ ——氨的摩尔分数；

$x(CO_2)$ ——二氧化碳的摩尔分数。

温度仍为 t℃时，其反应平衡常数为

$$K_t=[p\cdot x(NH_3)^2\cdot p\cdot x(CO_2)]=p^3\cdot x^2(NH_3)\cdot x(CO_2) \tag{3-8}$$

温度相同时（均为 t℃），甲铵分解反应平衡常数应相等，式（3-7）和式（3-8）相等，故

$$\frac{4}{27}p_s^3=p^3\cdot x^2(NH_3)\cdot x(CO_2)$$

$$p=\frac{0.53}{\sqrt[3]{x^2(NH_3)\cdot x(CO_2)}}\cdot p_s$$

由甲铵性质知，纯态甲铵分解时，在一定温度下，离解压力为一常数，即 $p_s=G$，所以，

$$p=\frac{0.53}{\sqrt[3]{x^2(NH_3)\cdot x(CO_2)}}\cdot G \tag{3-9}$$

当气提塔通入大量二氧化碳气提时，可近似看成 $x(CO_2)\rightarrow 1$，$x(NH_3)\rightarrow 0$，

故
$$\sqrt[3]{x^2(NH_3)\cdot x(CO_2)}\longrightarrow 0$$

则

$$\frac{0.53}{\sqrt[3]{x^2(NH_3)\cdot x(CO_2)}}\longrightarrow \text{无穷大},p\longrightarrow\text{无穷大}$$

即甲铵离解压力趋于无穷大，采取任何操作压力都小于甲铵的离解压力。因此，从理论上讲，在任何压力和温度范围内，用气提的方法都可以把合成反应液中未转化成尿素的甲铵分解完全。

这就是通入二氧化碳进行气提，降低了生成物氨的组分浓度，使甲铵分解为氨和二氧化碳的原理。

在二氧化碳气提法中，由合成塔来的合成反应液进入气提塔顶部与底部通入的大量纯二氧化碳气体在管内逆流接触，间壁用蒸汽加热。由于加热和气提的双重作用，促使合成反应液中的甲铵分解，并减少了游离氨、二氧化碳在尿液中的溶解度，使未反应物在高压下的分离尽量完全。

2. NH_3-CO_2-$CO(NH_2)_2\cdot H_2O$ 似三元体系的气液平衡

NH_3-CO_2-$CO(NH_2)_2\cdot H_2O$ 似三元体系相图，在合成尿素过程中，其组分有 NH_3、CO_2、u（代表尿素）、H_2O。按理应为四元体系，应该用恒温、恒压下 NH_3-CO_2-u $\cdot H_2O$ 四元体系的立体相图来表示。同时体系又是处在超临界[1]的条件下，因而是一个比较复杂的

---

[1] 对于有共沸组成的体系，随着压力的增加，液体的沸点和蒸气的冷凝点就相应提高。当压力增加至一定程度时，其温度超过各组分的临界温度时，各纯组分就不再以液相出现，称为超临界状态。

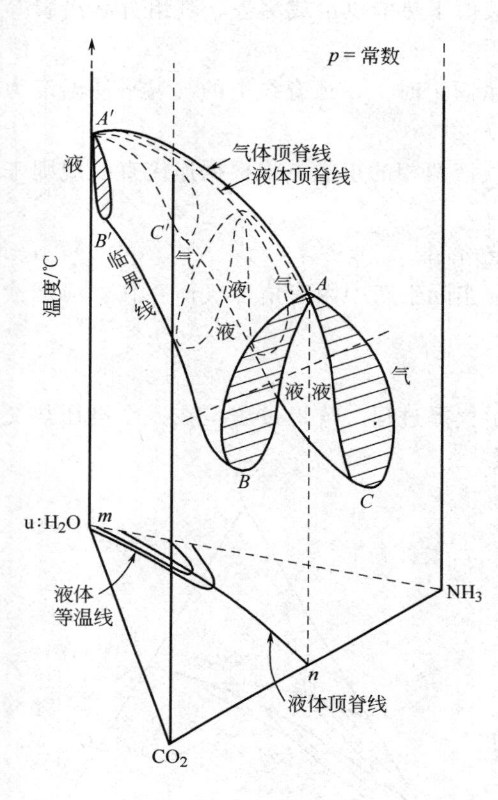

图 3-31　NH_3-CO_2-u・H_2O 体系等压下气液平衡相图

相图。

氨与二氧化碳在一定条件下生成甲铵，液态甲铵在高温高压下必将有一部分转化为尿素和水。生成的尿素和水的量由反应式知为等物质的量。在没有外加水的情况下。其中氨和二氧化碳为易挥发组分，尿素的蒸气压很小，水虽在一定温度下有一定分压，但与氨和二氧化碳相比可以忽略不计。为简化起见，可将尿素和水视为一个组分，将四元体系近似地看成三元体系用三角坐标表示之。

图 3-31 所示，系 NH_3-CO_2-u・H_2O 体系在等压下的气液平衡相图。图下面等边三角形的三个顶点表示 NH_3、CO_2、u・H_2O 的纯组分点。垂直于三角形平面的坐标表示温度，各温度下系统组成用三棱柱内的点线表示。

由图 3-31 看出，图中无共沸点，共沸组成的气相冷凝点和液相沸点不再重合。不同组成下的最高沸点组成液体顶脊线，即沸点线。不同组成下的气相最高冷疑点组成气体顶脊线，即冷凝温度线。如果在三棱柱体内，以温度为轴作等温平面，则与上述很多的气液平衡的液体面相交，得到各个温度下气液平衡的等温线（即某一压力同一温度下，沸腾液体组分的轨迹），将沸点线和各等温线投影在一个平面上，即得到 NH_3-CO_2-u・H_2O 体系的等压多温气液平衡相图，如图 3-32 所示。从图中可以看到：

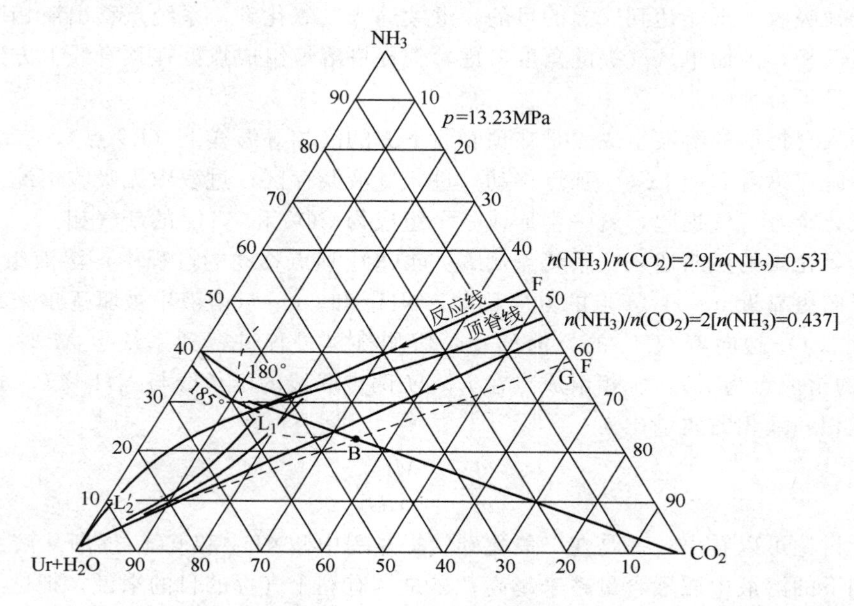

图 3-32　NH_3-CO_2-u・H_2O 似三元体系等压多温气液平衡图（p＝13.23MPa）

a. 当 $p=13.1\text{MPa}$，同时维持温度不变，则溶液由于热能供给或移去，其组分必沿着等温线移动；

b. 由图 3-31 可见，当 $CO(NH_2)_2 \cdot H_2O$ 的含量固定时，以顶脊线上的气温平衡温度为最高；

c. 在固定压力条件下，如果供给热量，体系的气液两相的组成点将根据连接直线规则来决定。

这些特性，为生产中提供了可以进行气提的工艺条件。

以上讨论的是 NH_3-CO_2-u・H_2O 似三元体系，实际生产中因有惰性气体存在，应把惰性气体的因素考虑在内。

3. 气提过程及工艺条件的选择

(1) 用 NH_3-CO_2-u・H_2O 似三元体系相图表示气提过程　气提过程是在一个高压热交换器内进行的。合成反应液从下而上在管内与二氧化碳逆流相遇，管外用蒸汽加热。合成反应液中的甲铵进行气提分解。

气提过程可以用等压等温下的 NH_3-CO_2-u・H_2O 似三元体系相图来表示。如图 3-33 所示。在等压下，如果进气提塔的溶液组成点在液相等温线上，由等温线的形状决定，溶液的组成点可能位于顶脊线的氨侧（图中 L_1 点），也可能位于顶脊线的二氧化碳侧（图中 L_2点）。

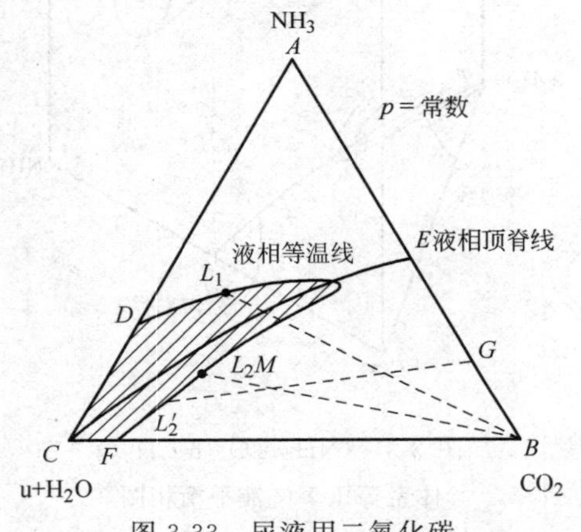

图 3-33　尿液用二氧化碳气提的过程（p＝常数）

如位于 L_1 点，在用二氧化碳气提时，由于二氧化碳气不断通入溶液，二氧化碳浓度增加，系统点不断地沿着 L_1-CO_2 顶点方向移动。从图上可以看出，初期通入的二氧化碳，首先经过液相区，二氧化碳完全被吸收。未能达到气提的目的。继续通入二氧化碳，系统点移出液相区后，系统才变为气液两相，因而单从气提的角度考虑，气提塔溶液组成点处在顶脊线上方液相等温线上（氨侧）是不合理的。

如果进入气提塔的溶液组成点是在顶脊线下方的液相等温线上（L_2 点），二氧化碳气提过程中，系统点沿着 L_2 向 CO_2 顶点移动，进入气液共存区，过程中无吸收情况。即从一开始通入二氧化碳进行气提起，就一直形成一个组成为 CO_2 和 NH_3 的新气相。

随着二氧化碳的不断通入，系统点从 L_2 向 CO_2 顶点移动的过程中，溶液组成从 L_2 点沿着等温线向更靠近 u・H_2O 点的方向移动，NH_3 和 CO_2 从溶液中被驱逐出来。气相组成点则沿 NH_3-CO_2 边向着 NH_3 的方向移动。假如气提过程进行到系统点 M 时（离开气提塔），溶液的组成点为 L'_2，气相组成点在 L'_2-M 两点联线的延长线与 NH_3-CO_2 边的交点 G 处。此时气相和液相的质量比为

$$\frac{m_{气}}{m_{液}}=\frac{ML'_2}{MG}$$

从以上讨论可以看出，一是在二氧化碳气提过程中，NH_3 和 CO_2 逐渐从溶液中被气提出来，而剩下的溶液中尿素含量越来越高；二是从有利于气提的目的来说，把进入气提塔的溶液组成点选择在液相顶脊线上方的液相等温线上（L_1 点）是不合理的，而应该选择在顶

脊线的下方为好（L_2 点）。

但是，从合成的角度来看，溶液的组成点处在液相顶脊线下方的液相等温线上是不合理的，因为此时的 $n(NH_3)/n(CO_2)$ 比较小，对提高二氧化碳转化率不利。因此，进入气提塔溶液组成的选择必须从气提和合成两方面加以考虑。把出合成塔进入气提塔的溶液组成点，选择在液相顶脊线上是比较合适的。

以上讨论的气提过程是没有外加水和惰性气体的理想过程，虽与实际生产的物料平衡有差异，但基本过程是相似的，故可做实际过程的参考。

二氧化碳气提法生产中，在一定温度、压力下（如 185℃ 和 12.26MPa），气提只能提出 85%的 NH_3、75%的 CO_2，因此还必须设置低压循环进一步进行分解和回收。

(2) 气提工艺条件的选择　影响二氧化碳气提操作的主要因素，除料液组成外，还有压力、温度、气液比和停留时间等。选择气提最适宜的工艺条件时，应根据甲铵冷凝、气提、尿素合成等各方面条件加以综合考虑。

① 料液组成。料液组成的选择可结合 13.23MPa 下 NH_3-CO_2-u・H_2O 似三元系等压多温气液平衡图（图 3-32）讨论。

a. 根据气提塔所用材料的性质，反应器出口温度为 183℃，图中找出 183℃等温线与顶脊线的交点 L_1，查图得知 L_1 的组成为 $w(NH_3)=28.5\%$，$w(CO_2)=16.5\%$，$w(u \cdot H_2O)=55.0\%$，此即为气提塔进料液的组成。

b. 过 L_1 点做反应线，与图中 NH_3-CO_2 边交于 F 点。F 点的组成为：$w(NH_3)=53.0\%$，$w(CO_2)=47\%$、相当于 $n(NH_3)/n(CO_2)=2.9$，此组成即为反应器的加料组成，实际上也是高压甲铵冷凝器的加料组成。

c. 过 L_1 点做 L_1-CO_2 连线，即为气提过程。再由杠杆定律，若取进入气提塔的液体量与气提气二氧化碳的量之比为 4 时，则取 L_1-CO_2 线长的 1/4 处即为 B 点。

设气提后的溶液组成为 L_2'（一般出口温度为 165～175℃，故应在对应的液相等温线上)，其组成为：$w(CO_2)=8.0\%$，$w(NH_3)=6.3\%$。连 L_2-B 并延长之，与 NH_3-CO_2 边相交，其交点 G 即为气提塔出口气体的组成 $w(NH_3)=39\%$，$w(CO_2)=61\%$。

气提气及气提后液体的量的比例，由 L_2-B-G 线按杠杆规则确定。

② 温度。气提过程中温度是很重要的因素，因为甲铵的分解反应和过量氨、游离二氧化碳的解吸都是大量吸热的过程。所以在设备材料性能允许的情况下，应尽量提高气提操作温度，以利于气提过程的进行。但是如果温度太高则腐蚀严重，同时加剧副反应的进行，不利于尿素生产。因此，气提塔通常用 2.20MPa 的高压蒸汽加热，塔内操作温度一般不高于 200℃。

③ 压力。从气提的要求来看，采用较低的气提压力，有利于甲铵的分解和过量氨的解吸，能减少低压循环分解的负荷，同时可提高气提效率。但是，生产中为更好回收热量，降低冷却水和能量消耗及不使尿素转化率降低，采用与合成操作压力相等的条件进行气提。

④ 液气比。气提塔的液气比是指进入气提塔的尿素熔融物与二氧化碳的质量比，它是由尿素合成反应本身的加料组成确定的，不可以任意改变。生产中合成塔出来的尿素熔融物全部进入气提塔，而作为原料的二氧化碳气体也全部进入气提塔。根据物料衡算，进入气提塔的二氧化碳气体应当满足尿素合成反应的需要，以保持物料平衡。

理论上每生产 1t 尿素需要的二氧化碳气量为

$$1000\times\frac{44}{60}=733\text{kg}$$

工业生产中，从尿素合成塔出来的尿素熔融物中尿素的质量分数约为35.2%，则对于每1t进入气提塔中的熔融物需要的二氧化碳量为

$$733\times\frac{352}{1000}=258\text{kg}$$

因而气提塔中的液气质量比为

$$\frac{1000}{258}=3.87$$

为了保证每根管子内的正常流量，防止干管所造成的严重腐蚀，一般塔内液气比都控制在4左右。

液气比的控制很重要，塔内液气比太高时，气提效率显著下降。液气比太低，易形成干管，此时由于气提管缺氧会造成严重腐蚀。另外，当塔内气液分布不均匀时，就会出现局部的液气比偏高或偏低，使气提效果变坏，出塔液中氨气量偏高。实践证明，如果进入一根管子的液体质量增加10%，气提后这根管子流出的液体中的氨质量分数将增加1.5%。对所有气提管而言，若其中有1/3管子注入液体量大于正常流量的30%，另外1/3管子注入液体量降低30%，则总的结果会使出口液体中氨质量分数增加1.5%。因此，除了控制气提塔总的液气比外，还要严格要求气提塔中的液气分布均匀。

⑤ 停留时间。尿素熔融液在气提塔内要有适宜停留时间，若停留时间太短，达不到气提的要求，甲铵和过量氨来不及分解，造成出塔液总氨含量增加，从而增加低压循环分解负荷。若停留时间太长，气提塔生产强度降低，且使尿素的缩合和水解加剧，影响尿素质量和产量。因此，一般气提塔内尿液停留时间以接近1min为适宜。

4. 甲铵冷凝过程的相图分析

二氧化碳气提法中，为了更好地利用反应热和回收氨及二氧化碳，在合成塔前设置了一个高压甲铵冷凝器。进入高压甲铵冷凝器的物料除气提气外，还有来自高压喷射器的液氨和甲铵液。由于物料中主要是氨和二氧化碳，水和尿素的含量很少，故甲铵冷凝过程可近似地看成是NH_3-CO_2二元体系，用图3-34表示。

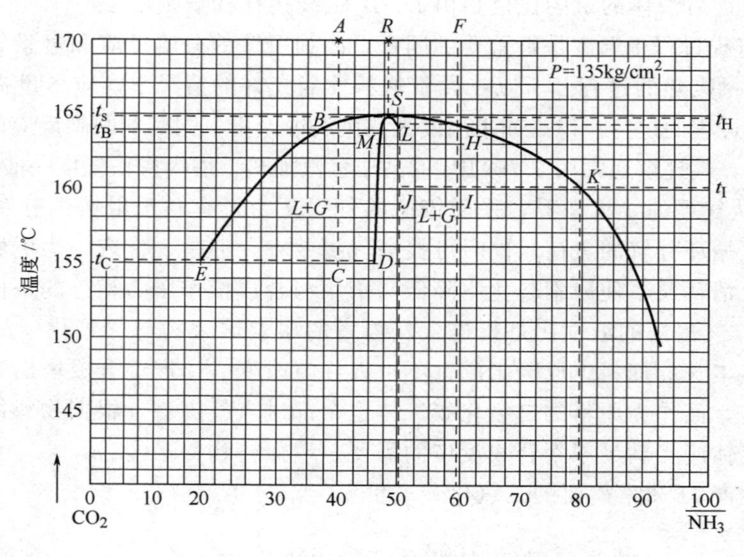

图3-34 NH_3-CO_2二元体系气液平衡图

图中纵坐标表示温度，横坐标表示氨和二氧化碳的质量分数，横坐标的两个端点分别表示氨和二氧化碳的纯组分。

NH_3-CO_2 二元体系由于会生成甲铵，所以有共沸现象，S 点称为共沸点。共沸点表示在共沸组分时气相冷凝的最高温度，此温度既是气相的冷凝点又是液相的沸点。同时，此点的气相浓度与液相浓度相等，在不同的压力下，NH_3-CO_2 二元体系的共沸点不同，共沸点对应组成也略有差异。压力愈高，共沸点也愈高，$n(NH_3)/n(CO_2)$也相应提高，但提高很少。

氨和二氧化碳冷凝生成甲铵，在不同温度下的气液组成及气体量和液体量，可从图上表示出来。如质量分数为 40%NH_3 的混合物 A，其组成比共沸点时含有较多的 CO_2，在冷却时，冷凝将在 163.8℃开始，此时出现的液相组成为 M。随着温度不断下降，气相沿 BE 气相线移动，液相则沿 MD 液相线移动。当冷到 t_C 时，气相组成为 E 点所示，液相组成 D 点所示。此时气液相的质量，按杠杆规则计算：

$$\frac{气相量}{液相量}=\frac{\overline{CD}}{\overline{EC}}$$

如 NH_3-CO_2 混合物的状态为 F 所示，比共沸点组成含有较多的 NH_3，则当温度降低到 t_H 时，就开始有液相 L 生成。如继续冷却，则气相组成沿 HK 变化，液相组成沿 LJ 变化，温度冷到 t_1，气相与液相分别以 K 和 J 表示。在冷凝过程中，气相组成变化很大，而液相组成变化极小。

如果进入高压甲铵冷凝器的组成恰恰符合 13.23MPa 压力下 NH_3-CO_2 体系的共沸点组成（48%NH_3、52%CO_2）即图 3-34 中的 R 点，则当温度降到该压力下的恒沸温度 t_s 时(图中的 S 点，$t_s=164.8$℃)，如能及时移走冷凝热及甲铵的生成热，则在此温度下可以完全液化。直到所有气体都冷凝为液体后，温度才继续下降。故在相同的温度下，能得到较多的冷凝液。此时，由于冷凝温度最高，在冷却水温度一定时，冷凝器管内外温差为最大，回收热量效率最高。因此，只从甲铵冷凝考虑，采用共沸点组成进料是最好的操作条件。但这一条件对合成塔的操作却是不利的，若氨和二氧化碳在高压甲铵冷凝器中全部冷凝，合成塔又是在绝热情况下进行操作，那么甲铵脱水生成尿素反应所需的热量，就只有由物料本身的显热供给。这就使合成塔出口温度低于入口温度，这对于合成尿素的生产是不允许的。

为了维持合成塔内热量平衡，离开高压甲铵冷凝器的物料中，仍需含有一定数量的气态氨和二氧化碳，以待进入合成塔后再冷凝生成甲铵。因此，进入高压甲铵冷凝器的物料组成，不应是该压力下的共沸点组成［$n(NH_3)/n(CO_2)=2.38$］，而是要求 $n(NH_3)/n(CO_2)$之比大些，在共沸点组成的右方较合适，如 $n(NH_3)/n(CO_2)=2.90$ 处。

5. 二氧化碳气提、循环、回收过程的工艺流程

二氧化碳气提、循环、回收过程的工艺流程如图 3-35 所示。

尿素合成反应液从合成塔 1 底上升到正常液位，经溢流管由底部出口排出，经液位控制阀进气提塔 2 的顶部流入管内（温度为 183℃），与气提塔底部进入的二氧化碳气在管内逆流接触，进行气提。气提塔的管间用 2.2MPa 蒸汽加热，在此条件下，将合成反应液中大部分甲铵分解和过量氨逸出。温度为 180～185℃的气提气由气提塔顶部出来，与高压喷射器来的原料液氨和来自高压洗涤器 6 的甲铵一并进入高压甲铵冷凝器 5 管内，大部分生成甲铵液。管间用蒸汽冷凝液移走甲铵生成热，副产低压蒸汽。反应后的甲铵及部分未反应物分两路进入尿素合成塔 1 底部，物料中总 $n(NH_3)/n(CO_2)=2.9$，温度为 165～170℃。在合成塔内，未反应物继续反应生成甲铵，并且甲铵脱水生成尿素。合成塔顶部引出的未反应气

（主要含 NH_3、CO_2 及少量 H_2O、N_2、O_2 等），温度为183～185℃，进入高压洗涤器 6 上部的防爆空间，再引入高压洗涤器 6 下部浸没式冷却段与中心管流下的甲铵液在底部混合，在列管内并流上升并进行吸收，得到 160℃的高浓度的甲铵液[$w(H_2O)=23\%$，$n(NH_3)/n(CO_2)=2.5$] 由高压洗涤器中流出送入高压喷射泵与新鲜液氨一并进入合成塔。高压洗涤器冷凝段管间通冷却水吸收反应热，水温升到 130℃送低压循环加热器中放热。浸没式冷凝段未能冷凝的气体进入高压洗涤器中部鼓泡段，与高压甲铵泵送来的甲铵液（经由洗涤塔顶部中央循环管，流入鼓泡段）逆流相遇，气体中的 NH_3、CO_2 再次被吸收。未被吸收的气体由高压洗涤器顶部引出经自动减压阀降压后进入吸收塔 7 下部。

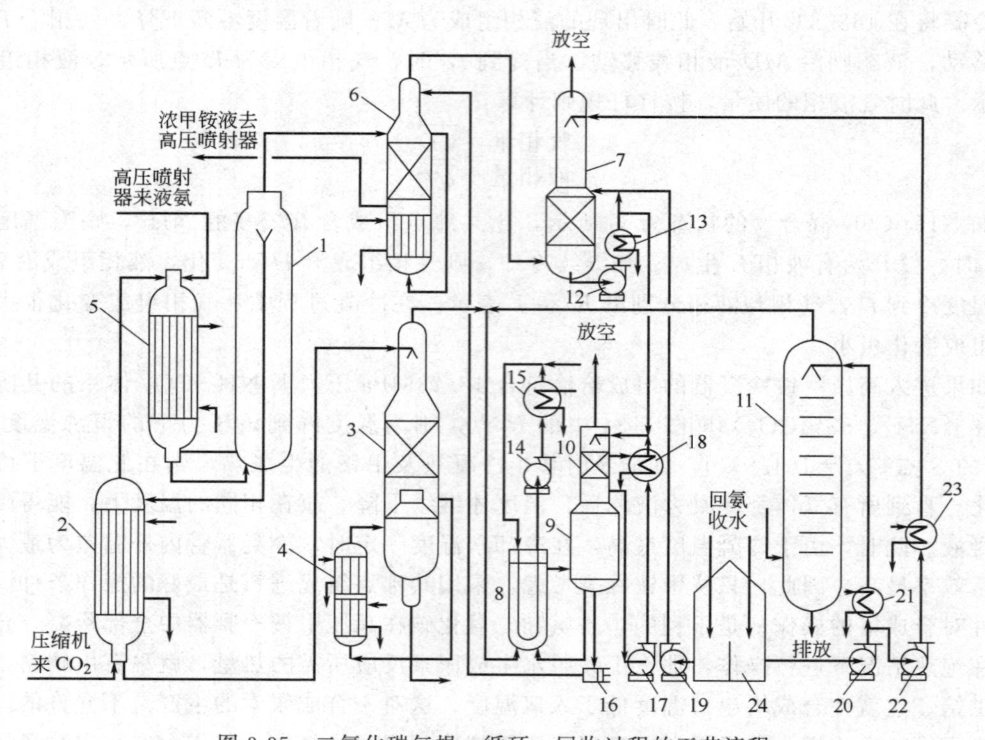

图 3-35　二氧化碳气提、循环、回收过程的工艺流程

1—尿素合成塔；2—气提塔；3—精馏塔；4—循环加热器；5—高压甲铵冷凝器；6—高压洗涤器；7—吸收塔；8—低压甲铵冷凝器；9—低压甲铵冷凝器液位槽；10—吸收器；11—解吸塔；12—吸收塔循环泵；13—循环冷凝器；14—低压冷凝循环泵；15—低压冷凝器循环冷却器；16—高压甲铵泵；17—吸收器循环泵；18—吸收器循环冷却器；19—闪蒸冷凝液泵；20—解吸塔给料泵；21—解吸塔热交换器；22—吸收塔给料升压泵；23—顶部加料冷却器；24—氨水槽

来自气提塔底部的尿素、甲铵溶液，经过自动减压阀，减压到压力（绝）0.25～0.35MPa。减压后，溶液中 41.5%的 CO_2 和 69%的 NH_3 得到闪蒸分解，并使溶液温度从170℃降到 107℃，气液混合物喷到精馏塔 3 上部填料层上。尿液从精馏塔填料层底部送入循环加热器 4 的下部管内，用高压洗涤器 6 来的循环热水在管外加热，使尿液温度上升到126℃左右，再经循环加热器上部，管外用 0.40MPa 蒸汽加热，至尿液温度约 135℃时返回精馏塔下部分离段，在此气液分离。分离后的尿液主要含尿素和水（甲铵和过剩氨极少），由精馏塔底部引出，经减压阀减至常压后流入蒸发系统闪蒸槽。

精馏塔分离段分离后气体上升到填料段与喷淋液逆流接触，进行质量和热量的传递。尿

液中易挥发的 NH_3、CO_2 从液相扩散到气相，气相中难挥发的水分向液相扩散，从而使精馏塔底得到尿素和水含量多而 NH_3 和 CO_2 含量少的尿液，精馏塔顶部引出含 NH_3 和 CO_2 多的气体。这部分气体与解吸塔 11 顶部出来的气体一并进入低压甲铵冷凝器 8，同低压甲铵冷凝器液位槽 9 的部分溶液在管间并流冷凝吸收，其冷凝热和生成热靠一个循环泵 14 和一个冷却器 15 送来的循环水在管内移走。然后气液混合物一起进入液位槽 9 进行气液分离。被分离出的气体上升进入吸收器 10 的填料层，被吸收器顶喷淋液（吸收塔下来的部分循环液和吸收器本身的部分循环液，经由循环泵 17 和冷却器 18，送到吸收器顶）吸收其中的 NH_3 和 CO_2，未吸收的惰性气体由塔顶放空，吸收后的部分甲铵液由塔底排出，经高压甲铵泵 16 打入高压洗涤器作为吸收剂。

吸收塔 7 由两个重叠在一起的拉西环填料床组成。闪蒸槽冷凝液泵 19 从氨水槽 24 中抽出来的氨水与吸收塔底部出来经循环泵 12 和循环冷却器 13 的部分循环液一起喷洒在下填料床上。另一部分循环液进入吸收器 10 顶部做吸收剂。解吸塔给料泵 20 从氨水槽 24 中抽来的氨水有一部分经吸收塔给料升压泵 22 和顶部加料冷却器 23 后喷洒在上填料床上。气体经两个填料床与液体逆流接触后，几乎将 NH_3 和 CO_2 全部吸收，惰性气体由塔顶放空。

闪蒸冷凝液和各段蒸发冷凝液均含有少量的 NH_3 和 CO_2，流入氨水槽 24，大部分经解吸塔给料泵 20 和解吸塔热交换器 21，打入解吸塔 11 顶部。解吸塔系浮阀塔，塔下用 0.4MPa 的蒸汽直接加热，塔底液相温度控制为 133℃，使氨水分解，分解气含 NH_3、CO_2、H_2O 由塔顶引出，去低压甲铵冷凝器，分解后的废水（含氨<500mg/kg），从塔底排放。

6. 二氧化碳气提法优点概述

① 二氧化碳气提法最主要特点是采用与合成等压下，用二氧化碳气体进行气提来分解未转化的甲铵与游离氨。与其他方法比较，此法去掉了 1.67MPa 操作的中压分解吸收部分，从而免去了操作条件苛刻、腐蚀严重的一段甲铵泵。高压系统物料靠重力自行循环。因此，二氧化碳气提法的流程短、设备少，操作控制也较简单。

② 二氧化碳气提法体现尿素合成二段论明显，液氨和气体二氧化碳生成甲铵在高压甲铵冷凝器内进行，甲铵脱水生成尿素在合成塔内进行，充分体现了尿素二段合成原理的优越性。

a. 在高压甲铵冷凝器内 $2NH_3 + CO_2 \longrightarrow NH_4COONH_2 + Q_1$ 该反应的生成热和气态 NH_3、CO_2 冷凝进入液相放出之冷凝热可用来副产蒸汽。此部分蒸汽可用于低压分解、蒸发及解吸等工序，并使生产过程中蒸汽和冷却水耗量降低。

b. $NH_4COONH_2 \longrightarrow CO(NH_2)_2 + H_2O - Q_2$ 反应在尿素合成塔内进行，为了提高转化率，可以提高塔内温度，而压力不必增加很大。

c. 由于甲铵的生成热在高压甲铵冷凝器中已经导出，合成塔热量的自热平衡就不需加入过多的氨来维持，入塔的总物料减少，不但提高了合成塔的产率，而且流程中大大减少了循环系统的复杂性。并使动力消耗减少。

d. 由于气提法物料在高压甲铵器内冷凝，使进入合成塔的气体量大大减少，合成塔内容积得到充分利用。

e. 高压系统操作稳定性好。

③ 高压洗涤器的尾气含氨，冲淡了氧气的组分，使混合气体在爆炸极限之外。

④ 低压循环吸收部分只用两个设备，即浸没式冷凝器和液位槽及吸收器，减少了设备，简化了流程，减少了氨耗，降低了解吸设备所要求的能力。

目前生产中，二氧化碳气提法除这些优点外，也还存在一些缺点，如该法氨碳物质的量之比比其他方法低，高压部分物料对设备的腐蚀比较严重。短期停车，规定合成塔物料立即放掉，以免腐蚀衬里。此外，氨碳物质的量之比低，氨过量少，缩二脲生成量高。二氧化碳气提法高压物料靠重力循环，造成设备之间具有一定高度差，对设备安装和检修带来一些麻烦。这些有待于在生产中研究解决。

7. 主要设备及操作要点

(1) 气提塔及操作要点　气提塔的结构如图 3-36 所示。它是一个立式管壳式的换热器，又称高压换热器（一般由 2599 根 ϕ31mm×3m 长 6m 的不锈钢管组成），它是二氧化碳气提法制尿素生产工艺中的特有设备。气提塔的任务是将尿素合成塔来的反应液中的甲铵和游离氨尽可能地分解和分离出来。由于分解和分离均为吸热过程，因此，气提塔管内进行气提，管外通以中压蒸汽加热。

气提塔的热管是在高温、高压的有强腐蚀介质中操作的，因而对管子材质的要求很高。以前采用 316L 不锈钢，腐蚀严重，后改用特制的含钼的高镍铬低碳不锈钢（Cr25Ni22Mo2），耐蚀性能较好，管子固定在上、下管板上。为了使液体均匀地分配到每根管中，在上管板上装有液体分布器，它由与管子相同数目的伸出花板的接管和分配头组成。从合成塔来的尿液从接管 1 进入板管上面半环形的受液槽中，然后通过上面的孔，流到上管板上面，并在此保持一定的液面，每根管子的分配头上有 10 个小孔，液体通过这些小孔沿管内壁均匀往下流，在管壁上形成一层液膜。由气提塔下部接管 3 进入的二氧化碳气，经由气体分布器分散到每一根管子中，上升的气体与呈膜状往下流的液体逆流接触进行气提。气提后的尿液从底部经接管 2 流出。气提后的分解气随同二氧化碳气一起，从每根管子顶上的接管出去，在上封头汇集后由接管 4 送入高压甲铵冷凝器。管 1 进入的合成液夹带的气体，经受液槽上盖板透气孔逸出。

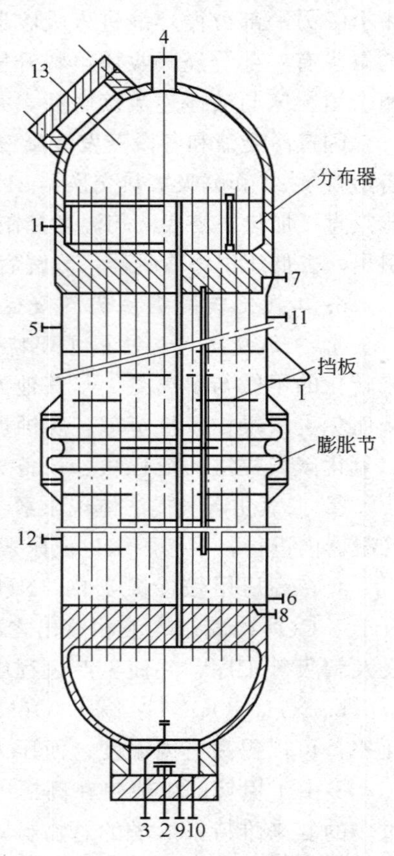

图 3-36　二氧化碳气提塔简图

1—合成液进口；2—气提液出口；3—二氧化碳气进口；4—气提气出口；5—加热蒸汽进口；6—冷凝液排出口；7—加热室惰性气排放口；8—加热室残液排放口；9—液体传送器接管；10—高液位报警接管；11—加热室超压爆破板；12—加热室惰性气排放口；13—人孔

气提塔底部必须保持一定的液体高度，防止二氧化碳气从底部排液管中窜出，液面又不可太高。一般二氧化碳入口位置要比液体出口位置高出 1m 左右。

(2) 气提塔操作要点

① 温度。气提塔温度的控制很重要，工艺条件选择中已述及气提塔操作温度一般不高于 200℃。正常生产中还需根据负荷变化适当调整气提塔的加热蒸汽压力，以避免温度过高，塔内副反应和设备腐蚀加剧。

② 氧量。气提塔使用一段时间后，要检查分配器堵塞的情况。如有部分堵塞会造成部分未被堵塞的气提管中液体负荷增大而二氧化碳气量减少，氧量也相应减少，会发生腐蚀。如果氧含量 5min 内低于 0.7%，则就应停车，否则就会发生腐蚀。

③ 气提塔底部液位控制。这在操作上也是十分重要的，

即必须在气提塔底部保持一定的液位，以防止高压的二氧化碳气进入低压部分，造成超压。但液位又不能过高，过高会使二氧化碳气在气提管内分配不均匀，引起缺氧腐蚀。因此在设备构造上，使二氧化碳入口管伸出液面约高 1m 左右，并要求塔底安装灵敏度很高的同位素（γ 射线）液位计进行操作控制。

（3）高压甲铵冷凝器及操作要点

① 高压甲铵冷凝器。高压甲铵冷凝器是把气提塔来的二氧化碳、氨气和喷射泵送来的液氨和甲铵液加以混合冷凝，利用其放出的热量副产低压蒸汽。高压甲铵冷凝器是一个列管式换热器，上部接有四个蒸汽包，为了防止管束变形，设八个管架将 2520 根管子固定住，壳体中部设有膨胀节，管材为 316L 不锈钢。

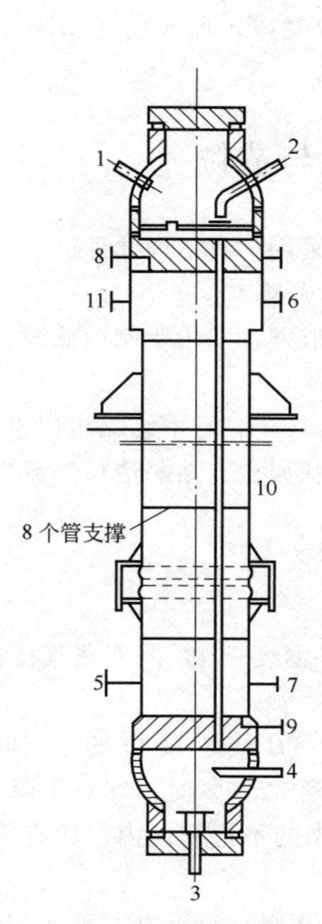

图 3-37　高压甲铵冷凝器

1—气提气进口；2—来自喷射泵的甲铵及液氨；3—甲铵液出口；4—未冷凝气体出口；5—锅炉给水进口；6—副产蒸汽出口；7—开工外给蒸汽入口；8—排气口；9—排水管；10—温度计管；11—蒸汽侧爆破板

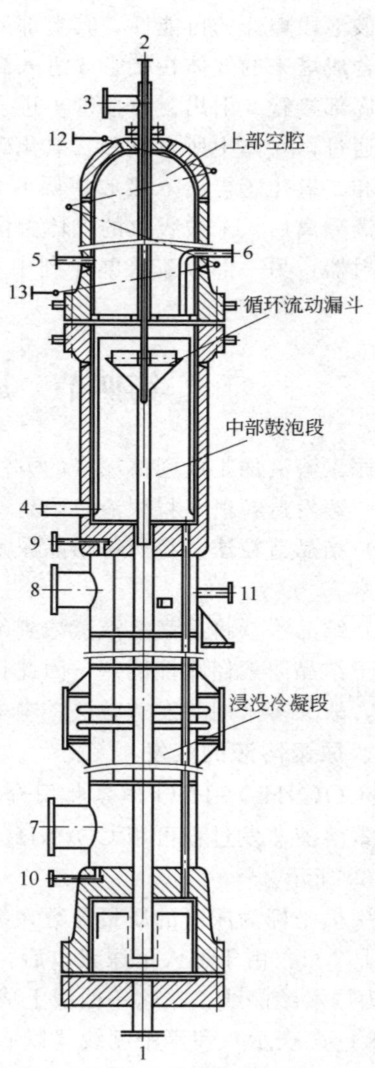

图 3-38　高压洗涤器

1—气体进口；2—高压甲铵液进口；3—未冷凝气体出口；4—浓甲铵液出口至喷射泵；5—来自合成塔的气体进口；6—气体出上部空腔至塔下部气体入口；7—冷却水出口；8—冷却水进口；9—排气口；10—排水口；11—安全阀接管；12—蒸汽进口；13—蒸汽冷凝液出口

为使进入塔上部的气、液物料充分混合进行反应，设有液体分布器。

为防止下部出液口产生涡流，出口设有消除涡流装置。

高压甲铵冷凝器简图见图 3-37。

② 高压甲铵冷凝器操作要点。在工艺操作控制中，重要的是控制汽包的蒸汽压力，它是自动调节的。通过汽包的蒸汽压力的控制来控制传热温差，以改变甲铵冷凝量，从而保证反应器的正常操作。另外还要注意控制汽包上的液位。

(4) 高压洗涤器 高压洗涤器是回收合成塔顶部出来的惰性气体中的氨和二氧化碳的重要设备，其结构如图 3-38 所示。塔体分为上部防爆空腔（系高压容器，内衬不锈钢衬里）、中部鼓泡吸收段（内衬不锈钢衬里）和下部浸没式冷凝段。下部冷却水管壳为低压设备，为了减少鼓泡段爆炸的可能性，其上部的气体空间应尽量缩小。

由合成塔来的气体在接管 5 进入高压洗涤器上部的防爆空间作为非爆炸性的保护气氛，然后从底部接管 6 引出。由接管 1 进入浸没式冷凝器的底部，由于管内充满甲铵液，气体在此鼓泡通过，气体中所含氨和二氧化碳大部分在此被冷凝、吸收。洗涤后的惰性气体仍含有少量氨和二氧化碳再送入吸收塔吸收后放空。洗涤液由接管 2 进入，经喷头喷洒在填料层上，气液分离后，未被吸收的气体由塔顶接管 3 引出，液体一部分从套筒溢流，从接管 4 排出至喷射器，另一部分流入漏斗到中心管至下部浸没式冷凝段，形成内部循环以增大吸收效果。

第四节 尿素溶液的蒸发与造粒

将尿素溶液加工成固体尿素的方法很多，目前国内外采用的有下列几种。

(1) 蒸发造粒法 将尿液蒸浓到 99.7%熔融液，造粒成型。

(2) 结晶造粒法 将所得结晶尿素快速熔融后再造粒成型，多用于制造低缩二脲含量的粒状尿素。

(3) 结晶法 将尿素溶液蒸浓到约 80%后，在结晶机中于 40℃下结晶出尿素。

由于结晶尿素储藏性能差，因此目前都趋向于生产粒状尿素。结晶造粒法流程复杂，成本较高，故又多采用蒸发造粒法。本书只介绍蒸发造粒法。

一、尿素溶液的蒸发

1. $CO(NH_2)_2$-H_2O 体系相图分析

尿素溶液蒸发过程可用 $CO(NH_2)_2$-H_2O 体系的组成-温度-密度-溶液蒸气压图来讨论，如图 3-39 所示。

图中横坐标为尿素的质量分数，纵坐标为温度（℃）。AB 线是 H_2O 的冰点曲线，纯水的冰点是 0℃，由于加入了尿素以后，冰点下降，当含尿素 32.0%时，冰点下降为－12℃。BC 线为尿素结晶线，在这一曲线上成为饱和溶液。在图中的不饱和区内，还有等蒸气压线（以 kgf/cm^2 表示）和等密度线（以 g/cm^3 表示）。

由图可见，等蒸气压线有的与尿素结晶线相交，有的不相交。压力大于 $0.2kgf/cm^2$ 的各线在任何温度下都不与结晶线相交，即在大于 $0.2kgf/cm^2$ 任何压力下蒸发都不会有结晶出现。

压力小于 $0.2kgf/cm^2$ 的各线与结晶线相交时有两个交点 K_1、K_2（其虚线没有实际意义，为便于理解而添加的），这两个点称为第一沸点和第二沸点。不同压力下，第一沸点和

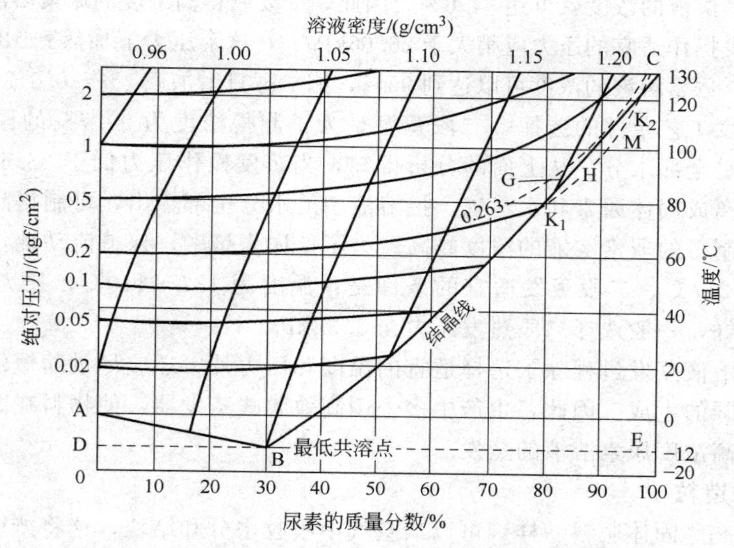

图 3-39　$CO(NH_2)_2$-H_2O 体系的组成-温度-密度-溶液蒸气压图

第二沸点的温度及尿素溶液的含量列于下表：

压力/kPa	第一沸点		第二沸点	
	温度/℃	相当的尿素溶液含量/%	温度/℃	相当的尿素溶液含量/%
2.67	26.5	55.6	131.5	99.5
5.33	41	63.0	130	99.1
6.67	46	65.3	129.9	98.8
10.67	59	70.9	127.6	98.1
13.33	66	74.0	125.7	97.6
20.00	80.5	80.2	119.9	95.5
22.66	86	82.6	116.3	94.0
26.66	105	90.3	105	90.3

由上表可知，压力逐渐升高时，第一沸点和第二沸点互相接近，在压力为 26.66kPa 时，两点重合，此时沸点压力线和结晶线在 150℃相切（图中 M 点），与该温度相当的尿素溶液浓度为 90.3%。这说明在这两点间的温度范围内，尿素溶液在压力小于 26.66kPa 蒸发时，将分离成固体尿素和水蒸气。若将该混合物中的水蒸气排出体系，就可以得到高浓度的熔融尿素溶液。

另外，由图 3-39 还可看出，溶液的沸点随浓度和蒸发压力的降低而降低。如尿液浓度为 85%时，蒸发操作压力 98kPa 时相应的沸点为 130℃，蒸发压力降到 49kPa 时相应的沸点降为 112℃。可见，采用减压真空蒸发可以降低尿素溶液的沸点，防止副反应的发生。

2. 蒸发工艺条件的选择

根据 $CO(NH_2)_2$-H_2O 体系相图的分析，为获得高浓度尿素溶液和抑制副反应，尿素溶液的蒸发采用两段真空蒸发工艺。第一段蒸发在不产生结晶的真空范围的压力下，将尿素溶液浓缩至较高的浓度。第二段蒸发则在更低的压力下，将尿素溶液浓缩至 99.7%，并使之成为熔融状态。

(1) 一段蒸发工艺条件的选择　蒸发工艺条件的选择主要是压力和温度的选择，在蒸发温度一定的情况下，尿素溶液蒸发过程的操作压力越低，蒸发得到的溶液浓度就越高。如蒸发温度维持在 130℃，操作压力为 98kPa 时，尿素溶液的浓度最高只能达到 86%，若降低操作压力至49kPa时，尿素溶液的浓度就可达94.6%。因此，即要制得高浓度的尿素溶液，又要防止结晶析出，一段蒸发操作适宜的压力应稍大于26.66kPa。在这个压力下加热到130℃，缩二脲的生成量还不太大，尿素溶液的浓度可以达到95%，缩二脲只增加0.1%～0.5%。

(2) 二段蒸发工艺条件的选择　二段蒸发是为了制得浓度为99.7%的尿素溶液，即要求必须蒸发掉几乎全部水分。从上面的分析得知，当蒸发操作压力低于26.66kPa时，溶液将很容易自动分离成固体尿素和水蒸气。把溶液中的水分全部蒸出，可制得高浓度的尿素溶液。压力越低，制得的尿素溶液的浓度越高。为了使尿素熔融，保持流动性，蒸发温度需高于尿素的熔点132.7℃。二段蒸发适宜的条件是：温度为137～140℃，压力在5.33kPa以下，而且越低越好，一般选择二段蒸发压力在3.32kPa。

此外，尿素溶液蒸发过程除了选择适宜的温度和压力外，还应尽量缩短停留时间，减少尿素水解和缩二脲的生成。因此，生产中多采用高效膜式蒸发器，使物料在蒸发器中停留时间极短，有利于高浓度尿素溶液的蒸发。

二、尿素的造粒

尿素和其他一些固体肥料一样，可以从空气中吸收水分和结块，这将严重地影响了尿素的储存、运输和使用。防止尿素结块的有效办法是把尿素制成比表面积小的颗粒状。

尿素的造粒过程在造粒塔内进行。140℃左右的熔融尿素经泵打到造粒塔顶，用可调速的旋转喷头或固定喷头向塔内喷洒（颗粒直径一般为0.5～2mm），液滴在下落的过程中与冷空气逆流接触，冷到132.7℃时形成晶体（一般需经过15～20m）即固化成粒子并放出结晶热。高温粒子继续下落中不断地被冷空气冷却，落到塔底，粒子温度为50～60℃左右。

空气作为冷却介质，它在塔内的流动可采用两种方式。第一种可以采用机械排风，在塔顶加排风机，其优点为风量能够调节，塔高可相对降低，并可采用阻力降较大的尿素粉尘回收装置。由于塔内负荷较大，因此，造粒塔顶喷头的开孔处形成负压，使喷头操作室氨味较小，劳动条件较好。其缺点是需要设备和消耗动力。第二种可以采用自然排风。由于塔内上、下温度不同，空气在不同高度的密度不同，密度之差产生热压头。如果塔高50m，塔底空气入口温度为30℃，塔顶出口温度为50℃，则热压头可以粗略估计为

$$\Delta h = 50 \times (1.1 - 1.03) \times 9.81 = 243.31\text{Pa}$$

式中　1.1——30℃湿空气的密度，kg/m^3；

1.03——50℃湿空气的密度，kg/m^3；

9.81——重力加速度，m/s^2。

塔越高，热压头越大。这一方法优点是有自调空气量作用，并且节省设备，动力消耗低。但它不能采用阻力较大的粉尘回收装置。

为了维持塔底出料温度在60℃左右，适宜的塔内对流空气量为每1t尿素8000～10000m^3。

大、中型尿素厂使用的造粒塔一般为水泥浇注立式塔体。塔高约40～60m左右，塔的高度由采用机械排风或自然排风的方式决定。塔径约12～20m。

造粒塔顶有排风口，塔中为空腔，塔下有物料排出槽和百叶窗进风口。

由于尿素对塔体水泥腐蚀性很强，塔内必须加保护层，现多用环氧树脂或环氧树脂与玻璃布沾于塔壁及耐酸砖衬里等，塔内壁必须施工精心，保持光滑。

三、蒸发造粒工艺流程

图3-40为蒸发造粒法粒状尿素生产工艺流程。

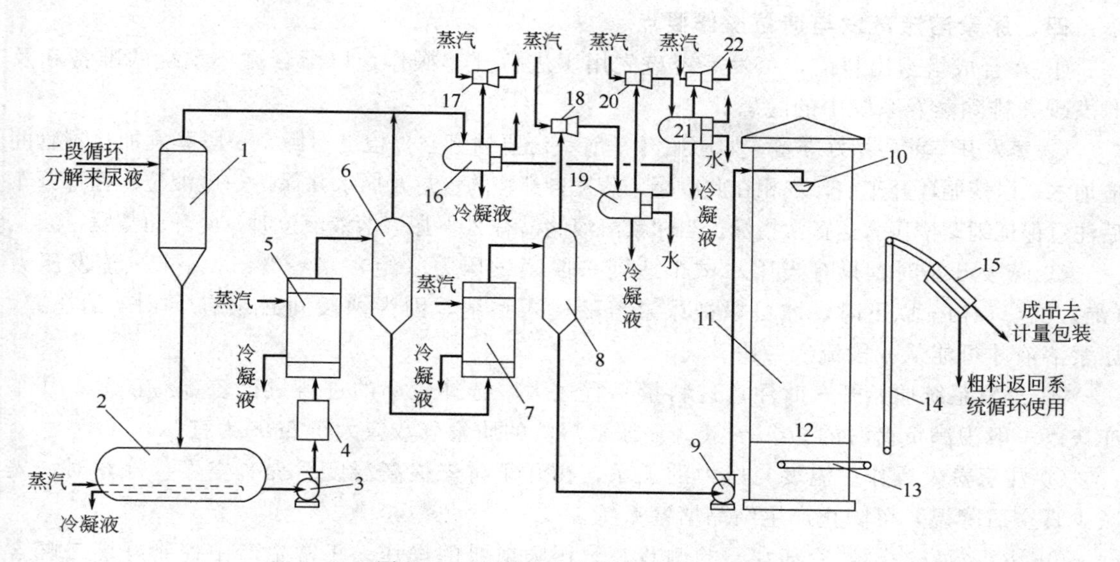

图 3-40 尿素蒸发造粒法工艺流程

1—闪蒸槽；2—尿素溶液缓冲槽；3—尿素溶液泵；4—尿素溶液过滤器；5——段蒸发加热器；
6——段蒸发分离器；7—二段蒸发加热器；8—二段蒸发分离器；9—尿素熔融泵；
10—造粒喷头；11—造粒塔；12—刮料机；13—胶带运输机；14—斗式提升机；
15—电振筛；16——段蒸发冷凝器；17——段蒸发冷凝器蒸汽喷射泵；
18—二段蒸发蒸汽升压泵；19—二段蒸发冷凝器；20—二段蒸发冷
凝器蒸汽喷射泵；21—中间冷凝器；22—中间冷凝器蒸汽喷射泵

低压分解后来的尿素溶液，经自动减压至常压，进入闪蒸槽 1（闪蒸槽内压力为 60kPa，它的出口气管与一段蒸发器 6 出口管连在一起，其真空度由蒸汽喷射泵 17 产生）。由于减压，尿素溶液中 NH_3、CO_2、H_2O 气化逸出，使尿素溶液温度下降到 105～110℃。闪蒸槽底流出的尿素溶液的质量分数约为 74%～75%左右进入尿素溶液缓冲槽 2，其槽内有蒸汽加热保温管线。然后，尿素溶液由尿素溶液泵 3 打入尿素溶液过滤器 4 除去杂质，送入一段蒸发加热器 5 管内，被管外蒸汽（或中压分解气）加热，尿素溶液温度升至 130℃左右。一段蒸发加热器内压力为 22.66～33.33kPa，由于减压加热，部分水分汽化后进入一段蒸发分离器 6。在一段蒸发分离器进行气液分离后，尿素溶液质量分数约 95%～96%流入二段蒸发加热器 7，用蒸汽加热至 40℃左右，其压力维持在 3.33kPa。尿素溶液中残余的水分在二段蒸发中汽化后进入二段蒸发分离器 8 进行气液分离。二段蒸发的真空度由蒸汽升压泵 18 和蒸汽喷射泵 20、22 产生。二段蒸发分离器出来的尿素溶液其质量分数为 99.7%，进入熔融尿素泵 9，送入造粒塔经造粒喷头 10 将熔融尿素喷洒成液滴。液滴靠重力下降与塔底进入的空气逆流相遇冷却至 50～60℃，固化成粒。颗粒由制料机 12 刮入胶带运输机 13，送出塔外。再由斗式提升机 14 送入电振筛 15 筛分，细料为成品去计量包装。粗料返回系统重新造粒。

闪蒸槽 1 和一段蒸发分离器 6 出来的气体，送入一段蒸发冷凝器 16，用二段蒸发冷凝器 19 来的冷凝水冷却，未凝气体去喷射泵 17 放空。冷凝液去碳铵液储槽，做吸收塔吸收剂。二段蒸发分离器的气体经升压喷射泵 18，进入二段蒸发冷凝器 19，部分冷凝。未冷凝气去二段蒸发冷凝器喷射泵 20，打入中间冷凝器 21，用水冷却。未凝气体由中间冷凝器喷射泵 22 排空。二段蒸发冷凝器和中间冷凝器的冷凝液仍去循环系统碳铵液储槽。

四、尿素溶液蒸发与造粒操作要点

① 在合成塔未出料前，蒸发系统应先用水进行开车操作，以配合循环系统的准备和及时发现并排除蒸发系统中的隐患。

② 蒸发开车前要做好准备，如原始开车前一定要抽真空，检查泄漏。一段蒸发加热器管间应加水，以使循环开车前，气相在此冷凝。蒸发各部位的水封要加水并保持一定液位。循环开车后注意保证闪蒸槽压力达正常指标。当尿素溶液储槽有20%尿素溶液液位时，应开动蒸发。

③ 蒸发开车时，只有当用水试车达到一段蒸发压力（绝）74～80kPa，二段蒸发压力（绝）60～74kPa以下时，才可以把尿素溶液送入系统，因为两段间必须有14kPa的压差，尿素溶液才可能从一段流入二段。

④ 蒸发系统原始开车时注意进料量不宜过大，选择较小的进料量比较容易正常，开车亦快。一般为满负荷时的50%～60%。尿素溶液的质量分数应大于60%为宜。

⑤ 注意蒸发操作中温度与压力的关系，在开车时先提高温度后提真空度。停车时，先减少真空后降温，可防止产生结晶堵塞系统。

⑥ 注意蒸发冷凝器冷却水温的调节及升压喷射泵的操作。正常生产中控制好缩二脲含量，保证产品中缩二脲含量在0.8%～1.0%以下。

⑦ 造粒开车时机械设备启动次序是先开后面再开前面，并注意各运转设备之间有否联锁装置。开车时喷头最好用明火预热，这样温度高，预热时间短且不会弄湿造粒塔底。

⑧ 正常生产中一般每两天换喷头一次，喷头换下后要在热水中用蒸汽吹洗，保证清洗干净。注意调节造粒百叶窗风量，使出塔粒子温度在50～60℃之间，以保证粒子不吸潮不结块。

第五节　尿素生产中的副反应及其防止

当尿素处于较高温度时，就会产生一些副反应，其中主要是尿素的水解和缩二脲的生成。

一、缩二脲的生成

缩二脲为针状结晶，可以含一分子结晶水，熔点为193℃。在熔点温度下，可能有少量分解。与碱性的硫酸铜溶液形成缩二脲的螯合物，显示紫色或粉红色，作为分析蛋白的特别反应，称之为缩二脲反应。

当尿素作为肥料施用时，如缩二脲含量过多对植物有害，对植物种子发芽不利，可使橘柑叶尖变色，因而尿素中含缩二脲的量应加以限制。当尿素塑料用作高级装饰品时，缩二脲含量超过0.3%因含酚量较高易变成黄色。作为脲甲醛树脂，对缩二脲含量没有严格要求。

缩二脲是由尿素脱氨生成，还可以再脱氨变为缩三脲或三聚氰酸。尿素脱氨生成缩二脲的机理有以下两种可能：

第一，两个尿素分子脱氨直接生成缩二脲，其反应式为

$$2NH_2CONH_2 \rightleftharpoons \underset{\text{(缩二脲)}}{NH_2—CO—NH—CO—NH_2} + NH_3$$

第二，尿素分子脱氨生成中间物氰酸，氰酸再与尿素缩合生成缩二脲，其反应式为

$$NH_2—CO—NH_2 \rightleftharpoons \underset{\text{氰酸}}{HNCO} + NH_3$$

$$HCNO + NH_2—CO—NH_2 \rightleftharpoons NH_2—CO—NH—CO—NH_2$$

根据理论推导及实验证明，缩二脲生成机理是以上两种反应的总和，既有经中间物氰酸再与尿素缩合生成，也有由两个尿素分子脱氨直接生成。

1. 影响缩二脲生成的因素

尿素中缩二脲的生成率与反应过程中的温度、尿素浓度、氨分压和停留时间有关。

（1）温度的影响　尿素溶液中缩二脲生成率与温度的关系如图 3-41 所示。由图可见，在一定的尿素溶液浓度下，缩二脲的生成率随着温度的增加而增加。在一定温度下，随着尿素溶液浓度的增高，缩二脲的生成量也加多。

干燥尿素加热时，温度对缩二脲的生成率影响如图 3-42 所示，当温度低于 130℃时，不会有缩二脲生成，135℃时约有 1%，150℃时约有 6.65%，而在 170℃时就有 15%的缩二脲生成。可见，把反应过程中的温度维持低一些，对于降低缩二脲的生成量是很有效的。

（2）停留时间的影响　随着停留时间的延长，缩二脲生成量增多。150℃时，尿素溶液的停留时间每增加 10min，缩二脲的生成率约增长 0.05%。在 155℃时，尿素溶液的停留时间每增加 10min，缩二脲的生成率约增长 0.15%。故在设备或管道中应尽可能缩短停留时间，这是保证产品质量的有效措施之一。

（3）氨分压的影响　从尿素生成缩二脲反应的平衡知，当氨分压增加，即溶液中氨浓度增大，尿素的缩合反应向逆向进行，缩二脲的生成率就会降低。图 3-43 为 140℃下，反应时间为 1h，氨分压与缩二脲生成率的关系。由图可以看出，尿素溶液中含氨量越高，生成缩二脲越少，反之，尿素溶液中含氨量越少，生成缩二脲量越多。

从上述分析可知，温度高、停留时间长、氨分压低是生成缩二脲的有利条件。

缩二脲的生成反应，在尿素生产的整个过程中都会发生。特别是尿素溶液的蒸发过程中，尿素溶液处于沸腾状态，温度高，蒸发后尿素溶液的浓度很高，并且由于二次蒸汽的不断排出，蒸发室内氨的分压很低，所以最适宜于缩二脲的生成。因此蒸发过程应当在尽可能低的温度和尽可能短的时间内完成。

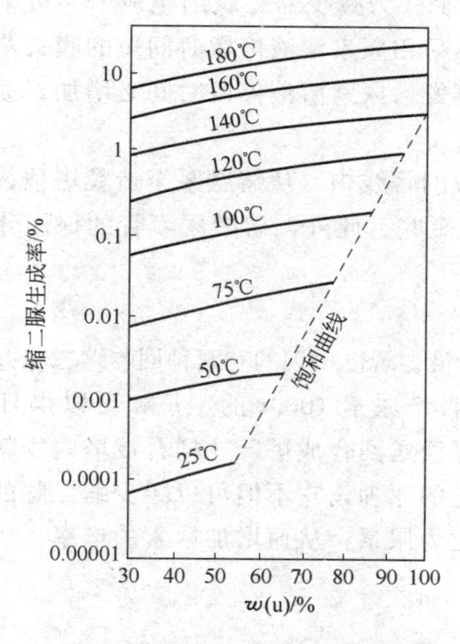

图 3-41　尿素溶液中缩二脲的生成率与温度和尿素溶液浓度的关系

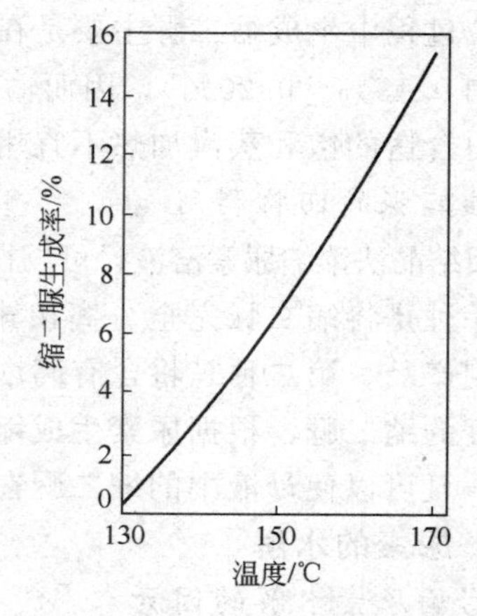

图 3-42　干燥尿素生成缩二脲的生成率与温度的关系（反应时间为 1h）

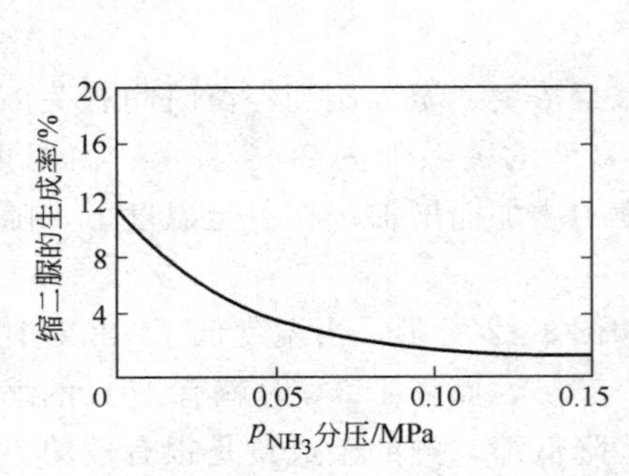

图 3-43 氨分压对干燥尿素中缩二脲生成量的影响（温度 140℃，反应 1h）

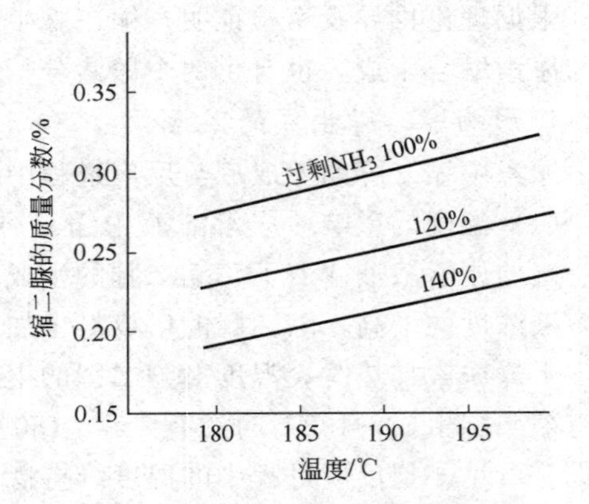

图 3-44 合成反应液中缩二脲的平衡含量与温度及氨碳比的关系

2. 减少缩二脲生成的措施

生产中，为减少缩二脲的生成，需针对各工序的特点，研究应采取的措施。

合成中，反应温度高，但物料中游离氨量多。游离氨能抑制缩二脲生成反应的进行，故此阶段生成缩二脲量不多（最多接近平衡含量）。合成反应液中缩二脲的平衡含量示于图 3-44，从图可以看出，在不太高的温度下增加氨碳比，可以减少缩二脲的生成量。

分解过程中尿素溶液里的游离氨大大减少。尤其是中压分解温度比较高，致使缩二脲的生成加快。所以，在选定分解过程参数时，要确定合适的分解温度和分解率。另外，在设备结构方面，要力求采用传热效率高，液体停留时间短的加热器。液体如在加热器中停留时间只有几分钟，可允许在较高的温度下进行分解。中压分解段氨的蒸出率宜选定一个合适范围，保留一定量的游离氨于尿素溶液中，有助于抑制缩二脲的生成。

蒸发过程也是缩二脲生成较多的场合（一段蒸发缩二脲约增长 0.10%～0.15%，二段蒸发增长 0.15%），因为这时尿素溶液中游离氨已很少。为减少缩二脲的生成，一般生产中采取如下措施：分两段在真空下蒸发，以降低温度；采用尿素溶液停留时间短的膜式蒸发设备；应力求使蒸发装置在满负荷下运行。如低负荷蒸发，尿素溶液停留时间必增加，故使缩二脲生成量增加。

造粒过程中生成缩二脲主要是在输送尿素熔融液的管线中（从熔融泵至造粒塔顶，缩二脲约增加 0.15%～0.20%），因而输送管线应尽可能短些。此外，熔融尿素管的保温伴管要采用压力合适的饱和蒸汽加热不宜用过热蒸汽加热。

3. 缩二脲的回收利用

采用结晶法浓缩尿素溶液，可以得到浓的缩二脲母液。现已出现的有两种回收缩二脲办法。

第一种是将缩二脲完全分离出来，作为产品，日产尿素 1000t 的工厂，可以得日产 5t 缩二脲副产品。第二种是将含有高浓度缩二脲结晶母液送回合成塔。这样合成塔内物料含有较高浓度的缩二脲，根据尿素生成缩二脲是可逆反应的原理，它不但可以减少缩二脲的进一步生成，且可以使母液中的缩二脲在高氨浓度下转化为尿素，从而增加尿素的产率。

二、尿素的水解

1. 影响尿素水解的因素

尿素的水解主要存在于循环系统和蒸发系统。水解的结果将降低尿素产率，增加消耗定额。

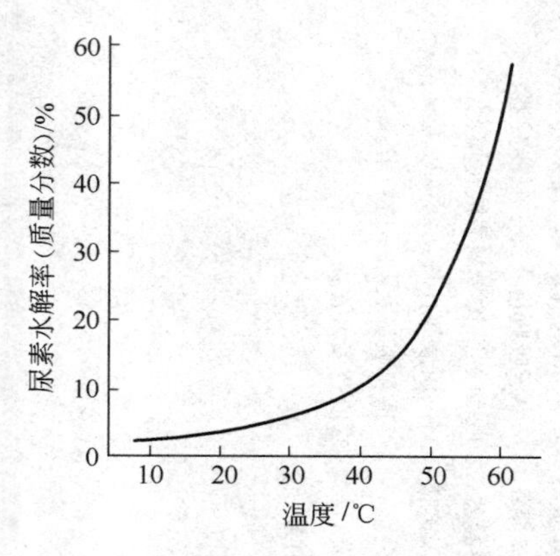

图 3-45　尿素水解率和温度的关系

尿素的水解是按下面反应式进行的。

$$CO(NH_2)_2 + H_2O \longrightarrow 2NH_3 + CO_2 - Q$$

尿素水解反应是吸热的，提高温度对反应平衡有利。图 3-45 表示尿素水解率（水解率指尿素水解量与尿素最初含量之比）在 145℃以上者有剧增趋势。

另外，尿素水解率与尿素溶液中水的含量、停留时间成正比，即水含量高，停留时间长，水解率就大。

2. 工业生产中防止尿素水解的措施

工业生产中防止尿素水解的措施主要是缩短尿素溶液在设备内的停留时间（由于温度及尿素浓度为系统本身工艺条件所决定）。

在中压分解和低压分解系统设计时必须十分注意液体在各部分停留时间尽可能短，生产中尽量采用高负荷，低液位操作，以此防止尿素水解。

第六节　合成尿素生产综述

一、尿素生产流程概述

尿素生产工艺由于对未反应物回收方法的不同，有全循环法和气提法之分，前面已经做了介绍。详细流程图见图 3-46 水溶液全循环法尿素生产工艺流程图和图 3-47 二氧化碳气提法流程图。

随着工业的发展，尿素生产在全循环尿素工艺的基础上，进行了大量的试验研究，又创立了一些新工艺。

1. 三井全循环改良 C 法

工艺流程如图 3-48 所示。改良 C 法在尿素合成塔内部设有混合器和筛板，顶部设有气相层，由于合成过程采用高压、高温和低水碳比，转化率高达 72%。该法的高压分解器采用降膜式和再沸器相结合，低压分解采用二氧化碳气提，闪蒸分解采用空气气提，因此它也具有气提法的特点。改良 C 法的其他方面与中国的碳酸盐水溶液全循环法差不多。造粒过程采用结晶造粒法比用蒸发造粒法复杂，设备多，但缩二脲含量较低（在 0.3%以下）。

2. 溶液全循环法其他工艺流程

有凯米科法、蒙特埃迪生法、三井水溶液全循环部改良法。

3. 中国对溶液全循环法的改进

它与一般法流程有如下不同。

① 由合成塔来的尿素合成液，经减压到 1.67～1.77MPa，进入精馏塔，与中压分解器来的气体逆流接触，进行精馏。局部流程见图 3-49。

② 出精馏塔气体，在相同压力下进入热能回收器，与二段吸收液进行反应，甲铵生成热用于一段蒸发加热器，以提高尿素溶液温度、同时管间物料氨及二氧化碳降低温度并冷凝为液体，然后进入中压吸收塔底鼓泡段。其局部流程见图 3-50。

③ 低压分解气采用一步冷凝法，其局部流程见图 3-51。

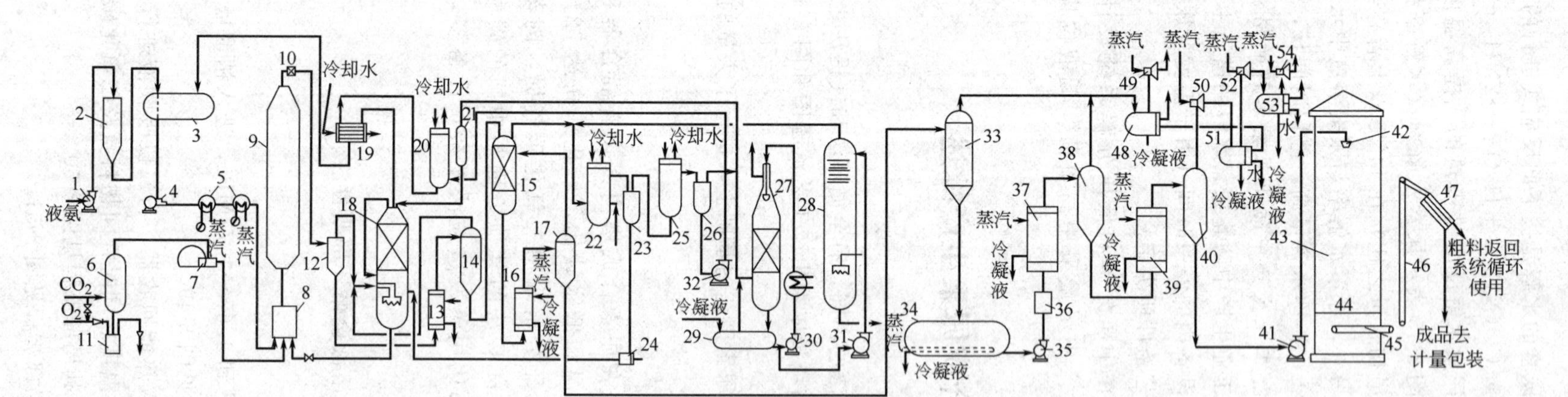

图 3-46 水溶液全循环法尿素生产工艺流程图

1—液氨升压泵；2—液氨过滤器；3—液氨缓冲槽；4—高压氨泵；5—液氨预热器；6—气液分离器；7—二氧化碳压缩机；8—高压混合器；9—合成塔；10—自动减压阀；11—水封；12—预分离器；13—中压分解加热器；14—中压分解分离器；15—精馏塔；16—低压分解加热器；17—低压分解分离器；18—中压吸收塔；19—氨冷凝器；20—惰性气体洗涤器；21—气液分离器；22—第一甲铵冷凝器；23—第一甲铵冷凝器液位槽；24—甲铵泵；25—第二甲铵冷凝器；26—第二甲铵冷凝器液位槽；27—吸收塔；28—解吸塔；29—碳酸铵液储槽；30—吸收塔给料泵；31—解吸塔给料泵；32—第二甲铵冷凝器液位槽泵；33—闪蒸槽；34—尿液缓冲槽；35—尿液泵；36—尿液过滤器；37—一段蒸发加热器；38—一段蒸发分离器；39—二段蒸发加热器；40—二段蒸发分离器；41—尿素熔融泵；42—造粒喷头；43—造粒塔；44—刮料机；45—胶带动输机；46—斗式提升机；47—电振筛；48—一段蒸发冷凝器；49—一段蒸发冷凝器喷射泵；50—二段蒸发升压泵；51—二段蒸发冷凝器；52—二段蒸发冷凝器喷射泵；53—中间冷凝器；54—中间冷凝器喷射泵

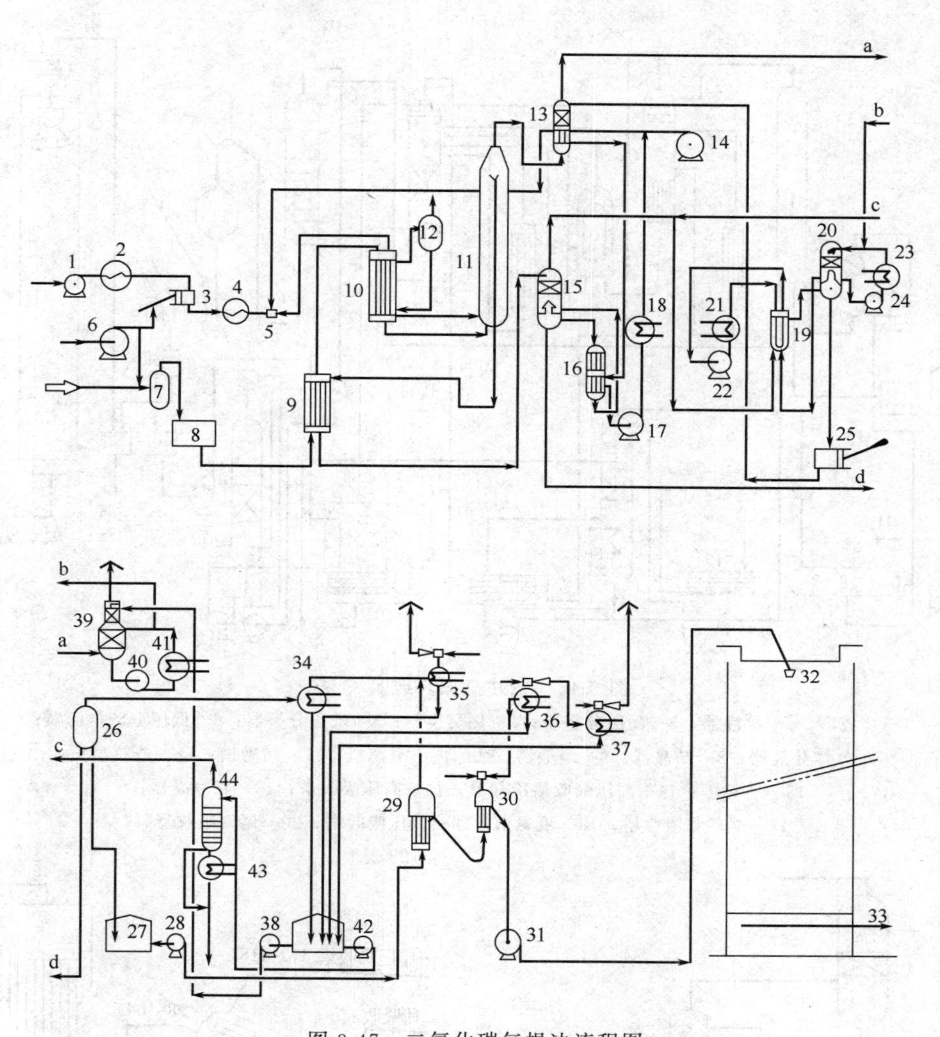

图 3-47　二氧化碳气提法流程图

1—液氨升压泵；2—氨预热器；3—高压氨泵；4—氨加热器；5—高压喷射泵；6—工艺空气压缩机；7—气-液分离器；8—二氧化碳压缩机；9—气提塔；10—高压甲铵冷凝器；11—合成塔；12—蒸汽气包；13—高压洗涤器；14—衡压泵；15—精馏塔一分离塔；16—低压循环加热器；17——循环泵；18—高压洗涤器循环冷却器；19—低压甲铵冷凝器；20—液位槽及低压吸收器；21—循环水冷却器；22—循环冷却水泵；23—循环冷却器；24—循环泵；25—高压甲铵泵；26—内蒸槽；27—尿素溶液储槽；28—尿素溶液泵；29——段蒸发器；30—二段蒸发器；31—熔融尿素泵；32—造粒喷头；33—胶带运输机；34—内蒸冷凝器；35——段蒸发冷凝器；36—二段蒸发冷凝器；37—二段蒸发中间冷凝器；38—内蒸冷凝液泵；39—吸收塔；40—循环泵；41—吸收循环冷却器；42—解吸泵；43—解吸换热器；44—解吸塔

④ 一段蒸发器出口的二次蒸汽及闪蒸槽出口气体进行分步冷凝，取消了解吸系统，简化了流程。如图 3-52 所示。

4. 其他方法

除上述外，尿素生产工艺流程还有氨气气提法、变换气气提、气体分离法、热循环法、联尿法，各有不同特点和优越性。

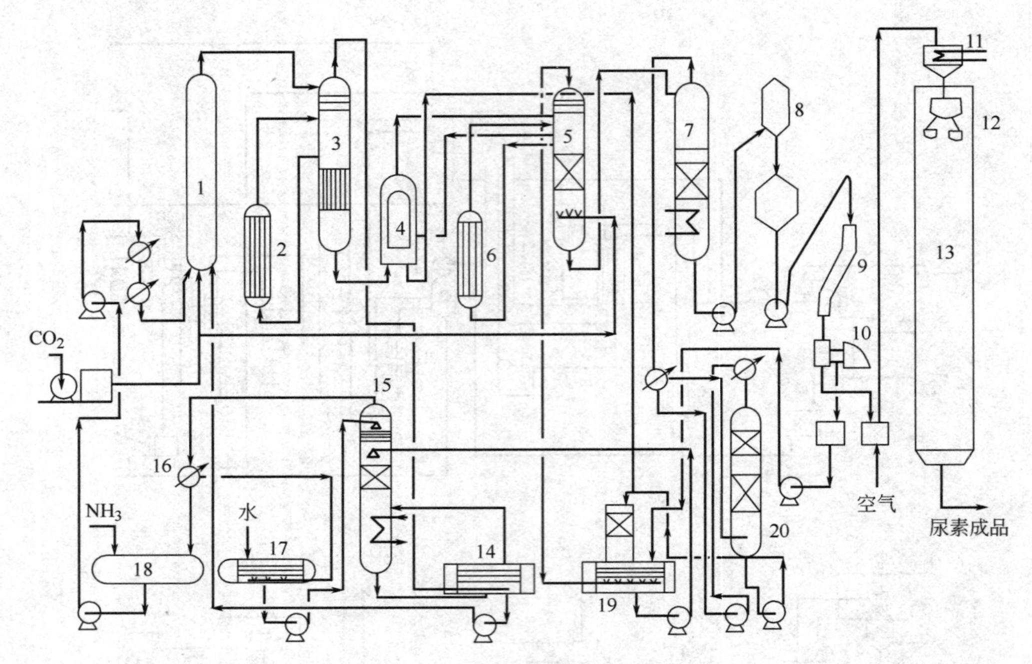

图 3-48　三井全循环改良 C 法

1—合成塔；2—再沸器；3—高压分解器；4—热交换器；5—低压分解器；6—低压分解再沸器；7—气体分离器；8—结晶器；9—增稠器；10—离心分离机；11—熔融槽；12—造粒喷头；13—造粒塔；14—高压吸收塔冷却器；15—高压吸收塔；16—氨冷凝器；17—氨回收吸收塔；18—液氨槽；19—低压吸收塔；20—尾气吸收器

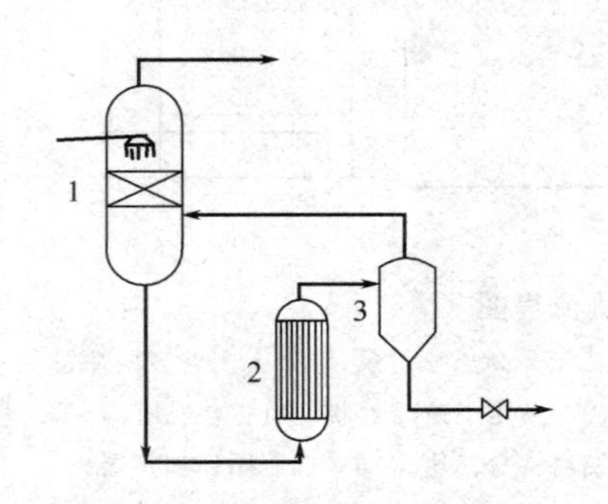

图 3-49　精馏局部流程

1—精馏塔；2—中压加热器；3—中压分离器

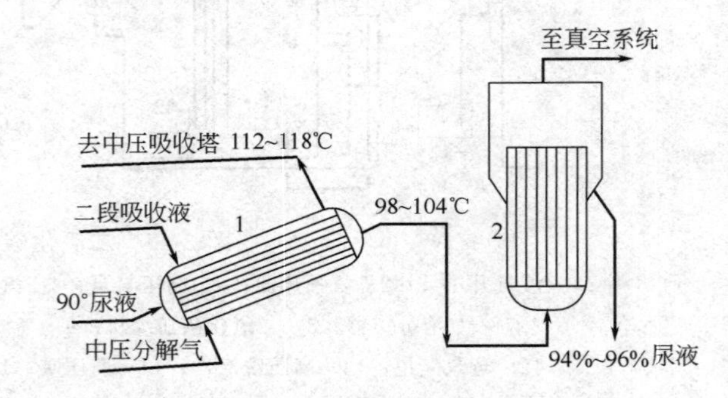

图 3-50　热能回收局部流程

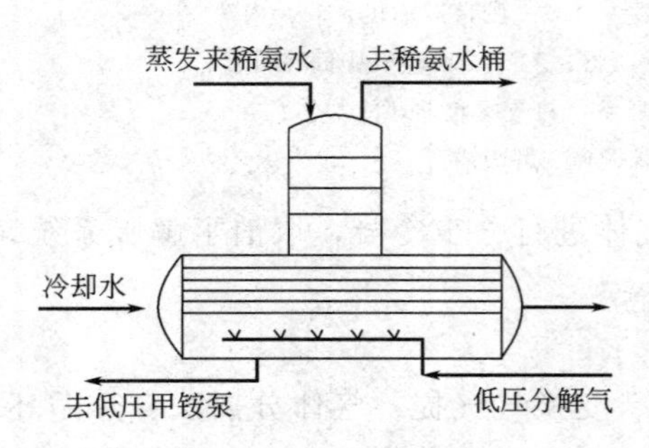

图 3-51　一步冷凝法

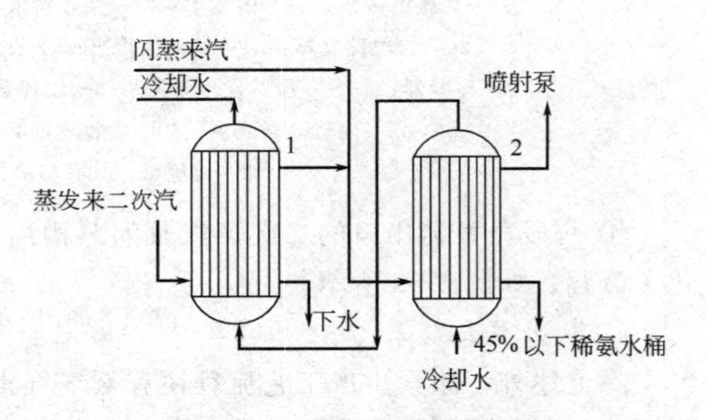

图 3-52　二次蒸汽分步冷凝法

二、尿素生产中腐蚀及耐腐蚀材料

目前在工艺上采取的各种尿素工艺中，都遇到腐蚀问题。物料对设备的腐蚀性很强。潮湿的二氧化碳对碳钢的腐蚀作用相当大，高温、高压下的尿素与甲铵熔融液，即使18-8型镍铬不锈钢，腐蚀速度也高达3mm/a。

一般认为二氧化碳的腐蚀是碳酸的作用，甲铵液的腐蚀是由于电化学腐蚀和水解而产生游离碳酸而引起的，高温下尿素的腐蚀是由于尿素异构化产生氰酸铵，氰酸铵分解生成游离氰酸引起的。

$$CO(NH_2)_2 \xrightleftharpoons{100℃以上} NH_4CNO$$

$$NH_4CNO \xrightleftharpoons{100℃以上} NH_3 + HCNO$$

生成的氰酸根离子 CNO^- 对不锈钢的氧化膜有强烈的破坏作用，因此使不锈钢失去耐腐蚀的能力。温度越高，腐蚀作用越大。尿素合成塔、高压分解器（包括气提法）、高压冷凝器等设备遭受腐蚀最为严重。

影响尿素溶液腐蚀作用的主要因素如下。

（1）熔融液的组成　水碳物质的量之比增大时，促进水解。有利于游离氢氰酸（HCNO）的腐蚀，因此使腐蚀加剧。增大氨碳物质的量之比则相反，因有抑制作用，故可减轻腐蚀。

（2）硫化物杂质　不锈钢和钛等材料所以能耐腐蚀，主要是由于它的表面上生成有保护作用的氧化膜。无论是 H_2S 或有和硫化物都是还原剂，会破坏金属表面的氧化膜和阻碍氧化膜的重新生成，因而加剧腐蚀。当硫化物含量不大时，例如硫化物含量（以二氧化硫中硫计）0.5～0.8mg/m^3，加入氧气可起抑制作用。硫化物含量超过15mg/m^3 时，即使增加氧量也不起抑制作用。因此，原料二氧化碳中硫化物含量一般不能超过15mg/m^3。

（3）氧　氧的存在有助于生成保护性氧化膜，尤其是采用铬镍钼不锈钢做合成塔衬里时，必须保持反应物料中有一定量的氧，如缺氧就会发生急剧的腐蚀。一般控制原料二氧化碳中含氧0.75%～1.0%已足以使不锈钢得到良好的保护。

（4）温度　无论何种金属，温度升高时腐蚀都加剧。这是因为温度升高而降低了氧的溶解度，不利于氧化膜的保持完整及修复过程的缘故。因此，对不同材料规定了使用温度，如超低碳Cr-Ni-Mo不锈钢316L≤195℃，工业纯钛≤205℃，锆≤230℃。

对于尿素合成塔、气提塔等高压设备的防腐，国外都用316L不锈钢（即OOCr18Ni12Mo2）或钛衬里，也有用锆的，中国则用 A_4 钢（Cr17Ni13Mo2）。对介质的腐蚀性较弱的精馏塔、循环加热器和蒸发器等低压设备则用316L或304L防腐材料。

随着尿素生产的发展，生产中腐蚀和防腐问题，仍然是一个重要的研究课题。需要不断改进工艺控制条件，减少腐蚀及对新材料提出新的要求，制出更好的耐腐蚀材料，不断推进尿素工业向前发展。

三、尿素生产的发展动向

氨和二氧化碳直接合成尿素，在20世纪50年代以前发展极慢，随着生产中一些技术难关的突破（如腐蚀问题、转化率问题），尿素工业才开始迅速向大型化单系列方向发展。尿素生产能力也随着合成氨生产的发展急剧地增加。1970年国外尿素的总生产能力比1960年增加了六倍，从1970～1975年又增长69%。从生产技术来看，20世纪60年代初尿素生产技术以水溶液全循环法为主，20世纪70年代气提法占优势，联尿法逐渐引起人们的极大重视。

目前尿素生产技术方面的主要发展动态有如下几个方面。

1. 提高尿素合成转化率

根据氨和二氧化碳合成尿素的理论，影响反应平衡的因素是多方面的。为了提高二氧化碳生成尿素的转化率，某些研究试验采用了较高的反应温度和较高的 $n(NH_4)/n(CO_2)$，及减少循环返回合成系统的水量［即降低 $n(H_2O)/n(CO_2)$］。如全循环改良 C 法，尿素合成采用在 200℃高温和 25MPa 压力下，$n(NH_4)/n(CO_2)$ 为 4.1，$n(H_2O)/n(CO_2)$ 控制在 0.3 左右转化率可达 72% 左右。美国 CPI-Allide 气体分离法，尿素合成操作温度 200～230℃，压力 31.20MPa，$n(NH_4)/n(CO_2)$ 保持 4～4.5，二氧化碳转化率高达 85%。

二氧化碳和氨合成尿素的反应是由甲铵的生成和甲铵的脱水两个反应过程构成的。甲铵生成一般认为是瞬时可以完成的，而甲铵的脱水是尿素转化的控制过程。能否可在甲铵脱水反应中加入某种添加剂，使脱水反应的平衡移动，加快反应速率，提高平衡转化率，而添加剂本身不起任何反应。现在试验采用的添加剂有下列物质：$(CH_2)_6N_4$（乌洛托平）、分子筛、无机氰酸盐和有机腈。如加 $(CH_2)_6N_4$，其总的反应为

$$8NH_3 + 6CO_2 + (CH_2)_6N_4 \longrightarrow 6(NH_2)_2CO + 6HCHO$$

反应生成的水被结合成甲醛（HCHO）。试验结果，尿素转化率可以提高到 80% 左右。

2. 充分利用尿素生产中的能量

充分地利用尿素生产本身可以利用的能量以降低能耗。是近年来尿素技术发展的一个重要方面。新的尿素生产方法与旧的方法相比，水、电、汽消耗定额已有很大的降低。能量利用可分为热能与机械能两方面来讨论。

余热的利用主要在于合成和分解气的冷凝回收。合成工序温度最高，其余热的利用价值高，可以副产低压甚至中压的蒸汽。此外，还可以使合成过程在不太大的氨碳比之下进行，以减少氨带走的热损失。合成塔内还可以设置蒸汽盘管，利用反应热和冷凝热，副产 0.7MPa 以上的中压蒸汽，预热进合成塔前的原料氨和二氧化碳等。

高压分解气进行回收（冷凝）时放出的热量比较好利用。因高压分解气回收压力较高，冷凝温度在 100℃以上。这部分余热可在一段蒸发中利用，也可以在低压分解段利用，在采用真空结晶技术时可以供给结晶用。在气提法等高压分解操作压力接近合成压力的方法中，气提气的冷凝可在高压甲铵冷凝器中副产低压蒸汽。

低压分解气的余热比较难以利用，因其冷却温度较低，常利用低压冷凝热来预热原料氨和二氧化碳。

最有效地利用余热的办法是热气循环法。由于离心压缩机的广泛利用以及尿素生产的大型化，用绝热压缩离心式压缩机实现热气循环在技术上已可行了。如果原料二氧化碳低压分解气和高压分解气都采用绝热压缩的话，不但分解气的冷凝热，而且气体压缩产生的热量最终都可以在合成过程中利用，副产中压蒸汽。

从耗费热能的环节来看，分解工序耗热量最大，应力求提高尿素转化率，减少循环物料的数量，以节省热能。

由于尿素生产的合成过程常在高压下进行，而分解又需降压，因此原料压缩以及循环物料的升压，消耗很多动力。为降低动耗，生产中可采取如下措施：采用较低的合成压力，提高尿素的转化率，以减少循环物料量，未转化成尿素的物料在尽可能高的压力（最高等于合成压力）下分解。

为降低能耗，今后发展的方向如下。

① 与氨合成工艺相结合（联尿法）或只是把两个厂的蒸汽串通起来合理使用，都能显著提高能量利用率。

② 通过工艺设计的改进和耐腐蚀材料的研制，可使在高温、高压的条件下实现全面的热回收。

在工艺方面，如用催化剂合成尿素、用萃取法选择分离甲铵水溶液或尿素水溶液、甲铵水溶液和尿素水溶液二液相分离等。此外，对过去释放在空气中的浓缩和造粒方面的能量正在研究回收法或不致损失的流程。如考虑采用减少尿素熔融量或完全不熔融的造粒法——机械滚筒造粒法、只将一部分尿素熔融后作为黏结剂的半熔融造粒法、不用熔融尿素而用其他化学品作为黏结剂的造粒法等。

③ 进一步降低氨的消耗定额。

④ 采用大型的蒸汽透平驱动的离心式二氧化碳压缩机，大型高压离心式甲铵泵和液氨泵，以适应生产规模的扩大，减少设备体积和重量，提高运转的可靠性减少维修停车时间。采用蒸汽透平能节省电耗、降低成本。

⑤ 为了简化流程，提高热量利用率，出现了将高压合成、分解和冷凝合在一起的“三合一”装置。

3. 尿素质量的改进

提高尿素产品质量，主要是降低缩二脲和水的含量，提高颗粒的机械强度。

用结晶法生产尿素产品，一般缩二脲较低，均可达0.3%以下。另外，采用高效的气提塔及快速降膜蒸发器，缩短尿素溶液在气提、分解及蒸发过程中的时间，可使产品中缩二脲含量降低。还有采用过剩氨抑制缩二脲的形成、或采用将含有较高缩二脲的尿素再溶解、结晶，然后从母液中除去缩二脲。

四、尿素生产安全技术知识

尿素车间是防火防爆车间。尿素生产中所用的原料为氨和二氧化碳。前者易引起中毒和爆炸，后者能引起窒息。尿素生产过程的各个系统大部分是在一定的压力（如合成系统在13.70～19.60MPa）、较高的温度和有腐蚀性的介质中进行的。一旦发生事故，不仅会使设备受到破坏，而且操作人员也极易受到烧伤、烫伤和中毒。所以生产操作工人必须严格遵守有关操作规程和安全技术规程，避免事故发生。不幸发生事故时，也要能正确处理，尽量使事故不致扩大。因此，除了应该熟悉和遵守化工厂的一般安全技术规定和各种专业的安全技术规定外（如防火、防爆、动火工作制度、电气、受压容器、高空作业、中毒急救知识等）还必须了解尿素生产安全技术的特点和要求。

1. 生产物料的安全特性

氨　液氨接触皮肤能立即引起冻伤。质量分数为1%的液氨对皮肤有刺激作用，达到3%以上就可能引起灼伤和起泡。空气中氨含量达0.49mg/L时，能刺激眼睛，达1.2mg/L时，能引起咳嗽。在氨含量为0.2mg/L的环境下工作，短期内就可能引起中毒造成肺气肿，因此国家规定空气中氨允许最高浓度为0.02mg/L。氨水及气氨会烧伤眼睛，必须特别注意。如遇到这种情况，必须用水冲洗，绝不能用布拭擦以防伤害扩大。氨在空气中易形成爆炸性气体。其爆炸范围为15.6%～27.0%（体积分数），在此浓度范围内，遇有明火或火花就能引起爆炸。

二氧化碳　二氧化碳有窒息和麻醉作用。空气中二氧化碳含量大于360mg/L能使人立即致死。含量在90～120mg/L，1h内能使人致死。国家规定，厂房中二氧化碳的体积分数在1%以下。二氧化碳比空气重，一般多聚集于低洼地沟或容器底部。

如果二氧化碳来自合成氨系统砷碱液脱硫工序，则二氧化碳气体中可能携带微量砷，因此对二氧化碳气的冷凝液必须注意，防止砷中毒。

氨基甲酸铵溶液和尿素溶液　在生产过程中氨基甲酸铵溶液及尿素溶液多为高温熔融状态，如与皮肤接触，极易产生烫伤，操作工人工作时应备有防护眼睛和手套。

2. *尿素生产防爆问题*

尿素生产过程中会发生尾气的爆炸。这是由于尿素尾气含有氢、氨、氮、二氧化碳和水蒸气等多组分，它们之间在一定的比例下可构成爆炸性混合物。原料二氧化碳气体本身是不可燃的，即使其中含有氢气和加入防腐用工艺空气而带进了氧气，但因其量都很少，故为非爆炸性的气体，可用它充做防爆介质。

二氧化碳气提法中，从尿素合成塔排出导入高压洗涤器的气体中，$\varphi(NH_3)=67.8\%$，$\varphi(CO_2)=21.5\%$，氧和氢气的含量都很少，在爆炸限之外，所以用这种混合气体导入高压洗涤器上部防爆空间，作为防爆性保护气体是可以的。但当这种混合气体经过高压洗涤器，被甲铵溶液吸收氨和二氧化碳后，其中氢和空气的含量不断增加，组成落在爆炸范围之内，加之高压洗涤器温度和压力的影响，便容易成为爆炸性混合气。因此，为了防爆，在高压洗涤器中少吸收一些氨，使其组成在爆炸限之外，在正常运行中保证了高压洗涤器的安全。

在低压吸收装置中，塔中部及塔顶之气体，氢和氧组分均在爆炸限之内，爆炸燃烧的可能性仍然是存在的，虽有爆炸的危险，但操作得当（尾气经适当的阻火装置后单独放空）爆炸是完全可以避免的。

3. *必要的安全保护装置*

为了保证安全生产，设计上应采用先进的工艺技术，可靠的设备和仪表，并配备必要的安全保护装置。除了像楼梯、人孔设有栏杆、转动设备设有防护罩等一般安全设施外，还应设立以下装置。

(1) 事故信号及报警　就一般流程而言，应有以下信号及报警：二氧化碳压缩机前液滴分离器的液位报警；氧气分析高低限报警；二氧化碳压缩机冷却水低压报警；二氧化碳压缩机五段进口低温报警；二氧化碳压缩机五段出口超压报警；中压吸收塔中部超温报警；液氨缓冲槽高低液位报警；造粒喷头高液位报警；车间总水管低压报警；仪表空气低压报警；电气系统接地报警（高压电及低压电）；所有转动设备的电动机均有停车报警（包括泵、压缩机、造粒塔刮料机、排风机等）。

除以上保护装置外，全车间设有事故警铃，以便事故发生时，及时通知全车间人员，使大家处于紧急准备状态。

(2) 紧急停车装置　当生产遇到紧急情况，如突然停水、断仪表空气、急骤超压、大量液氨喷出等事故时，在控制室设有二氧化碳压缩机、高压氨泵和甲铵泵停车按钮，以保证事故不致扩大。

(3) 联锁装置　二氧化碳压缩机、高压氨泵、甲铵泵均设有预防事故联锁装置。

二氧化碳压缩机各轴温度点的超温报警、盘车器电动机与主电动机的联锁，油泵与主电动机的联锁。

高压氨泵、甲铵泵电动机与油泵电动机、油泵出口压力以及油温的联锁装置。

(4) 安全阀　尿素生产系统应设立一定数量的安全阀。安全阀分布如下：升压泵出口安全阀、液氨过滤器安全阀、高压氨泵出口安全阀、预分离器安全阀、中压分解分离器安全阀、低压甲铵泵出口安全阀、氨水泵出口安全阀、第二甲铵冷凝器分离器安全阀、解吸塔顶安全阀等。

（5）主要调节阀的断气保护装置　凡是重要的调节阀应装有断气保护装置，以保证仪表空气突然断气时，调节阀的开度保持在原来位置，不至于完全关闭或完全打开而造成事故。就一般尿素工厂而言，以下阀门应装有断气保护装置：合成塔出口压力调节阀；中压吸收塔顶部加氨水阀；第二甲铵冷凝器加水阀。

除上述各种安全保护装置外，还应注意尿素生产是在高压设备中进行，而且具有强烈腐蚀性，这又增加了高压设备的复杂性。因此尿素设备制作时必须保证质量，要进行严格的检验。设备上各个仪表、各个安全装置必须完整，定期进行腐蚀检查。同时还必须遵守各项操作规定指标，不准超温、超压。

4．各工序安全操作要点

（1）二氧化碳压缩机　必须保证机械设备、仪表的正常运行。要控制进口压力在指标范围内，不允许将压缩机进口抽为负压，以致影响合成氨系统的操作。也不允许压缩机抽入空气影响尿素合成反应和操作。各段出口不应超压。压缩机开车升压时要注意气体温度，防止二氧化碳液化、固化，进而造成压缩机事故。尤其五段出口温度更应密切注意，使其不得低于二氧化碳临界温度（32℃）。运转中注意各段分离器定期排油、水。送料入合成塔时要注意和各岗位加强联系，防止超压。平时还要做好停水、断电和紧急停车准备。

（2）合成及循环　合成及循环系统的物料有氨、甲铵及尿素溶液，必须防止物料从设备及管道内漏出引起烧伤、烫伤。开车前设备、管线应先进行试漏、试压检查。此外，正常生产中，液氨不应处于两端密封的管道内，以防受热升压而爆炸。氨泵、甲铵泵及氨水泵的填料要经常加强维护修理。防止跑、冒、滴、漏、污染环境，影响劳动条件。

尿素合成塔是一个有衬里的高压容器，对预热、升压、降压、降温以及停车保压均有一定要求。操作中应按规程执行。防止任何产生损坏衬里的情况发生。特别在塔排空降温时，要上、下接通大气，绝不允许将进出口阀门关闭，使衬里抽瘪。合成塔出口要选用耐腐蚀的压力调节阀。其导压管必须保证畅通，不得有堵塞或泄漏，影响合成塔压力指标不准。

中压循环排出的惰性气体是爆炸性混合气体，应注意明火、静电火花及雷电。

氨冷凝器停车卸压时注意保证冷却水的流通，防止氨冷凝器冷却水管冻裂。

含有甲铵的物料管线安全阀一旦动作，应注意检查，如果继续严重泄漏，应立即停车清洗校正，以免失去安全保护作用。

凡是设备需要检查修理时，必须排放冲洗干净。动火必须办理动火手续，经分析合格后才能进行。当长期停车时，设备清洗干净后，应打开管道最低处的排放阀排净积水，系统可充入一定压力的氮气，防止碳钢设备腐蚀。

（3）蒸发及造粒　在蒸发工序，尿素溶液温度较高，尤其要注意防止物料漏出烫伤。造粒设备在造粒塔顶，操作工人要注意防止高空坠落。拆换喷头时要注意上紧螺丝，防止喷头脱落，打坏塔底。造粒塔门如没有刮粒机联锁，应注意进入造粒塔的安全。

复习思考题

1．尿素有哪些性质和用途？

2．生产尿素有几种方法？

3. 尿素合成反应机理是什么？控制步骤是什么？
4. 尿素合成中为什么选择高温高压条件？
5. 什么是二氧化碳转化率、平衡达成率？并用数学式表示。
6. 尿素合成转化率受哪些因素影响？
7. 如何选择尿素合成工艺条件？
8. 合成塔内物料组成、温度、压力如何变化？
9. 减压加热分离未反应物的要求和原理是什么？
10. 什么是甲铵分解率和总氨蒸出率？
11. 影响中低压分解的因素有哪些？
12. 如何选择中压吸收过程压力？
13. 中低压循环有何异同点？
14. 熟练绘出水溶液全循环法各部分工艺流程图。
15. 二氧化碳气提法分解甲铵的原理如何（在相同温度下）？
16. 如何选择二氧化碳气提过程工艺条件？
17. 熟练绘出二氧化碳气提法高压、循环部分工艺流程图。
18. 二氧化碳气提法有哪些优点？
19. 尿素溶液蒸发为什么采用二段真空蒸发？其各段工艺条件如何选择？
20. 尿素生产中会发生哪些副反应？如何防止和减少之？

第四章 硝酸铵的生产

第一节 硝酸铵的物理化学性质

一、硝酸铵的性质

1. 一般性质

硝酸铵，化学式 NH_4NO_3，是一种高效氮素固体肥料。其中氮素以硝态氮（NO_3^-）和铵态氮（NH_4^+）两种形式存在，含氮量一般在 32%～35%。

纯硝酸铵为无色结晶，相对分子质量 80.05，熔点为 169.6℃，当含有微量水时，熔点会降低，密度介于 1.44～1.79g/cm³ 之间。比热容（20～28℃）1.76kJ/(kg·℃)。熔融热为 67.8kJ/kg。

硝酸铵极易溶于水，且溶解度随温度的升高而急剧增加，硝酸铵溶于水时吸收大量热量。硝酸铵溶于等量水中，可使温度由 15℃降到－10℃，因此，硝酸铵亦可做冷冻剂使用。

硝酸铵还易溶于液氨、甲醇和丙酮等溶剂中。溶于液氨时生成 $2NH_4NO_3 \cdot 3NH_3$、$NH_4NO_3 \cdot 3NH_3$ 等类型的氨配合物。氨配合物比液氨的蒸气压要小得多。故氨配合物较易储存和运输，常作为复合肥料生产的中间体。

硝酸铵饱和溶液的沸点、密度随浓度的增加而增大。

2. 特殊性质

(1) 多晶现象　硝酸铵具有不同的五种结晶变体（相应地有五种密度），都只有在一定的温度范围内才是稳定的。32.1℃以下结晶的正交晶体最稳定，密度最大和不易潮解。

在各种温度范围内，硝酸铵的五种晶型如表 4-1、表 4-2 所示。

表 4-1　硝酸铵的晶型

晶型代号	晶　系	稳定存在的温度范围/℃	密度/(g/cm³)	转变热/(J/g)
Ⅰ	立方晶系	169.6～125.2	—	70.13
Ⅱ	三方晶系	125.2～84.2	1.69	51.25
Ⅲ	单斜晶系	84.2～32.3	1.66	17.46
Ⅳ	斜方晶系	从 32.3～－16.9	1.726	20.89
Ⅴ	四方晶系	－16.9 以下	1.725	6.70

表 4-2　硝酸铵晶型转变参数

转　变	温度/℃	转变热/(J/g)	体积改变/(cm³/g)
熔融物→Ⅰ	169.6	－70.13	－0.054
Ⅰ→Ⅱ	125.2	－51.25	－0.013
Ⅱ→Ⅲ	84.2	＋17.46	0.008
Ⅲ→Ⅳ	32.3	－20.89	－0.023
Ⅱ→Ⅳ	50.5	－25.62	—

将硝酸铵缓慢加热或冷却时，它可以连续地从一种晶型变化到另一种晶型。如果骤然从高温冷却至低温，就可以从一种晶型直接变化到另一种晶型。而不生成中间的晶型，平时使用硝酸铵做肥料时，易于发生的晶型变化是Ⅲ和Ⅳ两种晶型的互变。因为它们的转变温度

32.1℃近于常温。

当空气的温度和湿度变化时，硝酸铵会发生再结晶，并由一种晶体变成另一种晶体。硝酸铵晶体在储藏中具有发生吸湿黏结和结块硬化的能力，正是由此导致的结果。

(2) 吸湿性　硝酸铵与其他含氨盐类不同的地方，是具有较高的吸湿性，这是一个很大的缺点。

所谓吸湿性，就是物质从空气中吸收水分的能力。在某一温度下，当大气中水蒸气压力超过该物质饱和溶液上的水蒸气压力时该物质就吸收空气中水分。反之，物质将减湿，两者相等时，物质不吸湿也不减湿，呈平衡状态。由此可见，某物质饱和溶液上的平衡水蒸气压力越小，则物质的吸湿性越强。

空气的温度愈高，相对湿度愈大，硝酸铵愈易吸湿。例如在30℃时，吸湿点为59.4%，而在10℃时，则为75.3%。因此炎热和潮湿对硝酸铵的储存不利，如果能调节仓库中空气的相对湿度小于硝酸铵的吸湿点，就可以减轻其吸湿作用。所谓吸湿点，是硝酸铵处于既不吸湿也不减湿的状态。用硝酸铵溶液上的水蒸气压力与同温度下空气的饱和水蒸气压力之比的百分数来衡量。

图4-1为硝酸铵饱和溶液的水蒸气压力与空气的温度、相对湿度之间的关系。

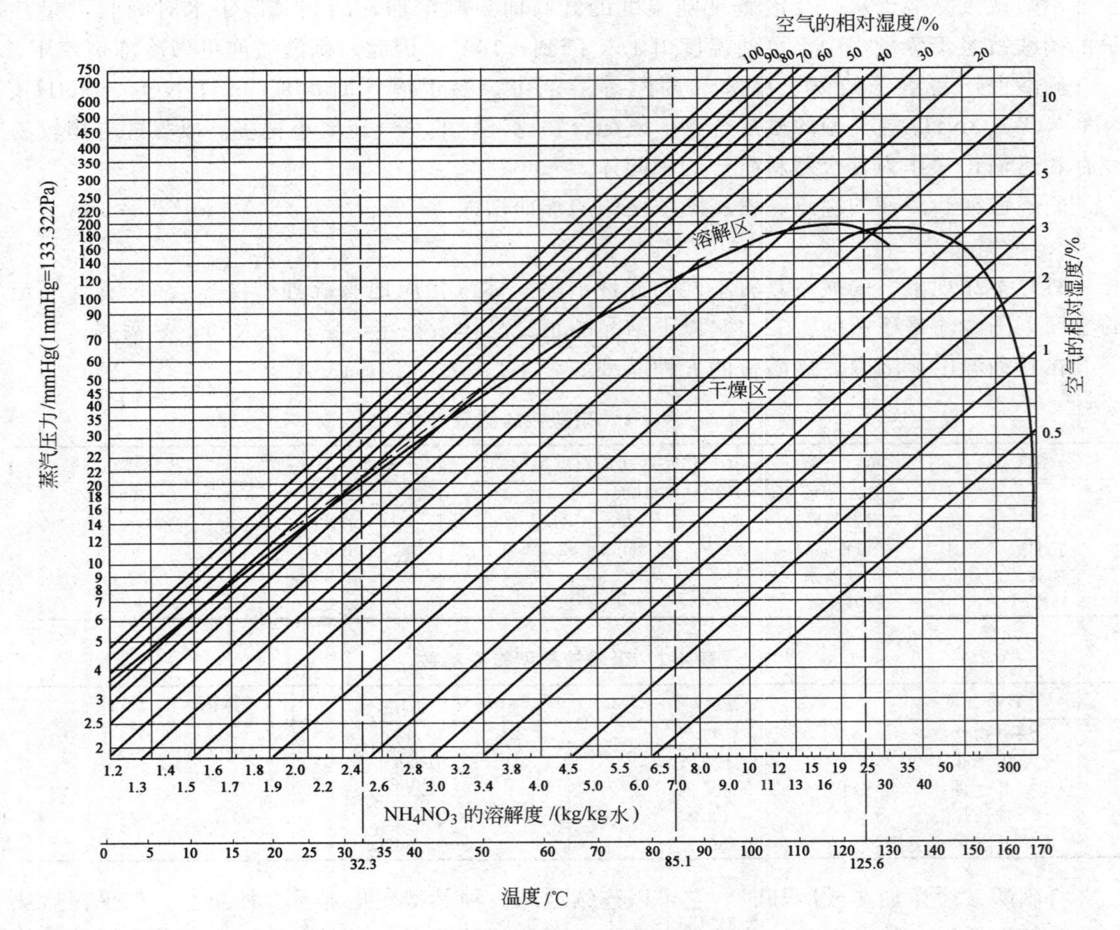

图4-1　硝酸铵饱和溶液上平衡蒸汽压力
与空气的温度及相对湿度的关系

从图中可以看出，如果使硝酸铵的储存条件处于不吸湿的区域内，就可防止吸潮。

（3）结块性　硝酸铵的结块性，系指成品硝酸铵在储存和运输过程中失去疏松的性质而结成硬块，这将给硝酸铵的使用造成困难。

引起硝酸铵结块的原因很多，主要有以下几个方面。

① 晶型改变现象所致。当热的硝酸铵在包装袋里冷却时，发生了晶格重排的晶型变化，相应产生晶体的形态、密度及体积的变化。在一定条件下，就会使硝酸铵颗粒紧密结合，促成结块。

② 硝酸铵在冷却、干燥过程中，会从它的饱和溶液中析出结晶。一般在生产中，硝酸铵是在80～90℃和含水分0.2%～1.5%时进行包装的。硝酸铵所含水分呈饱和溶液存在。硝酸铵的温度及含水分愈高，溶解于此水分中的硝酸铵也愈多。当硝酸铵缓慢冷却时，其溶解度逐渐降低，并从饱和溶液中析出结晶，使硝酸铵颗粒互相黏结成块。

③ 细粒硝酸铵受挤压力作用，使粒子相互挤紧黏结而结块。

④ 硝酸铵的吸湿性引起结块。存放过程中，硝酸铵逐渐吸收空气中的水分而被潮解，当冷却或干燥时又析出新的结晶而结块。

（4）硝酸铵的分解与爆炸　长期的使用实践证明，只要按照正确的方法储存和使用，硝酸铵是安全的。它对于震动、冲击和摩擦都是不敏感的，也没有自燃的性质。

但是在一定的条件下，如硝酸铵受热分解；在引信的作用下；在硝酸铵内混有金属粉末或有一些无机和有机的杂质，就可能引起硝酸铵的爆炸。

纯硝酸铵的热分解，当温度达到150℃时，分解反应显著进行，但分解速度很慢。

当温度达到230℃以上时，就开始强烈分解，分解反应按下式进行：

$$NH_4NO_3 \longrightarrow N_2 + \frac{1}{2}O_2 + 2H_2O\ (g) \qquad \Delta H = -119\text{kJ}$$

当高于400℃时，按下式分解并产生爆炸：

$$4NH_4NO_3 \longrightarrow 3N_2 + 2NO_2 + 8H_2O \qquad \Delta H = -123.5\text{kJ}$$

上述诸反应在硝酸铵分解时都可能发生，但实际上分解反应并非同时按照所有的方程式进行。由于条件的不同，可能某一个反应是主要的，而其他几个反应是进行得较少的副反应。

干燥的硝酸铵仅在爆炸力强的引信作用下才发生爆炸。

硝酸铵浸渍过的有机物，在常温下，遇到二氧化氮气体时，便很容易达到自燃。生产中，常有扫帚、油毡、棉纱、破布等，因接触硝酸铵溶液而自燃。有时还碰到硝酸铵成品水分超过指标，包装后，湿硝酸铵又从牛皮纸内渗析出来，而引起着火，很容易造成火灾，严重时产生爆炸。

一些金属粉末，特别是铜粉或非金属的硫化物、氧化物，能促使硝酸铵分解为亚硝酸铵，增大爆炸的危险性。

另外，硝酸铵与强酸（硫酸、盐酸、硝酸）结合，发生氧化放热反应，从而促使硝酸铵温度升高至燃点引起着火，严重时产生爆炸。

由于硝酸铵在一定条件下能够爆炸和起火，因此，在生产、运输、储藏中要采取严格的预防措施。要避免硝酸铵中含有引信，有机物质及一些金属粉末混入成品中。一旦发生火灾，用水灭火最为合理和有效。因为水分不仅降低温度，而且还使硝酸铵溶解。

为了保证安全，在硝酸铵中可加稳定剂，降低其热分解和爆炸的危险性。常用的稳定剂有尿素（加入量为硝酸铵质量的0.05%～1.0%），碳酸钙或碳酸镁（5%左右）等。

工业和农业用硝酸铵以及多孔粒状硝酸铵质量指标分别见表4-3、表4-4。

表4-3　工业和农业用硝酸铵标准 GB 2945—89 结晶状硝酸铵技术要求

<table>
<tr><th rowspan="3">指标名称</th><th rowspan="3"></th><th colspan="5">指标</th></tr>
<tr><th colspan="2">工业</th><th colspan="3">农业</th></tr>
<tr><th>优等品</th><th>一等品</th><th>优等品</th><th>一等品</th><th>合格品</th></tr>
<tr><td>硝酸铵含量(以干基计)/%</td><td>≥</td><td colspan="2">99.5</td><td colspan="3">—</td></tr>
<tr><td>总氮含量(以干基计)/%</td><td>≥</td><td colspan="2">—</td><td colspan="3">34.6</td></tr>
<tr><td>游离水含量/%</td><td></td><td>0.3</td><td>0.5</td><td>0.3</td><td>0.5</td><td>0.7</td></tr>
<tr><td>酸度</td><td></td><td colspan="5">甲基橙指示剂不显红色</td></tr>
<tr><td>灼烧残渣</td><td></td><td colspan="2">0.05</td><td colspan="3">—</td></tr>
</table>

表4-4　多孔粒状硝酸铵国家标准 ZBG 21007—90

<table>
<tr><th rowspan="2">指标名称</th><th rowspan="2"></th><th colspan="2">指标</th></tr>
<tr><th>一等品</th><th>合格品</th></tr>
<tr><td>外观</td><td></td><td colspan="2">无肉眼可见杂质</td></tr>
<tr><td>NH_4NO_3 含量(以干基计)/%</td><td>≥</td><td colspan="2">99.5</td></tr>
<tr><td>游离水分/%</td><td>≤</td><td>0.3</td><td>0.5</td></tr>
<tr><td>10%硝酸铵水溶液中 pH</td><td>≥</td><td colspan="2">4.0</td></tr>
<tr><td>吸油率/%</td><td>≥</td><td colspan="2">7</td></tr>
<tr><td>体积密度/(g/cm^3)</td><td></td><td>0.76～0.83</td><td>0.73～0.86</td></tr>
<tr><td>粒度 ϕ0.5～2.5mm 的颗粒/%</td><td></td><td colspan="2">90</td></tr>
</table>

二、硝酸铵的用途

硝酸铵在工农业生产和国防上有着广泛的用途。硝酸铵是一种水溶性速效肥料，适用于各种性质的土壤，可作为农作物的基肥和追肥，对于麦类、稻谷、玉米、棉花、蔬菜、果树等都有明显的增产效果。硝酸铵是农业上广受欢迎的氮肥品种，产量仅次于尿素。

硝酸铵是一种“安全炸药”，广泛地应用于矿山开采、道路建筑、移山造田和小型爆炸作业。硝酸铵炸药在国防上亦得到广泛应用，常与TNT混合使用，还研究成功了用硝酸铵作为加固建筑物地基的一种新型添加剂。

2003年10月国务院办公厅下达52号文件，明确规定将硝酸铵列为民爆产品，禁止作为农用化肥进行生产和销售，及时对硝酸铵进行改性转产，生产适销对路的产品的严峻课题摆在了硝酸铵生产厂面前。四川泸州化肥股份公司自行研制的高效复合肥硝铵锌现已问世。

第二节　氨与硝酸中和制造硝酸铵

工业上制造硝酸铵采用氨中和硝酸溶液的方法。主要过程分为：气氨和稀硝酸进行中和反应，制取硝酸铵溶液；硝酸铵稀溶液的蒸发；硝酸铵熔融液的结晶及成品的运输和包装。

一、氨与硝酸的中和

1. 中和反应及工艺条件选择

（1）中和反应　氨与硝酸的中和反应为

$$NH_3 + HNO_3 = NH_4NO_3 \qquad \Delta H = -149kJ$$

NH_3 与 HNO_3 的中和反应是一个飞速化学反应。实际上反应分为两步。

首先气氨溶解于稀硝酸所带入的水中，生成氨水，然后氨水再与硝酸进行中和反应：

$$NH_3 \cdot H_2O + HNO_3 \xlongequal{} NH_4NO_3 + H_2O + Q$$

上式进行的化学反应是瞬时完成的，而第一步生成氨水的反应的化学反应速度则受扩散和化学反应两个过程的控制。为使反应进行得完全和减少氨损失，氨与硝酸的中和反应要在液相中进行。

(2) 工艺条件的选择

$$HNO_3 + NH_3 \longrightarrow NH_4NO_3$$

由反应式知，中和反应放出大量热量，在利用中和热的条件下，热损失按3%计，可得出如图4-2所示的硝酸铵溶液的含量与所用硝酸含量的关系。由图可看出，中和后硝酸铵溶液的含量的高低，除决定于硝酸含量外，也与进入中和器的硝酸和氨的温度有关。它们的温度愈高，即在同样硝酸含量和同样氨纯度的条件下，相应带入反应器的热量也愈多，中和过程放出的热量也就增加，因此硝酸铵溶液中被蒸发的水量愈多，制得的硝酸铵溶液含量也愈高。当充分利用中和热时，甚至有可能用较浓的硝酸和气氨反应，直接制得硝酸铵的熔融液，而不需要进行蒸发。但实际上，当硝酸的质量分数大于58%时，由于中和反应放出的热量增加，使中和器内的温度能迅速升高至140～160℃，此温度远远高于恒沸硝酸的最高沸点120.6℃，致使硝酸气化或分解成 NO_2 和水蒸气，增加氮的损失对生产不利。常压下硝酸铵生产中，通常使用的硝酸质量分数为40%～55%。

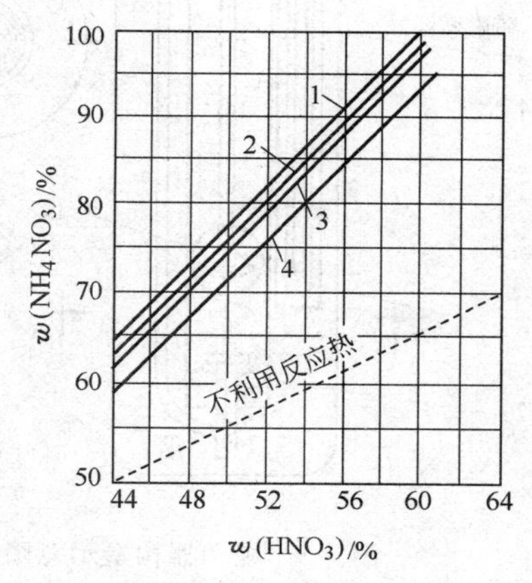

图4-2　硝酸铵溶液的含量与硝酸含量的关系

1—HNO_3 与气 NH_3 温度为70℃；2—HNO_3 与气 NH_3 温度为50℃；3—HNO_3 温度50℃，气 NH_3 温度20℃；4—HNO_3 与气 NH_3 温度20℃

生产中进入中和器的氨气温度愈高，中和反应热相应增加，制备的硝酸铵溶液含量也就愈高。同时气氨的温度高，还能防止液氨进入中和器。入中和器的氨气温度一般以50～80℃为宜。

如果进入中和器的硝酸温度高，则制得的硝酸铵溶液含量也就越高，但硝酸温度过高对不锈钢设备的腐蚀会加剧，质量分数为43%～53%的硝酸在70℃时这种现象已比较明显，因此入中和器的硝酸温度都选择在30～50℃（一部分工厂已经不再对硝酸进行预热，酸库内硝酸直接加入中和器）。

中和器内溶液的温度主要随所用硝酸的含量不同而有差异。一般在120～130℃之间。这是因为中和过程利用反应热产生0.02MPa的蒸发蒸汽，硝酸铵溶液在该压力下的沸点为120℃左右。因此中和器内溶液的温度不应低于120℃，另外为防止硝酸在反应区域内沸腾而逸出硝酸蒸气，从硝酸喷头喷出的硝酸沸点温度（质量分数为43%～53% HNO_3 在喷头处沸点为125～131℃）必须高于硝酸铵溶液在中和器操作压力下的沸点温度，故中和器溶液温度最高不应超过130℃（或125℃，因浓度而异）。

中和器内蒸发蒸汽的压力保持在0.02MPa为正常，这是由于中和器的加酸是利用酸高位槽的静压将酸压入中和器内的，压力是恒定的。如蒸发蒸汽压力上升，酸喷头处的压力明显增加，流入中和器的酸量就会相应减少。当蒸发蒸汽的压力超过0.04MPa或更高压力时，

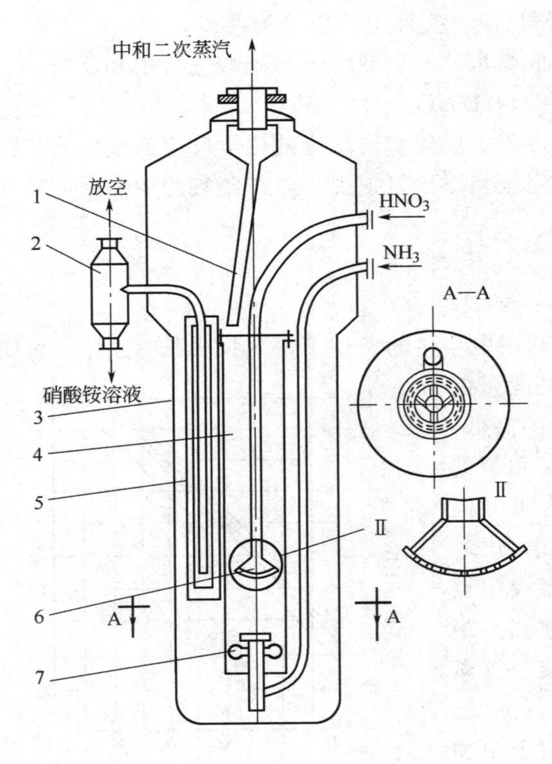

图 4-3 中和器构造示意图

1—淋液回流管；2—分离器；3—外筒；4—内筒；5—三套管；6—酸喷头；7—氨喷头

酸高位槽的静压克服不了酸喷头处的压力，而使酸进不了反应区域内，发生气阻现象。此时氨损失明显增加，并将引起中和器整体震动，甚至导致内部结构的破坏。因此，实际操作中蒸发蒸汽压力最好不要超过0.03MPa。但又不可太低，如果压力太低，热焓量小，势必降低了在一般蒸发过程中利用这部分蒸发蒸汽的使用效果。所以蒸发蒸汽压力最低不宜低于0.015MPa。

2. 中和反应器

中国硝酸铵生产，大都是以常压法所制得质量分数为42%～52%的 HNO_3 和纯氨为原料，采用如图4-3所示的循环式常压中和器。

这种中和器系由两个不同直径的圆筒构成，材料为不锈钢。内筒称“中和室”，内筒与外筒之间的环状空间称为“蒸发室”。硝酸和气氨进入中和器内筒后，在液相进行反应，生成硝酸铵溶液，并放出热量。溶液上行经内筒上部旋流溢出，进入蒸发室。在此，利用中和热进行部分蒸发后，溶液温度略有下降，密度增大，产生对流，使大部溶液又从内筒底部开口处再进入内筒。这样，造成中和室和蒸发室之间溶液进行强烈的循环，延长了气氨和硝酸的接触时间，有效地改善了中和反应过程。降低了反应区的温度，减少了因硝酸分解造成的固定氨损失。

中和器上部粗大部分是蒸发空间。蒸发蒸汽由顶部分离帽分离后放出，还可作为热源加以利用。

中和器液封管（三套管）的作用是：使内筒旋流出的溶液不全部流出中和器，使中和器内保持一定高度的液面，便于氨、酸在液相中进行反应，同时，也防止蒸发蒸汽从溶液导出管带出。

3. 中和操作要点

中和过程是硝酸铵生产的一个重要过程。中和反应进行的好坏，将直接影响硝酸铵成品的质量和原料的消耗定额，在操作中，要严格遵守操作法，按其规定的步骤进行开、停车。同时要严格控制各项工艺指标，努力降低中和蒸发蒸汽中的固定氮（指 NH_3、HNO_3、NH_4NO_3 或 NO_2）损失，实现生产上的优质、高产、低耗和安全。

下面主要讨论中和的操作要点及注意事项。

① 实践证明，气氨和稀硝酸的中和过程，如在碱性条件下进行反应，其蒸发蒸汽所带走的硝酸铵损失量一般大于在酸性条件下的损失量。同时，在碱性及相当高的温度下溶液中的氨极易挥发，并夹带硝酸铵溶液雾沫增加了硝酸铵损失。因此，为了减少蒸发蒸汽中带走的固定氮损失，中和过程还是在微酸性条件下（即生成的溶液中含有一定的游离酸）进行较为有利。

正常情况下，要求控制中和蒸发蒸汽冷凝液为微酸性，即每升蒸汽冷凝液中含硝酸0～1.0g，并要求蒸发蒸汽冷凝液（经捕集器分离后）中含硝酸铵不得大于1.0g/L。

② 应经常分析蒸发蒸汽冷凝液的酸碱度，根据其大小及变化，调节进入中和器的氨量，控制其冷凝液酸碱度符合工艺指标（或固定氨量，调节酸量）。

③ 注意控制气氨压力，不要因气氨压力波动影响进氨量。若使用氨气稳压调节器，会使操作条件大为改善。

④ 要经常分析再中和溶液的酸碱度，正常情况下，控制再中和溶液中硝酸的含量为0～0.5g/L。

⑤ 溶液槽里的溶液应严格控制为中性和微碱性，不允许变为酸性，以保证硝酸铵成品为中性。

中和操作过程中，常出现的问题有：中和蒸发蒸汽中硝酸铵损失增大；中和器振动；硝酸铵成品呈酸性；中和器爆炸（较少见）等。只要在操作中加强责任心，严守操作规程，这些问题均是可以避免的。

二、硝酸铵稀溶液的蒸发及工艺条件选择

经中和和再中和（从中和器排出的硝酸铵稀溶液常带酸性或碱性。将此溶液在再中和器中补加少许的氨或硝酸，使之完全中和）后的硝酸铵溶液质量分数为65%～80%左右，为了制取固体硝酸铵，需将此稀溶液进行蒸发浓缩。熔融液的最终浓度取决于结晶的方法。在造粒塔中结晶时硝酸铵溶液要求蒸浓至含硝酸铵98.5%～99.5%。在冷却辊上结晶则蒸浓至含硝酸铵96%～97%；当硝酸铵在盘式结晶器中结晶时，熔融液含硝酸铵需达94.5%～97%。

硝酸铵生产中，用加热方法将硝酸铵溶液进行蒸发，使溶液中的水分汽化，提高硝酸铵浓度。工业上都是在沸点下，在常压、加压或减压（真空）下进行蒸发操作。

硝酸铵溶液在较高浓度时，沸点很高，如在常压下，92%的硝酸铵溶液沸点为162℃；95%的硝酸铵溶液沸点为175℃；96.89%的硝酸铵溶液沸点升高到196.15℃。硝酸铵溶液在真空和常压下的沸点及硝酸铵的溶解度见图4-4。

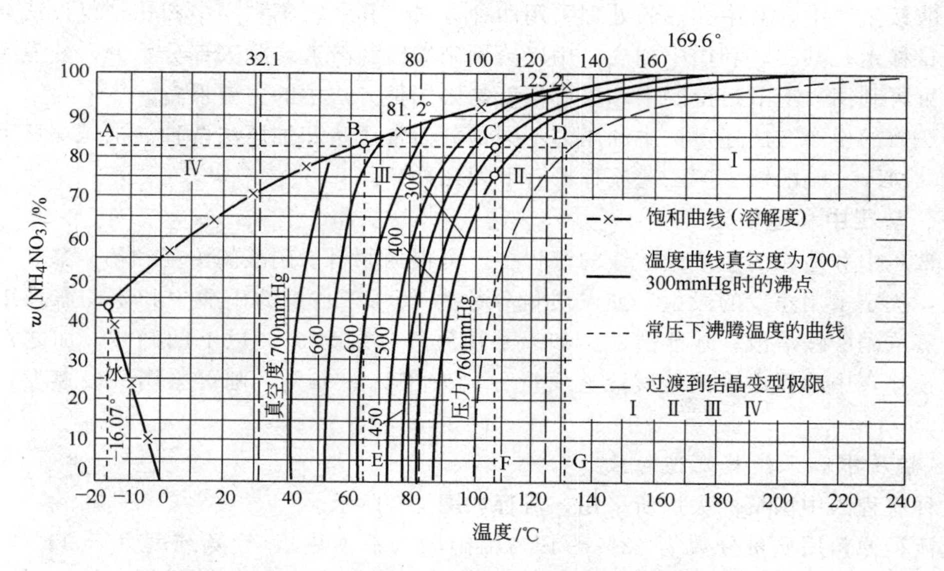

图4-4　硝酸铵溶液在真空和常压下的沸点及硝酸铵的溶解度

由图 4-4 可见，硝酸铵溶液的沸点随其浓度的增大而急剧地升高，高浓度硝酸铵溶液在高于 185℃温度时开始分解，并放出热量，发生爆炸。因此，在常压下蒸发要将硝酸铵溶液浓度提高到 96%以上是很困难的，多采用在负压 76mmHg 下进行蒸发，工业上用不同类型的真空蒸发器，如标准式、悬筐式、外加热式和膜式等蒸发器蒸浓硝酸铵溶液。由于溶液在膜式蒸发器里面的停留时间很短，可减轻硝酸铵的热分解，而蒸发效率又高，因而膜式蒸发器在硝酸铵生产中用得最多。

将质量分数为 60%～70%左右的稀硝酸铵溶液只经过一段蒸发，使其质量分数达到 90%以上，在经济上是不合理的，生产中通常采用二、三段多效蒸发，并利用二次蒸汽进行蒸发，以减少新鲜蒸汽消耗量。

三、硝酸铵的结晶和干燥

由于硝酸铵结晶方法及结晶速度的不同，可以制得细粒结晶，互相紧密黏结的鳞片状结晶或颗粒状结晶三种，农用硝酸铵大部分为颗粒状，少量为鳞片状。细粒结晶一般只用于工业。

颗粒状硝酸铵的结晶过程需要在造粒塔内进行（与尿素造粒相同）质量分数为 98.8%～99.5%的硝酸铵溶液用熔融液泵打入塔顶喷头内，喷头旋转，借离心力的作用将熔融液自喷头壁上数千个小孔喷洒成一粒粒的液滴。由于重力作用，液滴自塔上部落至塔的下部，下落途中遇冷空气冷却成 1～3mm 的球形晶粒，工业用的硝酸铵，则可采用真空结晶机制成细粉末状的成品。

中国现行的真空结晶粉末硝酸铵和造粒塔制得的粒状硝酸铵含水都小于 1.5%，基本上符合国家产品质量要求，故一般不再干燥，硝酸铵在结晶或造粒后可直接送去包装。对于颗粒状硝酸铵为了防止产品受潮结块，包装前，再加以补充冷却，并在硝酸铵表面撒以如石灰石粉、硅藻土及其他钙镁无机盐等。

第三节 硝酸铵生产工艺流程

硝酸铵生产中，对中和热的处理采用两种方法。其一，不利用中和热，仅设法通过冷却将其热量移走。其二，利用中和热，用以蒸发硝酸铵稀溶液，除去部分水分，蒸发生成的废蒸汽还可再利用。上节讨论的中和反应器就是第二种方法中的主要设备。

硝酸铵的生产方法还可按中和压力不同，分为常压法和加压法两种。加压法压力一般在 0.1～0.4MPa。硝酸铵生产工艺流程可有下列几种。

一、常压中和造粒法

在常压中和造粒法生产硝酸铵的流程中，可根据原料稀硝酸的浓度和稀硝酸、气氨的预热程度，决定采用蒸发的段数，如以质量分数为 40%～47%的硝酸中和氨，需采用二至三段蒸发蒸浓硝酸铵溶液，才能造粒。如果采用质量分数为 50%以上的硝酸，加之对原料进行适当预热，中和器出口硝酸铵溶液质量分数为 85%～95%，则可采用一段蒸发，即能进行造粒。

1. 常压中和三段蒸发造粒法

此种流程为中国某些大厂所采用，流程如图 4-5 所示。

此流程原料用质量分数为 42%～45%稀硝酸（不预热），气氨纯度大于 99%，预热至 40～60℃，中和过程在常压下操作，中和器出口溶液质量分数为 64%以上，温度 115～

125℃。一般蒸发器操作压力在5.30～18.7MPa下，以0.02MPa之中和蒸发蒸汽加热，一段蒸发后，溶液质量分数为78%～85%。二段蒸发器在常压下蒸发，以0.4～0.8MPa蒸汽加热，二段蒸发后，溶液质量分数为90%～92%。三段蒸发器在18.70～32kPa下蒸发，以0.8MPa蒸汽加热，蒸发后溶液质量分数为98.2%以上。送造粒塔喷淋造粒。

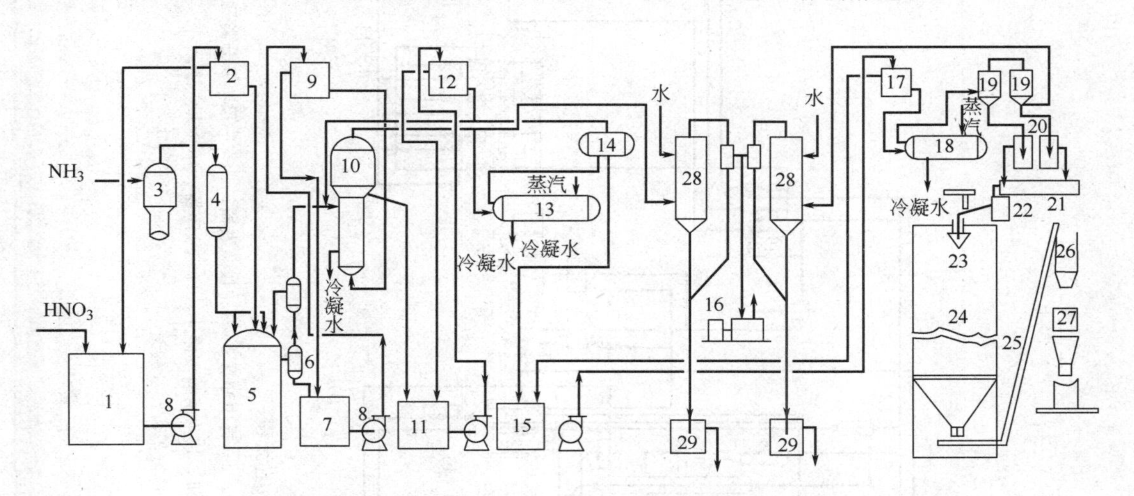

图4-5　常压中和三段蒸发造粒法生产硝酸铵的工艺流程

1—硝酸储槽；2—硝酸高位槽；3—氨蒸发分离器；4—氨预热器；5—中和器；6—捕集器；7—再中和器；8—泵；9——段蒸发前高位槽；10——段蒸发器；11——段后溶液槽；12—二段蒸发前高位槽；13—二段蒸发器；14—二段分离器；15—二段后溶液槽；16—水环真空泵；17—三段前高位槽；18—三段蒸发器；19—三段分离器；20—液封槽；21—溶液槽；22—加氨槽；23—离心造粒器；24—造粒塔；25—皮带输送机；26—成品储斗；27—自动磅秤；28—大气冷凝器；29—水封槽

三段真空蒸发器一般采用电动水环泵并设有大气冷凝器及其附属设备。

2. 常压中和二段真空蒸发结晶法

此种生产硝酸铵的方法为中国小型硝酸铵厂通用的方法，其流程见图4-6。

由外界送来的气氨，经氨过滤蒸发器1管内被管外废汽预热（注意防止带液氨和分离油污），经调节计量，进入中和器5内筒下部，鼓泡上升。由硝酸工段送来之稀硝酸储存在硝酸储槽2、3内，用硝酸泵抽出送到硝酸高位槽4，经调节流量后进入中和器内筒上部喷淋而下，与下部鼓泡上升的氨气逆流接触进行中和反应生成硝酸铵稀溶液，由内筒上部返出到外筒，下行从底部进入三套管液封，先往上行，再下行，最后上行至中和器上部进入器外小分离器6，分离后的气体去分离器，硝酸铵溶液由小分离器下部进入再中和器8，再补充部分气氨使硝酸铵溶液呈微酸性。在真空作用下，硝酸铵溶液进入一段蒸发器9管内上行，被管外的中和蒸汽加热，蒸发部分水分，去一段蒸发分离器10进行分离，硝酸铵溶液经一段下料管下行，由下部进入二段蒸发器11管内上行，被管外加热蒸汽加热，进一步蒸发所含水分，经二段蒸发分离器12进行分离，硝酸铵溶液由二段下料管下行经液封筒进入硝酸铵溶液槽13，在液封筒补加适量气氨，使溶液呈微碱性。在真空作用下，硝酸铵溶液由溶液槽抽入结晶机14，在搅拌与抽真空作用下，溶液所含水分绝大部分被吸出，成为晶体状的硝酸铵成品，由结晶机锅门放出，经皮带机15送到硝铵储斗16，进行包装，称量，由小皮带机运送经缝包机缝口，用小车运到成品库堆放。

中和器上部出来之中和蒸发蒸汽（中和反应产生的二次蒸汽）。经气液分离器分离其中夹带的硝酸铵液滴，气体由分离器17顶部导出，沿切线方向进入捕集器7，捕集的硝酸铵

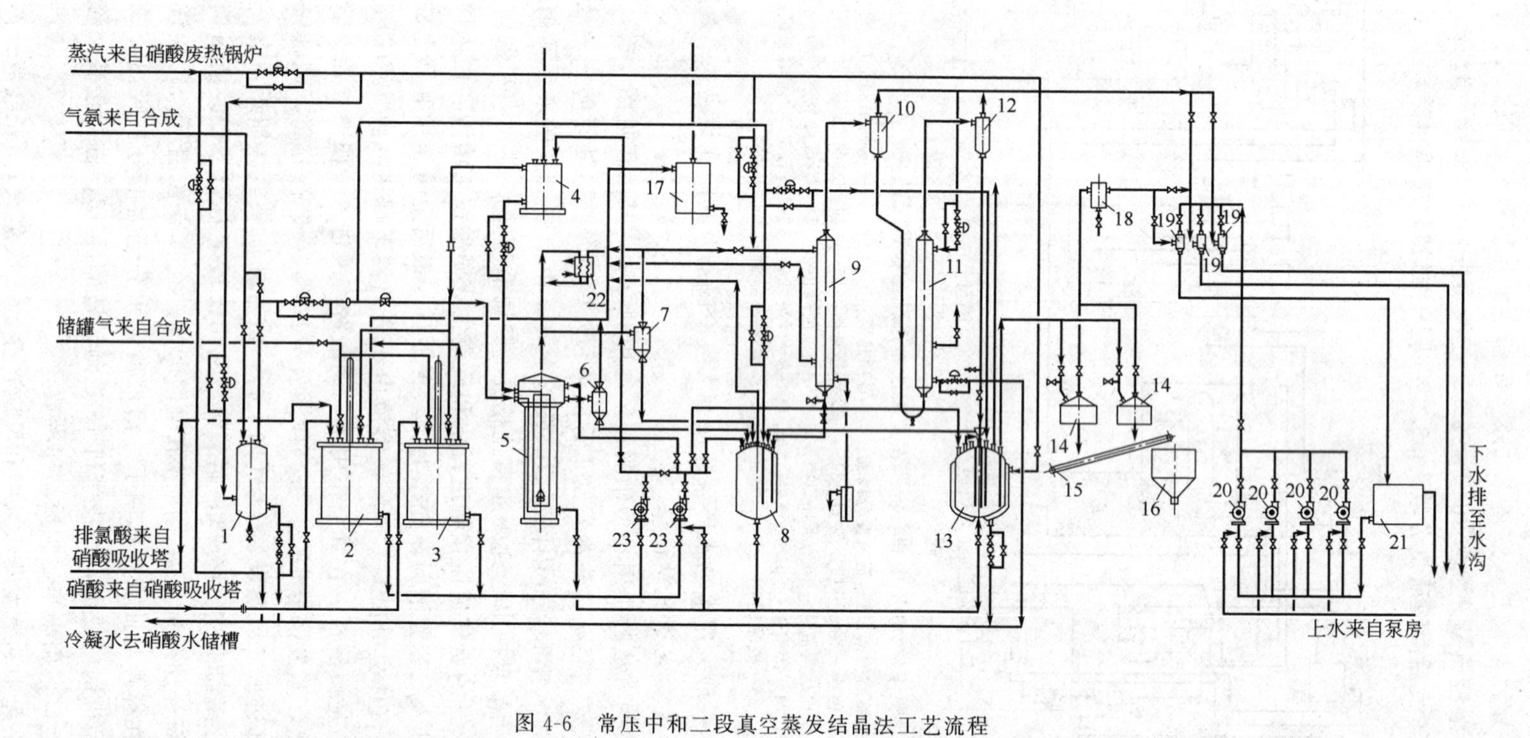

图 4-6 常压中和二段真空蒸发结晶法工艺流程

1—氨过滤蒸发器；2，3—硝酸储槽；4—硝酸高位槽；5—中和器；6—小分离器；7—捕集器；8—再中和器；9—一段蒸发器；10—一段蒸发分离器；11—二段蒸发器；12—二段蒸发分离器；13—硝酸铵溶液槽；14—结晶机；15—胶带机；16—硝酸铵储斗；17—分离器；18—真空罐；19—喷射真空泵；20—水泵；21—水池；22—蒸汽取样冷凝器；23—酸泵液滴由捕集器下部出来进入再中和器，捕集器上部出来之蒸汽供一段蒸发器加热，废气去分离器分离。

二段蒸发器加热蒸汽用硝酸废热锅炉副产蒸汽或锅炉房蒸汽，二段加热出来之废汽经溶液槽保温后再经氨过滤蒸发器到其他用户。

一、二段分离器分离的废汽及结晶机所蒸发出的水蒸气，经喷射真空泵与水混合后进入水池 21。

由压缩来的冷却水经硝酸铵水泵 20 加压，送至蒸发和喷射真空泵，供抽真空使用，同时起冷却作用。水与冷凝液和不凝性气体混合后到水池，部分循环使用，部分由地沟排掉。

该流程一段蒸发用中和蒸发蒸汽供热，两次利用中和反应热，热利用好，且气氨损失较其他方法少。

二、加压中和无蒸发法制取硝酸铵

加压（0.6～0.8MPa）中和是用较浓的硝酸（55%～60%）来制取硝酸铵（见图 4-7）。因为可得 85%～90%的硝酸铵溶液，所以无需蒸发而可送去结晶，从而可节约蒸汽；由于取消蒸发设备，所以还可降低基建投资。采用加压可以降低由于热分解而造成的氮损失。中和过程在加压下进行，还可以节省附加设备的费用，并可降低在压力下输送反应物料的动力消耗。加压中和可以回收热量副产蒸汽，中和 64% HNO_3 时，1t 氨可副产约 1t 蒸汽。

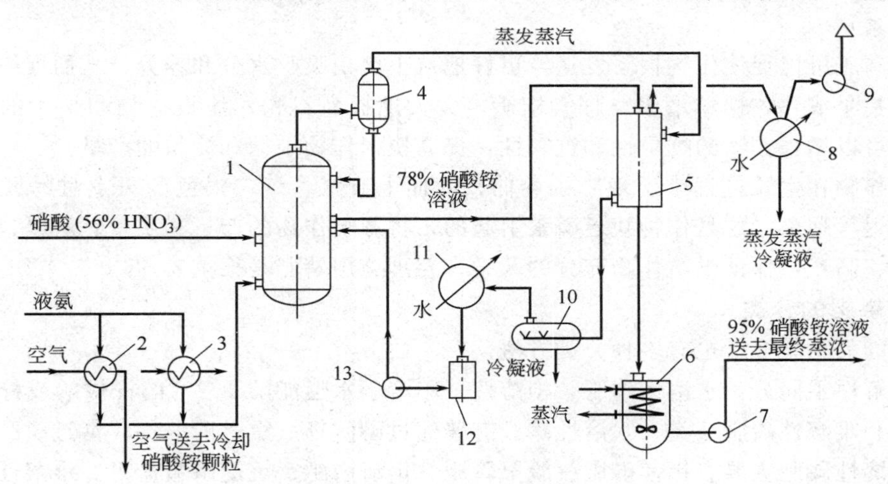

图 4-7　加压中和流程

1—中和器；2，3—氨蒸发器；4—分离器；5—蒸发器；6，10—受槽；7—泵；8—冷凝器；9—真空泵；11—二次蒸汽冷凝器；12—受槽；13—泵

目前世界各国新建的工厂，大都采用加压中和法。加压中和工艺具有设备体积小、生产能力高、消耗定额低等优点。因此，从发展趋势看，常压中和必将逐步为加压中和所取代。

复习思考题

1. 硝酸铵为什么结块？如何防止？
2. 氨与硝酸中和反应生成硝酸铵的机理如何？
3. 利用反应热的中和反应器结构有何特点？物料在器内如何形成循环？
4. 联系蒸发和结晶原理，讨论其工艺条件选择。
5. 熟练地绘出常压中和生产硝酸铵的各种工艺流程，并用文字叙述之。
6. 中和操作主要任务是什么？如何保证完成这个任务？

第五章 磷肥的生产

第一节 概 述

一、磷肥的作用

磷肥就是含有磷素的肥料。磷素是作物原生质中的重要成分，也是构成核蛋白磷脂和植素等不可缺少的物质，在作物生长调节物如酶和激素的组成中亦含有磷素。磷素可以促使比较简单的化合物形成复杂的化合物，如作物体中糖和淀粉的合成都需要有磷素参加，作物在整个生长过程中，需要的磷素仅次于氮素和钾素。磷素的浓度和纯度一般是以五氧化二磷含量来计算的，并以此含量作为衡量磷肥质量的标准。世界上许多国家计算磷肥的生产量和消费量都是用五氧化二磷来表示的。

作物体中的全磷（P_2O_5）含量，一般为其干物质量的 0.2%～1.1%，是作物不可缺少的营养元素。

施用磷肥可以促使作物根系发达，更好地从土壤中吸收水分和养分，从而促进作物的生长发育，提早成熟，穗粒增多，籽实饱满，大大地提高谷物、块根作物和果实的产量。此外，它还可以增强作物的抗旱性和抗寒性，提高块根作物中糖和淀粉的产量。

一般作物在生长过程中出现叶子卷曲，叶面上有红、紫、褐色的斑点且易脱落，分蘖少，开花迟等现象，这是作物缺乏磷素引起的，将影响作物的产量和质量。所以，为夺取作物的稳产、高产，保证供给作物充分的磷素，合理施用磷肥是很重要的。

二、磷肥的分类

磷肥的品种繁多，也有多种分类方法。

按溶解性不同分为水溶性磷肥、枸溶性（不溶于水但能溶于 2%的柠檬酸或柠檬酸铵溶液）磷肥和难溶性磷肥三类。水溶性磷肥有普通过磷酸钙、重过磷酸钙、富过磷酸钙、安福粉等。枸溶性磷肥主要有钙镁磷肥、脱氟磷肥、钢渣磷肥、沉淀磷酸盐等。难溶性磷肥如磷矿粉肥和脱脂骨粉等。

按生产方式不同分为酸法磷肥和热法磷肥两大类。酸法磷肥是用酸（硫酸、磷酸、硝酸或盐酸）分解磷矿而制成的磷肥或氮磷复合肥料。酸法磷肥多属水溶性速效磷肥。热法磷肥是在高于 1000℃的高温下加入或不加入其他配料以分解磷矿或其他含磷矿物，使其中五氧化二磷成为枸溶性的有效成分而制成的磷肥。

三、生产磷肥的主要原料

最初制造磷肥是以兽骨为原料的。中国农村曾采用骨粉或骨灰作为肥料，实际上就是施用磷肥。后来人们用来源丰富、蕴藏量大的含磷资源——磷矿石来代替骨粉。

天然磷矿石可分为磷灰石和磷块岩（或称纤核磷灰石）两种。它们的主要化学成分都是氟磷酸钙，其化学式通常写作 $Ca_5F(PO_4)_3$。

1. *磷灰石*

磷灰石矿一般系由熔融的岩浆冷却结晶而成，属于分布在火成岩中的矿物。它具有六角形晶体结构，不含结晶水。纯磷灰石中约含42%五氧化二磷。其颜色由于所含杂质的不同或共生矿物的不同，而有灰白色、灰绿色或紫色等，以带灰绿色较普遍。

磷灰石不溶于水，只能溶于强酸，不经过加工处理，不易被作物吸收。因此，一般不宜直接施用，只能作为制造磷肥的原料。而且即使在化学加工过程中，其分解速度也比较慢。

2. 磷块岩

磷块岩是由古代海洋湖泊中许多含磷物质的最小颗粒在海底或湖底沉积而成的，也可以说分散状态的磷灰石是形成磷块岩的原始物质。

磷块岩一般为细小的结晶体或呈隐晶质状态。颜色有灰白色、浅绿色、黄褐色或灰黑色等。把磷块岩碎块摩擦得厉害时，可以嗅到一种家用火柴头燃烧时所产生的刺激性气味。

磷块岩常含有结晶水，且多与含有磷酸盐的矿物（有时与磷酸铝矿）共生或同晶取代，其结构式可写成 $Ca_5F(PO_4)_3 \cdot nCaCO_3 \cdot mH_2O$，其中氟可部分或全部为 Cl^- 或 CO_3^{2-} 所代替。

磷块岩中含有多种杂质，其中氧化铁（Fe_2O_3）、氧化铝（Al_2O_3）等，这些杂质对制磷肥有害，使用时要进行浮选。

磷块岩因矿床的形状不同，又可分为层状和结核状（或卵石状），也有两类共存的。层状的磷块岩是片状的氟磷酸钙与碳酸钙或硅酸盐共生的磷矿。中国西南地区已发现的几处较大磷矿属于这一类。

磷矿石的品位以含五氧化二磷（P_2O_5）的多少来表示，目前中国采用三个等级来区分其品位的高低：

高品位矿　含 P_2O_5 量>30%（富矿）

中品位矿　含 P_2O_5 量20%～30%

低品位矿　含 P_2O_5 量<20%

第二节　湿法磷酸

用强无机酸（主要用硫酸）分解磷矿，制成的磷酸称为湿法磷酸，又称萃取磷酸。主要用于生产高效磷肥（重过磷酸钙）和复合肥料（磷酸铵）。

一般湿法磷酸中除含有正磷酸（H_3PO_4）外，常含有铁、铝、镁等磷酸盐及氟硅酸盐和游离硫酸等。杂质的存在使磷酸呈黄绿色。纯净的磷酸是无色的。

一、湿法磷酸生产的理论基础

1. 制造湿法磷酸的化学反应

用硫酸分解天然磷矿制磷酸时，磷矿中的磷酸根转换成磷酸，钙离子则转变成硫酸钙沉淀出来，反应式为

$$Ca_5F(PO_4)_3+5H_2SO_4+5nH_2O = 3H_3PO_4+5CaSO_4 \cdot nH_2O+HF$$

但在实际生产的大多数流程中，磷矿先与成品磷酸和部分未分离磷酸的“回浆”作用，然后再与硫酸作用，故其化学方程式为

$$Ca_5F(PO_4)_3+mH_3PO_4 = 5Ca(H_2PO_4)_2 \cdot H_2O+(m-7)H_3PO_4+HF$$

$$5Ca(H_2PO_4)_2+5H_2SO_4+5nH_2O = 10H_3PO_4+5CaSO_4 \cdot nH_2O$$

式中的 $CaSO_4 \cdot nH_2O$，因生产条件不同而可能是 $CaSO_4 \cdot 2H_2O$、$CaSO_4$，或

$CaSO_4 \cdot \frac{1}{2}H_2O$。

磷矿中所含的杂质能与酸作用，发生各种副反应。如碳酸盐（方解石 $CaCO_3$、白云石 $MgCO_3 \cdot CaCO_3$、菱铁矿 $FeCO_3$ 等），易被酸分解而生成硫酸盐和磷酸盐，并放出二氧化碳。

磷矿中的其他杂质霞石［$(Na \cdot K)_2Al_2Si_2O_4 \cdot nSiO_2$］、海绿石、黏土等被酸分解而得到 Na^+、K^+、Mg^{2+}、Fe^{2+}、Fe^{3+} 和 SiO_2。

二氧化硅和氟化氢反应得

$$SiO_2 + 6HF \longrightarrow H_2SiF_6 + 2H_2O$$

部分 H_2SiF_6 与溶液中的 Na^+、K^+、Al^{3+} 等离子结合成不溶性化合物，如 Na_2SiF_6 等。另一部分 H_2SiF_6 按下式反应，使氟以 SiF_4 的形式进入气相。

$$2H_2SiF_6 + SiO_2 \longrightarrow 3SiF_4 \uparrow + 3H_2O$$

或

$$H_2SiF_6 \longrightarrow SiF_4 \uparrow + 2HF$$

呈气态析出的 SiF_4 量与反应过程的温度和硫酸、磷酸的浓度有关。在混酸中的 H_2SiF_6 其液面上的 SiF_4 蒸气分压随温度和混酸浓度的提高而增加，因而进入气相的氟逸出率也随之增加。

逸出的 SiF_4 可用水吸收，生成氟硅酸溶液和胶状的硅酸沉淀：

$$3SiF_4 + (n+2)H_2O \longrightarrow SiO_2 \cdot nH_2O \downarrow + 2H_2SiF_6(l)$$

2. 硅酸钙的晶型和生产方法简介

由前化学反应中知，硫酸钙存在三种形式：无水硫酸钙（又称无水物、硬石膏）$CaSO_4$；半水合硫酸钙（又称半水物、半水石膏）$CaSO_4 \cdot \frac{1}{2}H_2O$；二水合硫酸钙（又称二水物、石膏）$CaSO_4 \cdot 2H_2O$。二水合硫酸钙只有一种晶型，即单斜晶系三棱类晶体。半水硫酸钙是六角系晶，有两种变体。无水硫酸钙是斜方双晶体，有三种变体。

湿法磷酸的生产方法常常以硫酸钙结晶的形态来命名，即二水物法，半水-二水物法、二水-半水物法和半水物法。其中二水物法制湿法磷酸是目前世界上广泛应用的一种。半水-二水物法制湿法磷酸在日本采用较多，该法将硫酸钙溶解后再结晶，可减少磷的损失，从长远来看是较有发展前途的生产方法。

二、二水物法制湿法磷酸

1. 工艺流程

二水物法制湿法磷酸既有单槽和多槽流程，又有无回浆和有回浆流程，还有真空冷却和空气冷却流程。图 5-1 所示为典型的二水法磷酸生产流程。

流程中为硫酸和磷矿粉系在一组串联的搅拌萃取槽（一般 4～6 个）中进行反应。磷矿粉加入第一槽中，与“回浆”及循环稀磷酸（洗液 I，有时加部分成品磷酸混合成浆状），借重力作用逐级流过以后各槽。硫酸在第二槽中加入，料浆在各级反应槽中停留的总时间为 4～8h。“回浆”是从倒数第二槽中抽出，经真空蒸发，浓缩降温而成。回流料浆与送去下一工序过滤的料浆之比约为 10∶1～15∶1。干矿粉用量较理论用量稍许少些，以维持系统中有稍过量硫酸。控制好各级反应槽的温度和酸浓度，使得反应进行完全，并让石膏结晶长大到有利于过滤分离的程度，用泵送至过滤机，进行分离和洗涤石膏结晶。

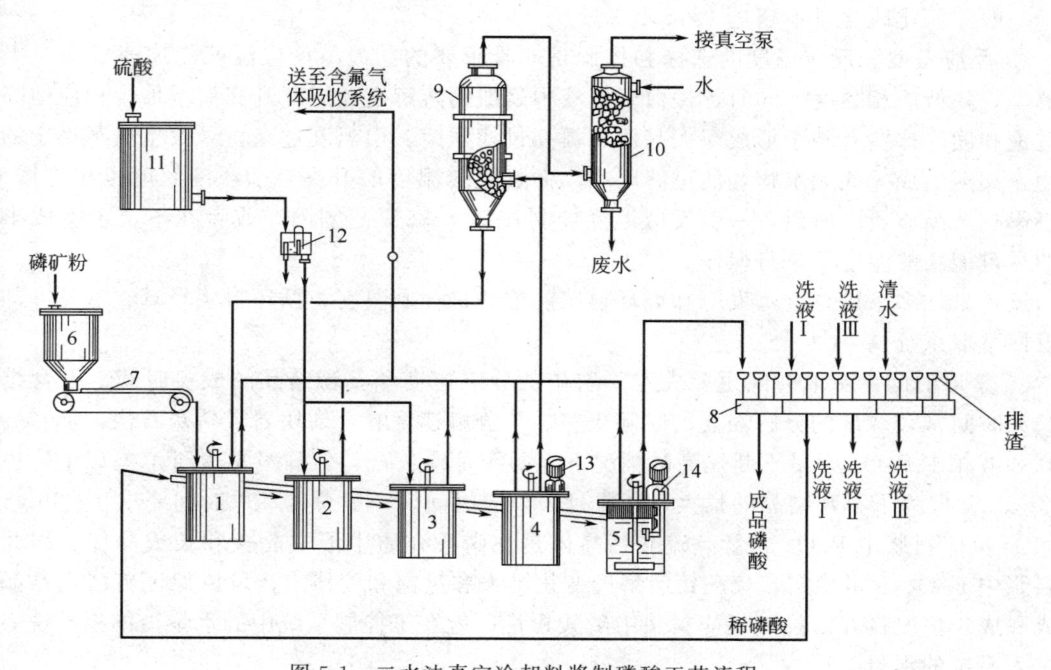

图 5-1　二水法真空冷却料浆制磷酸工艺流程

1，2，3，4，5—萃取槽；6—矿粉料斗；7—皮带式计量器；8—盘式过滤机；9—真空蒸发冷却器；10—冷凝器；11—硫酸高位槽；12—硫酸计量器；13，14—浸没泵

过滤操作一般包括三个连续过程。第一步将含 28%～32%P_2O_5 的成品磷酸与石膏分离，滤液为成品磷酸。滤渣经三次洗涤，三次洗用水，二次洗用三次洗的洗涤液，一次洗用二次洗的洗涤液。一次洗的洗涤液约含 20%P_2O_5，用泵送去第一萃取槽。洗涤后的滤渣即为二水硫酸钙（磷石膏）。从过滤机流出的产品磷酸如需浓缩，则送去浓缩工序加工。

硫酸分解磷矿的萃取过程也可以在一个大槽内进行，即用大槽代替上述的一组槽。这种采用一个大槽的工艺流程称为单槽式二水法真空冷却料浆制取磷酸流程。它与上述多槽式流程比较，具有占地面积小，厂房高度低（一个槽可建在地下），节省基建投资等优点。目前国外已有日产 540t P_2O_5 的单槽生产装置。

2. 二水法湿法磷酸工艺条件的选择

二水法湿法磷酸生产中，为了获得最大的 P_2O_5 回收率和最低的硫酸消耗量，应从以下几方面选择工艺条件：

① 液相三氧化硫含量。不同组成的磷矿对磷酸的生产影响很大，换用新的磷矿做原料时，必须先进行试验，根据磷矿中 CaO 含量计算硫酸用量（折成 100%硫酸理论用量）。一般计算式为

$$\text{硫酸用量}=\frac{98}{56}\times\text{磷矿中 CaO 含量}$$

式中　98、56——分别为硫酸和氧化钙的相对分子质量。

萃取系统中游离硫酸含量是一个重要变量，它将影响生成石膏结晶的大小和形状。对于不同的磷矿有不同的适宜过量硫酸量。当游离硫酸较适宜量低时，生成难于过滤的细小结晶（未长大），会降低过滤速率。游离硫酸过高时，石膏会在磷矿粉表面上结晶，俗称包裹现象或称钝化现象，致使反应时间拖长，甚至使反应完全停顿，还会使料浆和成品酸的腐蚀性加

剧，一般三氧化硫含量不超过1%～2.5%。

② 反应温度。反应温度的选择和控制是非常重要的。提高反应温度能加速反应，提高分解率，降低液相黏度。同时，又由于溶液中硫酸钙溶解度随温度升高而增加，相应地降低了过饱和度，这些有利于形成粗大晶体和提高过滤强度。但温度过高将导致生成不稳定的半水物，甚至生成一些无水物，使过滤困难。而且随着温度的升高，杂质溶解度也相应增大，势必影响产品质量。所以，一般反应温度控制在70～85℃范围内，或者在不至于生成半水物的尽可能高的温度下进行操作。

近年来，多采用真空蒸发冷却循环料浆的方法来控制温度，循环料浆经真空蒸发冷却后再返回萃取系统。

③ 萃取时间。萃取时间主要决定于磷矿的分解速度和石膏结晶的成长时间。石膏结晶的长大时间常较磷矿的分解需要的时间更多。从分解速度看，磷块岩较磷灰石快，但在温度较高和液相中P_2O_5含量不断提高的情况下，即使是磷灰石，分解率要达到95%以上，也只需2～3h。但为了石膏结晶的长大，还需延长反应时间。一般总的萃取时间要求4～8h。

④ 反应料浆中P_2O_5含量。硫酸钙晶体是在磷酸介质中形成晶核和长成晶体。因此反应料浆中P_2O_5含量稳定，硫酸钙溶解度变化不大和过饱和度稳定，可以保证硫酸钙结晶的形成和成长情况良好。控制反应料浆中磷酸含量，就在于控制系统中的水量，即控制洗涤滤饼进入系统的水量。

⑤ 料浆中固体物的含量。反应料浆中固体物的含量即是料浆的液固比。料浆中固体含量过高，会使料浆黏度增高，对磷矿分解和晶体长大都不利。提高液相含量会改善操作条件，但液固比过大会降低设备生产能力。一般液固比控制在（2.5～3）∶1。如果所用矿种镁、铁、铝等杂质含量高时，液固比应适当提高一些。

⑥ 回浆。返回大量料浆可以提供大量晶种，并可以防止局部游离硫酸含量过高，可以降低过饱和度和减少新生晶核量。这样，有可能获得粗大、均匀的硫酸钙晶种。

⑦ 料浆的搅拌可以改善反应条件和结晶成长条件，有利于颗粒表面更新和消除局部游离硫酸浓度过高，对防止包裹现象和消除泡沫起一定作用（磷矿中过量二氧化碳的存在，会使萃取槽中溶液起泡）。但搅拌强度也不宜过高，以免晶体被碰碎。

3. 主要设备

（1）萃取槽　多槽式流程的萃取槽直径可达4m以上，用钢制成，内衬耐酸板，并装有搅拌器。盖可用木制，其上设有排气筒以导出水蒸气和含氟气体，把它们送往吸收设备。具有中心筒的萃取反应单槽的结构示意如图5-2所示。

反应槽由槽体、顶盖、中心筒、回浆挡板及数台搅拌器等组成。槽体用钢板内衬铅板、耐酸砖及炭板制成。搅拌器安装在同心的外筒与内筒的环隙部分。中心筒（内筒）装有一台浸没泵。反应料浆沿环隙最后进入中心筒。

方形萃取反应单槽如图5-3所示，可由混凝土浇注槽体，内衬防酸薄膜和炭砖。方形单槽实际上是多槽的组合，由不同数目的上挡板和下挡板将方形萃取单槽隔成几部分。料浆流动方式是底流—溢流—底流。至倒数第二格由料浆泵输送去真空冷却器，经过冷却后的料浆返回最后一格，一部分送去过滤，另一部分作为回浆送去第一格。

（2）过滤机　湿法磷酸生产中最早使用的是转筒真空过滤机，因其效率低，已逐步为连续带式、盘带式和倾覆盘式过滤机所代替。这些过滤机具有类似的特点：连续操作，利用真空抽气进行过滤和洗涤；磷酸料浆在固定地点加入过滤机中，过滤后的滤饼连续地移动，移动中分别进行一次、二次或三次洗涤（用逆流方式进行）；滤饼自动排除。

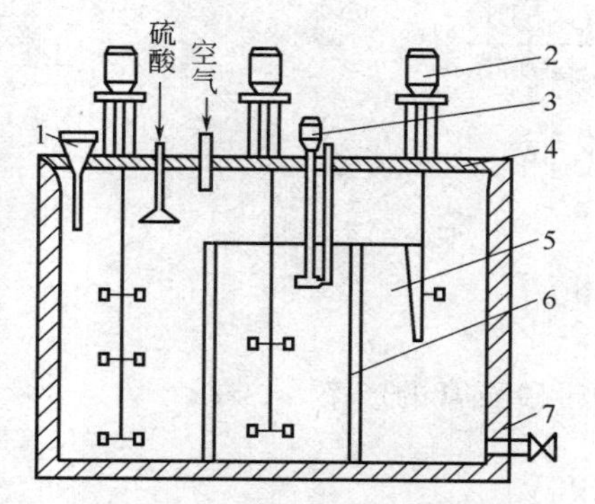

图 5-2　具有中心筒的反应单槽结构示意图

1—预混器；2—搅拌装置；3—立式料浆泵；4—顶盖；5—回浆挡板；6—中心筒；7—槽体

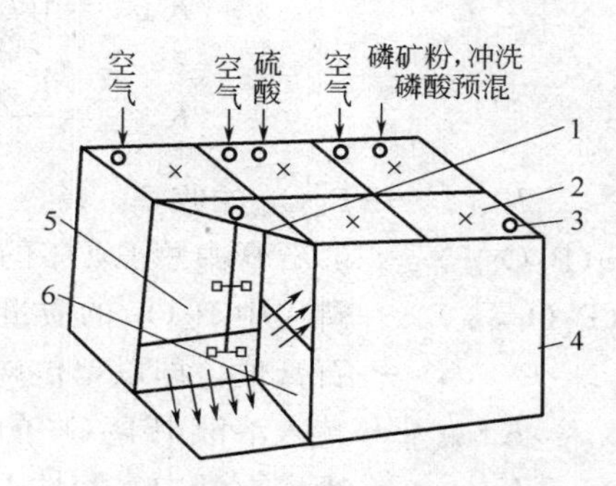

图 5-3　方形反应单槽示意图

1—顶盖；2—搅拌装置；3—立式料浆泵；4—壳体；5—上挡板；6—下挡板

带式过滤机是由橡胶带、滤布带及承受槽组成。橡胶带上有若干小槽和小孔，可以使滤液和洗液穿过，橡胶带上还蒙有一层与它同样大小的滤布带，滤饼即承受在滤布带上面。过滤机的下面和橡胶带接触的地方，有个分隔开的橡胶制作的承受滤液和洗液的承受槽，如图 5-4 所示。

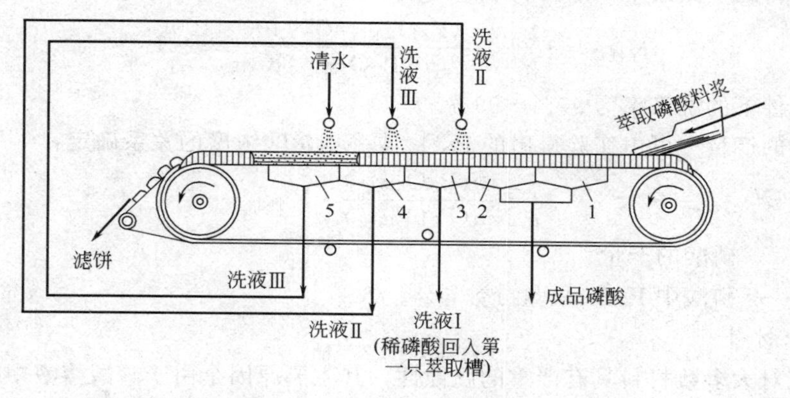

图 5-4　带式过滤机示意图

1，2—滤液承受槽；3，4，5—洗液Ⅰ、Ⅱ、Ⅲ的承受槽

由图 5-4 可见，1、2 槽的滤液为成品磷酸。洗液Ⅰ是洗液Ⅱ在洗液承受槽上方对滤饼第一次洗涤的溶液，即为稀磷酸，可送回第一反应槽再次应用。洗液Ⅲ是在洗涤承受槽 5 的上方用清水最后洗涤滤饼时所得的洗液。用洗液Ⅲ在洗涤承受槽 4 的上方对滤饼进行第二次洗涤，所得洗液即为洗液Ⅱ。

倾覆盘式过滤机其过滤和洗涤操作的原理和带式过滤机相同，过滤盘沿一定方向，在水平的圆形轨道上移动，移动中进行过滤和分次洗涤，所得各次洗液的循环操作和带式过滤机一样。当滤饼最后用清水洗涤后，滤盘就自动倾覆将滤渣排出，并自动地借清水冲洗干净，然后回复到原有位置，再承受新的磷酸料浆。由于过滤盘不停移动，使过滤和洗涤的操作连续不断地进行。

4. 主要经济指标计算

(1) P_2O_5 的收率　即原料中的 P_2O_5 转到磷酸中的转化率（不考虑机械损失），磷灰石精矿为 95％～96％，其他各种磷矿在 71％～94％范围内波动。这一指标可以根据磷石膏中

P_2O_5 的总含量求出：

$$K_{收率}=100\frac{w(P_2O_{5总})G\times100}{w(P_2O_{5磷矿})}\%$$

或

$$K_{收率}=\frac{K_{萃取}\cdot K_{洗涤}}{100}\%$$

式中　$K_{收率}$——P_2O_5 的收率，%；

$w(P_2O_{5总})$——磷石膏中总 P_2O_5 的质量分数，%；

$w(P_2O_{5磷矿})$——磷矿中 P_2O_5 的质量分数，%；

G——石膏值，即以单位磷矿为基准的干磷石膏的产率，t/t；

$K_{萃取}$——转入溶液中 P_2O_5 的萃取率，%；

$K_{洗涤}$——废磷石膏中水溶性 P_2O_5 损失量，%。

（2）转入溶液中 P_2O_5 的萃取率（以%表示）可按下式计算：

$$K_{萃取}=100-\frac{[w(P_2O_{5总})-w(P_2O_{5水溶})]G\times100}{w(P_2O_{5磷矿})}\%;$$

式中　$w(P_2O_{5水溶})$——磷石膏中水溶性 P_2O_5 质量分数，%；

对于不同磷矿 $K_{萃取}$ 在 95%～99%范围内。

（3）磷石膏的洗涤效率（以%表示）可按下式计算：

$$K_{洗涤}=100-\frac{w(P_2O_{5水溶})G\times100\times100}{w(P_2O_{5磷矿})K_{萃取}}\%$$

最适宜条件下的洗涤率为 97%～99%。

（4）磷酸的产量　可由实验得出的 P_2O_5 收率和磷酸浓度的关系确定：

$$\phi=\frac{w(P_2O_{5磷矿})}{w(P_2O_{5磷酸})}\cdot K_{收率}$$

式中　ϕ——磷酸的产量；

$w(P_2O_{5磷酸})$——磷酸中 P_2O_5 质量分数，%。

5.耐腐蚀材料

湿法磷酸对大多数材料具有严重的腐蚀性，其主要原因是由于磷酸溶液中除磷酸外，尚含氟硅酸和游离硫酸的缘故，温度较高时，腐蚀更严重。

目前国内通常采用含铬、镍和钛的合金钢，它的耐腐蚀性能好，机械强度高（耐磨性能好）。如搅拌桨、液下泵、滤盘、鼓泡管和过滤机上的错气盘都采用这种合金钢制作。此外，耐腐蚀性好，但机械强度较差的非金属材料，如石墨、耐酸砖、碳砖等，可用于制作反应槽浓缩器的内壁衬里。过滤机耐压橡胶管、输送磷酸用的软橡胶管、尾气放空用的硬聚氯乙烯管、滤布用的耐酸合成纤维等都是非金属耐腐蚀材料。

磷酸浓缩用的石墨热交换器，液下泵的刚玉叶轮以及塑料泵等也具有良好的使用效果，但加工比较困难，而且维修费用较大。铅是磷酸工业中使用已久的耐腐蚀性较好的材料，但因价格昂贵，耗用量大，故应尽量避免使用或少用。

三、湿法磷酸的浓缩

在磷肥生产中常需用浓度较高的磷酸，如制磷酸铵需要含 P_2O_5 40%～42%的磷酸，制造重过磷酸钙要求磷酸含 P_2O_5 50%～54%。因此，“二水物法”制得的磷酸必须加以浓缩，才可用以生产高浓度的磷肥产品。

磷酸浓缩过程中，磷酸中含有硫酸钙、磷酸铁、磷酸铝和氟硅酸盐等杂质，它们会因酸浓度的提高而析出，黏结在浓缩设备的内壁上，降低设备的导热性能，并引起受热不均，从而产生严重的起泡和酸雾。此外，浓缩过程中因温度高和酸浓度大，加剧了对设备材料的腐蚀。湿法磷酸浓缩在工艺和设备上都还存在不少问题。

目前，普遍采用的湿法磷酸蒸发浓缩方法有直接接触蒸发和管式加热蒸发两种。直接接触蒸发中包括湿壁蒸发、喷雾塔蒸发、浸没燃烧蒸发和鼓泡浓缩等。管式加热蒸发器有热虹吸型、强制循环型和降膜型。

图 5-5 所示为强制循环真空蒸发浓缩萃取磷酸流程。稀酸进入混合器 3 中，与来自分配槽 2 的浓磷酸混合，这时由于磷酸浓度迅速增高，使原来稀磷酸溶液中的杂质大部分析出。然后用泵 4 输送至沉降槽 5，让其中的杂质沉降下来并从底部放出。去掉杂质的磷酸清液用循环泵 9 快速送入真空蒸发器 1 中，用蒸汽加热蒸发。蒸发器出来的浓磷酸导入分配槽 2 中。一小部分作为成品浓酸放出，大部分则仍送入混合器中，与稀酸混合循环使用。这样循环、浓缩、析出杂质、取得成品浓酸，构成了连续生产。

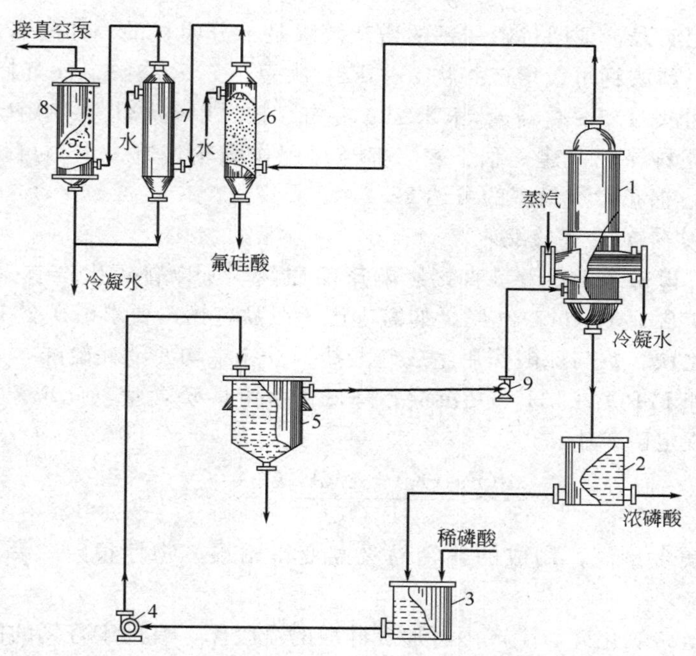

图 5-5　真空蒸发浓缩萃取磷酸的流程

1—真空蒸发器；2—分配槽；3—混合器；4—酸泵；5—沉降槽；6，7—第一、二冷凝器；8—水沫捕集器；9—循环泵

第三节　酸法磷肥

一、普通过磷酸钙的生产

普通过磷酸钙是一种制造简单，广泛使用的磷肥，一般简称过磷酸钙，亦称普钙。它是一种灰褐色的粉末，其主要组成为磷酸一钙 $Ca(H_2PO_4)_2 \cdot H_2O$ 及无水硫酸钙 $CaSO_4$。此外，还含有一些游离磷酸、磷酸盐（磷酸铁、磷酸铝等）、游离水、硅酸及其他杂质。

1. 过磷酸钙的性质、产品指标和肥效

过磷酸钙加热时不稳定，当温度高于 120℃时，磷酸一钙失去结晶水，水溶性五氧化二磷逐渐减少。加热到150℃时无水磷酸一钙因缩合失水，转变为焦磷酸氢钙（$CaH_2P_2O_7$）。对作物失去肥效。所以在制粒状过磷酸钙时，物料干燥温度应在120℃以下，以免水溶性五氧化二磷的损失。

工业上生产过磷酸钙的质量以五氧化二磷（包括水溶性 P_2O_5 和枸溶性 P_2O_5）含量为主要指标，此外，对游离酸、游离水也有一定要求。中国过磷酸钙产品的规格见表5-1。

表5-1 过磷酸钙产品的规格

名称		指标			
		优等品	一等品	合格品	
				Ⅰ	Ⅱ
有效 P_2O_5 含量/%	≥	18.0	16.0	14.0	12.0
游离酸含量(以 P_2O_5 计)/%	≤	5.0	5.5	5.5	5.6
水分含量/%	≤	12.0	14.0	14.0	15.0

经过多年施肥实践，证明过磷酸钙的增产效果是十分明显的。如每亩施用10～20kg过磷酸钙，每1kg过磷酸钙可以增产谷物2～3kg，大豆1.6～2.3kg，油菜籽1.6～2.5kg，棉花0.5～1.8kg，小麦1.2～4.5kg，玉米2kg左右。按“以磷增氮”使用磷肥的经验，连续施用过磷酸钙于豆料绿肥，建立稻、麦、棉与绿肥作物轮作制，水稻可增产36%～49%，小麦增产27.8%，棉花增产最多的可达22.2%。

2.普钙生产对磷矿质量的要求

普钙生产中，磷矿含 P_2O_5 量直接影响产品质量，所以普钙生产宜采用品位较高的磷矿。一般要求磷矿含 P_2O_5 量>26%。如需生产一级品普钙，要求磷矿含 P_2O_5 量>32%。

磷矿中的氧化铁、铝与硫酸作用生成硫酸盐，反应中均要消耗硫酸，并在熟化过程中析出磷酸铁、铝（如 $FePO_4 \cdot 2H_2O$）沉淀，降低了水溶性磷含量（此现象称为退化）。为了防止退化，一般规定磷矿中：

$$\frac{w(Fe_2O_3)+w(Al_2O_3)}{w(P_2O_5)}<8\%$$

磷矿中氧化镁含量高，制成的普钙易吸潮变得粘湿，物性很差，一般要求 $w(MgO)/w(P_2O_5)<6\%$。

磷矿中含少量二氧化硅，生产中可形成硅酸的凝胶体，有助于普钙的固化。但含量也不要太高，一般要求 $w(F):w(SiO_2)=1:0.8$。

3.过磷酸钙生产原理

用硫酸分解磷矿粉时，根据所用硫酸量的不同，可得到磷酸和磷酸盐，反应式如下

$$Ca_5F(PO_4)_3+5H_2SO_4 = 3H_3PO_4+5CaSO_4+HF\uparrow \tag{5-1}$$

如果硫酸用量不足以和全部钙化合为硫酸钙时，即按下列方程式生成磷酸盐（磷酸二氢钙）

$$Ca_5F(PO_4)_3+3\frac{1}{2}H_2SO_4+1\frac{1}{2}H_2O = 1\frac{1}{2}Ca(H_2PO_4)_2 \cdot H_2O+3\frac{1}{2}CaSO_4+HF\uparrow \tag{5-2}$$

制造普钙的化学反应过程就是按照反应式（5-2）进行的，它是一个总反应方程式。在生产普钙的条件下，反应分两个阶段进行。

第一阶段，即是全部硫酸先和磷矿作用，生成游离磷酸和硫酸钙，反应式如下：

$$7Ca_5F(PO_4)_3+35H_2SO_4+17\frac{1}{2}H_2O =\!=\!= 21H_3PO_4+35CaSO_4\cdot\frac{1}{2}H_2O+7HF\uparrow \quad (5\text{-}3)$$

第二阶段，是上阶段生成的磷酸继续分解剩余的磷矿，生成磷酸二氢钙，反应式为

$$Ca_5F(PO_4)_3+7H_3PO_4+5H_2O =\!=\!= 5Ca(H_2PO_4)_2\cdot H_2O+HF\uparrow \quad (5\text{-}4)$$

不难看出，第一阶段磷矿被硫酸分解了约70%，剩下30%未分解的磷矿留在第二阶段继续与磷酸作用。如果起初硫酸的用量愈大，则磷矿在第一阶段分解得也愈多。

从上面两个阶段的反应方程式可以清楚地看出，磷酸二氢钙的形成是在反应的第二阶段反应开始以后。但是，实际上当液相中还有硫酸存在时，第二阶段反应就已缓慢进行着，而硫酸与磷矿继续分解所生成的磷酸二氢钙将被硫酸所中和。反应式为

$$Ca(H_2PO_4)_2+H_2SO_4 =\!=\!= 2H_3PO_4+CaSO_4$$

磷矿被酸分解，由于是固体和液体的两相反应，受到接触面的限制，所以起初较快，以后就逐渐迟缓下来，反应虽然经过很长的时间，最终也难达到100%。

将反应过程的两个阶段分析如下。

(1) 反应过程的第一阶段　反应的第一阶段在生产工艺流程中，是在混合器和化成室的前一段时期内完成的。当磷矿粉和硫酸同时加入混合器中，并进行激烈地搅拌，固体的矿粉颗粒开始悬浮在液相硫酸中，形成一种稀的浑浊浆液（简称料浆）。此时，大量的游离硫酸围绕在矿粉颗粒的周围，并在颗粒表面进行着矿石的溶解和生成硫酸钙结晶的化学反应，如反应式（5-3）所示。

在进行反应式（5-3）反应的同时，矿粉中一些杂质和碳酸盐也开始和硫酸发生激烈的反应，这些反应为普钙生产第一阶段的副反应，如

$$CaCO_3+H_2SO_4 =\!=\!= CaSO_4+H_2O+CO_2\uparrow$$

$$Fe_2O_3+3H_2SO_4 =\!=\!= Fe_2(SO_4)_3+3H_2O$$

$$Al_2O_3+3H_2SO_4 =\!=\!= Al_2(SO_4)_3+3H_2O$$

磷矿粉分解时放出的氟化氢气体随即与二氧化硅作用，生成气态的四氟化硅（SiF_4），部分四氟化硅又与氟化氢作用，生成氟硅酸，反应式如下

$$4HF+SiO_2 =\!=\!= SiF_4+2H_2O$$

$$SiF_4+2HF =\!=\!= H_2SiF_6$$

氟呈气体状态逸出的形式主要是SiF_4和少量的H_2SiF_6，其余的氟硅酸则残留在普钙中，一部分呈游离状态，一部分与碱金属盐类作用生成不挥发性的氟硅酸盐。

硫酸分解磷矿是放热反应，因此料浆在混合器中的温度经常保持在110～120℃之间，物料在化成室中的温度也有100～110℃。

随着磷矿的不断分解，硫酸逐渐减少，二氧化碳、四氟化硅和水蒸气等气体不断逸出，固体硫酸钙结晶大量生成，因此使料浆在几分钟内就可以变稠，离开混合器进入化成室后很快就固化。

固化过程进行得好坏，主要决定于所生成的硫酸钙结晶的类型、大小和数量。在正常的工艺条件下，料浆中首先析出的将是半水硫酸钙$\left(CaSO_4\cdot\frac{1}{2}H_2O\right)$，它是一种细长形的针状或棒状结晶，相互交叉堆积成像骨架一样，使得大量的液相（约占料浆的40%以上）隐藏在结晶的空隙之中，因而形成一种表面干燥物理性良好的固体肥料。

半水硫酸钙是不稳定的，在制造普钙的条件下，因温度高于110℃，最后将转变为稳定的无水硫酸钙，转变的时间随着酸的温度和浓度的增加而加快。无水硫酸钙是一种细小紧密的结晶，这种结晶形态不能形成普钙的固体结构，而且由于转变过程放出的大量水分将使料浆变得更稀，因而难固化。所以为保证产品质量，应该控制一定的条件，使得半水硫酸钙能保持一个较长的稳定时间，至少是在离开混合器之后才能进行下列变化，即

$$CaSO_4 \cdot \frac{1}{2}H_2O \longrightarrow CaSO_4 + \frac{1}{2}H_2O$$

磷矿中含有少量硅酸盐也会促进普钙的固化作用。因为硅酸盐被分解时生成硅酸（H_2SiO_4 或 H_2SiO_3），它将逐渐从溶液中凝集出来形成硅酸凝胶。凝聚速度随着酸浓度和反应温度的提高而加快，这种凝胶的质点之间有着很大的空隙，同样可以包藏液体，起促进固化的作用。

在反应过程中生成的大量气体（H_2O、CO_2、SiF_4），不仅促进了料浆的搅拌作用，而且使普钙结构疏松多孔，这些气体周围同时可以吸附着一层液体，促进物料固化。

当料浆离开混合器流入化成室进行固化的过程中，磷矿继续与硫酸进行反应，此时半水物也不断地变成无水物。这时由于固体的显微结构已经形成，只要不遭受外力的挤压，半水物的转变将不会使原有的固体结构遭受破坏。

（2）反应过程的第二阶段　第二阶段即是反应第一阶段生成的磷酸继续分解剩余的磷矿，按反应式（5-4）进行反应。

普钙生产的第二阶段化学反应是横跨化成室及熟化仓库两部分进行的，其反应速率进行得很慢，需要数天甚至20多天（根据原料分解的难易而定），才能使磷矿转化率达到94%～95%。反应速率缓慢有以下几个原因。

① 和硫酸比较，磷酸的酸性较弱，它对磷矿的分解能力要比硫酸小得多。

② 细小的磷矿粒子都在第一阶段中与硫酸作用完，剩下的是较粗颗粒，使反应的接触面积减少。

③ 第一阶段反应生成的大量硫酸钙结晶包裹在矿粉粒子的周围，使磷酸与矿粉接触困难。

④ 随着第二阶段反应的进行，生成了大量的磷酸二氢钙，它的溶解度很大，因而在磷酸的液相中形成了磷酸二氢钙的饱和溶液，结果减少了液相中氢离子浓度，并且增加了溶液的黏度，使液相的反应能力降低，分解速率越来越慢。

⑤ 由于水分的不断蒸发，结晶逐渐形成，因此使液相逐渐减少，而固相不断增多，磷酸与矿粉接触的机会减少。

⑥ 随着磷矿粉的分解，反应表面的有效值减少，因而分解速率更缓慢。

第二阶段反应生成的磷酸二氢钙，最初是溶解于液相中，当溶液过饱和时便开始结晶析出。

磷酸分解磷矿粉也是放热反应，所以反应温度较高（100～110℃），它虽然可以加速磷矿的分解和水分的蒸发。但温度过高，会使生成的磷酸二钙在溶液中的溶解度增大，反应速率减慢。因此将普钙在化成室中储放的时间延长，并不能使转化率继续提高。实际生产证明，将普钙储放在化成室中至转化率到75%～85%，然后放至仓库中使其继续进行分解，这样不仅可以减少化成室的容积，而且能使反应进行。

从化成室刚卸出的新鲜普钙中，含游离酸（按 P_2O_5 计）约8%～14%，游离水分

9%～15%。

4. 硫酸分解磷矿的影响因素和工艺条件的选择

(1) 硫酸用量　硫酸用量是指每分解100质量份的磷矿粉所需质量分数为100%的硫酸份数。其理论量是按矿石中P_2O_5、CO_2、Fe_2O_3、Al_2O_3等的化学反应量计算的（按化学反应方程式计算）。

P_2O_5耗酸量的计算按下面反应式进行：

$$2Ca_5F(PO_4)_3+7H_2SO_4+3H_2O \longrightarrow 3Ca(H_2PO_4)_2 \cdot H_2O+7CaSO_4+2HF$$

式中，3mol P_2O_5耗7mol H_2SO_4，则1份P_2O_5耗H_2SO_4量为

$$\frac{7\times 98}{3\times 142}=1.61\text{份}$$

CO_2耗酸量可按下反应式计算：

$$Ca(Mg)CO_3+H_2SO_4 \longrightarrow Ca(Mg)SO_4+H_2O+CO_2$$

式中，1mol CO_2耗1mol H_2SO_4则1份CO_2耗H_2SO_4量为

$$\frac{98}{44}=2.23\text{份}$$

Fe_2O_3耗酸量可按下反应式计算：

$$Fe_2O_3+H_2SO_4+Ca(H_2PO_4)_2 \longrightarrow 2FePO_4+CaSO_4+3H_2O$$

式中，1mol Fe_2O_3耗1mol H_2SO_4，则1份Fe_2O_3耗H_2SO_4量为

$$\frac{98}{159.7}=0.614\text{份}$$

Al_2O_3耗酸量可按下面反应式计算：

$$Al_2O_3+H_2SO_4+Ca(H_2PO_4)_2 \longrightarrow 2AlPO_4+CaSO_4+H_2O$$

式中，1mol Al_2O_3耗1mol H_2SO_4，则1份Al_2O_3耗H_2SO_4量为

$$\frac{98}{101.96}=0.96\text{份}$$

所以每100份磷矿理论用酸量$=[w(P_2O_5)\times 1.61+w(CO_2)\times 2.23+w(Fe_2O_3)\times 0.614+w(Al_2O_3)\times 0.96]\times 100$

选择硫酸用量适当较理论值过量些，以使参加第一阶段反应的全部钙生成硫酸钙。增加矿粒与酸的接触机会，使反应加速，提高分解率。但加入硫酸量过多是不经济的，而且加入硫酸量必须保证料浆不致因液相过多而不固化。应该使制得的产品具有疏松、干燥、坚实而不黏结的良好物理性能。一般实际硫酸用量为理论用量的103%～105%。

(2) 硫酸含量　反应的第一阶段，磷矿石的分解速率与硫酸含量有重要关系，过磷酸钙料浆固化的速度和产品的物理性质也与硫酸含量有关。根据质量作用定律，化学反应的速率与反应物的含量成正比。所以在过磷酸钙的生产过程中采用含量较高的硫酸，不仅可以促进第一阶段的分解过程加速进行，并且由于液相量较少，制得的磷酸含量也较高，使第二阶段的反应也加快，缩短了熟化时间。同时由于反应过程作用激烈，水分蒸发较多，硫酸浓度高带入的水分又较少，因此降低了过磷酸钙中的含水量，改善了产品的物理性质，提高了有效磷的含量（过磷酸钙含水率降低1%，相应地使可溶性P_2O_5的含量平均增加0.2%）。采用较高含量的硫酸还可提高氟的逸出率。

虽然硫酸含量高，对反应有利，但提高硫酸含量也有限度，过高的硫酸含量对磷矿的分解是不利的，因为硫酸含量和温度过高使初始反应速率太快，以致造成硫酸钙在液相内迅速

过饱和呈极细结晶析出，在未反应的矿粒表面形成一层不透性薄膜，出现“钝化”现象。反而会使矿粉分解速度降低。由于反应进行得不完全，水分蒸发少，还会使产品黏结，甚至料浆不固化。

适宜的硫酸最高的质量分数，一般在61%～70%之间，冬季由于气温低，水分不易从过磷酸钙中蒸发掉，其含量可以比夏天高一些。

(3) 硫酸温度　硫酸的温度对磷矿粉的分解速率、转化率、料浆固化的快慢以及产品的质量和物理性能影响很大。酸温度高，带进的热量较多，再加上反应热，可促进水分的蒸发和含氟气体的逸出，有利于提高反应速率，同时也可以改善产品的物理性质。硫酸的温度与含量有密切的关系，对不同含量的硫酸各有一适宜温度。在连续生产中，酸的温度与含量间的关系有如下数据：

$w(H_2SO_4)$/%	H_2SO_4 适宜初温/℃	$w(H_2SO_4)$/%	H_2SO_4 适宜初温/℃
64	65～75	67	55～65
65.5	60～70	68.5	50～60

生产过程中常采用的硫酸温度为50～70℃，夏季应比冬季低5℃左右。

(4) 磷矿粉的粒度　磷矿粉的分解速度与其反应表面积（与液相接触的表面积）成正比。反应表面积的大小与矿粉颗粒的直径成反比。所以，磷矿粉颗粒的直径越小，参加反应时，分解速度就越大。当颗粒直径小于30μm时，还不会发生钝化现象，可以用较高含量和温度的硫酸。目前，一般粒度为90%以上通过100目。

(5) 搅拌速度与混合时间　为了使反应物质混合均匀，创造良好的液固相接触条件，减少扩散阻力，需要进行搅拌。搅拌强度大，可造成高度湍流条件，增大液体对悬浮的磷矿粉颗粒的相对速度，减少界面层厚度，使反应速率加快。搅拌速度对立式混合器为4～8m/s。搅拌速度的计算如下

$$v=\frac{\pi DN}{60}$$

式中　v——搅拌桨叶末端的线速度，m/s；

N——桨叶转速，r/min；

D——桨叶直径，m；

π——圆周率。

搅拌混合时间视磷矿性质不同而异，对易分解的磷矿可短一些，对难分解的磷矿则应长一些。混合时间还与前述反应条件有关，当磷矿粉较粗，硫酸用量较少，硫酸浓度和温度稍低时，混合时间可长一些。反之，则应短些。但要注意，时间太短，矿粉分解率低，料浆不易固化。时间太长，料浆过于稠厚，操作困难，还有可能使物料固化在混合器内。

5. 工艺流程和主要设备

(1) 工艺流程　过磷酸钙生产工艺流程包括：酸与磷矿粉的混合；料浆在化成室内固化(化成)；过磷酸钙在仓库内熟化；从含氟废气中回收氟等主要工序。

图5-6为回转化成室法生产过磷酸钙的工艺流程。

用胶带运输机1将矿粉送到磷矿石粉储斗中，再用斗式提升机3把矿粉送到带有质量式计量器的储斗4，下落到质量计量器5计量后，用螺旋加料器6送到立式混合器14中。

硫酸进入硫酸储槽7，用泵8送至高位槽9中。由高位槽放出的硫酸通过配酸器11加水（水来自高位槽10），稀释到所需浓度。稀释后的硫酸经浓度计12及流量计13进入立式混合器14。

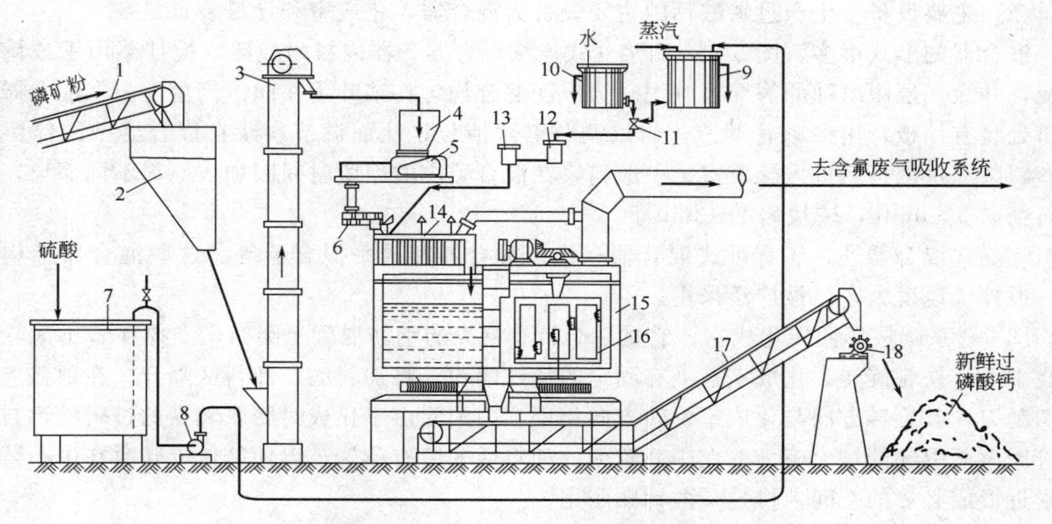

图 5-6　回转化成室法连续生产普通过磷酸钙的工艺流程

1—胶带运输机；2—磷矿粉储斗；3—斗式提升机；4—储斗；5—质量式计量器；6—螺旋加料器；7—硫酸储槽；8—泵；9—硫酸高位槽；10—水高位槽；11—配酸器；12—浓度计；13—流量计；14—立式混合器；15—回转化成室；16—切削器；17—胶带运输机；18—撒扬器

混合后的料浆进入回转化成室 15 固化。化成室每旋转一周，回转切削器 16 即将固化的新鲜普钙切削下来，然后用胶带运输机 17 送出去，经撒扬器 18 打碎，送到熟化仓库。

在熟化期中，需要定期进行翻堆，使水分进一步蒸发，并降低物料温度，促进第二阶段反应进行并改善产品物性。熟化期一般约为 3～15d。经熟化后的过磷酸钙还含有一定量的游离磷酸（5.5%～8% P_2O_5）。由于它具有腐蚀性，给运输、储存、施肥等带来困难，故在产品出厂前应中和游离酸。可添加能与过磷酸钙中的磷酸迅速作用的固体物料，如石灰石、骨粉、磷矿粉等，或用气体氨、铵盐处理之，即称氨化。

图 5-7 为胶带式化成室生产过磷酸钙流程。矿粉经胶带式计量器 1 进入蜗轮混合器（透平混合器）2，与来自高位槽 3 经计量后的硫酸混合，在此经过剧烈搅拌，很短时间内就形成稠厚的料浆，然后流入胶带式化成室 5。胶带式化成室的结构很像胶带运输机。化成室的前部胶带为槽形（由托轮作用形成），后部为平坦胶带，胶带上覆盖气罩，用于导出含氟气体。凝固好的过磷酸钙经回转切削器 6 打碎，然后送往仓库熟化。此流程适宜于比较易分解的磷矿。

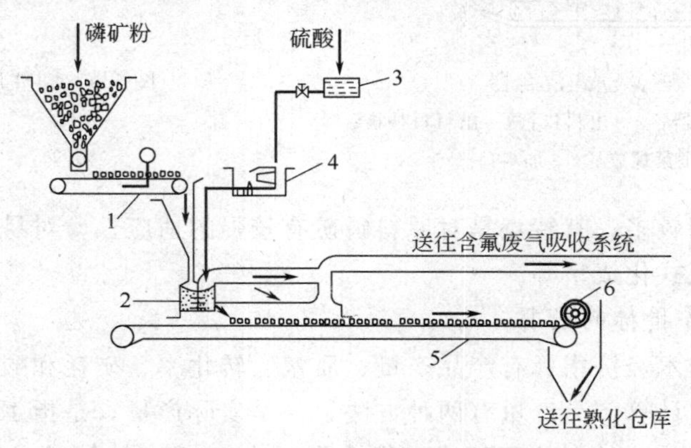

图 5-7　皮带化成室生产过磷酸钙的流程

1—胶带式计量器；2—蜗轮混合器；3—硫酸高位槽；4—硫酸计量槽；5—胶带化成室；6—回转切削器

(2) 主要设备 生产过磷酸钙的主要设备为混合器，化成室和计量装置。

混合器的形式很多，图 5-8 为四桨立式连续混合器。器内衬耐酸砖，搅拌桨用钢或铸铁制成，并涂一层耐腐蚀的辉绿岩胶泥。为保证混合均匀，桨叶不在同一高度上。在混合器的出口处装有挡板，用夹紧轮调节，借以调节料浆液位，从而调节料浆在混合器中的停留时间。料浆溢过挡板后进入化成室。一般料浆在混合器内的停留时间因加入原料不同而异，磷灰石精矿 5～6min，磷块岩 2～3min。

除立式混合器外，还有卧式混合器、锥形混合器和透平混合器等。这些混合器结构简单，搅拌线速度大，已被广泛采用。

图 5-9 系圆柱形回转化成室，它是一个带有钢壳的钢筋混凝土圆筒，支撑在若干滚轮上围绕中心铸铁管旋转。化成室盖上有固定的铸铁隔板，将加料区与卸料区隔开。在顶盖上悬有切削刀，其旋转方向与化成室旋转方向相反。为消除由于化成时膨胀起来的过磷酸钙与铸铁管摩擦而引起的过大阻力，在中心管旁的加料区安装有凸轮，以使筒体旋转时在中心铸铁管附近形成必要的空间，供过磷酸钙膨胀用。

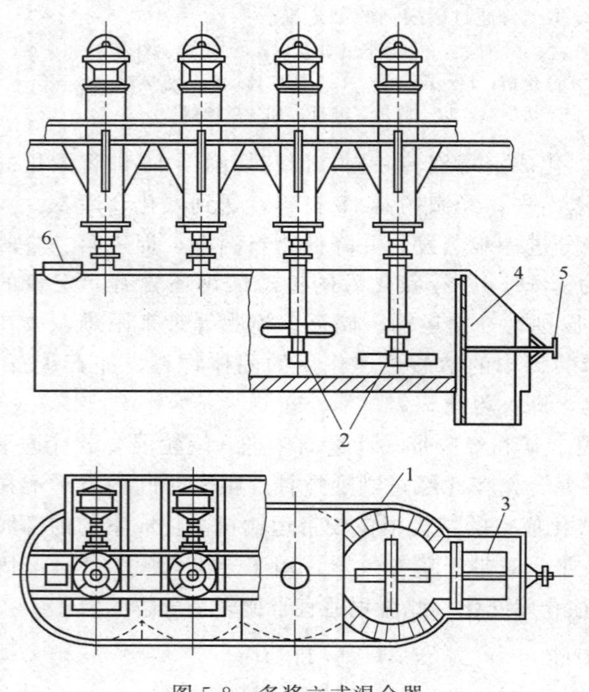

图 5-8 多桨立式混合器

1—混合槽；2—搅拌器；3—出料口；4—出料口挡板；
5—挡板压紧螺旋；6—加料口

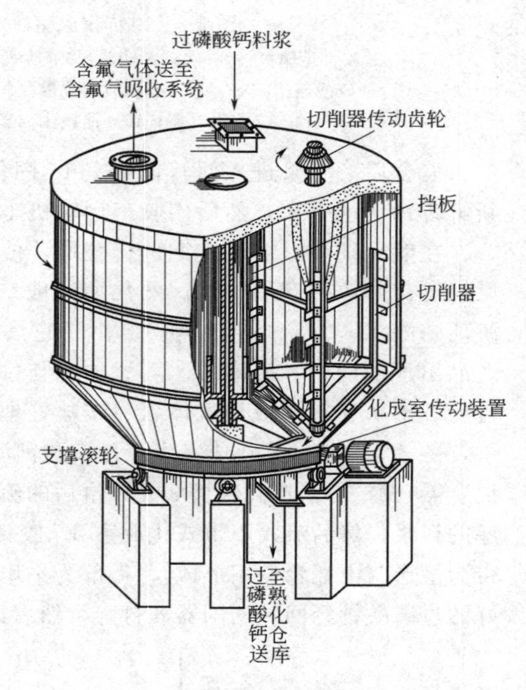

图 5-9 圆柱形回转式化成室

回转化成室使用较多，其特点是对原料磷矿有较强的适应性。对易分解的磷矿亦常用胶带化成室，还有链板式化成室等。

6. 主要技术经济指标的计算

普钙生产主要技术经济指标有产品产量、质量、转化率、矿耗和酸耗等。

(1) 产品产量 计算产品产量有两种方法，一是实际产量，是指工厂实际生产吨位。二是标准产量，是将产品中的有效五氧化二磷含量折为 18%来计算的。国家规定，普钙上报产量是以标准产量为准的。

$$标准产量(t)=\frac{成品实物量\times成品中有效 P_2O_5 含量\%}{18\%(P_2O_5)}$$

$$成品实物量(t)=鲜钙实物量(t)\times\frac{1-鲜钙平均含水\%}{1-成品平均含水\%}$$

$$鲜钙实物量(t)=\frac{硫酸用量}{鲜钙硫酸平均含量\%-\dfrac{矿粉中硫酸平均含量\%}{鲜钙平均产率}}$$

(2) 转化率　转化率是普钙中有效五氧化二磷与全五氧化二磷含量的百分数。

$$转化率=\frac{有效五氧化二磷含量\%}{全五氧化二磷含量\%}$$

转化率是普钙生产中的一个重要技术经济指标，一般转化率在95%以上较为理想。

(3) 酸耗　标准酸耗是指生产1t普钙（以有效 P_2O_5 含量18%计）耗用100%硫酸的用量。

$$标准酸耗=\frac{硫酸实际用量\times硫酸浓度\%}{标准产量}$$

(4) 矿耗　标准矿耗是生产1t标准产量的普钙所耗用的磷矿粉（以含五氧化二磷30%计）的数量。

$$标准矿耗=\frac{矿粉实际用量\times矿粉中 P_2O_5 含量\%}{标准产量\times30\%}$$

二、重过磷酸钙的生产

重过磷酸钙（简称重钙）是用磷酸分解磷矿制成的。它与普通过磷酸钙相似之处是所含的 P_2O_5 除呈磷酸一钙的形式外，还有一些呈游离磷酸状态。它与普通过磷酸钙不同的是不含硫酸钙杂质。在产品中磷酸一钙 $Ca(H_2PO_4)_2 \cdot H_2O$ 约占总量的80%左右，其中有效 P_2O_5 含量可达40%～50%，约为普通过磷酸钙的2～3倍。

用磷酸分解磷矿制重过磷酸钙相当于普通过磷酸钙生产的第二阶段反应（其反应过程原理亦相同）。

生产重过磷酸钙的流程因所用磷酸浓度不同而异。当使用质量分数为45%～50%的或更高浓度磷酸作原料时，可以完全使用制造普钙的流程和设备。由于重过磷酸钙凝固快，所需混合搅拌时间短，可不用笨重的化成室，而采用胶带化成设备即可。此法由于后期反应速率很小，所以需要堆置熟化的时间很长，需要数周（约三周以上），以降低游离酸和水含量。当用稀酸返料流程（或称无化成室法）时，则可克服使用浓酸时的缺点。此时可用质量分数为38%～39%的磷酸为原料，或用质量分数为30%～32%的磷酸也行。其生产工艺流程如图5-10所示。

磷矿粉和含38% P_2O_5 的磷酸连续加入反应器2，经过三个反应器，温度保持在80～100℃之间。从第三个反应器出来的料浆流入掺和机3，在此与干燥过的返料相混合，制成湿颗粒，送往回转干燥炉4中干燥。干燥后的颗粒送振动筛6筛分，细粉落入粉状产品储斗8，部分作为返料，返回掺和机与料浆混合，其余作为产品。大粒子落入储斗7，经粉碎机9粉碎后，全部作为返料返回掺和机。

由干燥炉流出的废气含有粉尘和含氟气体，先经旋风除尘器10分离出粉尘，然后经洗涤塔11用水洗涤，最后废气排入大气。分离出的粉尘做返料返回掺和机。总的返料量约为成品量的10～20倍。这样制成的重过磷酸钙含有效 P_2O_5 可达45%，分解率可达95%～96%。由于在干燥炉中温度可达120℃，故磷矿的分解得以加速进行。半成品只需堆置数天，大大缩短了熟化期。且原料磷酸无需极大浓缩或甚至不需浓缩。这些也是稀酸返料制重过磷酸钙流程的优点。

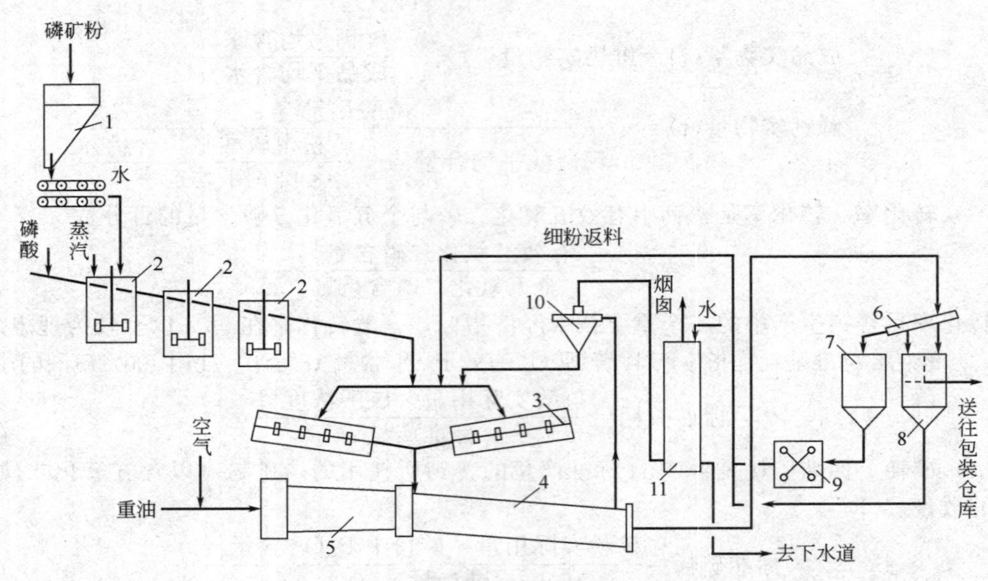

图 5-10 稀酸返料制重过磷酸钙流程

1—矿粉储斗；2—搅拌反应器；3—掺和机；4—回转干燥炉；5—燃烧室；6—振动筛；7—大粒储斗；8—粉状产品储斗；9—粉碎机；10—旋风除尘器；11—洗涤塔

重过磷酸钙生产中酸用量和分解率的计算与普钙生产中计算不同。

磷酸用量是分解 100 质量份的磷矿粉，耗用质量分数为 100％的磷酸量。它是根据磷矿中 CaO、P_2O_5、Fe_2O_3、Al_2O_3 含量来计算的。另外，湿法磷酸含杂质较多，磷的含量不仅在磷酸中，还包括磷酸盐中的磷。酸中还含有硫酸和氟硅酸，也可以起分解磷矿的作用，所以湿法磷酸的有效浓度是以氢离子浓度为基础。

理论磷酸用量可用下式计算：

$$\text{酸用量}=\frac{\dfrac{w_a}{28}+\dfrac{w_b}{80}+\dfrac{w_c}{51}-\dfrac{w_d}{71}}{w_e}\ (100\ \text{矿耗磷酸克数})$$

式中 w_a——磷矿中 CaO 的质量分数，％；

w_b——磷矿中 Fe_2O_3 的质量分数，％；

w_c——磷矿中 Al_2O_3 的质量分数，％；

w_d——磷矿中 P_2O_5 的质量分数，％；

w_e——磷矿中 H^+ 浓度（100 克磷酸中含 H^+ 克数）。

重钙中的有效 P_2O_5 不单是由磷矿分解而来，同时还包含磷酸带入的大量的 P_2O_5。因此，在计算磷矿分解率时应由总的有效 P_2O_5 中减去磷酸带入的有效 P_2O_5，计算式如下

$$\text{磷矿分解率}\%=\left(1-R\ \frac{w'_a-w'_b}{w'_a}\right)\times 100$$

式中 R——$\dfrac{\text{磷酸中 }P_2O_5\text{ 量}+\text{磷矿中 }P_2O_5\text{ 量}}{\text{磷矿中 }P_2O_5\text{ 量}}$；

w'_a——肥料中总 P_2O_5 的质量分数，％；

w'_b——肥料中有效 P_2O_5 的质量分数，％。

第四节　热法磷酸和热法磷肥

一、热法磷酸

工业上制取磷酸除湿法外，还可用热法，即在高温下将天然磷矿中的磷升华，而后氧化、水合制成磷酸。热法磷酸主要用于生产工业磷酸盐和用作牲畜、家禽的辅助饲料。

1. 黄磷的生产

在高温电炉内用碳还原磷矿中的磷酸钙可以得到单质磷。磷以蒸气形式从电炉中逸出，其过程称为电升华。不同温度下磷蒸气冷凝便可得到液体或固体磷。

在无助熔剂时，碳还原磷酸三钙的反应为

$$Ca_3(PO_4)_2+5C=\!=\!=P_2+5CO+3CaO-Q$$

1100℃开始反应，1400℃下经过反应可以完成。

实际生产中，添加二氧化硅做助熔剂，可以降低还原温度。同时，石灰变成易熔的炉渣（硅酸钙）易于出炉。其还原过程如下：

$$Ca_3(PO_4)_2+5C+2SiO_2=\!=\!=P_2\uparrow+5CO\uparrow+Ca_3Si_2O_7(l)-Q$$

炉渣的熔点由 $n(SiO_2)/n(CaO)$ 比值决定，此比值称为炉渣的酸度指标。如图 5-11 所示。

如图中所示，含 SiO_2 为 51.7%和 CaO 为 48.3%的偏硅酸钙 $CaSiO_3$ 酸度指标为 1.07，此时炉渣熔点为 1540℃。酸度指标低于或高于 1.07 的碱性和酸性炉渣的熔点都比偏硅酸钙 $CaSiO_3$ 为低。因此，实际生产中采用酸度指标近于 0.8 或 1.2 的炉渣进行操作。

磷酸三钙被碳还原时主要生成二硅酸三钙 $Ca_3Si_2O_7$（酸度指标为 0.715）。磷酸三钙的还原率随着炉料里的 $n(SiO_2)/n(CaO)$ 比值的增大而增大，但当 SiO_2 含量超过生成二硅酸三钙所需量时（且温度高于 1300℃），SiO_2 的影响不显著，过量的硅不参加反应，直接升华而污染黄磷。

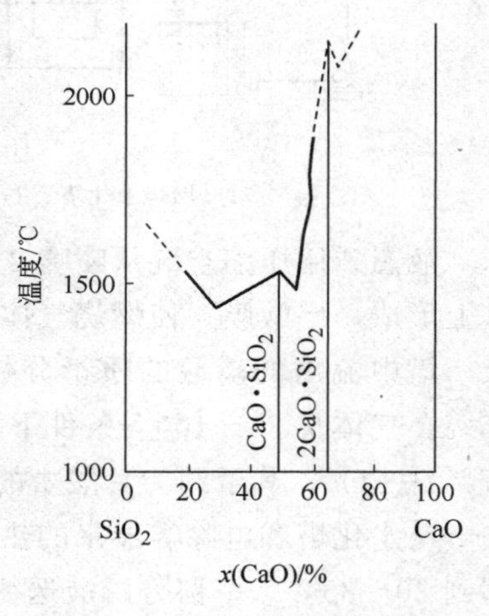

图 5-11　SiO_2-CaO 系统的熔点图

还原过程中，磷矿中杂质会产生副反应，三氧化二铁被还原成金属铁，和磷作用又生成磷化铁（Fe_2P），呈熔融态从炉中排出，增加磷的消耗。矿石中水分、硫和氟化物也产生副反应，消耗磷和影响产品质量。

2. 热法磷酸

将自电炉逸出的磷蒸气或熔融态磷氧化（燃烧）得到的磷酸酐水化，即生成磷酸。这种方法制成的磷酸称为热法磷酸。

热法磷酸比湿法磷酸纯净，含 62%～69%P_2O_5（85%～95%H_3PO_4），酸的浓度高，无需浓缩就能直接用来制造高效磷肥和一些磷酸盐。

从电升华磷制磷酸的方法很多，已投入生产和进行研究的有气体完全燃烧法（或称一段法）、液态磷燃烧法（或称二段法）、气体部分氧化法、压力水氧化磷法、水蒸气氧化磷法和碳酸气氧化磷法。成熟的方法是前两种，其中又以采用二段法最多，已有四五十年历史。二段法所制得的酸较纯，磷冷凝后可得高浓度的一氧化碳（采用一段法时，一氧化碳和磷蒸气一同燃烧了，而且从燃烧生成的大量气体中收集磷酸需要庞大而笨重的设备）。

二段法工业上又有两种工艺流程：第一种是将黄磷燃烧，得到五氧化二磷用水冷却和吸收制得磷酸，称为水冷流程；第二种是将燃烧产物五氧化二磷用预先冷却的磷酸进行冷却和吸收，而制成磷酸，称为酸冷流程，如图 5-12 所示。

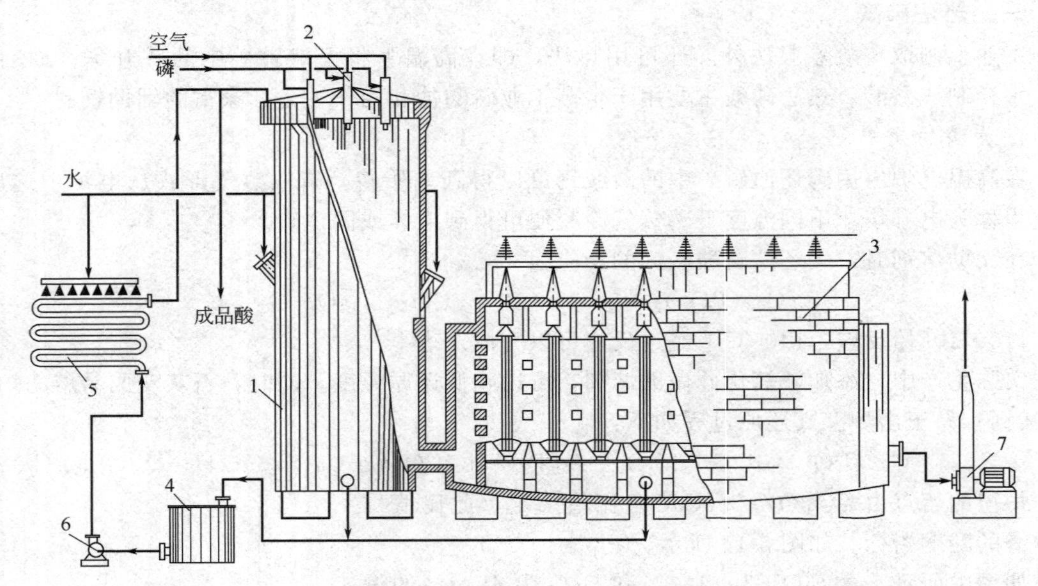

图 5-12　酸冷法生产热法磷酸流程图

1—燃烧水化塔；2—喷嘴；3—电除雾器；4,5—冷却器；6--泵；7—排风机

液态磷用压缩空气从喷嘴 2 喷入燃烧水化塔 1 进行燃烧。冷酸沿塔内壁表面淋洒，在塔壁上形成一层酸膜，使燃烧气体冷却。同时，P_2O_5 与水化合生成磷酸。

塔中流出的磷酸的质量分数为 86%～88% H_3PO_4，温度约为 85℃，出酸量为总量的 75%。气体在 85～100℃条件下进入电除雾器 3。电除雾器流出的磷酸的质量分数为 75%～77% H_3PO_4，其量约为总酸量的 25%。

从水化塔和电除雾器来的热法磷酸先进入浸没式冷却器 4，然后再在淋洒冷却器 5 中冷却到 30～35℃。一部分磷酸送往燃烧水化塔 1 作为喷淋酸，另一部分作为成品送酸储库。

热法磷酸由于电耗高，价格昂贵。在水力发电充分发达，电价低廉的地区，热法磷酸是有发展前途的。

二、热法磷肥

将磷矿石和添加剂（如橄榄石、蛇纹石、芒硝、纯碱等）在高温下烧结或熔融得的产品称为热法磷肥。

热法加工磷矿一般不耗酸，工艺过程比酸法简单。热法磷肥中所含的 P_2O_5 是以枸溶性形式存在，能被植物吸收，特别适用于酸性土壤。某些热法磷肥（如脱氟磷肥）含氟、砷等有毒物质甚微，可以作为家禽和家畜的无机饲料。

1. 钙镁磷肥

钙镁磷肥是中国主要磷肥品种之一。由于生产钙镁磷肥不需要用酸，并能采用不同品位磷矿，尤其可采用不宜用酸处理的磷矿，因而它在短期内取得迅速发展。

钙镁磷肥是一种微碱性的玻璃质肥料，它属于枸溶性磷肥，具有不吸潮、不结块、不易流失、不含游离酸、稳定不变质等良好性能。

根据所用原料及操作条件的不同，成品有鲜绿、灰黑、黑褐等几种不同颜色。

一般钙镁磷肥的有效成分为：$w(P_2O_5)=12\%\sim20\%$；$w(CaO)=25\%\sim35\%$；$w(MgO)=8\%\sim16\%$；$w(SiO_2)=20\%\sim25\%$。同时还可能含有微量元素如锰、铜等，所以它是一种多养分肥料。

(1) 生产钙镁磷肥的原料　生产钙镁磷肥用的主要原料是磷矿和助熔剂（蛇纹石、白云石、橄榄石等含镁、硅矿物），燃料可用焦炭、煤、重油等。

磷矿石的含磷量愈高愈好，它能提高肥料的质量。生产钙镁磷肥也可使用中低品位磷矿。

加入助熔剂的主要作用是降低配料的熔点，改善熔料的流动度，同时，又增加肥料其他营养元素。助熔剂的主要成分是含有镁、硅的化合物，如蛇纹石主要成分是硅酸镁，白云石主要成分是碳酸钙和硅酸镁。

(2) 生产原理　磷矿石和助熔剂，于高温下（一般1350℃）一起熔融，能破坏氟磷灰石晶格（该晶格难溶解于水和植物根酸中，不易被植物吸收），再用具有压力的水喷在熔融物上，使它骤冷，淬细，被骤冷的熔融物呈玻璃质结构，即熔融物内的各分子呈无规则的排列。水淬后的半成品，再经干燥、磨细，即为钙镁磷肥成品，它可溶于2%柠檬酸中，能被植物吸收利用。生产中若不进行水淬骤冷，则熔融物在缓慢冷却过程中会发生分子重新有规则排列，析出氟磷灰石或其他难溶性的结晶，不能被植物吸收。

根据上述原理，生产过程可分为配料、熔融、水淬、粉碎等步骤，现分述如下：

① 配料。配料主要是由磷矿石和助熔剂组成，要求它具有熔点低、流动性好及产品中有效五氧化二磷高。

炉料主要化学成分是 P_2O_5、MgO、SiO_2、Al_2O_3、Fe_2O_3 等，它们对熔点、流动度等影响各不相同。各成分在熔化过程中是互相影响的。为了使炉料既有良好的流动性又能保证肥料质量，必须使炉料中 P_2O_5、CaO、SiO_2、MgO 四种主要成分占一定比例。经国内外研究证实，较为合适的配料范围为，$w(CaO):w(MgO):w(SiO_2):w(P_2O_5)=(3\sim5):(1.5\sim3):(2\sim3):1$。

配料时，通常控制两个主要参数：

$$余钙碱度\ R=\frac{n(CaO_{余})+n(MgO)}{n(SiO_2)}$$

式中　R——余钙碱度；

$n(CaO_{余})$——配料中除了与 P_2O_5 形成 $3CaO\cdot P_2O_5$ 外多余的 CaO。

$$n(CaO_{余})=n(CaO_{总})-n(3P_2O_5)$$

$$镁硅比\ M_s=\frac{n(MgO)}{n(SiO_2)}$$

式中　M_s——配料中 MgO 和 SiO_2 物质的量之比。

实践中通常控制余钙碱度在0.8～1.3之间，镁硅比为1.0左右。

配料中的 Al_2O_3 和 Fe_2O_3 过多，会使熔料的熔点升高，流动性变差，降低 P_2O_5 溶解率，造成 P_2O_5 转化率下降，甚至使高炉无法操作。因此，在配料中要求 $w(Al_2O_3)+w(Fe_2O_3)<10\%$。

当生产上使用焦炭或煤作为燃料时，其灰分主要是 SiO_2、Al_2O_3 和 Fe_2O_3 等。过多混入灰分，会降低熔融物的流动性。因此，燃料消耗定额的高低及其质量的好坏，都会影响工艺操作和产品质量，在计算配料时应该一并考虑。

② 熔融。熔融过程是把炉料在高温炉内加热到熔点以上，使炉料由固体逐渐变为熔融体。炉料在加热熔融过程中，500～1000℃之间炉料中碳酸盐分解并释放出结晶水，1000～1350℃之间，炉料软化而熔融，并产生一些化学反应，最后氟磷酸钙的晶体结构被破坏。当熔融物从1350℃被加热到1500℃左右时，它就具有很好的流动性，整个过程中吸热。

在熔融过程中，由于存在水蒸气和 SiO_2，使一部分氟磷酸钙发生脱氟而形成磷酸三钙和正硅酸钙，反应式为

$$2Ca_5F(PO_4)_3+SiO_2+H_2O \xlongequal{} 3Ca_3(PO_4)_2+CaSiO_3+2HF$$

当水蒸气较少时，脱去部分氟而形成磷酸三钙和原硅酸钙

$$2Ca_5F(PO_4)_3+SiO_2 \xlongequal{} 3Ca_3(PO_4)_2+\frac{1}{2}CaSiO_4+\frac{1}{2}SiF_4$$

熔融温度于1100℃以上所产生的磷酸三钙称之为高温型磷酸三钙，又称 α-磷酸三钙，它能溶于2%柠檬酸溶液中。但当温度低于1100℃后，高温型的磷酸三钙将变为低温型磷酸三钙，又称 β-磷酸三钙，它是不能溶于2%柠檬酸溶液中的，因此没有肥效。熔融物脱氟过程进行得越充分，在冷却过程中析出氟磷灰石的趋势就会降低。

在高炉中，采用焦炭为燃料，焦炭中的碳还与空气燃烧生成 CO_2，放出大量的热量来熔融炉料。

为了避免炉内产生还原气氛，对炉料的熔融过程不利，所以在不降低炉温的条件下，向炉中鼓入过量空气。

在熔融过程中，还可能产生一些副反应，如炉料中的氧化铁能部分地被焦炭还原为金属铁，金属铁与熔料接触后，夺取炉料中的 P_2O_5 而造成磷的损失：

$$Fe_2O_3+3C \xlongequal{} 2Fe+3CO\uparrow$$

$$5Fe+P_2O_5 \xlongequal{} 5FeO+P_2\uparrow$$

炉料和焦炭中的碳发生反应，也会引起元素磷以气体形态挥发出去，其化学反应式为

$$Ca_3(PO_4)_2+5C+3SiO_2 \xlongequal{} 3CaSiO_3+P_2\uparrow+5CO\uparrow$$

被还原的铁与磷结合成磷铁，沉入炉底。磷蒸气则向炉顶排出，与新鲜炉料相遇，大部分被炉料吸收下来，少量磷则随炉气一道排出损失掉。

若助熔剂是蛇纹石（或橄榄石）则其中镍被还原

$$NiO+CO \xlongequal{} Ni+CO_2$$

生成的镍与被还原的铁和磷形成镍磷铁沉入炉底，可定期排出，其中含镍量为3%～5%，可做炼镍的原料。

在高温熔融过程中，熔融磷酸盐对各种衬砖的腐蚀能力强，对普通耐火砖的腐蚀最强，对镁砖、铬砖和铬镁砖的腐蚀次之，对碳砖的腐蚀最小，但易氧化。当砖中的铁、铝、硅等物质熔入钙镁磷肥之后，就会降低熔融物的流动性。所以在工业生产上，高炉采用水夹套或水冷炉壁冷却的办法，使熔体能在炉子内壁凝结成一层薄膜，作为保护层。旋风炉炉膛内则涂以碳化硅为炉衬，以保护炉壁。

③ 水淬。用具有压力的水流喷射从炉体流出的高温熔融物（1450℃以上）使其骤冷和凝固，并碎裂成细小粒子，以使熔融物中的高温型磷酸三钙和玻璃体结构固定下来。

通常水淬水压力0.2～0.6MPa，水淬水量为20t/t产品，熔融物中氟和磷含量较高及碱度较高时，水淬水压力就要高一些。

④ 干燥和粉碎。水淬后的半成品先经过沥水，然后在600℃以下温度进行干燥。温度在600℃以上容易发生氟磷酸钙结晶的析出。干燥后的半成品磨细细度为80%以上通过250μm标准筛。粉碎是钙镁磷肥生产中的重要一环，因为成品粒子太粗，在土壤中溶解得慢，不能很快地被作物吸收利用。磨得太细，电力消耗大，磨碎机生产能力低，也不经济。

(3) 高炉法生产钙镁磷肥工艺流程　生产钙镁磷肥方法有高炉法、电炉法和平炉法三种。平炉法热利用率低，生产强度小，材料腐蚀严重，用得较少。电炉法产品质量好，含有效磷成分高，但电耗高。高炉法生产能力大，以焦炭为燃料，也可部分掺用白煤，成本低，用得较多。中国利用发电厂烧煤粉的旋风炉，进行副产钙镁磷肥的工业性试验获得成功。

图5-13为高炉法制钙镁磷肥的工艺流程图。磷矿石、蛇纹石（或白云石）和焦炭经破碎到一定大小的块度，按一定比例配好装入料车，用料车2送入高炉3。从热风炉7来的热风喷入高炉，焦炭迅速燃烧产生高温。此时高温区的温度可达1450～1500℃。物料在炉内充分熔融后，自炉底出料口放出熔融体，并用0.3MPa以上压力的水流喷射，使其骤冷而凝固，并碎裂成细小的粒子流入集料池9中。这样的骤冷，可使熔融物的玻璃体结构固定下来，防止氟磷酸钙结晶复原。水淬后的湿料送入回转烘干机15中干燥。干燥后的半成品一般含水0.5%以下。经干燥后干料由斗式提升机16送球磨机17中磨细。要求细度有80%以上通过80目筛，磨细后成品送成品包装机包装。

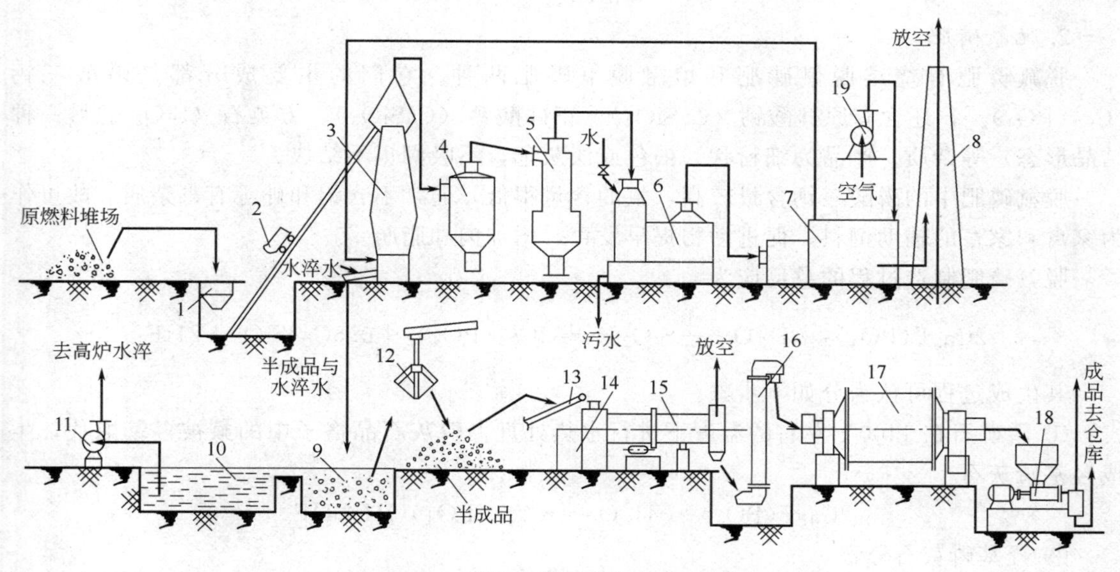

图5-13　高炉法钙镁磷肥生产流程图

1—下料斗；2—料车；3—高炉；4—重力除尘器；5—旋风除尘器；6—喷射洗涤塔；7—热风炉；8—烟囱；9—集料池；10—水淬水循环池；11—水淬水泵；12—抓斗；13—皮带运输机；14—反射炉；15—烘干机；16—斗式提升机；17—球磨机；18—成品包装机；19—风机

(4) 钙镁磷肥质量标准　钙镁磷肥可因原料和操作条件的不同而具有灰白、灰绿、灰黑及黑褐等不同的颜色。中国钙镁磷肥质量标准见表5-2。

(5) 有关生产技术经济指标

① 燃料率：即指同一批炉料中，燃料质量与矿石质量的之比。燃料率愈低，焦比愈低。焦耗就愈少。

$$燃料率=\frac{一批料中焦炭质量(kg)}{一批料中矿石质量(kg)}\times 100\%$$

表 5-2 钙镁磷肥质量标准 HG 2557—94

指标名称	指标			指标名称	指标		
	优等品	一等品	合格品		优等品	一等品	合格品
有效五氧化二磷(P_2O_5)含量/% ≥	18.0	15.0	12.0	可溶性硅(SiO_2)含量/% ≥	20.0	20.0	
水分含量/% ≤	0.5	0.5	0.5	有效镁(MgO)含量/% ≥	12.0	12.0	
碱分(以 CaO 计)含量/% ≥	45.0	45.0		细度:通过 250μm 标准筛/% ≥	80	80	80

目前先进的燃料率指标为 10%～15%。

② 焦比：生产 1t 粗肥所消耗的焦炭数量称焦比。

$$焦比=\frac{焦炭消耗量(t)}{同一时间粗肥产量(t)}$$

③ 产率：消耗 1t 矿石（包括磷矿和助熔剂）所获得粗肥的数量。

$$产率=\frac{高炉粗肥产量(t)}{同一时间矿石消耗量(t)}\times 100\%$$

④ 转化率：钙镁磷肥的转化率又称枸溶率。它是肥料的有效五氧化二磷［简称有效磷，用 $w(C_{P_2O_5})$ 表示］含量和总五氧化二磷［简称全磷，用 $w(T_{P_2O_5})$ 表示］含量的之比，即

$$转化率=\frac{w(C_{P_2O_5})}{w(T_{P_2O_5})}\times 100\%$$

2. 脱氟磷肥

脱氟磷肥有烧结脱氟磷肥和熔融脱氟磷肥两种。它们的主要成分都是磷酸三钙［$Ca_3(PO_4)_2$］，还含有原硅酸钙（$CaSiO_4$）、正硅酸钙（$CaSiO_3$）、方英石（SiO_2 的另一种结晶形态）等杂质。产品为细粉状，褐色或淡灰色，不吸潮也不结块。

脱氟磷肥中的磷酸三钙含量较高，氟的含量很低，通常不含铝和砷等有毒杂质。故可作为家禽和家畜的辅助饲料，促进动物提早发育，增加肉和脂肪。

脱氟磷肥制造过程的总反应为

$$2Ca_5F(PO_4)_3+H_2O+\frac{1}{2}SiO_2 = 3Ca_3(PO_4)_2+0.5Ca_2SiO_4+2HF$$

其生成过程可认为分如下步骤。

① 磷矿石在 1400℃左右的温度下进行水热处理，磷灰石晶格子中的氟被羟基取代，生成羟基磷灰石

$$Ca_5F(PO_4)_3+H_2O = Ca_5(PO_4)OH+HF$$

② 羟基磷灰石分解

$$2Ca_5(PO_4)_3OH = 2Ca_3(PO_4)_2+Ca_4P_2O_9+H_2O$$

分解产物是柠檬酸溶性的磷酸四钙和 α-磷酸三钙。所以在制造脱氟磷肥时，必须将高温炉料迅速冷却，使其保持高温 α-型。

③ 生产中加入的二氧化硅参加羟基磷灰石的分解反应

$$2Ca_5(PO_4)_3OH+\frac{1}{2}SiO_2 = 3Ca_3(PO_4)_2+\frac{1}{2}Ca_2SiO_4+H_2O$$

有 SiO_2 存在时，α-型转变成 β-型的转变温度下降，并且使转变速度减缓许多，以至于即使在空气中慢慢冷却熔体，产品的性能也不会改变。

烧结法制造脱氟磷肥，因为添加剂的不同而分为低硅法、高硅法和芒硝-磷酸法三种。

低硅法适合于杂质较少的磷灰石精矿制脱氟磷肥，因为磷灰石精矿具有较高的熔融温度

(1600℃)，在脱氟过程中不会发生熔结现象，故添加少量 SiO_2(2%～4%) 可使脱氟反应顺利进行，产品中含有效 P_2O_5 较高。

当采用含杂质较多的天然磷矿，熔点比较低时，在 1500℃以上加热会发生半熔现象。由于硅石具有较高的熔点 (1700℃)，因此，加入大量硅石可起到提高炉料熔点作用。这种方法称为高硅法，产品有效 P_2O_5 含量一般只有 18%～20%左右。

芒硝-磷酸法制造烧结脱氟磷肥的原理与上述基本一致。添加无水芒硝和磷酸的目的，在于降低脱氟过程的反应温度，调整天然磷矿本身的熔融温度，使在脱氟过程中不致产生炉料熔结现象。由于添加了一定量的磷酸，可使产品中有效 P_2O_5 含量提高到 36%～38%。

熔融法制造脱氟磷肥，就是利用天然磷矿本身熔融温度比较低的特点（一般应低于 1400℃)，不添加其他物质，在高温下使其充分熔融并和水蒸气接触，进行脱氟反应，结果形成 α-型磷酸三钙和玻璃质的共生物。这是利用较低品位磷矿生产脱氟磷肥的一个途径。

3. 烧结钙钠磷肥

烧结钙钠磷肥是在高温下 (1100～1250℃)，将磷矿粉与纯碱和硅石粉混合成的炉料进行烧结，它们之间反应如下：

$$4Ca_5F(PO_4)_3+6Na_2CO_3+5SiO_2 = 12CaNaPO_4+4Ca_2SiO_4+SiF_4+6CO_2$$

生成的磷酸钙钠和硅酸钙是钙钠磷肥的主要组分。这个品种是德国雷诺尼亚公司制造出来的，故又称为雷诺尼亚磷肥。它不吸潮，不结块，不含酸性物质，虽然产品中含有一定量氟化物，但不影响肥效。

4. 偏磷酸钙

偏磷酸钙 $Ca(PO_3)_2$ 含有等分子的 CaO 和 P_2O_5，有结晶态和玻璃态两种形态。玻璃态在水中能缓慢溶解和水解，生成一水磷酸钙：

$$Ca(PO_3)_2+3H_2O = Ca(H_2PO_4)_2\cdot H_2O$$

所以，它是一种良好的、含有效 P_2O_5 极高（含 71.7%）的枸溶性磷肥。

偏磷酸钙的制造方法是：先将液态黄磷在空气中燃烧生成五氧化二磷，并放出大量热。再将此五氧化二磷在水蒸气存在下与磷矿作用生成熔融态的偏磷酸钙：

$$2Ca_5F(PO_4)_3+7P_2O_5+H_2O = 10Ca(PO_4)_2+2HF$$

将熔融态的偏磷酸钙迅速冷却，使生成玻璃态的偏磷酸钙，经研磨和筛分后，可得细度为 80%以上通过 20 目筛的产品。

5. 钢渣磷肥

钢渣磷肥是炼钢工业的副产品，有些国家也称之为碱性炉渣或托马斯磷肥。

钢渣磷肥属于枸溶性肥料。其主要成分为硅磷酸五钙 ($5CaO\cdot P_2O_5\cdot SiO_2$)，此外，还含有铁、锰、镁等元素。工业产品为粉状，外观颜色多为灰黑色。

磷在钢中是一种很有害的物质，在碱性炉炼钢时，加入造渣剂石灰，生铁中所含的磷与石灰结合成炉渣，这种炉渣可以制成钢渣磷肥。

铁水中所含的磷、硅、镁、锰等杂质在炼钢时被吹风气中的氧氧化，再与加入的石灰作用，形成相应的氧化物和磷酸盐类进入炉渣中。生铁脱磷过程的化学反应如下

$$P_4+5O_2 = 2P_2O_5$$

$$P_4+10FeO = 2P_2O_5+10Fe$$

$$P_2O_5+3FeO = Fe_3(PO_4)_2$$

$$Fe_3(PO_4)_2+4CaO = Ca_4P_2O_9+3FeO$$

形成的磷酸四钙 $Ca_4P_2O_9$，在有 SiO_2 时，可以生成硅磷酸五钙（即钢渣磷肥主要成分）。

将碱性炼钢炉得到的含磷炉渣，经过冷却、破碎、磁选和粉碎等过程，就成为钢渣磷肥产品。

第五节 磷肥生产中氟的回收利用

一、氟的危害性

目前，中国磷肥生产中的两个主要产品，过磷酸钙和钙镁磷肥，在生产中都有大量的含氟废气需要进行回收或处理。通常每生产过磷酸钙 1t，就要排出废气 $250\sim300m^3$，含氟量在 $15\sim25g/m^3$。每生产钙镁磷肥 1t，排出废气 $1000\sim1500m^3$，含氟量 $1\sim3g/m^3$。

水中含氟化物对人体和生物毒害如表 5-3 所示。

表 5-3 水中含氟化物对人体和生物毒害

含氟量/(mg/L)	公认影响程度	含氟量/(mg/L)	公认影响程度
<0.8	无影响	6.0	对骨骼及有影响的极限浓度
0.8～1.5	牙齿产生斑点的极限浓度		
1.5	饮水极限浓度	10～15	鱼类及其他水生物不能生存

为了保障人民身体健康和防止环境污染，国家制定了工业“三废”排放标准，其中含氟废气和废水的排放标准如表 5-4 所示。

表 5-4 含氟废气排放标准

有害物质名称	排放有害物企业	排放标准	
		排放筒高度/m	排放量/(kg/h)
氟化物(换算成氟)	化工	30	1.8
	化工	50	4.1

含氟废水最高允许排放含氟为 10mg/L。

二、过磷酸钙生产中氟的回收

过磷酸钙生产中，生成磷酸一钙的同时放出氟化氢气体。氟化氢气体又与磷矿中的二氧化硅反应，放出四氟化硅气体，反应式如下

$$4HF+SiO_2 \longrightarrow SiF_4\uparrow+2H_2O$$

在混合、化成阶段，氟的逸出率一般为 30%～40%。生产中用水来吸收逸出的四氟化硅生成氟硅酸，反应式如下

$$3SiF_4+3H_2O \longrightarrow \underset{(氟硅酸)}{2H_2SiF_6}+\underset{(硅胶)}{H_2SiO_3}$$

常用吸收含氟气体的设备有吸收室和吸收塔两种。

1. 氟硅酸钠的生产

过磷酸钙厂回收的氟硅酸大部分制成氟硅酸钠。它的主要用途是作搪瓷助熔剂、玻璃乳白剂，以及耐酸胶泥和耐酸混凝土的添加剂，也可用于木材防腐和做农业杀虫剂等。

氟硅酸钠是用氟硅酸溶液与饱和食盐溶液或芒硝溶液制成，其化学反应式如下

$$H_2SiF_6 + 2NaCl \longrightarrow Na_2SiF_6 + 2HCl$$

$$H_2SiF_6 + Na_2SO_4 \longrightarrow Na_2SiF_6 + H_2SO_4$$

图 5-14 为氟硅酸钠生产工艺流程图。

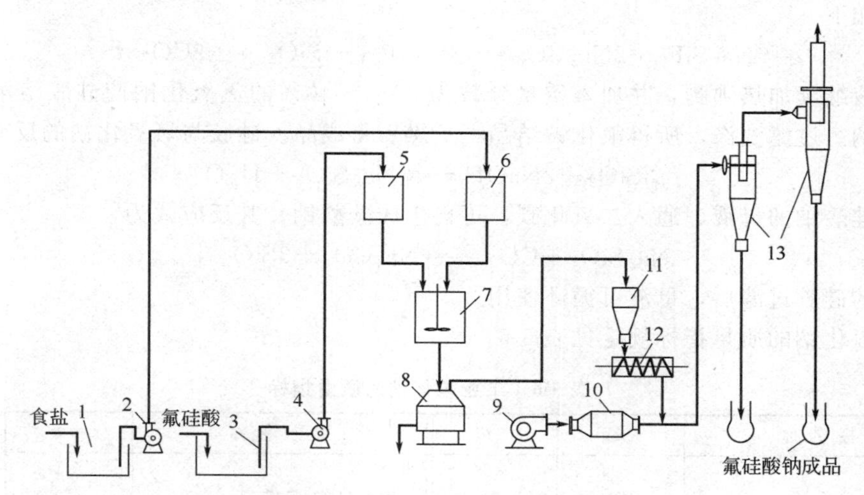

图 5-14　氟硅酸钠生产工艺流程

1—食盐溶解池；2，4—泵；3—氟硅酸澄清池；5—氟硅酸高位槽；6—饱和食盐水高位槽；7—反应槽；8—离心机；9—鼓风机；10—电炉；11—料斗；12—螺旋输送机；13—旋风分离器

由氟吸收部分经过初步澄清的氟硅酸，用泵送入澄清池 3，进一步澄清硅胶。然后将氟硅酸清液用泵 4 送至高位槽 5，经过计量放入反应槽 7 中。食盐或芒硝在溶解池 1 中溶解、澄清，将其饱和溶液用泵 2 吸送至高位槽 6，计量后加入反应槽 7。反应槽内加以搅拌与硅酸反应生成氟硅酸钠沉淀。

食盐或芒硝的用量应超过理论量 25%～30%，以保证反应后母液中含有约 2%的食盐或芒硝，这样可以大大降低氟硅酸钠在母液中的溶解度。为了使氟硅酸钠的结晶粗大易过滤，应将食盐或芒硝溶液缓慢加入氟硅酸中，总的加料时间约为 15～20min。加料完毕后再搅拌 5min 然后静置沉降。沉降所需时间与母液深度有关，一般液面高 1m，沉降 5～7min。将母液放出再用水搅拌，洗涤两次。然后用离心机 8 过滤。滤饼含水约 8%～10%，用气流干燥法进行干燥，制得成品。生产氟硅酸钠时将有约含 2%～5%的盐酸或硝酸的母液须加处理后，才能排放。

氟硅酸钠质量指标规定见表 5-5。

表 5-5　工业氟硅酸钠（HG/T 3252—2000）

外观：白色结晶

项　目	指标			项　目	指标		
	优等品	一等品	合格品		优等品	一等品	合格品
氟硅酸钠含量/%　≥	99.0	98.5	97.0	硫酸盐(以 SO_4 计)含量/%　≤	0.25	—	—
105℃干燥失重/%　≤	0.30	0.40	0.60	铁(Fe)含量/%　≤	0.02	—	—
游离盐(以 HCl 计)含量/%　≤	0.10	0.15	0.20	细度(通过 250μm 试验筛)　≥	90	90	90
氯化物(以 Cl 计)含量/%　≤	0.15	—	—				

2.氟化钠的生产

氟化钠的主要用途是做木材防腐剂、农业杀虫剂、杀菌剂、焊剂和搪瓷熔剂等。

生产氟化钠的方法有多种，最普通的是碳酸钠-氢氧化钠法。这个方法是先将氟硅酸钠加水调成泥浆，通蒸汽加热至沸，分批加入碳酸钠，直至所得溶液 pH=8 时反应即以完全。其反应式如下

$$Na_2SiF_6 + 2Na_2CO_3 = 6NaF\downarrow + SiO_2\downarrow + 2CO_2\uparrow$$

将溶液继续加热沸腾，并加入质量分数为30%～40%的氢氧化钠使硅胶溶解，生成可溶性硅酸钠。过滤洗涤，所得氟化钠结晶、干燥后得成品。硅胶与氢氧化钠的反应式如下

$$3SiO_2 + 2NaOH = Na_2SiO_7 + H_2O$$

含稀硅酸钠的母液，通入二氧化碳，可再生成碳酸钠，其反应式为

$$Na_2SiO_7 + CO_2 = Na_2CO_3 + 3SiO_2\downarrow$$

析出的硅胶过滤后，母液可循环使用。

工业氟化钠的质量指标规定见表 5-6。

表 5-6 工业氟化钠的质量指标

指标名称	一级	二级	指标名称	一级	二级
$w(NaF)/\%$	>94	>84	水分/%	≤1	≤1
$w(Na_2CO_3)/\%$	≤4	≤4	细度通过60目筛/%	100	100
水不溶物/%	≤0.5	≤10			

3.冰晶石和氟化铝的生产

（1）冰晶石的生产 冰晶石的组成为氟铝酸钠，分子式 Na_3AlF_6。天然冰晶石多产于冰岛，其纯度很高，可直接供工业上使用。用人工合成者，称为合成冰晶石。冰晶石主要在炼铝时作熔剂用。其质量指标见表 5-7。

表 5-7 冰晶石的质量指标

级品	$w(F)/\%$	$w(Na)/\%$	$w(Al)/\%$	$w(SiO_2)+w(Fe_2O_3)/\%$	$w(H_2O)/\%$
1	>53	<31	>13.0	<0.45	<1.0
2	>51.3	<32.0	>12.5	<0.60	<1.5

冰晶石质量指标，除上面几项外，磷肥副产合成冰晶石时，还要注意 P_2O_5 含量，一般小于0.1%。

由磷肥副产合成冰晶石有直接合成法和氨法两种工艺流程。

直接合成法化学反应式如下

$$H_2SiF_6 + 3Na_2CO_3 = 6NaF + SiO_2\downarrow + 3CO_2\uparrow + H_2O$$

$$H_2SiF_6 + 2Al(OH)_3 = 2AlF_3 + SiO_2\downarrow + 4H_2O$$

$$3NaF + AlF_3 = Na_3AlF_6$$

其示意流程如图 5-15 所示。

氨法生产冰晶石的主要反应如下

$$H_2SiF_6 + 6NH_4OH = 6NH_4F + SiO_2\downarrow + H_2O$$

$$12NH_4F + Al_2(SO_4)_3 = 2(NH_4)_3AlF_6 + 3(NH_4)_2SO_4$$

$$(NH_4)_3AlF_6 + 3Na_2SO_4 = 2Na_3AlF_6 + 3(NH_4)_2SO_4$$

$$(NH_4)_2SO_4 + Ca(OH)_2 = 2NH_4OH + CaSO_4$$

其示意流程如图 5-16 所示。

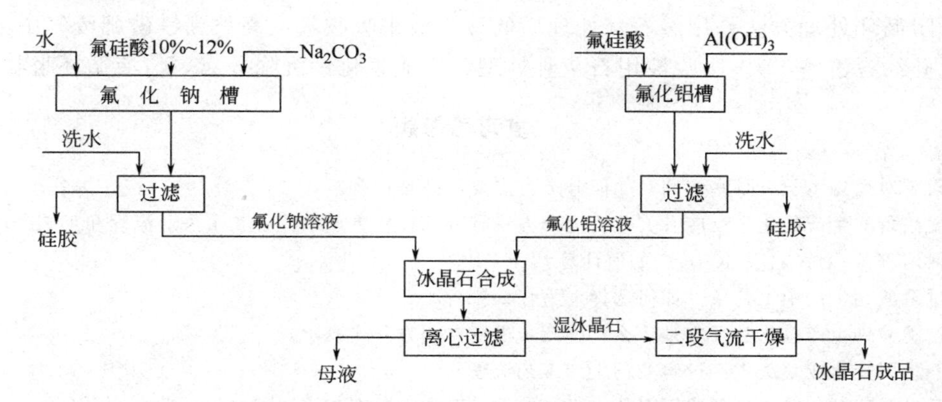

图 5-15　直接合成法制冰晶石流程示意图

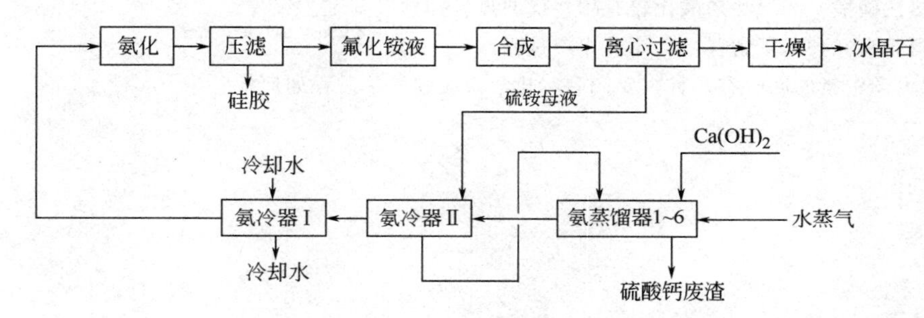

图 5-16　氨法制冰晶石流程

(2) 氟化铝的生产　氟化铝主要供炼铝时做调整电解质钠铝比用。此外，在石油化工中也用作催化剂。

炼铝用的氟化铝规格如下

$$w(F)>61\%\quad w(Al)\geqslant 30\%\quad w(Na)\leqslant 5\%\quad w(SiO_2)+w(Fe_2O_3)\leqslant 0.5\%$$

$$w(SO_2)\leqslant 1.6\%\quad w(H_2O)\leqslant 7.5\%$$

用氟硅酸作原料生产氟化铝，国外已经工业化的流程有两种：一种是先制成铵冰晶石，然后与固体氧化铝（$Al_2O_3\cdot 0.6H_2O$）混合煅烧，生成氟化铝的同时放出氨，氨回收循环利用；另一种是氟硅酸与氢氧化铝反应成为氟硅酸铝溶液，过滤后在结晶槽中加入晶种而获得 β-$AlF_3\cdot 3H_2O$ 结晶，然后经过滤煅烧制得无水氟化铝，其示意流程如图 5-17 所示。

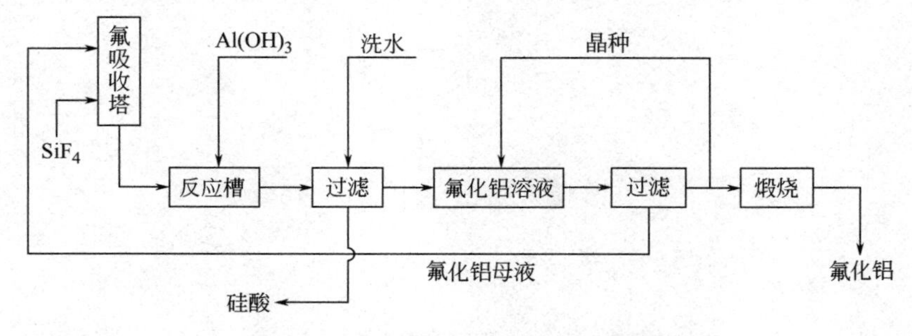

图 5-17　氟硅酸制氟化铝示意流程图

三、钙镁磷肥生产中氟的吸收和处理

国内一些钙镁磷肥厂采用封闭循环流程进行氟的吸收和处理，可以防止生产附近空气中粉尘和氟的污染，取得了良好的效果。

封闭循环处理方法是用经石灰处理后的澄清液来吸收氟（高炉钙镁磷肥废气中氟化氢和四氟化硅约各占一半）。吸收液用石灰乳处理，生成氟化钙沉降分离，清液循环吸收氟。

复习思考题

1. 磷肥对植物生长有哪些作用？如何分类？主要产品是什么？
2. 湿法磷酸生产的化学反应有哪些？生产方法有哪几种？重点掌握“二水法”流程和工艺条件选择。
3. 何谓 $K_{收率}$、$K_{萃取}$、$K_{洗涤}$？如何计算？
4. 过磷酸钙生产中工艺条件如何选择？为什么？
5. 过磷酸钙生产总化学反应是什么？分几步进行（用方程式表示）？
6. 熟悉回转化成室法生产过磷酸钙生产工艺流程。
7. 重过磷酸钙和普通过磷酸钙有什么不同？重过磷酸钙生产工艺流程如何？
8. 何谓热法磷酸？与湿法磷酸比较有哪些优缺点？并熟悉其工艺流程。
9. 热法磷肥有几种？了解各品种简单生产过程。
10. 磷肥生产中氟的回收有几种主要产品？化学反应和简单过程如何？

第六章　钾肥的生产

钾在作物生长中具有重要的作用。作物所有的器官和组织中几乎都有钾，钾素一般占作物籽实和茎秆干物质质量的0.2%～5%，是作物生长发育必需的营养元素之一。

钾对作物的营养功能不同于氮、磷素，它不直接参与组成有机化合物，而是以离子状态被作物吸收后，仍以离子态或可溶性钾盐存在于作物体内。钾能加强光合作用，促进碳水化合物、油脂、蛋白质的代谢与合成。

适量施用钾肥，能提高作物的成活率、产量及品质的改善。能使作物根茎健壮，增强抗寒、抗旱、抗病及抗倒伏的能力，并能促进氮素在作物体内的转化和蛋白质的合成。

人们较早就利用草木灰肥田，1861年在德国施塔斯福特建立起世界上第一座钾肥厂，21世纪初世界各地相继发现钾矿并生产钾肥。

钾肥的品种比较单纯，世界上钾肥绝大部分是氯化钾，约占钾肥总量的90%～94%，其次是硫酸钾，约占5%～8%，再有钾氮肥、钙镁磷钾肥、硅镁钾肥、窑灰钾肥和磷酸二氢钾等。

氯化钾为白色立方形结晶，密度为1.99g/cm^3，熔点768℃，1500℃时升华，含K_2O 63.1%。氯化钾易溶于水，溶解度随温度升高而增大。0℃时，100g水溶解氯化钾27.6g，100℃时，则能溶解56.7g。用作肥料的氯化钾，一般含40%～60%的K_2O，农业上主要用于粮食和棉花，可做基肥，也可做追肥，但其中的氯离子对马铃薯、烟草、甘薯等有副作用，不宜施用。氯化钾在储运中应注意防止吸潮结块，不能同碱性物质混存。

硫酸钾为白色或淡黄色结晶，含K_2O量为54.02%，味苦而咸，熔点为1074℃，吸湿性小，不易结块。易溶于水，0℃时，每100g水中能溶解6.85g硫酸钾，100℃时为24.1g，作为肥料的硫酸钾，一般含K_2O量为46%～52%，可用于各种作物，做基肥和追肥都很好。

钾肥的含钾量常以产品所含的钾量折合为K_2O量来计算。

第一节　氯化钾的生产

一、由钾石盐制取氯化钾

钾石盐是含有KCl（25%）、NaCl（70%）等的混合物。从钾石盐中提取氯化钾有不同方法，利用氯化钾和氯化钠在不同温度下，在水溶液中具有不同溶解度，通过溶解和再结晶过程将两盐分离制取氯化钾为溶解结晶法。还有将NaCl和KCl晶体采用浮选等机械分离的方法。本节重点介绍溶解结晶法。

1.溶解结晶法原理

氯化钠和氯化钾在不同温度下在水中的溶解度不同，温度升高时，其差异即随之扩大。其中氯化钠的溶解度对温度不敏感，温度升高时，溶解度增加很少，而氯化钾却显著地上升，这种情况，当在为两盐所共同饱和的溶液中时，更为显著。如表6-1所示。

表 6-1 氯化钾、氯化钠在不同温度下的互溶解度（以 1000g 水为基准）

温度/℃	20	40	50	70	80	100
m(KCl)/g	158	198	222	277	300	354
m(NaCl)/g	298	295	289	286	282	274

由表 6-1 可以看出，在共饱和溶液中，氯化钠的溶解度不但不随温度上升而增加，反而稍有降低；而氯化钾的溶解度却增加显著。如 100℃时的共饱和溶液中，1000g 水中含 KCl 为 354g，含 NaCl 为 274g，将其冷却到 20℃时，其中有一半以上的氯化钾成结晶析出，而氯化钠非但不会析出，相反地还高于 100℃时共饱和溶液中的含量。因此利用这一特性，生产中将一定数量 20℃的共饱和溶液加热到 100℃，去溶解定量的钾石盐，则可将其中氯化钾全部溶入溶液中，而氯化钠则全部保留于固体残渣中。冷却这种热溶液，即可结晶出氯化钾。溶解结晶可不断循环进行。

2. 工艺流程

溶解结晶法加工钾石盐的原则流程是由以下几个过程组成。

① 用结晶出氯化钾后的母液加热溶浸粉碎后的钾石盐，制成热的饱和溶液。

② 热的饱和溶液和盐泥残渣分离并加以澄清，以除去溶液中的固体粒子。

③ 冷却热的饱和溶液，使其中氯化钾结晶出来。

④ 将氯化钾结晶与母液分离，湿氯化钾干燥即为产品。

⑤ 母液循环，再去加热溶浸新的钾石盐。

溶解结晶法的工艺流程如图 6-1。钾石盐经破碎机破碎和振动筛过筛后，送入三个串联的螺旋溶浸槽中，用 KCl 母液进行溶浸。KCl 母液先进入第二槽中，与来自第一槽的钾石盐逆流溶浸，第二槽排出的固体进入第三溶浸槽用洗水洗涤后，基本上是 NaCl 残渣，经

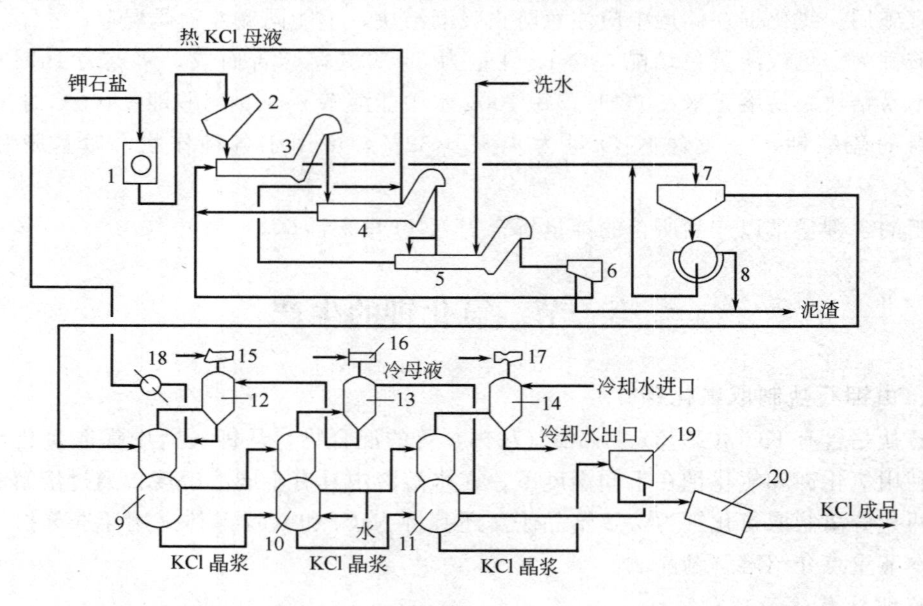

图 6-1 溶解结晶法从钾石盐制取氯化钾流程图

1—破碎机；2—振动筛；3，4，5—第一、第二、第三螺旋溶浸槽；6—NaCl 残渣离心机；7—澄清槽；8—真空转鼓过滤机；9，10，11—结晶器；12，13，14—冷凝器；15，16，17—蒸汽喷射器；18—加热器；19—KCl 晶浆离心机；20—干燥机

NaCl 残渣离心机脱水后排弃之。钾石盐从第一槽流经第二槽，再流入第三槽；洗水先进入第三槽，然后与 KCl 母液一起进入第二槽，再进入第一槽，这称之为外部逆流，它可以提高 KCl 的溶解速度和溶浸率。

第一溶浸槽中，钾石盐和溶液是并流的。这样钾石盐中 KCl 晶浆含的细盐就有较长的时间与溶液接触，让其充分溶解，因而可以减少细盐的损失，这称为内部并流。

而在第二、第三溶浸槽中，仍然采用内部逆流。

溶浸槽的水平部分是卧式圆底的筒体，内设螺旋输送机将固体推向右边。右边抬起部分是刮板提升机，将固体抬起并将溶液沥干，从而将液固两相进行粗略分离。

从第一溶浸槽出来的溶液，含有细盐和黏土等不溶物，加入絮凝剂后送入澄清槽澄清，底流用真空转鼓过滤机过滤，将泥沙排弃。滤液用泵送回澄清槽。

从澄清槽出来的溢流液，即为 NaCl、KCl 热共饱和液，送往真空结晶器 9、10、11 结晶。真空结晶器往往设置多个，有时甚至多到 46 个串联操作。每组结晶器由结晶罐、蒸发室（两者常上下合在一起，蒸发室直接布置于结晶罐的上面）、冷凝器和蒸汽喷射器所组成。溶液逐个流过各结晶罐，在喷射器中借蒸汽喷射使蒸发罐处于真空状态。其真空度按流程顺序逐级增加，因此结晶罐内的温度也就逐级下降。在最后一级结晶罐中，溶液的温度已接近常温。将 KCl 晶浆送至 KCl 晶浆离心机脱水，再经干燥机干燥后即为成品。离心机的滤液返回最后一个结晶罐中。从最后一个结晶罐中取出的冷母液自后往前通过各级冷凝器以升高温度并充作二次蒸汽的冷凝介质。从第一级冷凝器出来的 KCl 母液，再在加热器中通蒸汽加热，然后回到溶解槽中进行新钾石盐原料的浸取。只有最后一级的冷凝器是用冷水做冷凝介质的，以获得更低的温度。还应指出，在结晶器中当蒸发过量时，应加水补充，以免 NaCl 一起析出。

二、用光卤石制取氯化钾

光卤石（$KCl \cdot MgCl_2 \cdot 6H_2O$）矿也是一种制造氯化钾的较重要原料。天然光卤石是由沉积钾石盐后的母液经进一步自然蒸发浓缩而得到的。它是一种含镁高的钾盐，在矿层中一般位于钾石盐的上部。一般光卤石矿中都含有石盐（NaCl），因此，加水溶去氯化镁后，得到的固相组成类似钾石盐。

1. 生产过程原理

光卤石（$KCl \cdot MgCl_2 \cdot 6H_2O$）是一种在温度－21～＋167.5℃之间稳定的复盐。

表 6-2 不同温度下 KCl、NaCl 与 $MgCl_2$ 的溶解度（以 1000g 水为基准）

温度/℃		0	10	20	30	40	60	80	100
溶解度	m(NaCl)/g	35.6	35.7	35.8	36.1	36.3	37.1	38.1	39.2
	m(KCl)/g	27.6	31.3	34.4	37.3	40.3	45.6	51.0	56.7
	$m(MgCl_2)$/g	52.8	53.5	54.3	55.3	57.5	60.7	65.87	72.7

由表 6-2 可知，常温下光卤石中 $MgCl_2$ 的溶解度随着温度的升高而增大，且比 NaCl、KCl 在相同的温度下的溶解度都大得多，氯化钠和氯化钾在冷水中的溶解度相近，温度升高时 KCl 的溶解度急剧增加，NaCl 的溶解度则增加较少，工业上利用溶解度不同的原理从光卤石中制取氯化钾。

2. 工艺流程

加工光卤石制氯化钾可采用不同的方法。一般有完全溶解法（热分解法）、部分溶解法（冷分解法）、复分解法三种。

(1) 冷分解法工艺流程 冷分解法是最早用来加工光卤石的工业方法，它是用冷水分解光卤石的。

由于光卤石中 KCl 和 NaCl 的溶解度比 $MgCl_2$ 小的多（见表 6-2），并在光卤石饱和溶液中，$MgCl_2$ 和 KCl 的物质的量之比远大于 1（约等于 6），因此一般进入溶液中的氯化钾为原料的 20%以下。生产中用水或一定组成的母液在室温下处理带有杂质石盐的光卤石矿时，能使其中氯化镁全部进入溶液，大部分氯化钾和石盐仍留于固体中。得到的固体称为粗钾，粗钾中 KCl 成细泥状，石盐粒粗，可先用机械法分离之，然后加一定水，石盐中的细粒溶于水中，KCl 仍以固体存在，经分离干燥后即得 KCl 产品。本法适用于纯度较高的光卤石。

冷分解法加工光卤石流程如图 6-2 所示。

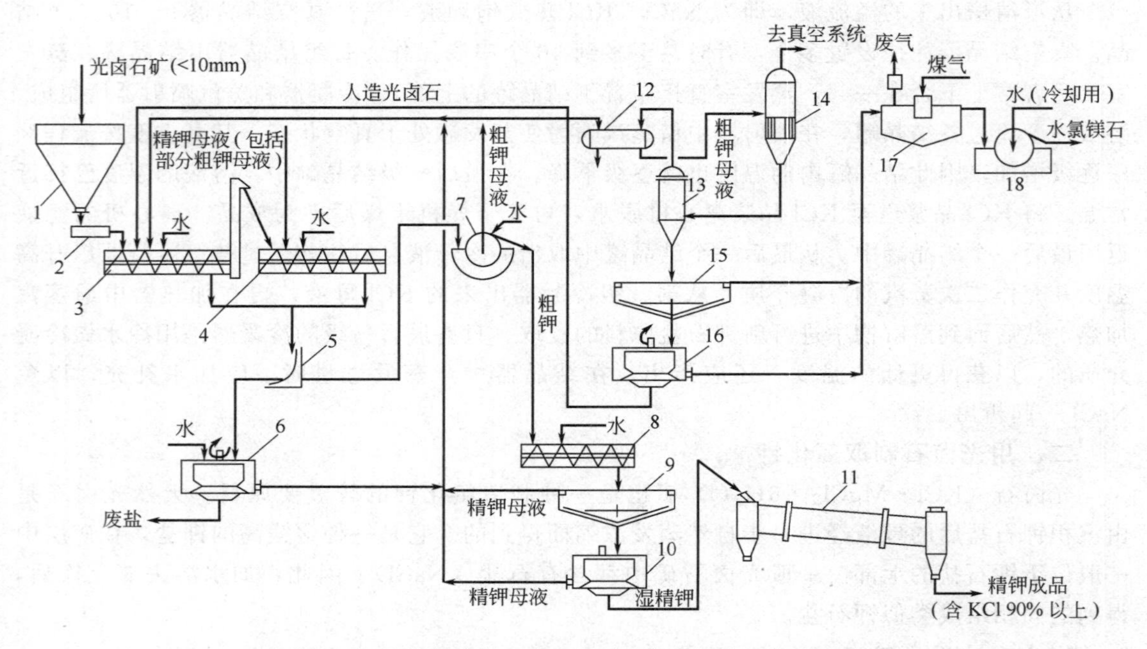

图 6-2 冷分解法加工光卤石制取氯化钾的工艺流程图

1—储斗；2—给料器；3，4，8—螺旋溶解器；5—弧型筛；6，10，16—离心机；7—转筒真空过滤器；9—增稠器；11—转筒干燥机；12—冷凝器；13—真空结晶器；14—真空蒸发器；15—增稠器；17—浸没燃烧蒸发器；18—冷辊机

粉碎后粒度小于 10mm 的矿石，在两只串联的螺旋溶解器 3、4 中，用水和洗涤粗钾的洗液（称精钾母液）进行冷分解，将分解后所得的料浆在弧形筛上分级。未通过的粗粒石盐进入离心机 6 过滤并洗涤后，作为残渣弃去，洗液仍用来分解光卤石。通过弧形筛的料浆，用泵送到转筒真空过滤机 7 过滤，所得湿粗钾送往螺旋溶解器 8，用定量水溶解其中的细石盐，使全部进入溶液。所得氯化钾料浆经增稠器 9 增稠后，底流在离心机 10 中过滤并洗涤，再经转筒干燥机 11 干燥，即得氯化钾成品。增稠器 9 和离心机 10 排出的溶液（精钾母液）送去分解光卤石。

部分粗钾母液用来调整分解后料浆的液固比，使适合于分离石盐的操作，其他部分送往真空蒸发器 14 中浓缩，以制取人造光卤石。

母液在真空蒸发器浓缩到含 30%氯化镁时，即送往真空结晶器 13 中冷却并结晶出光卤石。为了区别天然光卤石，称它为人造光卤石。所得人造光卤石晶浆经增稠器 15 增稠和离心机 16 过滤后，加入原料中。增稠器 15 的溢流液和离心机 16 排出的母液，送往浸没燃烧蒸发器 17 蒸发浓缩，使溶液中氯化镁的质量分数提高到 46%，这种含量相当于水氯镁石的组成，因此，冷却后即得水氯镁石固体，可进一步加工利用。

（2）热分解法工艺流程　随着温度的升高，氯化镁和氯化钾在水中的溶解度均显著增加，而氯化钠的溶解度则变化不大。利用这一特性，将光卤石浸溶于热循环液中，使光卤石中 $MgCl_2$ 和 KCl 全部溶解，先和 NaCl 分离，然后再将 KCl 和 $MgCl_2$ 溶液冷却，制取氯化钾结晶。其工艺流程如图 6-3 所示。

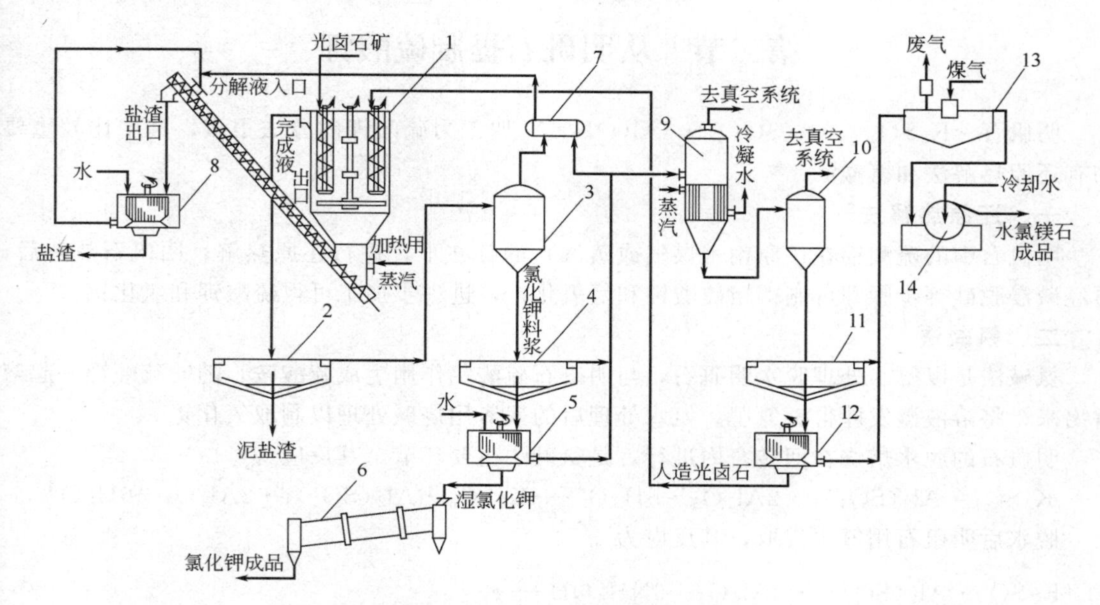

图 6-3　热分解法加工光卤石制取氯化钾的工艺流程

1—立式螺旋溶解槽；2，4，11—增稠器；3，10—真空结晶器；5，8，12—离心机；6—转筒干燥器；7—热交换器；9—真空蒸发器；13—浸没燃烧蒸发器；14—冷辊机

已粉碎的光卤石矿加入立式螺旋溶解槽 1 中，用来自增稠器 4 和离心机 5 的母液，经热交换器 7 预热后，从倾斜式螺旋输送机中加入，进行热分解。未溶解的粗粒石盐由溶解槽底部经倾斜式螺旋输送机排出，用离心机 8 分离并洗涤后弃去，母液用来分解光卤石。由溶解槽 1 溢流出的浓热溶液，称为完成液，进入增稠器 2 中保温沉降，使溶液中的细盐和泥渣沉到底部然后排出，经逆流洗涤后弃去（图中未画出）。由增稠器 2 溢流出的热澄清液，送往真空结晶器 3，冷却析出氯化钾。由此所得的氯化钾料浆，用增稠器 4 增稠，离心机 5 分离并洗涤，再送往干燥器 6 中干燥，即得氯化钾成品，其纯度可在 90% 以上。

由增稠器 4 和离心机 5 排出的母液和氯化钾洗液，大部分用来分解光卤石矿，小部分送往真空蒸发器 9 中蒸发浓缩。浓缩后溶液在真空结晶器 10 中冷却，析出人造光卤石。然后将人造光卤石在增稠器 11 中增稠、离心机 12 分离，再和原料光卤石矿一起进行热分解。

自增稠器 11 和离心机 12 排出的母液送往浸没燃烧蒸发器 13 蒸发浓缩后，再用与冷分解法相同的过程回收其中的氯化镁。

（3）复分解法工艺流程　复分解法是近年采用的一种新的光卤石加工方法。

光卤石和磷矿作用，可制成枸溶性的磷酸镁，并回收氯化钾。磷酸镁可直接用作肥料或

做制取复肥的中间产品，其主要化学反应如下

$$\underset{\text{脱水光卤石}}{Ca_3(PO_4)_2+3MgCl_2\cdot KCl}=\underbrace{Mg_3(PO_4)_2+3CaCl_2}_{\text{熔融料}}+KCl$$

光卤石和磷矿经过破碎后，按一定的比例在回转干燥器中脱水并混合均匀。混合物在旋转熔融炉中进行反应，温度控制在450～580℃范围内，反应时间约15h。由炉中排出含有磷酸盐的熔融物料，在盐水中骤冷，经过滤后，得到固体磷酸镁成品，热滤液经过冷却结晶析出氯化钾。分离氯化钾后的母液循环做骤冷剂。

第二节 从明矾石提制硫酸钾

明矾石［$K_2SO_4\cdot Al_2(SO_4)_3\cdot 4Al(OH)_3$］加工为硫酸钾的方法很多，其中比较重要的有还原热解法和氨碱法。

一、还原热解法

明矾石中的硫酸铝在还原剂（煤气或蒸汽）的存在下，进行还原热解，明矾石热解后，再经碱浸脱硅等步骤即可制得粗硫酸钾和氢氧化铝，进一步加工可得硫酸钾和氧化铝。

二、氨碱法

氨碱法是以氨水处理脱水明矾石，与明矾石硫酸铝作用生成硫酸铵，随同硫酸钾一起溶解出来，将溶液蒸发即得钾氮肥。氨水处理后的残渣用烧碱处理以制取氧化铝。

明矾石的脱水焙烧在回转窑内进行，是氨碱法主要环节。其反应为

$$K_2SO_4\cdot Al_2(SO_4)_3\cdot 2Al_2O_3\cdot 6H_2O\longrightarrow K_2SO_4\cdot Al_2(SO_4)_3\cdot 2Al_2O_3+6H_2O$$

脱水后明矾石用氨水浸取，其反应为

$$K_2SO_4\cdot Al_2(SO_4)_3\cdot 2Al_2O_3+6NH_4OH\xrightarrow{75℃}$$
$$K_2SO_4+3(NH_4)_2SO_4+2Al(OH)_3\cdot Al_2O_3\text{(在氨渣中)}$$

氨水的质量分数为4%～5%，氨用量可比化学计量多10%左右。

进入溶液中的K_2SO_4和$(NH_4)_2SO_4$即为含钾氮肥的粗溶液，经用硫酸中和其中的游离氨后，即可送去蒸发。蒸发过程利用K_2SO_4和$(Mg_4)_2SO_4$，溶解度的不同，控制蒸发水量，可得不同钾氮比例的复肥。

复习思考题

1. 钾石盐制氯化钾溶液结晶法原理是什么？
2. 光卤石制氯化钾原理是什么？
3. 试述氯化钾生产的工艺流程。
4. 试述从明矾石制硫酸钾的工艺流程。

第七章　复合肥料及液体肥料简述

复合肥料是指用化学加工方法制得的含有两种或两种以上营养元素的肥料。一般用 N-P_2O_5-K_2O 相应的质量分数表示有效成分。如 13-14-15，即表示 $w(N)=13\%$，$w(P_2O_5)=14\%$，$w(K_2O)=15\%$。复合肥料的肥效很高，且可以根据土壤和农作物的不同要求，加工成不同氮、磷、钾含量的复合肥料，因而可使农作物增产效果更显著。复合肥料加工成本低，施肥方便，所以世界各国均很重视复合肥料的生产，其产量增长得十分迅速。

液体肥料是指液态的或带固体悬浮物的液体复合肥料，由于产品加工过程比固体复合肥料简单，故成本低，适于就近施用和机械化施肥。目前，世界上液体肥料发展很快。

第一节　磷　酸　铵

一、磷酸铵的性质

磷酸铵是一种含有磷和氮两种营养元素的复合肥料，由氨中和磷酸制得。

磷酸铵有三种。磷酸一铵 $NH_4H_2PO_4$、磷酸二铵 $(NH_4)_2HPO_4$、磷酸三铵 $(NH_4)_3PO_4$。磷酸三铵最不稳定，常温下就能放出氨而变成磷酸二铵。磷酸二铵较磷酸三铵稳定，但当温度达到 90℃时，亦开始分解放出氨转变成磷酸一铵。磷酸一铵最稳定，要加热到 130℃以上才会分解放出氨而变成焦磷酸（$H_4P_2O_7$），甚至变成偏磷酸（HPO_3）。

工业上生产的磷酸铵肥料是磷酸一铵、磷酸二铵的混合物。调节其中的氨磷比主要有两大类：一类是以磷酸一铵为主（质量分数为 80%）称为磷酸一铵类肥料；另一类是含磷酸二铵（质量分数为 80%）称为磷酸二铵类肥料，近几年来以生产磷酸二铵类为主。

磷酸铵盐的主要性质列于表 7-1 中。

表 7-1　磷酸铵盐的主要性质

项　　目	$NH_4H_2PO_4$	$(NH_4)_2HPO_4$	$(NH_4)_3PO_4$
结晶形态	正方晶系	单斜晶系	斜方晶系
N/%	12.2	21.2	28.6
P_2O_5/%	61.8	53.8	48.3
N∶(P_2O_5)	1∶5.1	1∶2.5	1∶1.7
密度(19℃)/(kg/m³)	1803	1619	—
摩尔热容(25℃)/[J/(mol·K)]	0.1424	0.1821	0.2301
熔融温度/℃	190.5	分解	分解
生成热 ΔH_{298}/(kJ/mol)	−1451	−1574	−1673
溶解热 ΔH_{sol}/(kJ/mol)	16	14	—
熔融热 ΔH_1/(kJ/mol)	35.6	—	—
临界相对湿度(30℃)/%	91.6	82.5	—
pH(0.1mol/L 溶液)	4.4	8.0	9.0

磷酸一铵和磷酸二铵吸湿性小。50℃时，与磷酸一铵呈平衡的空气的相对湿度为 88%，而在 15℃时为 97%。磷酸一铵盐能与 $Ca(H_2PO_4)_2\cdot H_2O$、$(NH_4)_2SO_4$、NH_4NO_3、

NH_4Cl 和 $CO(NH_2)_2$ 等盐类混合制成肥料，此类肥料具有良好的物理性质，其吸湿点低，储存时不易结块。磷酸二铵与 KCl、$(NH_4)_2SO_4$、$Ca(H_2PO_4)_2 \cdot H_2O$ 混合时，所得的混合肥料的物理性质良好。

二、生产磷酸铵的基本化学反应

磷酸与铵的中和反应按下面二式进行，即

$$H_3PO_4(l) + NH_3(g) \longrightarrow NH_4H_2PO_4(l) + Q$$

$$NH_4H_2PO_4(l) + NH_3(g) \longrightarrow (NH_4)_2HPO_4(l) + Q$$

以湿法磷酸为原料时，其中还含有硫酸盐、铁、铝、镁和氟等杂质，中和过程也产生如下反应

$$H_2SO_4 + 2NH_3 \longrightarrow (NH_4)_2SO_4 + Q$$

$$H_2SiF_6 + 2NH_3 \longrightarrow (NH_4)_2SiF_6 + Q$$

$$H_2SiF_6 + 6NH_3 + (2+x)H_2O \longrightarrow 6NH_4F + SiO_2 \cdot xH_2O$$

$$MgSO_4 + H_3PO_4 + 2NH_3 \longrightarrow MgHPO_4 + (NH_4)_2SO_4$$

铁、铝、镁等杂质都将影响产品组成，使部分水溶性 P_2O_5 转变成枸溶性 P_2O_5，导致水溶性 P_2O_5 “退化”。SO_4^{2-}、F^- 的存在使产品中的 N/P_2O_5 比增高。有钙存在时，钙离子在氨化时会形成 $CaHPO_4 \cdot 2H_2O$，使产品中水溶性 P_2O_5 降低。因此，以湿法磷酸制取磷酸铵时，其有效成分（N 和 P_2O_5）和水溶性 P_2O_5 的质量分数是随着原料磷矿成分而变化。

三、转鼓氨化流程及主要设备

转鼓氨化法生产磷酸二铵类肥料的生产流程是国内外制取复合肥料流行的流程。转鼓氨化法流程设备简单。生产强度越高，生产能力越大，但必须使用质量分数为 36%～45% P_2O_5 的磷酸。

由于解决了二水物法磷酸的浓缩技术，以及解决了“半水-二水”法、“二水-半水”法萃取制浓磷酸的技术，转鼓氨化流程得到很大发展，其工艺流程如图 7-1 所示。

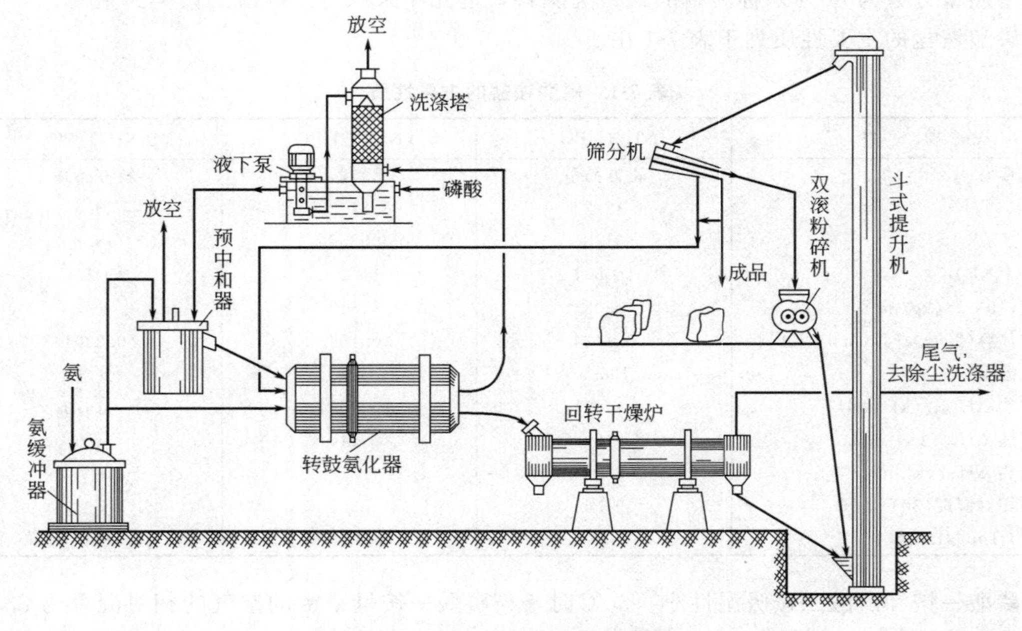

图 7-1 转鼓氨化法生产粒状磷酸二铵类肥料工艺流程

将浓度为36%～45% P_2O_5 的磷酸加入尾气洗涤塔洗涤液中间储槽，洗涤尾气后的洗涤液用泵送入预中和槽。将氨通入预中和槽进一步中和洗涤液中所含的磷酸，在预中和槽内料浆的中和度控制在1.3左右。这时，反应热可将料浆温度升高到110～120℃左右，由于此时料浆中和度不很高，气相中氨蒸气分压很低，尾气可直接排空不必回收。经过预中和后的料浆，含有适量的水分，具有良好的流动性，可以自行流入特制的转鼓氨化器。在转鼓氨化器中继续通入气氨或液体氨进行氨化中和。料浆与来自筛分机的细颗粒成品返料同时加入转鼓氨化器中，因为转鼓氨化器不断转动（每分钟十几转），故料浆入转鼓后即与干燥的细粒返料进行混合造粒，成粒后的湿料进入回转干燥炉，干燥后的物料进入筛分机。合格粒子一部分作为成品，一部分与细粒子合并作为返料返回转鼓氨化器。过粗的颗粒进行破碎后返回筛分机，返料量为成品量的2.5倍左右。

如果采用质量分数为40%～45% P_2O_5 磷酸作为原料时，从转鼓氨化器出来的物料含水分很少，可不必进行干燥直接进入筛分机，此为无干燥法转鼓氨化流程。转鼓氨化器简单结构如图7-2所示。

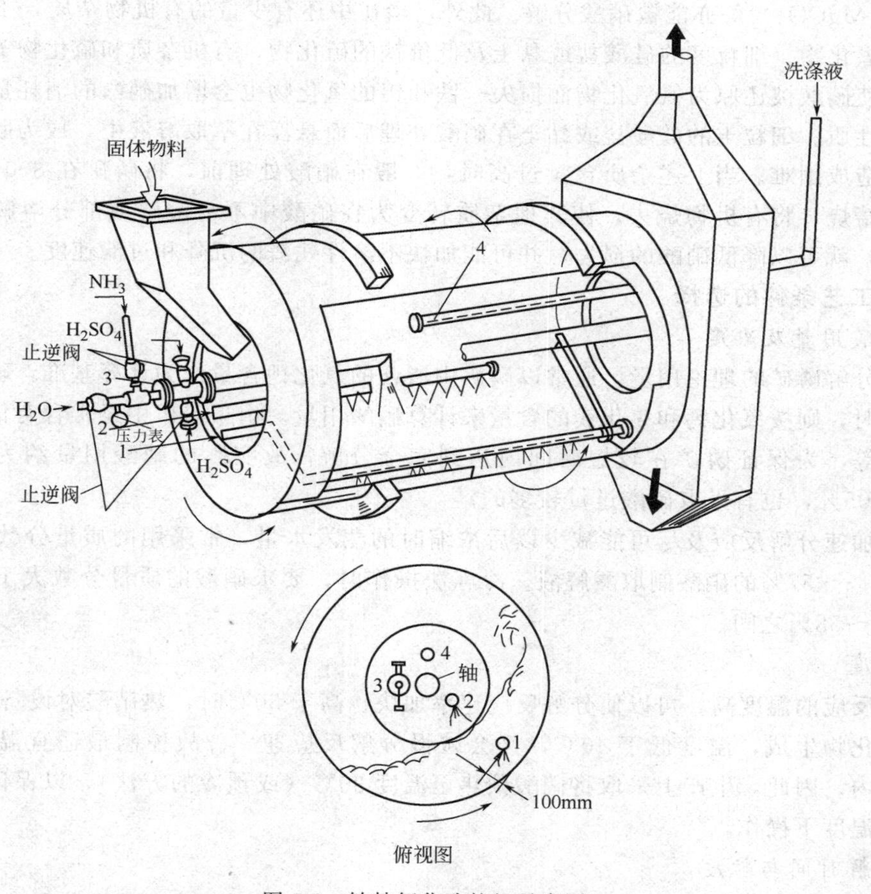

图7-2　转鼓氨化造粒机示意图

1—氨分布管；2—磷酸或预中和料浆分布管；3—管式反应器；4—洗涤液分布管

生产操作中，由于转鼓氨化器放出的尾气中还含有约占总氨量的6%～15%的氨，必须加以回收。回收的方法通常是在气体洗涤塔中用原料磷酸来吸收其中的氨，然后再将此磷酸送入预中和器。但须注意控制进入预中和器的磷酸含量，使其质量分数保持在

38%～42% P_2O_5 之间。如气体洗涤塔出口的磷酸的含量偏高，则应加水稀释，以保证其磷酸含量。

第二节 硝酸磷肥

硝酸磷肥是用硝酸分解磷矿制得的氮磷复合肥料。用硝酸分解磷矿不但利用了硝酸的化学能量，而且将硝酸根本身的有效养分也引入到肥料中去。中国硫资源不足，采用硝酸分解磷矿是有很大现实意义的。

一、硝酸分解磷矿的基本原理

硝酸与磷矿中所含的氟磷酸钙作用可得到含有磷酸和硝酸钙的萃取溶液，此分解反应的方程式如下

$$Ca_5F(PO_4)_3+10HNO_3 = 3H_3PO_4+5Ca(NO_3)_2+HF$$

磷矿中共生的矿物杂质以及在开采中混入的其他矿物，如方解石（$CaCO_3$）、白云石（$CaCO_3 \cdot MgCO_3$）等亦能被硝酸分解。此外，磷矿中还有少量的有机物杂质，不同数量的铁和铝的氧化物、细粒度的硅酸盐或黏土及低价铁的硫化物，有机杂质和硫化物等，会被硝酸氧化并使硝酸被还原为氮氧化物而损失。铁和铝的氧化物也会增加硝酸的消耗量和影响产品的物理性质。细粒土的硅酸盐或黏土在硝酸处理后而悬浮在萃取溶液中，成为胶态，给沉降和过滤造成困难。当上述杂质含量过高时，一般在硝酸处理前，将磷矿在800～900℃温度下予以焙烧，将有机物烧去，使其他杂质转变为在硝酸中不易溶解或部分溶解的惰性物质。这样，就可以降低硝酸的损失，并可能加快不溶性残渣的沉降和过滤速度。

二、工艺条件的选择

1. 硝酸用量及浓度

硝酸分解磷矿的理论用量，通常以磷矿中所含的氧化钙含量作为计算基准，磷矿中含碳酸镁较高时，则按氧化钙和氧化镁的含量来计算硝酸用量。由于磷矿中经常含有倍半氧化物和有机质等，为保证磷矿在较短时间内达到完全分解，故实际的硝酸用量约为理论量的102%～105%，也有采取硝酸过量较多的。

为了加速分解反应及尽可能减少以后浓缩时的蒸发水量，常采用的质量分数为40%～53%或45%～57%的硝酸制取酸解液。冷冻法操作时，要求硝酸的质量分数大于53%，最好在56%～58%之间。

2. 温度

分解反应的温度高，可以使分解反应速率加快、高于50℃时，热硝酸对设备腐蚀加剧，且有氮氧化物生成，温度低于40℃，又会减慢分解反应速率。故控制最适宜温度在40～50℃范围内。因此，生产上采取将硝酸预热至温度30℃（或预冷的方法），以保证反应料浆在最适宜温度下操作。

3. 分解时间与粒度

分解时间与硝酸用量、搅拌强度、磷矿粒度有关，粒度对分解时间影响最大。磷矿粒度越小，与硝酸的接触面积越大，分解速度也就越快。由于硝酸分解能力强，分解后的生成物均为可溶性的，不会产生包裹现象，因此矿粉细度可以稍粗，一般能全部通过40目的筛的细度即可。对于难分解的磷矿，粒度要更小一些。粒度与分解时间的关系可以通过试验求出，一般在两个以上反应槽中连续分解磷矿时，总的磷矿停留时间约需1～1.5h。

三、硝酸磷肥的生产方法

加工硝酸萃取液的主要方法是用氨中和其中所含的磷酸得到接近中性的氮磷复合肥料。中和过程中，磷酸盐的溶解度也随之降低并将析出磷酸二钙、磷酸铵盐的沉淀，大部分硝酸盐转变为硝酸铵并存在于中和料浆中。

由硝酸分解磷矿的反应方程式可以看出，反应产物是三个分子的磷酸和五个分子的硝酸钙，因此硝酸萃取液中 $n(CaO)/n(P_2O_5)=3.33:1$。若在制得产品中全部为水溶性的磷酸一钙，其钙磷物质的量之比为 1∶1；若全部为枸溶性的磷酸二钙，则钙磷物质的量之比为 2∶1。可见，萃取液中钙离子高于磷酸根离子，如果不采取措施调节钙与磷的比例，则在通氨中和以后很难得到水溶性的磷酸盐，必须将萃取液中的钙磷比降到 2 以下（除去溶液中 CaO 的 70%～80%）才可制得约含有 50%左右水溶性五氧化二磷的复合肥料。

加工萃取法的方法按照不同的除钙方式可以概括为四种，即：碳化法、混酸法、硫酸盐法、冷冻法。

1. 碳化法

碳化法是用氨和二氧化碳或碳酸铵除去多余的硝酸钙结晶，是硝酸分解磷矿制沉淀磷酸钙和硝酸铵的方法。其工艺过程主要有：用硝酸在萃取槽中分解磷矿；萃取液用氨中和，得沉淀磷酸钙；从母液中分离沉淀磷酸钙；母液中主要含 $NH_4NO_3+Ca(NO_3)_2$，用碳酸铵溶液或通入 NH_3 气和 CO_2 气体处理，即得碳酸钙沉淀和硝酸铵溶液；碳酸钙与母液分离；硝酸铵溶液浓缩，造粒、包装。其主要化学反应为

分解　$Ca_5F(PO_4)_3+10HNO_3 \longrightarrow 3H_3PO_4+5Ca(NO_3)_2+HF$

氨中和　$$5Ca(NO_3)_2+3H_3PO_4+HF+7NH_3 \longrightarrow \underbrace{3CaHPO_4+\frac{1}{2}CaF_2}_{\text{沉淀}}+1\frac{1}{2}Ca(NO_3)_2+7NH_4NO_3$$

或　$5Ca(NO_3)_2+3H_3PO_4+6NH_3 \longrightarrow 3CaHPO_4+2Ca(NO_3)_2+6NH_4NO_3$

碳化　$1\frac{1}{2}Ca(NO_3)_2+7NH_4NO_3+1\frac{1}{2}(NH_4)_2CO_3 \longrightarrow 10NH_4NO_3+1\frac{1}{2}CaCO_3$

或　$Ca(NO_3)_2+3NH_4NO_3+2NH_3+CO_2+H_2O \longrightarrow CaCO_3+5NH_4NO_3$

在萃取液的中和反应过程中，为防止产品中枸溶性磷酸降低为不溶性磷，常添加一定量镁盐、锰盐、铝盐或其他矿物盐类做稳定剂，再用氨中和至 pH=8～9。

碳化法产品因含有效成分低，几乎不含速效的水溶性 P_2O_5，反应中 P_2O_5 都变成枸溶性的，故现在很少采用。

2. 混酸法

混酸法包括硝酸-硫酸法和硝酸-磷酸法。

硝酸-硫酸法采用硫酸固定多余的硝酸钙，并以硝酸代替部分硫酸生产含有水溶性的磷酸一铵和枸溶性的磷酸氢钙，其化学反应为

$$Ca_5F(PO_4)_3+6HNO_3+2H_2SO_4 \longrightarrow 3H_3PO_4+3Ca(NO_3)_2+2CaSO_4\downarrow+HF$$

$$6H_3PO_4+6Ca(NO_3)_2+4CaSO_4\downarrow+2HF+13NH_3 \longrightarrow 12NH_4NO_3+5CaHPO_4+NH_4H_2PO_4+4CaSO_4\downarrow+CaF_2$$

产品中含有无效的硫酸钙，它的存在使总的有效组分含量降低，这一方法在实际生产上应用的还不多。

硝酸-磷酸法系用磷酸固定多余的硝酸钙。其化学反应为

$$Ca_{10}F_2(PO_4)_6+20HNO_3+4H_3PO_4 = 10Ca(NO_3)_2+10H_3PO_4+2HF$$

$$10Ca(NO_3)_2+10H_3PO_4+2HF+21NH_3 = CaF_2+20NH_4NO_3+9CaHPO_4+NH_4H_2PO_4$$

此法所得产品品位高，磷的水溶率也高，但需要大量的磷酸，在推广上受到一定限制。

3. 硫酸盐法

硫酸盐法即在萃取液中先加入硫酸铵、硫酸钠或硫酸钾。加入的 SO_4^{2-} 将大部分 Ca^{2+} 结合成难溶的 $CaSO_4$ 从溶液中析出，然后再进行氨化，或将硫酸钙分离后，再将母液氨化而制得含有部分或全部水溶性磷的复合肥料。通常采用的硫酸盐为 $(NH_4)_2SO_4$ 或 K_2SO_4。

4. 冷冻法

将硝酸分解磷矿制得的萃取液冷冻至较低温度（如 -5℃），使溶液中的硝酸钙 $[Ca(NO_3)_2 \cdot 4H_2O]$ 结晶析出，将结晶和母液分离，得到 $CaO:P_2O_5$ 的钙磷比适宜的滤液。用氨中和滤液，形成的料浆再经浓缩、造粒、得到含有硝酸铵、磷酸二钙和磷酸铵的粒状产品。一般产品中氮磷含量为 23%～23%，如在造粒前加入钾盐则可制成氮磷钾含量为 16%-16%-18%的三元复合肥料。

冷冻法又分为直接冷冻法和间接冷冻法。

(1) 直接冷冻法　直接冷冻法即冷冻剂（如用汽油、煤油）经氨冷（或用氟利昂）冷却后使之与酸分解液接触，以达到四水硝酸钙冷却结晶的目的，从而获得高水溶率产品。

(2) 间接冷冻法　间接冷冻法即冷冻剂与酸解液通过盘管采用间接传热的冷却方法，使酸解液中硝酸钙析出。

间接冷冻法与直接冷冻法除冷冻结晶 $Ca(NO_3)_2 \cdot 4H_2O$ 部分不同外，其余工艺流程相

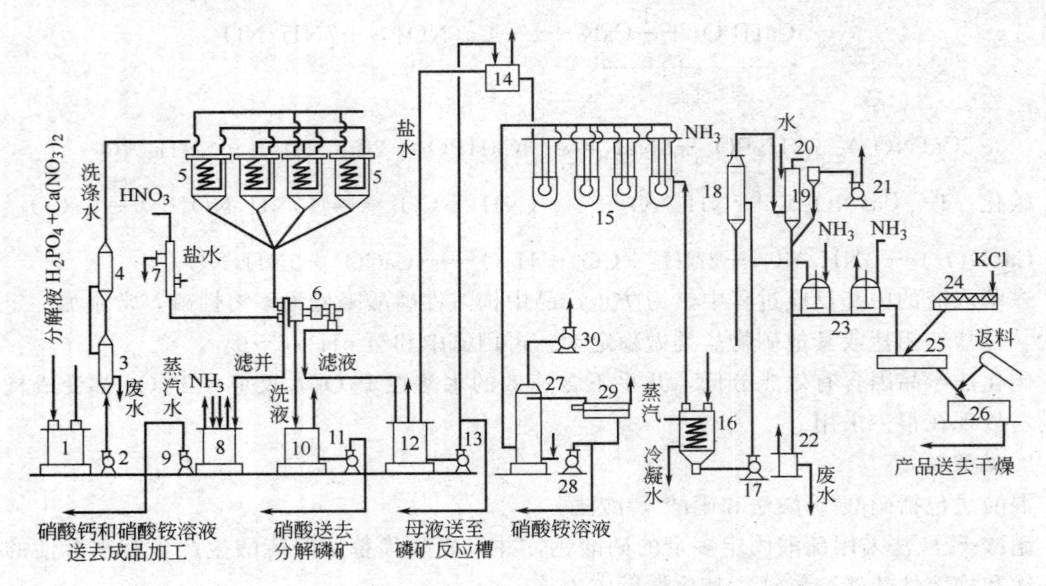

图 7-3　间接冷冻法生产复合肥料流程

1—硝酸萃取液储槽；2，9，11，13，17，28—离心泵；3，4—水冷却器；5—冷冻结晶槽；6—离心机；7—冷却硝酸用冰盐水冷却器；8—硝酸钙储槽；10—洗涤结晶后的硝酸储槽；12—母液储槽；14—高位槽；15—一段中和器；16—预热器；18—蒸发器；19—气压冷凝器；20—泡沫捕集器；21—真空泵；22—气压冷凝水封槽；23—二段中和器；24—氯化钾螺旋加料器；25—螺旋混合器；26—双轴造粒机；27—洗涤器；29—冷却器；30—鼓风机

同。究竟何种为好，除主要决定于磷矿原料的品位高低外，还应从技术上的先进性，经济上的合理性等方面综合考虑。其工艺流程如图 7-3 所示。

酸解液自溶液储槽 1 用泵 2 流经水冷却器 3、4 进入并联的逆流冷冻结晶槽组 5，与冷冻盐水逆流传热，使其硝酸钙结晶析出。从每一个结晶器出来的含有结晶的悬浮液送入离心机 6，滤饼用－10℃的冷硝酸洗涤（来自冷却器 7）以减少结晶带走的 P_2O_5 损失，洗涤液流入储槽 10 送去分解磷矿。结晶送去进一步加工，分离出的滤液流入母液储槽，经泵 13 打入高位槽 14，再流入阶梯状排列中和器组 15 用气氨进行中和，物料在此停留 2～2.5，在此时间内达到生成磷酸一铵的氨化度的情况下，不会有氨逸出。中和料浆送入蒸发浓缩造粒，即可制成含有一定数量水溶性磷的粒状氮磷复合肥料。如欲制成氮磷钾三元复合肥料，则在造粒时加入一定数量的可溶性钾盐即可。

第三节　液体肥料

一、液体氮肥

液体氮肥中液氨和氨水（质量分数为 18%～24%的 NH_3）使用最早和最为广泛。在液氨和氨水液面上由于氨的蒸气分压高，氨损失较大。将硝酸铵、尿素、硝酸钙及其混合物溶解在液氨中制得的溶液称为氨合物。氨合物和氨一样都可以被作物吸收，并可以获得和固体氮肥一样的肥效。当硝酸铵等物质溶于液氨中时，氨的蒸气分压显著降低。

目前，一些国家直接往耕地里采用注射的方法将液体氮肥施入土壤中，肥效很好，中国也有施用氨水的好办法。

二、液体复合肥料

1. 液体磷酸铵

用氨中和二水物法制得的湿法磷酸（未经浓缩），可以直接制得液体磷酸铵肥料。液体磷酸铵生产过程的化学反应与生产固体磷酸铵相同，所不同的是在液体磷酸铵生产过程中，反应产物溶解于液相中，只有在生产悬浮态液体肥料时，部分反应产物形成固体微粒高度分散于液相中。

生产液体磷酸铵肥料时，不仅要求反应生成的磷酸铵盐在常温下应全部溶解于液相，并且在冬季条件下（0℃）磷酸铵盐全部溶解，在储存和运输过程中不会析出固相阻塞管通。另外，为降低生产费用，应尽量提高氮磷的浓度。因此需要在 NH_3-H_3PO_4-H_2O 三元体系溶解度上寻找磷酸铵盐在系统中溶解度最大的区域作为生产操作控制的范围。

2. 液体硫磷酸铵肥料

此种液体肥料含有磷酸一铵、磷酸二铵、硫酸铵以及其他添加物。这种溶液具有较大的溶解度，它所含的溶质量（农作物所需要的有效营养成分量）比单独磷酸铵溶液或硫酸铵溶液要高。

3. 液体硝酸磷肥

在硝酸分解磷矿过程中添加硫酸氢铵，使硝酸萃取液中的钙以硫酸钙沉淀析出，其反应式如下

$$Ca_{10}F_2(PO_4)_6+10HNO_3+10NH_4HSO_4+20H_2O = 6H_3PO_4+2HF+10CaSO_4\cdot 2H_2O+10NH_4NO_3$$

分离 $CaSO_4\cdot 2H_2O$ 后的滤液中含有游离磷酸、氢氟酸和硝酸铵，用氨中和使 pH 接近 7，便可制成液体硝酸磷肥。

复习思考题

1. 生产磷酸铵的基本化学反应是什么？
2. 试述转鼓氨化生产磷酸铵工艺流程。
3. 硝酸分解磷矿的原理是什么？
4. 硝酸磷肥生产中主要工艺条件有哪些？如何选择？
5. 简述硝酸磷肥几种生产方法。
6. 何谓液体肥料？有哪几种？

第三篇　纯碱与烧碱

第八章　概　　述

碱类是重要的化学工业产品，在国民经济中占有重要的位置。

工业上生产的碱类品种很多，如纯碱（Na_2CO_3）、烧碱（NaOH 又名苛性钠）、洁碱（$NaHCO_3$ 又名小苏打）、钾碱（K_2CO_3）、硫化碱等。其中以纯碱和烧碱的用途最广，产量也很大。

纯碱广泛应用于玻璃工业、化学工业、纺织、造纸及军工和医药工业。

烧碱及氯气、氢气在国民经济各部门中也有极其广泛的用途。烧碱用于人造丝、石油精制、造纸、肥皂、有机合成等工业。氯气多用于有机合成、塑料、制造盐酸及漂白剂和饮用水消毒等方面。氢气可用于制取多晶硅、有机化工及合成氯化氢等工业生产中。

第一节　纯碱和烧碱的性质

一、纯碱的物理化学性质

纯碱即碳酸钠（Na_2CO_3）又称苏打或碱灰，相对分子质量为 106.00，是无水、白色的粉末。密度 2.533g/cm^3，熔点为 851℃，易溶于水并能与水生成几种水合物，工业产品纯度在 99%左右。纯碱随颗粒大小的不同，堆积密度也随之改变，故又有轻质纯碱和重质纯碱之分。中国纯碱产品标准见表 8-1。

表 8-1　纯碱标准（GB 210—92）

等级	总碱量（以 Na_2CO_3 计）/%	氯化物（以 NaCl 计）/%	铁盐（以 Fe 计）/%	水不溶物/%	灼烧失量/%	硫酸盐（以 SO_4^{2-} 计）/%
优等品	≥99.2	≤0.70①	≤0.004	≤0.04	≤0.8	≤0.03②
一等品	≥98.8	≤0.90	≤0.006	≤0.10	≤1.0	
合格品	≥98.0	≤1.20	≤0.010	≤0.15	≤1.3	

① 特种用纯碱 NaCl≤0.5%。

② 为氨碱法指标，用户需要时检验。

纯碱是一种强碱弱酸生成的盐，它的水溶液呈碱性，并能与比碳酸强的酸发生复分解反应，如 $Na_2CO_3+2HCl=2NaCl+H_2O+CO_2\uparrow$。在高温下，纯碱可分解成氧化钠和二氧化碳。反应式如下

$$Na_2CO_3 \xlongequal{高温} Na_2O+CO_2\uparrow$$

此外，无水碳酸钠长期暴露在空气中时能缓慢地吸收空气中的水分和二氧化碳，生成碳酸氢钠。

$$NaCO_3+H_2O+CO_2=2NaHCO_3$$

二、烧碱的物理化学性质

烧碱即氢氧化钠（NaOH），又称苛性钠。为白色不透明的羽状结晶，固碱密度 2.13g/cm^3，熔点 328℃，质脆易溶于水并放出大量的热量，水溶液呈强碱性，在空气中易潮解且吸收二氧化碳而变质

$$2NaOH+CO_2 = Na_2CO_3+H_2O$$

烧碱对许多物质都有强腐蚀性，其产品可分固体烧碱（简称固碱），液体烧碱（简称液碱）及片状烧碱（简称片碱）。

第二节 制碱生产方法简介

一、纯碱的生产方法

18 世纪以前，碱的来源是依靠天然碱和草木灰。1787 年法国人路布兰首先提出用工业方法制纯碱，即路布兰法。1861 年比利时人苏尔维提出了氨碱法制碱，即苏尔维法或称氨碱法。1942 年中国化学家侯德榜提出了联合法制纯碱、氯化铵，即联碱法，也称侯氏制碱法。

1. 路布兰法生产纯碱

该法的主要原料为芒硝（Na_2SO_4）、石灰石及煤。将硫酸钠、石灰石和煤混合后置于反射炉（或回转炉）加热至 950～1000℃即生成碳酸钠。

$$2C+Na_2SO_4+CaCO_3 = Na_2CO_3+CaS+2CO_2\uparrow$$

最早的路布兰法制碱，硫酸钠是通过浓硫酸和食盐制得的。路布兰法由于生产不连续、成本高，产品质量差等缺点，逐渐不能满足工业发展的需要，至今几乎完全被氨碱法和联碱法所取代。

2. 氨碱法生产纯碱

氨碱法生产纯碱的原料是食盐、石灰石、焦炭（或煤）、氨等四种。由原盐（海盐、岩盐、天然盐水）制成盐水，经精制吸氨、碳化、过滤结晶，煅烧可制得纯碱。母液经加入石灰乳蒸出氨，回收循环使用。反应式为

$$NaCl+NH_3+CO_2+H_2O = NaHCO_3\downarrow+NH_4Cl$$

$$2NaHCO_3 \xlongequal{\triangle} Na_2CO_3+H_2O\uparrow+CO_2\uparrow$$

$$2NH_4Cl+Ca(OH)_2 = CaCl_2+2NH_3+H_2O$$

氨碱法具有原料来源方便、生产连续、成本低、产量大等优点，但排出的氯化钙废渣没有出路，造成大量堆积而引起“公害”。其次食盐总利用率低（$<30\%$），工艺流程长而复杂。

3. 联合法制纯碱和氯化铵

联合法制碱即是纯碱和合成氨厂联合生产纯碱和氯化铵两种产品。

如简图所示，该法分为两个过程：第一过程为生产纯碱的过程，简称制碱过程。制碱过程与氨碱法相似，先将母液Ⅱ吸氨，然后碳酸化使碳酸氢钠析出，经过滤得到重碱。过滤所得母液称为母液Ⅰ，第二过程为生产氯化铵的过程，简称制铵过程。制铵过程将母液Ⅰ吸氨，降温并加入氯化钠，使氯化铵单独析出成为产品。这两个过程构成一个循环系统（母液循环），向循环系统中连续加入原料（如氨、氯化钠、二氧化碳和水），不断地生产出纯碱和氯化铵两种产品。

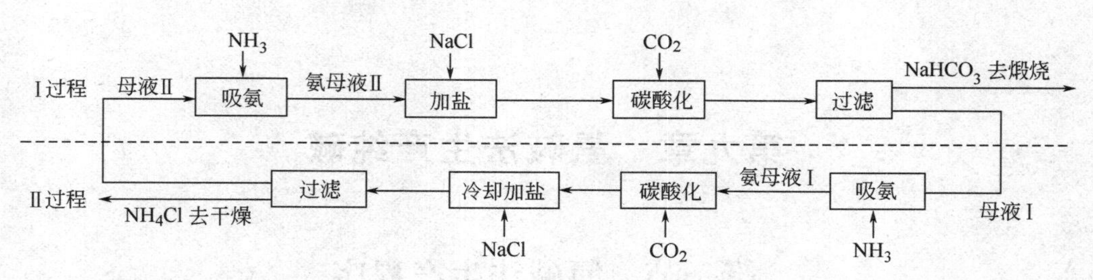

二、烧碱的生产方法

工业上生产烧碱的方法主要有苛化法和电解法两种。

苛化法为质量分数为10%～12%的纯碱溶液，加入石灰乳后起如下苛化反应

$$Na_2CO_3 + Ca(OH)_2 \xlongequal{} 2NaOH + CaCO_3 \downarrow$$

苛化后的液体经静置沉降、分离等工序，即得到烧碱溶液，含 NaOH 近于10%。若再经蒸发浓缩，熬固等工序可得固体烧碱。

电解法生产烧碱是应用电化学原理，在直流电作用下使食盐溶液发生如下反应

$$2NaCl + 2H_2O \xlongequal{\text{电解}} 2NaOH + H_2 \uparrow + Cl_2 \uparrow$$

可得烧碱、氯气和氢气。由于选用电极材料的不同，又分为隔膜电解法和水银电解法（又称汞阴极法）和离子膜电解法。

由于近代化纤及其他有机合成产品对高纯度烧碱和氯的迫切要求，苛化法已被电解法所取代。

第三节　国内外制碱工业概况

一、纯碱工业概况

中国纯碱工业已有七八十年的历史，1949年以来，纯碱生产有了较大发展，至2004年底，中国有大小碱厂60多家，纯碱年总生产能力约为1300万吨。

纯碱的品种有轻质纯碱和食品碱及近年新增重质纯碱和低盐重质纯碱。

新中国成立五十年来，中国纯碱工业发展较快，进行了许多科学研究，有些新工艺、新设备和主要技术经济指标接近世界先进水平。如采用钛平板换热器、大型蒸汽煅烧炉、自动包装机、降膜吸氨制备氨盐水等。但在机械化、自动化及防腐方面与世界先进水平相比还存在一些差距。

二、烧碱工业概况

新中国成立以来，中国氯碱（电解法制烧碱、氯气、氢气，又称氯碱法）工业有了很大的发展，到2004年，烧碱产量达1100万吨。

氯碱工业在生产技术方面如整流技术、电槽结构、新型材料、新型设备的应用等方面都取得了一定的进展。从20世纪50年代中期研制成功的立式吸附隔膜电解槽，到70年代成功开发了金属阳极电解槽，至目前普遍采用离子膜电解槽，充分体现了氯碱工业的不断进步和发展。

第九章　氨碱法生产纯碱

第一节　氨碱法生产程序

氨碱法生产纯碱示意流程如图 9-1 所示。

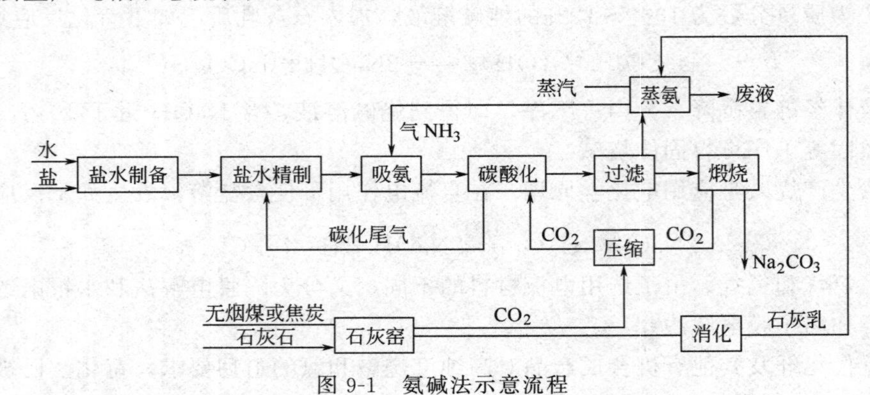

图 9-1　氨碱法示意流程

氨碱法生产纯碱过程大致可分以下步骤。

① 二氧化碳气和石灰乳的制备。煅烧石灰石制得石灰和二氧化碳，石灰消化而得石灰乳。

$$CaCO_3 = CaO + CO_2\uparrow \qquad \Delta H = 179.61\text{kJ}$$

$$C + O_2 = CO_2\uparrow \qquad \Delta H = -404.00\text{kJ}$$

$$CaO + H_2O = Ca(OH)_2 \qquad \Delta H = -65.30\text{kJ}$$

② 盐水的制备、精制及氨化，制得氨盐水。

$$NH_3 + H_2O = NH_4OH \qquad \Delta H = -35.17\text{kJ}$$

③ 氨盐水的碳酸化制重碱。

$$2NH_3\cdot H_2O + CO_2 = (NH_4)_2CO_3 + H_2O \qquad \Delta H = -95.04\text{kJ}$$

$$(NH_4)_2CO_3 + CO_2 + H_2O = 2NH_4HCO_3 \qquad \Delta H = -59.87\text{kJ}$$

$$NH_4HCO_3 + NaCl = NH_4Cl + NaHCO_3\downarrow \qquad \Delta H = -20.51\text{kJ}$$

④ 重碱的过滤和洗涤。

⑤ 重碱煅烧制得纯碱成品及二氧化碳气。

$$2NaHCO_3 = Na_2CO_3 + CO_2\uparrow + H_2O \qquad \Delta H = 128.53\text{kJ}$$

⑥ 母液中氨的蒸馏回收。

$$2NH_4Cl\text{（液）} + Ca(OH)_2 = 2NH_3\uparrow + CaCl_2\downarrow + H_2O \qquad \Delta H = 60.29\text{kJ}$$

氨碱法生产过程可用下总反应式表示

$$NaCl + NH_3 + CO_2 + H_2O = NH_4Cl + NaHCO_3\downarrow \qquad \Delta H = -153.24\text{kJ}$$

第二节　石灰石的煅烧与石灰乳的制备

氨盐水碳酸化过程需要大量的 CO_2 气，在氨盐水精制及氨的回收中，又需要大量的石灰乳，因而煅烧石灰石制取 CO_2 及石灰，再用石灰消化制取石灰乳，成为氨碱法生产中不可缺少的准备工序。

一、石灰石煅烧的原理

石灰石是一种来源很广的矿物，主要化学成分是碳酸钙（$CaCO_3$），一般含量都在 90% 以上。

石灰石被煅烧时，其中的 $CaCO_3$ 受热分解

$$CaCO_3 \rightleftharpoons CaO + CO_2 \uparrow \qquad \Delta H = 179.61\text{kJ}$$

此反应是可逆的吸热反应，升高温度及降低 CO_2 分压可使平衡向右移动。平衡时系统中有两个独立组分和三个相（两个固相、一个气相），故自由度为 1，即温度与平衡压力有一定关系。

反应的平衡常数为

$$K = p_{CO_2}$$

在一定温度下，CO_2 平衡分压为一定值。此值即是石灰石在该温度下的分解压力。

碳酸钙的分解压力与温度的关系如图 9-2 所示。虚线表示 0.1MPa。由图可见，温度超过 600℃后石灰石开始分解，但 CO_2 分压极低，至 850℃后分压增加渐快，898℃时达到 1 大气压，此温度即 $CaCO_3$ 在 0.1MPa 下的分解温度。

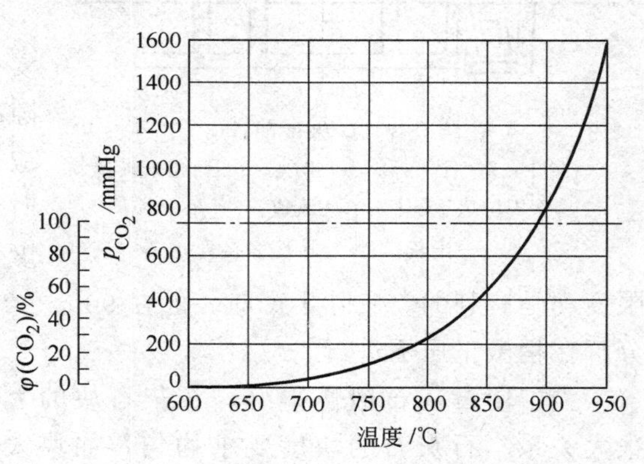

图 9-2　石灰石煅烧时 CO_2 分压与温度的关系

使 $CaCO_3$ 分解的必要条件是升高温度，以提高分解压力，或者将已产生的 CO_2 排出，使气体中 CO_2 分压小于该温度下的分解压力，碳酸钙即可继续分解，直至完全分解为止。生产中，分解速度以每一块 $CaCO_3$ 中反应面（CaO 和 $CaCO_3$ 交界面）的前进速度 R 表示，它与块大小无关，随温度 t 的升高而增加。当温度超过 900℃以后，分解速度急剧上升。因为高温不仅加快反应本身，而且特别能使热量迅速传入石灰石块的内部使之超过分解温度。因此提高温度亦有利于使碳酸钙的分解完全。

但是温度又不能提得过高，还受其他条件的限制。

二、石灰窑及其操作

石灰窑的形式很多，采用多的是连续操作的竖式窑。固体燃料可以与石灰石一同加入，也可以在窑外燃烧成气体再通入。也有采用气体燃料加热的。前者称混料竖窑，后者称气体窑。混料竖窑具有生产能力大，上料下灰完全机械化，窑气浓度高，热利用率高，石灰质量好等优点，多被采用之。

石灰窑的结构如图 9-3 所示。窑身用普通砖或钢板制成，内砌耐火砖，两层之间装填绝热材料（如石棉矿渣、泡沫硅藻土等），以减少热量损失。空气用鼓风机自下面送入窑内。

石灰石块和焦炭混合好后从上面装入窑内，并自上而下运动，经过三个区域：预热区、煅烧区和冷却区。预热区位于窑的上部，约占总高的1/4，其作用是利用从煅烧区上来的热窑气，将石灰石燃料预热并干燥，使其水分蒸发逸出，当温度超过70℃，炉料开始燃烧。热窑气将自身近一半热量传给炉料，温度降为50～100℃。从窑顶放出。煅烧区位于窑的中部，约占窑高的1/2，为避免过烧结瘤，该区温度不应超过1200℃。冷却区位于窑的下部，约占总窑高的1/4，其主要作用是预热进窑的空气，使热石灰冷却到30～60℃。这样，即回收了热量又保护了窑箅不致被烧坏。

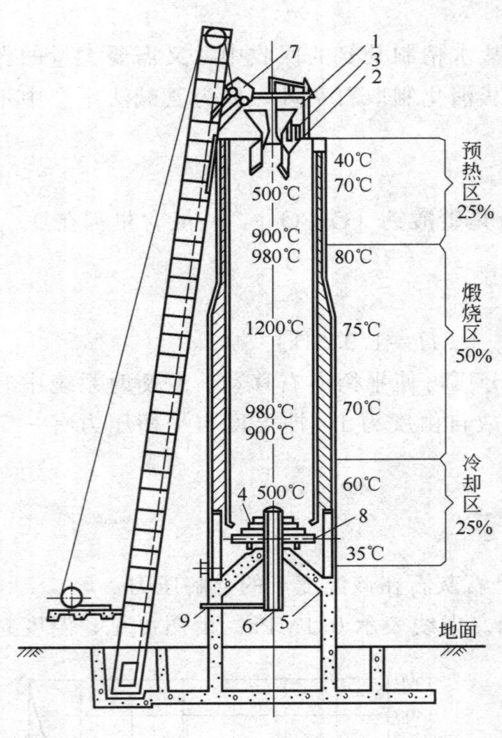

图 9-3　石灰窑简图

1—漏斗；2—撒石器；3—出气口；4—出灰转盘；5—周围风道；6—中央风道；7—吊石罐；8—出灰口；9—风压表接管

维持石灰窑正常操作最主要的工艺条件是保持窑内温度的分布正常与稳定。如煅烧原理中所述，窑内温度越高，石灰石分解得越完全。在石灰石煅烧时，由于CO_2是从碳酸钙中放出的，因而所得的生石灰疏松多孔。但是，由于石灰石中一般含有SiO_2、Al_2O_3、Fe_2O_3等杂质，高温下它们能与CaO作用生成xCaO·$y$$SiO_2$、3CaO·$Al_2O_3$等半熔融物质，粘毁炉壁并使烧成品坚实少孔不易消化。煅烧温度越高，会使生石灰孔隙减少，这种现象叫过烧。过烧石灰消化时，反应极慢。一般石灰石在1100～1200℃下停留数小时就易过烧。同时还要考虑窑衬里所能承受的温度及热量的利用等方面，提高煅烧温度只在一定限度内是有利的。实际生产时一般在900～1200℃，为避免空气漏进，冲稀CO_2气体浓度，分解在稍微正压下进行。

为了使石灰石煅烧得好，石灰石块的大小也有很大关系。石灰石的块度要求均匀，如块太小会使窑内通风不良，燃烧不均匀，块太大则烧不透，一般要求石灰石块度在110～180mm之间，小于50mm不能进窑。图9-4所示石灰石块大小与煅烧时间的关系。生产中根据石灰窑的大小合理选择石灰石块的大小是很有必要的。

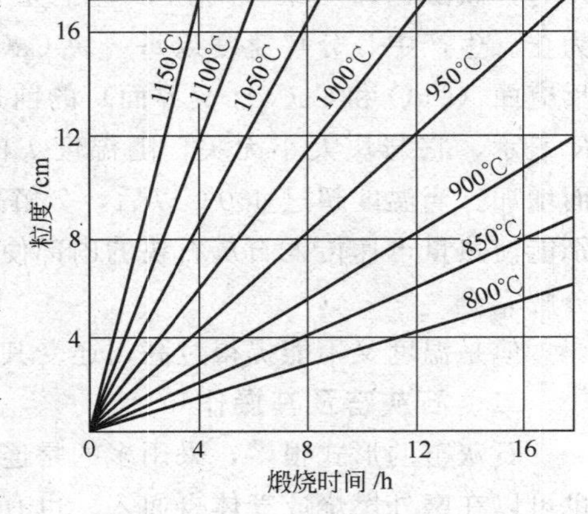

图 9-4　在不同温度下石灰石的煅烧时间与粒度的关系

此外，生产中还要注意燃料在配料中的均匀分布，空气量应和窑内情况配合，为保证燃烧完全，空气稍有过量。窑气要及时排出，烧好的石灰随时取出，以保持窑温一定。

石灰石煅烧生产正常时，窑气成分大致为$\varphi(CO_2)=43\%$，$\varphi(O_2)=0.2\%$，$\varphi(CO)=0.1\%$，其余为N_2，温度85～100℃。通常每$1m^3$窑气中约有400mg石灰石、煤等粉尘。为去除这些杂质，设置有窑气洗涤塔。洗涤塔

还具有冷却作用，经洗涤的气体再导入压缩机，可以降低压缩机的能量消耗。

三、石灰乳的制备

把石灰石煅烧成的氧化钙加水进行“消化”，即可变成盐水精制和蒸氨过程所需要的氢氧化钙，反应为

$$CaO(s) + H_2O \Longrightarrow Ca(OH)_2(s) \qquad \Delta H = -64.90\text{kJ}$$

消化时依加水量的不同可得到消石灰（细粉末）、石灰膏（稠厚不流动物质）、石灰乳（消石灰在水中的悬浮液）和石灰水［$Ca(OH)_2$ 水溶液］。氢氧化钙溶解度很小且随温度升高而降低，粉末状的消石灰使用又很不方便，故生产中采用其悬浮液，即石灰乳。石灰乳存在着下面的平衡

$$Ca(OH)_2(s) \rightleftharpoons Ca(OH)_2(溶液) \rightleftharpoons Ca^{2+} + OH^-$$

使用时，随着 OH^- 离子的消耗，反应逐渐向右移动，直至把石灰乳中全部 $Ca(OH)_2(s)$ 利用。

石灰乳较稠，对生产有利，但过于稠厚则黏度过大，容易沉淀而造成设备堵塞。一般使用的石灰乳含活性 CaO 约 150～220tt，密度约 1.17～1.22g/cm^3。石灰乳中悬浮的颗粒愈细小愈不易沉下，反应速率也愈快。

消化过程中有大量的热放出，加水量要超过理论量，因为有大量的水汽化成为水蒸气而逸出，并未参与消化反应。蒸汽的放出又可保证温度不致过高，同时使石灰块裂成极细的粉末，易成悬浮液。

石灰消化速度与石灰中杂质、石灰石煅烧时间、消化用水温度和石灰颗粒大小等有关。一般情况下，石灰石煅烧温度愈高，消化所需时间愈长。当含杂质多或过烧会使石灰乳质量

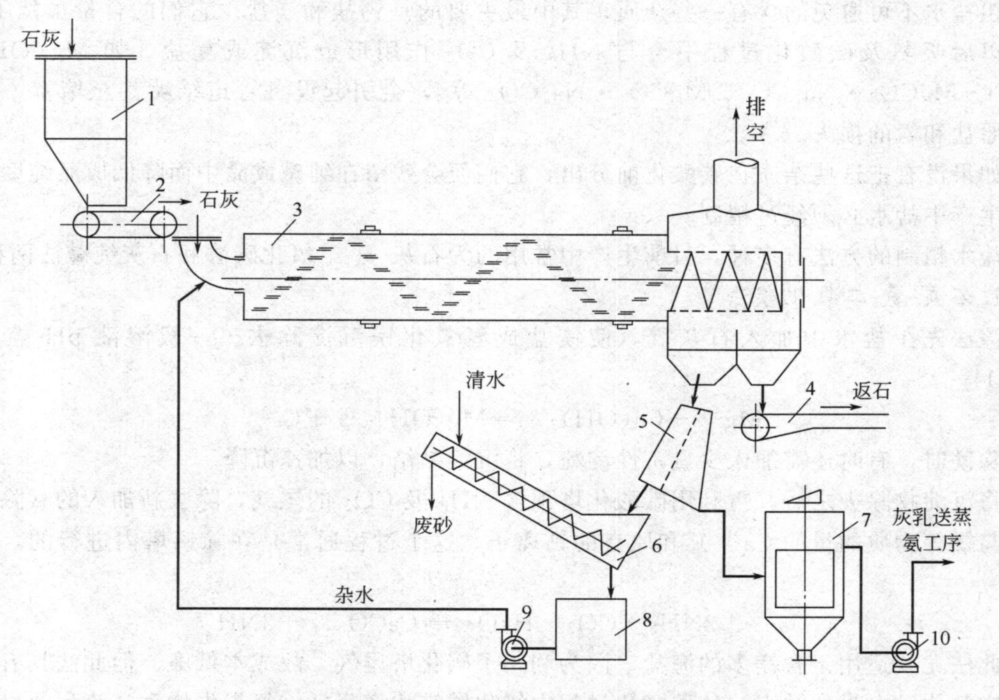

图 9-5　石灰消化流程及化灰机示意图

1—灰包；2—链板机；3—化灰机；4—返石皮带；5—振动筛；6—螺旋洗砂机；7—灰乳桶；8—杂水桶；9—杂水泵；10—灰乳泵

降低。生石灰在空气中存放较久，表面上会形成不溶解的碳酸钙硬壳，难于消化。消化用水的温度高可以加速消化并呈悬浮松软极细的粉末，生产上一般采用50～80℃的水温为宜。

石灰消化系统的示意流程见图9-5所示。

化灰机（又称消化机）为一卧式回转圆筒，稍向出口一端倾斜（约0.5°），石灰与水从一端加入，互相混合反应。圆筒内装有许多螺旋形式排列的角铁，在转动时将水和石灰向前推动。尾部有孔径不同的两层筛子，完成的石灰乳从筛孔中流出，经振动筛进入灰乳桶，剩下的未消化的生石灰则由筛子内流出，大块生烧者可以再入窑重新使用，称为返石。从振动筛出来的小块称为废砂，予以排弃。

第三节 盐水的制备

一、饱和食盐水的制备

氨碱法生产纯碱的主要原料之一是食盐的饱和水溶液（含NaCl的量为305～310g/L)。常见的食盐有海盐、井盐、岩盐、湖盐和池盐等。中国的海盐资源丰富，一般工厂多采用将海盐溶化以制备盐水，其溶解过程在一大铁桶（化盐桶）内进行。食盐由桶的上部加入，水由桶底上升，由上端溢流出的溶液即是食盐的饱和溶液，浓度为107～108tt。其成分如下

$\rho(NaCl)300.4g/L$ $\rho(CaSO_4)4.81g/L$

$\rho(CaCl_2)0.80g/L$ $\rho(MgCl_2)0.35g/L$

二、盐水的精制

粗盐水不可避免的含有一些杂质，其中最主要的是钙盐和镁盐。它们的含量虽然不大，但在以后吸氨及碳酸化过程中会与NH_3及CO_2作用形成沉淀或复盐[如$Mg(OH)_2$、$NaCl\cdot MgCO_3\cdot Na_2CO_3$、$MgCO_3\cdot Na_2CO_3$等]，会引起设备管道结垢甚至堵塞，并将增加原盐和氨的损失。

如果没有把这些杂质在碳酸化前分出，它们便会残留在纯碱成品中而降低成品纯度。因此，生产中盐水必须经过精制。

盐水精制的方法有多种，目前生产中常用的为石灰-氨-二氧化碳法和石灰纯碱法两种。

1. 石灰-氨-二氧化碳法

该法先在盐水中加入石灰乳，使镁盐成氢氧化镁沉淀除去。一般溶液pH控制在10～11。

$$Mg^{2+}+Ca(OH)_2 \longrightarrow Mg(OH)_2\downarrow+Ca^{2+}$$

除镁时，有时还需加入少量苛性淀粉，将沉淀黏结，以加速沉降。

将沉淀物除去之后，再利用碳酸化塔顶含NH_3及CO_2的尾气，除去新加入的（除镁中加入与镁等物质的量的Ca^{2+}）和原有的钙离子，这个过程通常是在除钙塔内进行的，反应式为

$$Ca^{2+}+2NH_3+CO_2+H_2O \longrightarrow CaCO_3\downarrow+2NH_4^+$$

此法尤其适用于含镁多的海盐，因为利用了碳化塔尾气，故成本低廉。但此法具有增加溶液中氯化铵含量的缺点，使碳酸化过程中氯化钠转化率降低，氨损失增大，流程及操作复杂，中国大多数纯碱厂均采用此法。石灰-氨-二氧化碳法精制盐水流程如图9-6所示。

饱和食盐水自化盐桶1溢流出来进入反应罐2，在此加入石灰乳（由石灰乳桶10送

来）及来自加泥罐11悬浮液，在搅拌作用下进行食盐水除镁反应。反应后悬浮液流入一次澄清桶3进行液固分离，固体沉淀由澄清桶底部排出，称一次泥送往一次泥罐7，清液自澄清桶上部溢流出来称之一次盐水用泵送入除钙塔顶部，塔下部通入碳化塔尾气，气液逆流进行除钙反应。悬浮液自除钙塔底部流出进入二次澄清桶5除去碳酸钙沉淀。沉淀下来的二次泥从澄清桶底部进入二次泥罐8，再用泵打入泥罐11，清液自澄清桶5上部溢流出称二次盐水或精制盐水。一、二次泥很稀，其中含有一定量的盐，这部分盐必须回收。将一、二次泥汇合后经一次泥罐7（由脱钙塔4顶部加入水送入泥罐7）自动洗涤一、二次泥，泥水用泵打入洗泥桶6，清液送入化盐桶1用于化盐，废泥经泥罐9和泵弃去。

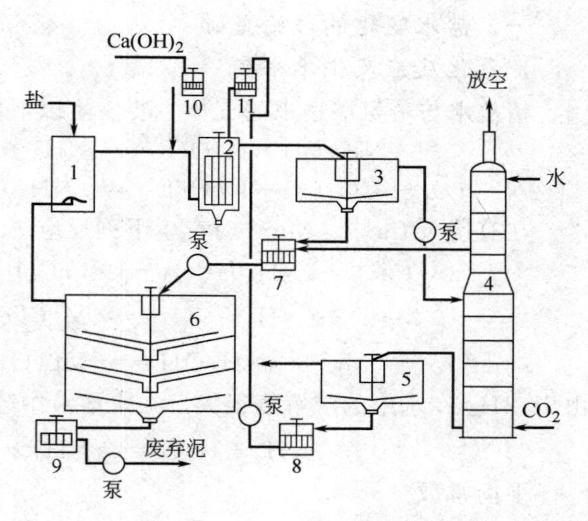

图9-6　石灰-氨-二氧化碳法精制盐水流程

1—化盐桶；2—反应罐；3—一次澄清桶；4—除钙塔；5—二次澄清桶；6—洗泥桶；7—一次泥罐；8—二次泥罐；9—废泥罐；10—石灰乳桶；11—加泥罐

2. 石灰-纯碱法

此法也是用石灰乳先除去镁盐，而后采用纯碱除去钙盐

$$Mg^{2+}+Ca(OH)_2 \xlongequal{} Mg(OH)_2\downarrow+Ca^{2+}$$

$$Ca^{2+}+Na_2CO_3 \xlongequal{} CaCO_3\downarrow+2Na^+$$

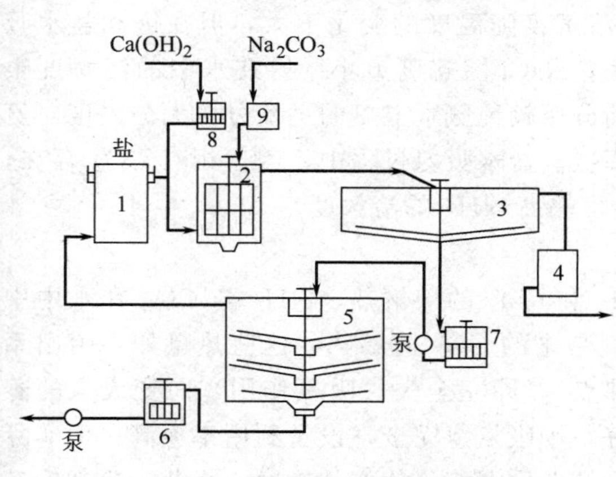

图9-7　石灰-纯碱法精制盐水流程

1—化盐桶；2—反应罐；3—澄清桶；4—精盐水储桶；5—洗泥桶；6—废泥罐；7—澄清泥罐；8—灰乳储槽；9—纯碱储槽

从方程式可看出，除钙时，不生成铵盐而生成钠盐，就不会影响盐水碳酸化过程中氯化钠的转化率了。

在这种方法中，除钙镁的沉淀是一次进行的，所用的石灰量应相当于镁含量，而纯碱加入量应相当于钙镁含量之和，由于$CaCO_3$在饱和盐水中的溶解度比在纯水中大，故纯碱应过量些。一般纯碱过量为0.8g/L，石灰过量0.5g/L，控制盐水的pH为9.0。石灰-纯碱法精制盐水流程如图9-7所示。

本法缺点是要消耗纯碱，但操作较简单，劳动条件好，且精制度高。故在盐质较好的情况下可广泛采用。

第四节　精盐水的氨化

精盐水吸氨的操作称为氨化，其目的是制备符合碳酸化过程所要求的浓度的氨盐水。氨化还起到最后除去钙镁等杂质的作用。吸氨所用的氨气来自蒸氨塔，氨气中还含有少量的CO_2和水蒸气。

一、盐水氨化的理论基础

1. 氨化反应及化学平衡

精盐水与蒸氨塔送来的气体主要发生以下反应

$$NH_3(g)+H_2O(l) = NH_3 \cdot H_2O(aq) \quad \Delta H=-35.2\text{kJ}$$

$$2NH_3(aq)+CO_2(g)+H_2O(l) = (NH_4)_2CO_3(aq) \quad \Delta H=-95.0\text{kJ}$$

在有残余 Ca^{2+}、Mg^{2+} 时产生下列反应

$$Ca^{2+}+(NH_4)_2CO_3 = CaCO_3\downarrow+2NH_4^+$$

$$Mg^{2+}+(NH_4)_2CO_3 = MgCO_3\downarrow+2NH_4^+$$

$$Mg^{2+}+NH_4OH = Mg(OH)_2\downarrow+2NH_4^+$$

由于 NH_3 在水中的溶解度很大，在水溶液中建立如下平衡

$$NH_3+H_2O \rightleftharpoons NH_3 \cdot H_2O \rightleftharpoons NH_4^+ + OH^-$$

平衡常数

$$K_1=\frac{c(NH_3 \cdot H_2O)}{c(NH_3) \cdot c(H_2O)}$$

$$K_2=\frac{c(NH_4^+) \cdot c(OH^-)}{c(NH_3 \cdot H_2O)}$$

25℃时，$K_1=0.5$，$K_2=1.8\times10^{-5}$。由此看出，NH_3 在水溶液中主要以 $NH_3 \cdot H_2O$ 形式存在，而仅有少量为 NH_4^+ 离子。

2. 原盐和氨溶解度的相互影响

盐水氨化是一个吸收过程。NaCl 在水中的溶解度随温度的变化不大，但在饱和盐水吸氨时，会使 NaCl 的溶解度降低，氨溶解得愈多，NaCl 溶解度愈小。氨在水中的溶解度很大，但在盐水中有所降低，即氨盐水上方的平衡分压较纯氨水上氨的平衡分压大。温度对氨溶解度的影响与一般气体相同，温度高溶解度降低。盐水吸氨过程中，因气相有 CO_2 存在，CO_2 溶于液相能与 NH_3 生成 $(NH_4)_2CO_3$，故可提高 NH_3 的溶解度。

3. 吸氨过程的热效应

吸氨过程中有大量热放出，其中包括：NH_3 和 CO_2 的溶解热，NH_3 与 CO_2 在水中中和放出的热量，氨气带来水蒸气的冷凝热，氨气带来的 CO_2 溶解热。这些热量如不引出系统，将足以使溶液温度高达约 120℃（超过其沸点），即完全失去吸氨作用，而变成氨的蒸馏。所以冷却问题是吸氨过程的关键。冷却愈好，则吸氨愈完全，设备利用率愈高，但实际生产中还要考虑温度高些有利于盐水中残存的钙镁杂质沉淀，使产品纯净。因此，冷却应有限度，一般在 70℃左右，过冷时将造成杂质分离的困难。

二、氨化工艺流程和工艺条件的选择

1. 工艺流程

吸氨工艺流程如图 9-8 所示。

二次盐水经冷却排管冷却至 35～40℃后，进入洗氨塔 2，盐水由塔上部流至底层，此时，因吸收氨而温度升高。抽出送冷却管冷却后，返回中段吸收塔 3。排出氨盐水再经过冷却器 7 降温后，进入下段吸氨塔。一般在此塔中约吸收来气中氨 50%以上。氨盐水流入循环段储桶 8。吸氨时放出的热量通过塔 4，冷却器 10 和储桶 8 之间的循环冷却除去。氨盐水在澄清桶 11 中除去沉淀后，清的氨盐水经排管 12 冷却至 30～35℃，送入储桶计量后用泵 14 送往碳酸化工序。各处含氨尾气经主塔及净化塔 1 洗去氨后，由真空泵 15 排至二氧化碳压缩机。

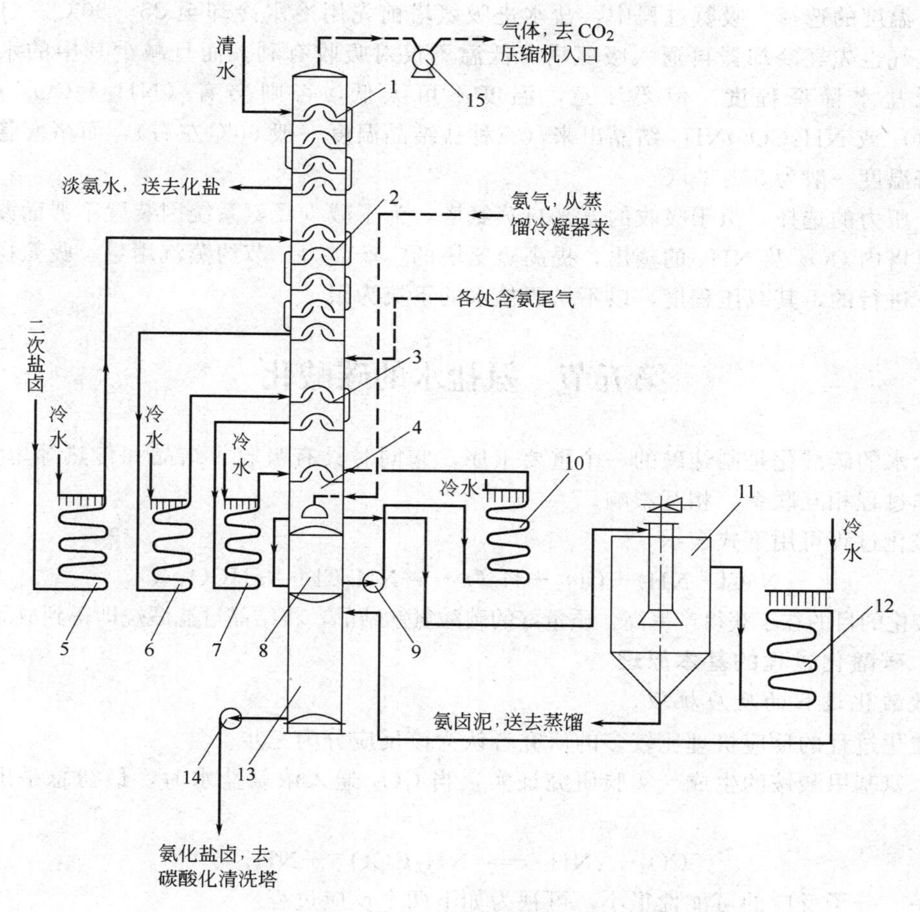

图 9-8　吸氨流程

1—净氨塔；2—洗氨塔；3—中段吸氨塔；4—下段吸氨塔；5，6，7，10，12—冷却排管；8—循环段储桶；9—循环泵；11—澄清桶；13—氨盐水储桶；14—氨盐水泵；15—真空泵

送往碳化的氨盐水，经冷却温度约30℃左右，所含沉淀不应多于0.1g/L。

吸氨流程中的主要设备是吸氨塔，它是一个多段铸铁单泡罩塔（现也有采用喷射吸氨器代替吸氨塔）。为了节约动力，在引出塔外冷却时，必须保证液体有足够的静压头，使其能克服管道阻力而自返塔内。为此，需要仔细确定塔体上的进出口位置，必要时要加空圈。

2. 工艺条件的选择

(1) $n(NH_3)$ /$n(NaCl)$ 比的选择　为了使吸氨后获得较高浓度的氨盐水，同时使原料利用率和设备利用最好，生产中要选择适宜的$n(NH_3)/n(NaCl)$ 比。按反应方程式

$$NaCl+NH_3+CO_2+H_2O = NaHCO_3\downarrow +NH_4Cl$$

氯化钠与氨物质的量之比应当是1∶1。假如吸氨不足，则NaCl分解不完全，增加食盐损耗。如吸氨太多，则会有多余的NH_4HCO_3随$NaHCO_3$一同结晶而降低氨的利用率。实际上取$n(NH_3)/n(Cl^-)$ 为1.08～1.12，NH_3稍过量，以补偿碳酸化时损失的部分氨。

生产中将$NH_3\cdot H_2O$、$(NH_4)_2CO_3$、NH_4HCO_3、$(NH_4)_2SO_4$等在水溶液中受热即分解的铵化物中的氨称为游离氨（F_{NH_3}）。NH_4Cl、$(NH_4)_2SO_4$等在水溶液中受热并不分解而必须加入碱后才会分解的铵化合物中的氨称为结合氨或固定氨（C_{NH_3}）。

(2) 温度的选择 吸氨过程中，盐水进吸氨塔前先用冷水冷却至25～30℃。自蒸氨塔出来的氨气也先经冷却器再通入吸氨塔。低温不仅对吸收有利，而且减少其中的水蒸气含量，减低盐水稀释程度。但要注意，温度不可太低，否则会有 $(NH_4)_2CO_3 \cdot H_2O$，NH_4HCO_3 或 NH_4COONH_2 结晶出来（三种盐结晶温度一般60℃左右），而堵塞管路。故气体进塔温度一般为55～60℃。

(3) 压力的选择 由于吸收的氨来自蒸氨塔，为了减少吸氨系统因装置不严而漏气，并加快蒸氨塔内 CO_2 及 NH_3 的蒸出，提高蒸氨塔的生产能力、节约蒸汽用量，吸氨操作是在稍减压下进行的，其减压程度，以不妨碍盐水的下流为限。

第五节 氨盐水的碳酸化

氨盐水的碳酸化是制纯碱的一个重要工序，它同时具有吸收、结晶和传热等单元操作。这些操作过程相互联系、相互影响。

碳酸化过程可用下式表示

$$NaCl + NH_3 + CO_2 + H_2O = NH_4Cl + NaHCO_3 \downarrow$$

碳酸化的目的在于获得产率高，质量好的碳酸氢钠结晶，将结晶过滤煅烧即得到成品纯碱。

一、碳酸化过程的基本原理

1. 碳酸化过程的反应机理

碳酸化过程的反应机理比较多的研究者认为该反应分为三步。

(1) 氨基甲酸铵的生成 实验研究证实，当 CO_2 通入浓氨盐水时，最初总是出现氨基甲酸铵

$$CO_2 + 2NH_3 \rightleftharpoons NH_2COO^- + NH_4^+$$

这一三分子反应的可能性很小，可视为如下两个反应过程

$$CO_2 + NH_3 \rightleftharpoons H^+ + NH_2COO^-$$

$$NH_3 + H^+ \rightleftharpoons NH_4^+$$

(2) 氨基甲酸铵的水解 上述生成的氨基甲酸铵，进一步进行水解，反应为

$$NH_2COO^- + H_2O \rightleftharpoons HCO_3^- + NH_3$$

(3) 进行复分解反应析出 $NaHCO_3$ 结晶 这是碳酸化的最终目的。溶液中 HCO_3^- 含量积累相当高时，便与 Na^+ 完成复分解反应：

$$Na^+ + HCO_3^- \rightleftharpoons NaHCO_3 \downarrow$$

或

$$NaCl + NH_4HCO_3 \rightleftharpoons NH_4Cl + NaHCO_3 \downarrow$$

沉出 $NaHCO_3$ 的反应将影响一系列离子反应的平衡，其中最重要的是使氨基甲酸铵的水解反应向右移动，致使溶液中溶解态的氨增加，从而对吸收过程产生显著的影响。

2. 氨盐水碳酸化过程相图分析

从热力学观点分析碳化过程时，不考虑其反应机理，而仅从平衡产率角度入手。被二氧化碳饱和的氨盐溶液及其形成的沉淀构成一个复杂的多相系统，它是由 NH_4Cl、$NaCl$、NH_4HCO_3、$NaHCO_3$、$(NH_4)_2CO_3$ 等盐的溶液及其沉淀所组成。这一系统在碳酸化塔底部接近平衡。既然有固相 $NaHCO_3$ 析出，故可通过各组分的溶解度关系，即相图的分析来研究各原料的利用率。如图9-9所示为体系等温相图。

生产中由于需要的是 $NaHCO_3$ 结晶，所以仅对相图中 $NaHCO_3$ 的饱和面 $IP_2P_1ⅣB$

感兴趣，且因原始液组成应落在 AC 对角线上的 E、F 之间，析出 $NaHCO_3$ 后平衡时液相点应落在 EP_2P_1F 内，而不希望 $NaHCO_3$ 带入杂质，故最终液相点不应落到任一共饱线上。如果落在 P_1P_2 上将有 NH_4Cl 同时析出，落在 P_1F 上将有 NH_4HCO_3 同时析出，它们在重碱煅烧时将产生如下反应

$$NaHCO_3+NH_4Cl = NaCl+CO_2\uparrow+NH_3\uparrow+H_2O\uparrow$$

$$NH_4HCO_3 = NH_3\uparrow+CO_2\uparrow+H_2O\uparrow$$

其结果使 NaCl 留于成品中，减少产量和增加氨损失。所以生产中最终溶液的组成点应落在以 EP_2P_1F 为极限的区域内。要想得到最大的 $NaHCO_3$ 产率，液相点最终落在靠近 P_1 点处的小块阴影部分最适宜。

下面讨论在上述区域内 NaCl 和氨的利用率。氯化钠的利用率定义为钠效率用 U_{Na} 表示

$$U_{Na}=\frac{\text{生成 }NaHCO_3\text{ 的物质的量（mol）}}{\text{原始 NaCl 的物质的量（mol）}}\times100\%$$

氨利用率定义为氨效率，用 U_{NH_3} 表示

$$U_{NH_3}=\frac{\text{生成 }NH_4Cl\text{ 的物质的量（mol）}}{\text{原始 }NH_4HCO_3\text{ 的物质的量（mol）}}\times100\%$$

图 9-10 为钠、氨利用率图解分析图。

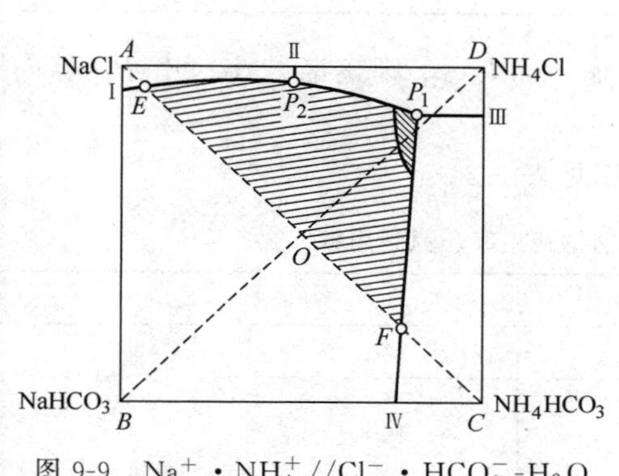

图 9-9　$Na^+\cdot NH_4^+//Cl^-\cdot HCO_3^--H_2O$ 体系等温相图

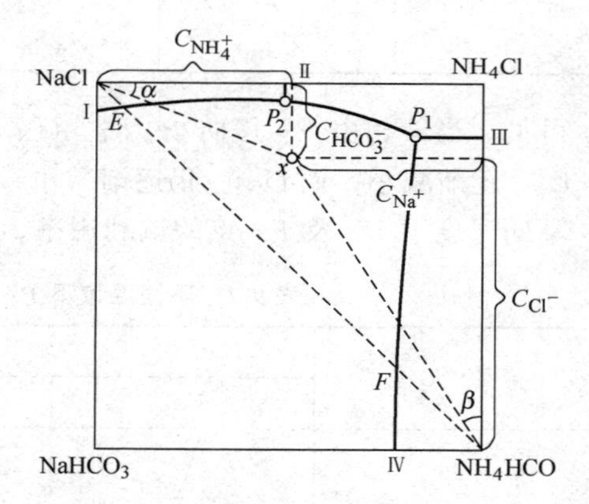

图 9-10　钠、氨利用率图解分析

由上图可以看出 U_{Na} 和 U_{NH_3} 的变化趋势。因为最终溶液中 Cl^- 不减少即相当于原始 NaCl 量，C_{Na^+} 为剩余 NaCl 量，故

$$U_{Na}=\frac{C_{Cl^-}-C_{Na^+}}{C_{Cl^-}}=1-\frac{C_{Na^+}}{C_{Cl^-}}$$

又因为最终溶液中 NH_4^+ 不减少，假定塔顶没有 NH_3 损失，则 $C_{NH_4^+}$ 代表 NH_3 总量而 $C_{HCO_3^-}$ 则为剩余之 NH_3 量，故

$$U_{NH_3}=\frac{C_{NH_4^+}-C_{HCO_3^-}}{C_{NH_4^+}}=1-\frac{C_{HCO_3^-}}{C_{NH_4^+}}$$

如图 9-10 所示，取 $NaHCO_3$ 结晶区内一点 x

$$U_{Na}(x)=1-\frac{C_{Na^+}}{C_{Cl^-}}=1-\tan\beta$$

$$U_{NH_3}(x)=1-\frac{C_{HCO_3^-}}{C_{NH_4^+}}=1-\tan\alpha$$

因为α、β均小于45°，所以当β减小时，$\tan\beta$亦减小，而U_{Na}则增大。

在$NaHCO_3$饱和区中，在P_1点时，β最小，即U_{Na}最大；而在P_2点时、α最小，即U_{NH_3}最大。

所以对于U_{Na}，$E<P_2<P_1>F$；对于U_{NH_3}，$E<P_2>P_1>F$。

由实验数据的计算结果如表9-1所示。

表9-1 $NaCl$-NH_4HCO_3-H_2O体系饱和溶液成分及钠，氨利用率（15℃）

饱和溶液成分/(mol/kg)				利用系数	
Na^+	NH_4^+	Cl^-	HCO_3^-	U_{Na}	U_{NH_3}
相应于P_2—P_1线的溶液					
P_2 4.62	3.73	8.17	0.18	43.4	95.1
3.39	4.52	7.65	0.30	55.7	93.4
2.19	5.45	7.13	0.51	69.2	90.5
相应于P_1—TV线的溶液					
P_1 1.44	6.28	6.79	0.93	78.8	85.1
1.34	5.65	6.00	0.99	77.7	82.5
1.27	5.21	5.41	1.07	76.4	79.5
1.16	4.14	4.00	1.30	71.0	68.9

可见，当液相由P_2移向P_1时，U_{Na}逐渐增加，而U_{NH_3}则逐渐减小；由P_1移向F时，U_{Na}逐渐减小，而U_{NH_3}仍逐渐减小。

不同温度下P_1及P_2点的钠利用率、氨利用率见表9-2。

表9-2 不同温度下P_1及P_2点的钠利用率、氨利用率

温度 t/℃	P_1		P_2	
	U_{Na}	U_{NH_3}	U_{Na}	U_{NH_3}
0	73.6	88.0	34.6	95.6
15	78.8	85.1	43.4	95.1
30	83.4	84.1	50.8	94.1

由表9-2数据可看出，从P_2到P_1时U_{Na}提高到约80%，而U_{NH_3}下降了约10%。相对而言P_1点之U_{NH_3}还不太低，故在生产控制中应以P_1点作为理想的操作点，尽可能使塔底近于平衡的溶液落在P_1附近，如图9-9斜线附近（靠近NH_4HCO_3饱和区的目的是为避免生成NH_4Cl影响产品纯度）。

温度改变时，各相应等温图上均有其最高的U_{Na}及U_{NH_3}（即点P_1和P_2）。实验表明，温度在32℃时，可达到最高利用率，此时$U_{Na}=84\%$，这是氨碱法生产纯碱时碳酸化过程最高$NaCl$利用率。

二、氨盐水碳酸化过程的工艺条件分析

1. 碳酸化度及其对钠利用率的影响

相图分析中讨论了$NaCl$及NH_4HCO_3反应的最大钠利用率问题，它意味着氨盐水的碳酸化达到了理想的情况，即$n(CO_2):n(NH_3)=2:1$。但实际生产中，出塔晶浆是近于碳化到最大限度而并非达到了理想的情况。

生产中用碳酸化度表示氨盐水中转变成NH_4HCO_3的程度（碳酸化度表示氨盐水吸收

CO_2 的程度），其表示式为

$$碳酸化度(R)=\frac{全部\ CO_2\ 物质的量\ (mol)}{总\ NH_3\ 物质的量\ (mol)}\times 100\%$$

CO_2 全部转变为 $NaHCO_3$ 时，$R=200\%$。对于未析出晶体的碳化氨水的 R 值极易计算，但在分析一个取出液时，由于碳酸化过程中所吸收的总 CO_2 部分析出成为 $NaHCO_3$ 结晶，一部分留在母液中，其含量以 $T[CO_2]$ 滴度值表示，前者则以结合氨 C_{NH_3} 状态出现在溶液中，其沉出的 CO_2 滴度值为 $T(C_{NH_3})$ 滴度值的两倍，由于生成 1mol $NaHCO_3$ 同时必产生 1mol NH_4Cl，其 CO_2 量可用结合氨的量表示为 $T(C_{NH_3})$ 的两倍。因而，考虑全系统的碳化度时，则

$$R=\frac{T[CO_2]+2T[C_{NH_3}]}{T_{NH_3}}\times 100\%$$

式中　T_{NH_3}——溶液中总氨滴度数。

在适宜的氨盐水组成情况下，R 越大，总的氨转变成 NH_4HCO_3 越完全，NaCl 利用率 U_{Na} 就越高。工业生产中应尽量提高溶液的碳酸化度以提高钠利用率。但因受种种条件的限制，生产中的碳化度一般只能达到 180%～190%。

2. 原始氨盐水溶液的理论适宜组成

所谓适宜组成，就是在保证碳酸化塔在一定的出塔温度和压力下，达到平衡时溶液组成相当于 P_1 点时的原始溶液组成，即钠利用率最高的原始液组成。例如 15℃时，原始液适宜组成图示于 9-11 中。

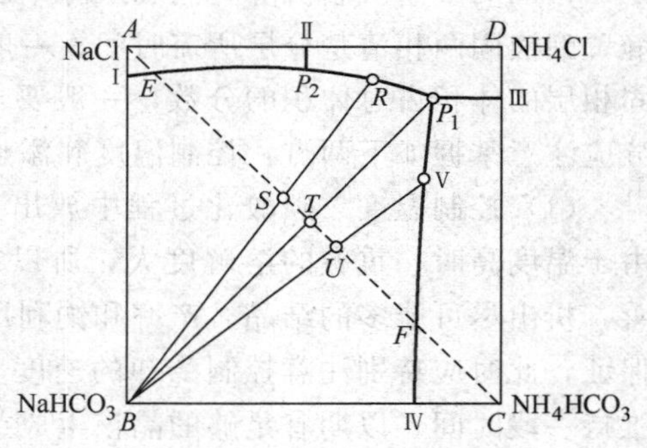

图 9-11　原始液适宜组成图示

当原始液相组成为 S 点，相当于 60% NaCl 时，在析出 $NaHCO_3$ 的同时液相组成应落在 BS，与 P_1P_2 的交点 R 上。如果原始液组成为 U，则最终液相组成为 V。适宜的原始液的组成应是 BP_1 与 AC 的交点即为 T 点的浓度。由此可见，在同一温度下，由于原始液相组成不同，最终液相组成亦不同，相应的 U_{Na} 也不同。

已知在 32℃时 P_1 点组成如下（以 1mol 干盐为基准时）：

$n(Na^+)$/mol	$n(NH_4^+)$/mol	$n(Cl^-)$/mol	$n(HCO_3^-)$/mol	$n(H_2O)$/mol
0.14	0.86	0.86	0.14	6.0

则原始 T 点组成可由下式解出：

$$x NaCl + y NH_4HCO_3 + z H_2O = n NaHCO_3 + 1mol\ 干盐 + 6.0 H_2O$$

由 Cl^- 平衡可得　　$x=0.86mol$

由 NH_4^+ 平衡可得　　$y=0.86mol$

由 H_2O 平衡可得　　$z=6.0mol$

故 T 点溶液之 1000g 水中NaCl 为　$\frac{0.86\times 58.5}{6\times 18}\times 1000=466g$

NH_3 为　$\frac{0.86\times 17}{6\times 18}\times 1000=136g$

实际生产中，原始氨盐水的组成不可能达到 T 点适宜的浓度。因为饱和盐水在吸氨过程中被稀释，当氨含量提高时，氯化钠的浓度相应降低（实际饱和盐水吸收来自蒸氨塔中的湿氨气）。此外生产中由于考虑了碳化塔顶尾气中带 NH_3 损失，因此氨盐水中 $T(NH_3)/T(NaCl)$之滴度比为 1.08～1.12，这就使溶液中 NaCl 含量更低。由于液相含量低，使 $NaHCO_3$ 结晶的析出率也低。最终液相点达不到 P_1 点而只能在其附近的区域中。当然可以考虑在吸氨后加固体精盐提高 NaCl 含量，使之尽量接近 T 点最适宜含量。但由于对精盐要求高，工业上尚未采用。

3. 影响碳酸氢钠结晶的因素

碳酸化塔中产生的重碱结晶，随生产条件的不同，粒度、质量也不相同。结晶颗粒大，有利于过滤洗涤，从而使重碱含水少，收率高。煅烧后含盐分少，纯碱质量可以提高。所以，结晶在整个纯碱生产中对产品质量具有决定性意义。

碳酸氢钠在水中的溶解度随温度降低而减少，极易形成过饱和溶液，过饱和度愈大，结晶速度也愈快，但结晶粒度小，质量差，对过滤煅烧操作不利。

根据结晶动力学可知，在同样的过饱和情况下，高温时晶粒生长速率大于晶核生成的速度。所以，在结晶初期维持较高一些的温度（60℃左右），就不至于形成过多的细小结晶。塔的中部温度较高是依靠反应热来维持的。从 60℃左右冷却到碳酸化终结出口温度 25～30℃左右，应该逐渐进行，过快的冷却，又可能产生细小的结晶。

结晶的质量可用沉降时间和沉降率表示。所谓沉降时间是：用量筒取塔下晶浆 100mL，静置到液固两相清楚分层所需时间，一般要求 150～200s 为合格。所谓沉降率是：在分层后固相层的体积占总体积的分数，一般要求 40%～50%。为获得量多粒大的结晶，碳酸化部分应注意掌握如下两点：控制温度和添加晶种。

(1) 控制温度　碳酸化过程中放出大量的热，将使进塔液由 30℃升高至约 60～65℃。由于温度高时，重碱的溶解度大，所以在结晶析出后应逐渐降温，这样不仅使反应趋于完善，析出尽可能多的结晶，产率和钠利用率都高，并在继续析出时可使晶体长大，质量得到保证，此时应特别注意控制冷却的速度，在较高的温度下（一般为中部 60℃左右）应适当维持一段时间，以期有足够的晶核生成。如时间太短（即冷的过早）则晶核尚未形成，会导致过饱和度增大，出现细小晶粒，甚至在取出时还未能长大。若停留时间过长，必然使后来降温速度太快，这样会使过饱和度加大，容易生成结晶。一般液体在塔内停留时间约为 1.5～2h，出塔温度约为 22～28℃（受冷却水限制）。

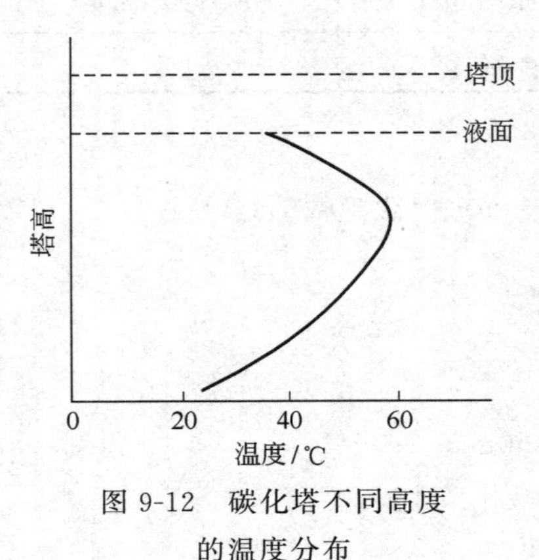

图 9-12　碳化塔不同高度的温度分布

碳酸化过程控制温度应在开始降温时速度慢些，使过饱和度保持稳定，或不增加太快，最终出塔前降温速度可略快，因此时碳酸化度已较大，反应速率慢，不易形成大的过饱和度，适当加速冷却不致形成细晶，反而可增加产率。由保证结晶质量的观点出发，要求塔内各层温度分布如图 9-12 所示。最高反应温度约在塔高的 2/3 处，估计 65℃左右。然后逐渐冷却达到取出温度 22～28℃或稍高些。

(2) 添加晶种　根据溶液结晶原理，清液易形成过饱和，如有少量固体杂质加入，就可使溶质以固体杂质为核心而析出晶体。故对 $NaHCO_3$ 过饱和液亦可采用此法以促进结晶过程，即加入晶种使其长大。在加晶种时还要注意两点。

① 加晶种的部位和时间。加晶种应在析出结晶前的饱和溶液或过饱和溶液中。如加入过早，将会被溶液全部溶解，过迟则溶液自发结晶，失去晶种作用。所以在上述适宜时间加入，细小的先被溶解而使溶液达到饱和，然后新析出的就可以生长在未溶解的晶种上，最后可得大而均匀的结晶颗粒。

② 加入晶种的量要适当。如晶种过多，则析出的 $NaHCO_3$ 还不足以使加入的晶种普遍长大，效果不明显，设备的生产能力反而降低。如加入的晶种太少则又不能起到晶种的作用，原液仍会自行析出细晶，影响质量。

国内外一些企业采用添加少量表面活性剂，如聚丙酰胺、烷基磺酸盐、烷基苯磺酸钠、烷基苯磺酸盐、六聚偏磷酸盐等以改善结晶状况。通过试验和生产实践，已取得不同程度的效果。

三、氨盐水碳酸化流程与碳酸化塔

1. 氨盐水碳酸化流程

氨盐水碳酸化工艺流程如图 9-13 所示。

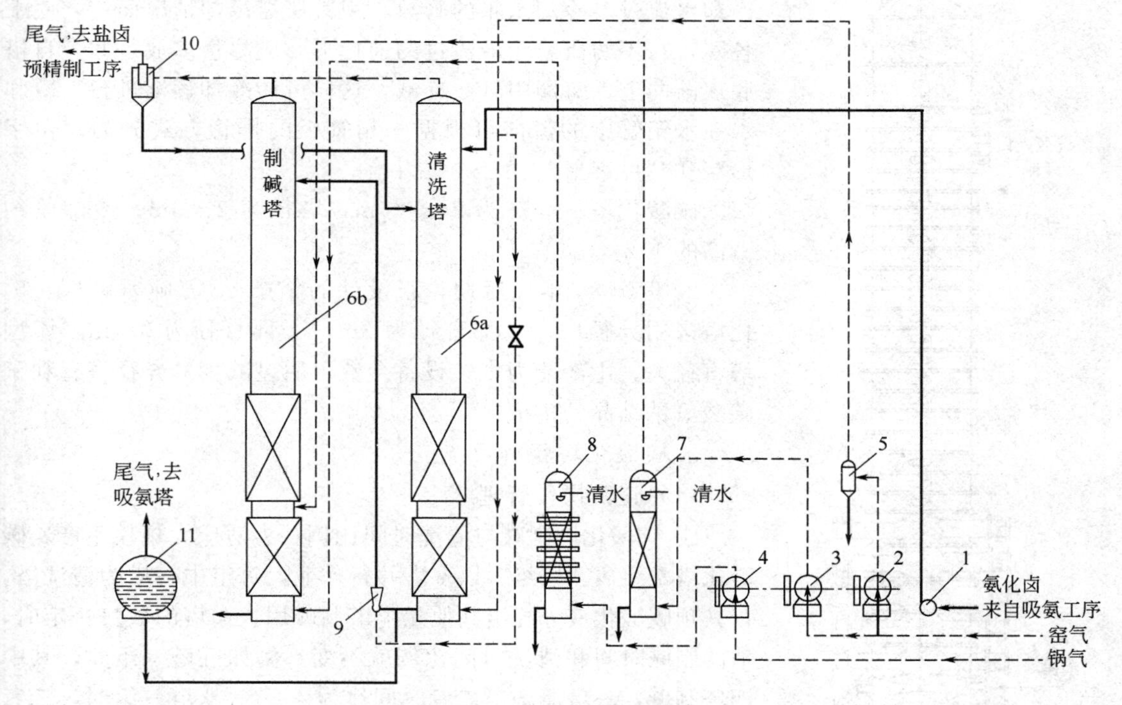

图 9-13　碳酸化示意流程图

1—氨盐水泵；2—清洗气压缩机；3—中段气压缩机；4—下段气压缩机；5—分离器；6a，6b—碳酸化塔；7—中段气冷却塔；8—下段气冷却塔；9—气升输卤器；10—尾气分离器；11—倒塔桶

氨盐水用泵 1 注入清洗塔 6a，塔底通过清洗气压缩机 2 及分离器 5 鼓入窑气，溶解塔中的疤垢并对氨盐水进行预碳化，经气升输卤器 9 送入制碱塔 6b，窑气经中段气压缩机 3 及中段气冷却塔 7 送入制碱塔中部。煅烧重碱所得的炉气（俗称锅气）经下段气压缩机 4 和下段气冷却塔 8 送入制碱塔底部。

碳化后的晶浆靠液位自压送入过滤工序液碱槽中。制碱塔生产一段时间后，塔内结疤垢较厚，传热不良，不利结晶，而清洗塔则已清洗完毕，此时可互相倒换使用，谓之“倒塔”。两塔尾气中含有少量氨及二氧化碳，经气液分离后母液送往盐水车间供精制盐水用。实际生产过程中，常由数塔组成一组，其中一塔清洗，其他塔制碱。

2. 碳酸化塔

碳酸化塔是氨盐法制纯碱的主要设备之一，如图 9-14 所示。它是由许多铸铁塔圈组装而成，结构上大致可分上、下两部分：上部为二氧化碳吸收段（19 小段），每圈之间装有笠帽形板及略向下倾的漏液板，板及笠帽边缘都有分散气泡的牙齿以增加气液接触面积，促进吸收。塔的下部有十个左右的冷却水箱（其水箱数视水温和生产强度而定），用来冷却碳酸化液以析出结晶，水箱中间也设有笠帽，见图 9-15。

氨盐水由上部第四段加入，其上各段作为气液分离之用。窑气在 0.20～0.25MPa 下自下数第四段进入（称为中段气）。炉气与部分窑气的混合气自塔底加入（或炉气单独自塔底加入）。将二氧化碳按其浓度不同分别加入，能提高吸收效率和改进结晶条件。

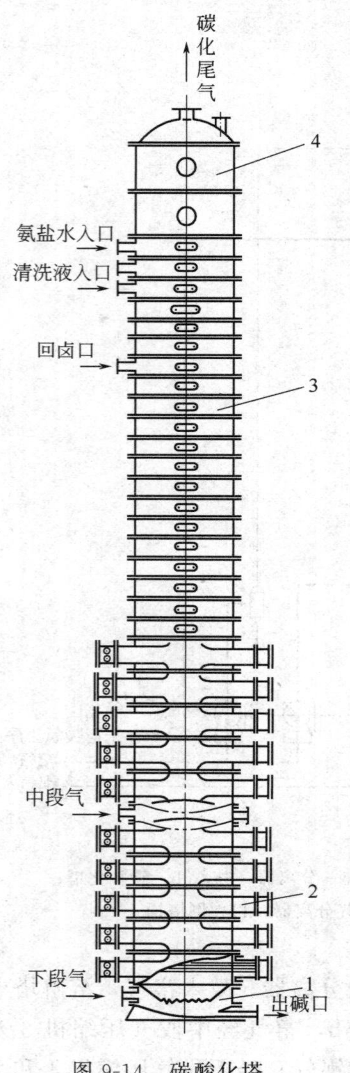

图 9-14 碳酸化塔

1—底圈；2—冷却箱；3—笠帽；4—气圈

冷却水箱是由若干铁管固定在两端管板上构成的，管内有冷却水流过，冷却水箱的管数，视其所需冷却情况而定，底下各圈，在不妨碍悬浮液流过的前提下，应尽量多放一些。自塔底逐渐向上，每圈中管数逐减，这样可使冷却逐渐进行。冷却水在水箱管中的流向可根据水箱管板的排管方式分为“田字形”和“弓字形”。

碳酸化塔一般高为 24～25m，塔径为 2～3m。冷却段约占高的 1/2。

20 世纪 80 年代后期，新设计的年产 60 万吨氨碱厂，碳化塔采用异径塔。上部直径为 3m，下部直径为 3.4m。该型塔直径大，生产能力大，设备台数可明显减少。异径塔有利于碳酸氢钠结晶的生成。

3. 碳酸化塔操作要点

（1）正常操作管理

① 碳酸化塔制碱与清洗时间比例。为适应大规模生产，碳酸化塔常组成“塔组”以多塔并行作业，每组中一塔为清洗塔，以其预碳酸化液分配给其他几个塔制碱用。当塔的数目一定时，塔的制碱时间和清洗时间比例就不变。例如五塔一组时，其中四塔制碱，一塔清洗，二者时间比为 4∶1。八塔一组时，二者时间比为 7∶1。清洗时间长，制碱时间也长。换塔次数减少，可减少投入劳动量及因换塔而带来的产量和原料损失（换塔时总有一段时间出碱不正常），但如制碱时间过长，易发生堵塞。因此多塔组合比少塔组合好，塔数越多，制碱与清洗时间之比越大。对每塔来说，制碱时间较多，增加塔的利用率。至于清洗时间的长短，视具体情况而定。实际生产中，多塔操作时，制碱用的全部碳化氨盐水，必须先从清洗塔中通过，清洗液量增加，使清洗时间缩短，一般采用 60～90h 制碱比较合适。

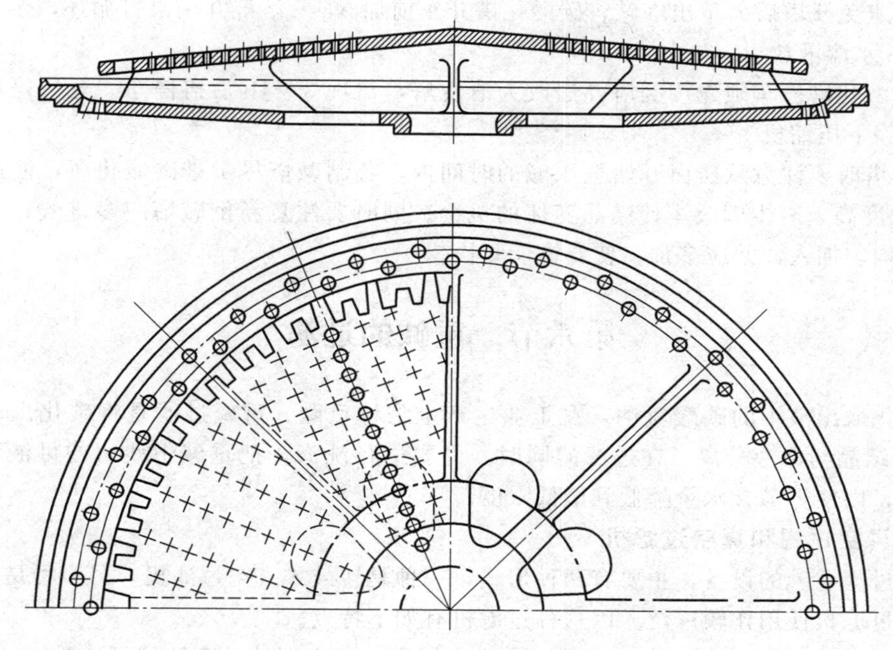

图 9-15　碳酸化塔笠帽

为倒塔操作方便，各种进塔气体管道，都应以倒 U 形高出塔顶，以免停气时塔内液体倒入压缩机中，取出液出口离地 10m 以上，使塔内液柱压力升举排出。

② 碳化塔的两段进气控制。正常生产中，碳化塔底部要控制好下段气量与含量，将部分窑气送往下段，使下段气体积分数由 90％降至 82％～84％，可使碳化周期增长，转化率可达到高而稳。这主要是由于下段气量增大提高了塔板效率的结果。但要注意如下段气量过大，反应区将下移，会使冷却水管结疤增多，反而缩短碳化周期。因此，提高下段气量必须适当，维持 CO_2 的体积分数到 84％左右为适宜。

③ 碳化塔的适宜控制条件。

a. 碳化塔液面的高度应控制在距塔顶 0.8～1.5m 间，液面过高，尾气带液现象严重并会造成出气总管堵塞。液面过低，则出气含氨及 CO_2 量大，使其损失增加并降低塔的生产能力。

b. 严格控制塔的中部温度较高为好，且在高度方向上分布的温热区域应较宽，以保证结晶质量。中部温度最高的区域约在塔高的 3/5 处左右。

c. 碳化塔进气量与出碱速度相适应，否则，如出碱速度过快而进气量不足，反应区将下移，造成结晶细，产量下降。反之，会使反应区上移，塔顶 NH_3 及 CO_2 损失过大。

d. 出碱液温度要保持适宜。出碱温度低，会使 $NaHCO_3$ 析出较多，转化率高，产量增加，但过低会过多消耗冷却水，并会引起堵塔，缩短操作周期。出碱温度主要靠调节冷却水量来实现，但必须注意，调节时不可变化过快，以免突然冷却，造成结晶细小而堵塔。

e. 要按规定时间进行换塔并在 2h 内恢复正常。碳酸化操作中，应尽力避免温度、流量等条件的剧烈波动变化。正常操作时，不同塔高度的截面上气液相组成、温度等均不相同，但要求在某一截面上是稳定的。

(2) 开停车、倒塔操作注意事项

① 为避免开塔后大量出红碱，碳酸化塔开车前加 Na_2S 溶液并用泵打循环，至开塔前一天将 Na_2S 水溶液放出。

② 碳酸化塔停车须先按倒塔办法改为清洗塔，清洗 3～4h 后再停车。全厂停车时，按次序相应停下压缩机。

③ 倒塔时要注意从压卤开始至压碱的时间内，各制碱塔尽量进碳酸化卤，使进塔的卤含 CO_2 浓度高，减少因改塔使结晶变坏的机会。同时要注意新倒碱塔应多进气，干燥加存碱时，须均匀加入，并应多加，使新塔恢复快。

第六节　重碱的过滤

碳酸化取出液中的碳酸氢钠，在工业生产上俗称重碱。重碱过滤是将碳化出碱液中的 $NaHCO_3$ 结晶与母液分离。在过滤的同时，尚要进行洗涤，把重碱中残留的母液洗去，并进行脱水，以使重碱含水量降低到最低限度。

一、真空过滤和真空过滤机

用于过滤重碱的设备，主要有两种形式，一种是转鼓式真空过滤机，另一种是离心分离机。真空过滤机使用比较广泛。因这种过滤机有如下特点。

① 生产能力大（大型的日产纯碱可达 300～400t）。

② 可自动连续操作。

③ 穿漏的碱损失小，约为 1.0%～2.0%，但主要缺点是分离出来的重碱，含水分高达 18%～20%。

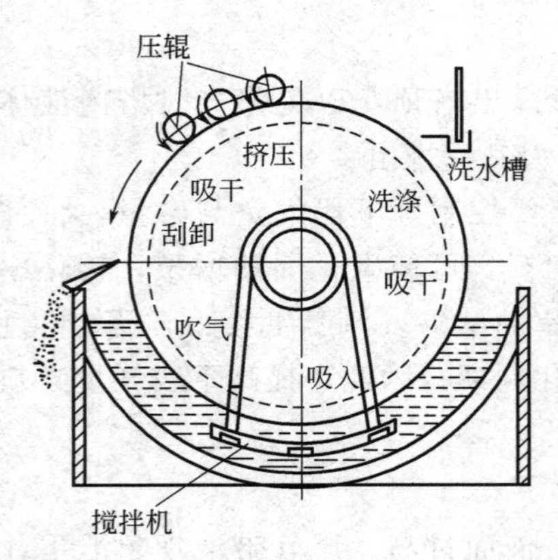

图 9-16　滤鼓旋转一周过程中的作用示意图

真空过滤，是借真空机的作用，在过滤机鼓内抽成负压，形成过滤介质层（滤布）的两面压力差。随着过滤机的回转，碱液中的母液被抽走，重碱则吸附在滤布上，最后被刮刀刮下。真空过滤机一般是指转鼓真空过滤机。它的主体是一个筒状的滤鼓。滤鼓旋转一周，过滤过程中的各个作用，如图 9-16 所示。滤鼓下半部约 2/5 浸在碱槽内，当滤鼓旋转时，全部滤面轮流与碱槽内的碱液相接触滤液被吸入滤鼓内，重碱结晶则附着滤布上，滤鼓在旋转过程中滤布上重碱内的母液逐步被吸干，转至某角度（在水平中心线上方 45°～60°角的地带）时用洗水洗涤重碱内残留的母液然后再被真空吸干。在这最后吸干的同时，并有三边压辊帮助挤压出重碱内的水分，使重碱水分减少到最低限度。滤鼓上的重碱在刮刀处被刮下，落在重碱胶带运输机上。送到煅烧工序，滤鼓经刮刀将重碱刮下后，留剩 3～4mm 厚的碱层，在刮刀下方被压缩空气吹下，并使滤布的毛细孔恢复正常，为此在吹气前吸入滤液（预吸），然后与空气一起吹出，把滤布上的重碱层吹净。以便使其能继续吸碱。

除转鼓外真空过滤机还由错气盘（分配头）、碱槽、压辊、刮刀、洗水槽和传动装置等构成。大型真空过滤机（如图 9-17 所示）两端具有错气盘，小型真空过滤机仅在一端有错气盘。

横卧的空心滤鼓内部分隔为彼此不相通的若干扇形格，与此相应的转动错气盘也分成若干扇形格。其中 1～2 格转到刮刀下部后与压缩空气管连通（通过错气盘），其他格则与真空管连通。滤鼓表面由多块铸铁箅子（滤箅）拼接而成。滤箅上铺以竹网，竹网有 3mm×4mm 长方孔。竹网耐腐蚀，价格便宜，较以往采用的镍丝网经久耐用。竹网上铺以 3mm 厚的毛毡或其他适宜的过滤介质，毛毡以粗铁丝固定。

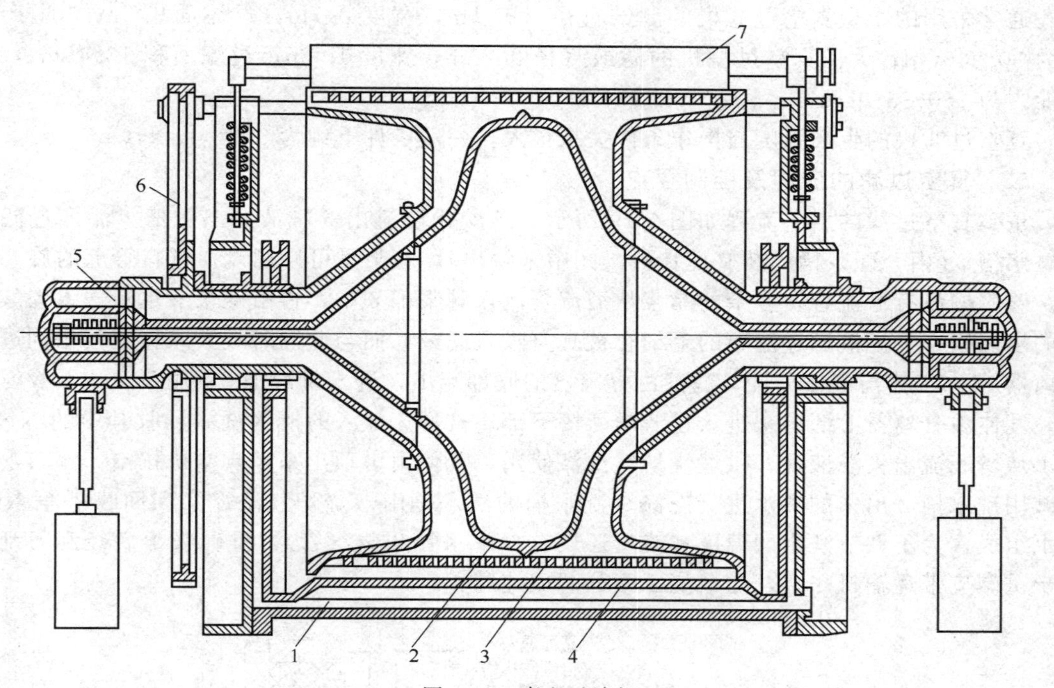

图 9-17　真空过滤机

1—碱液槽；2—转鼓；3—滤箅；4—搅拌机；5—错气盘；6—传动大齿轮；7—压辊

滤鼓两端装有空心轴，滤液及空气经空心轴抽到气液分离器。

为了不使重碱在碱槽底部沉降下来，真空过滤机上附有搅拌机。搅拌机跨在滤鼓的空心轴上，通过偏心轮由大齿轮带动转鼓时同时带动，搅拌机在半圆形的碱槽里来回摆动，使重碱不会沉降下来，而使其均匀地附在滤布上。

洗水槽的设置，须使洗水洒淋均匀，并使洗水不致过多进入母液或使重碱含水分过高。

在洗水槽与刮刀之间设有压辊，压辊与压辊架之间有弹簧连接，以增加压力，挤压重碱中的水分。

滤鼓上的刮刀长度与滤鼓上的碱层宽度相同，刮刀与滤鼓上滤布的距离可以自由调整，一般在 3～5mm。

错气盘（如图 9-18 所示）由固定部分的错气盘及与同滤鼓旋转的错气盘两部分构成。转动错气盘与滤鼓的空心轴相连接。转动错气盘上有多个（和滤鼓内格数相同）错气孔，错气孔的面积必须保证气体和滤液有足够的通路，否则阻力过大，抽气量不足，会造成重碱水分离，生产能力低。

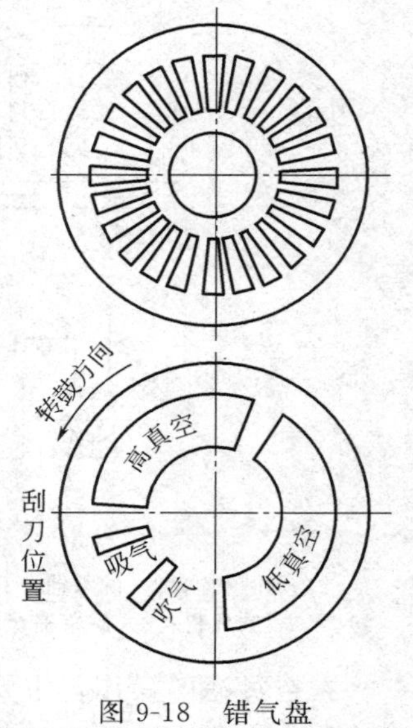

图 9-18　错气盘

上—转动错气盘；下—固定错气盘

固定错气盘与真空管及吹气管相连接。固定错气盘内分四个区域。其中低真空区和高真空区为 240°～260°，吹气区 8°～10°，预吸区 10°（小型过滤机无预吸区）。

错气盘采用耐磨铸铁制作，其制作技术要求高，转动错气盘与固定错气盘要接触严密，避免使用时真空与吸气相串。

通常采用的小型真空过滤机的滤鼓直径只有 1m，宽度 0.7m，过滤面积 $2m^2$，生产能力为 30～40t/d；大型真空过滤机的滤鼓直径 2.25m，宽度 1.9m，过滤面积 $13.45m^2$，生产能力为 250～350t/d。

真空过滤机的生产强度与操作条件关系很大，一般条件下约为 0.8～1.2t/(m^2·d)。

二、真空过滤的流程及控制要点

重碱真空过滤的工艺流程如图 9-19 所示。碳酸化塔流出的碱液经出碱槽 1 流入过滤机的碱浆槽 3a 内，碱浆槽内装有搅拌机（图中未绘出），碱浆量可以用设在进料管上的旋塞调节。碱浆槽设有溢流管，多余的晶浆从溢流管流入碱浆桶 6 中，再由碱泵 7 重新送入碳酸化塔的出碱槽中。滤液通过滤布的毛细孔被真空吸入滤鼓，而与此同时被吸入的空气一同进入分离器 11。气体与液体分开，滤液由分离器的底部流出，进入母液桶 8，用泵 9 送至吸氨工序。气体由分离器上部出来进入过滤净氨塔下部，被逆流加入的清水洗涤回收其中的 NH_3，洗水从塔底流出去淡液桶，供煅烧炉气洗涤使用，气体由塔顶出来经真空机排空。滤布上的重碱用洗水桶 2 出来的洗水进行洗涤（洗水桶的洗水是由煅烧炉气洗涤水和回收塔净 NH_3 洗水组成，为了调节洗水的温度和流量还设有自来水管和蒸汽管），重碱吸干后经刮刀刮下落于重碱皮带运输机 4 上，送煅烧工序分解成纯碱。

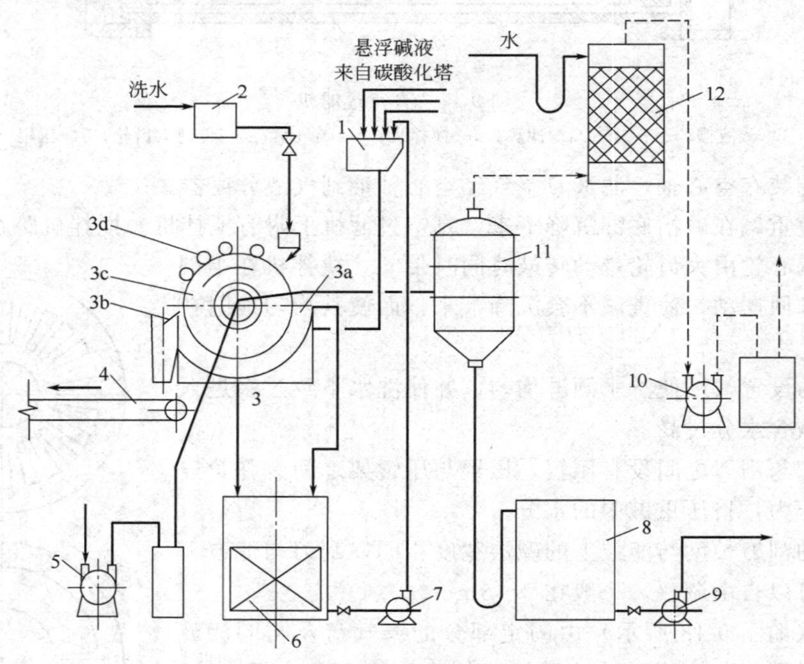

图 9-19　重碱过滤工艺流程图

1—出碱槽；2—洗水桶；3—过滤机；3a—碱浆槽；3b—刮碱刀；3c—转鼓；3d—压碱辊；4—重碱皮带；5—吹风机；6—碱浆桶；7—碱浆泵；8—母液桶；9—母液泵；10—真空机；11—分离器；12—净氨塔

真空过滤的操作，主要是调节真空度的大小。真空度的大小（26.60～33.40kPa）决定过滤的生产能力，重碱的带水量及成品质量。其次是滤饼的洗涤问题，如洗涤水的温度太高，$NaHCO_3$ 的溶解损失就大（正常为 2%～4%），太低又不易洗净、通常以接近碱浆温度为宜。如洗水用量过多，母液体积增加，除加大 $NaHCO_3$ 溶解损失外，蒸氨塔负荷和蒸汽消耗量都增加。洗水用量的多少，依 $NaHCO_3$ 的质量而定，以保证最后所得纯碱成品中含 NaCl 量小于1%为准。

天津碱厂通过仪表自动分析重碱中含 NaCl 量自调洗水温度和用量，采用溢流瀑布式装置连续无间断淋洒洗水获良好效果。

例　操作良好时，滤出重碱的主要成分如下：

$w(NaHCO_3)=75.6\%$，$w(NaCl)=0.39\%$，$w(Na_2CO_3)=6.94\%$，

$w(H_2O)=93.65\%$，$w(NH_4HCO_3)=3.42\%$。

第七节　重碱的煅烧

碳酸氢钠沉淀经过滤以后，须经煅烧才能制成碳酸钠即成品纯碱，同时回收二氧化碳，以供碳酸化使用，也回收 NH_4HCO_3 分解产生的 NH_3。生产上对煅烧的要求是成品中含盐分少，不含未分解的 $NaHCO_3$，产生的炉气（又称锅气）中 CO_2 含量高且损失少，耗用燃料少。

一、重碱煅烧的基本原理

重碱（$NaHCO_3$）为不稳定的化合物，常温下就能分解，升高温度将加速分解。

$$2NaHCO_3(s) \rightleftharpoons Na_2CO_3(s)+H_2O(g)+CO_2(g) \qquad \Delta H=128.12\text{kJ}$$

其平衡常数为

$$K=p_{H_2O}\cdot p_{CO_2}$$

式中 p_{H_2O} 和 p_{CO_2} 为两种气体的平衡气压。K 值随温度升高而增大。纯 $NaHCO_3$ 分解时 p_{H_2O} 与 p_{CO_2} 应相等，即

$$p_{H_2O}=p_{CO_2}=\sqrt{K}=f(T)$$

p_{H_2O} 与 p_{CO_2} 之和称为分解压力。由上式可知分解压力是温度的函数。表9-3列出不同温度下分解压力之值。从表中可见，分解压力值随温度升高而急剧上升，其关系可用下式表示：

$$\lg p=11.8185-\frac{3310}{T}$$

表9-3中，当温度为100～101℃时，分解压力已达0.1MPa，即可使 $NaHCO_3$ 完全分解。但实际上在此温度下反应进行很慢，由图9-20看出，温度愈高反应进行愈快。在190℃条件下，半小时内可使 $NaHCO_3$ 完全分解，因此，实际煅烧的出碱温度多控制在150～190℃。

表9-3　纯 $NaHCO_3$ 的分解压力

温度/℃	分解压力/kPa	温度/℃	分解压力/kPa
30	0.80	100	97.47
50	4.00	110	167.00
70	16.05	115	219.58
90	55.24		

煅烧过程中，除以上主要反应外，因含有杂质，故有其他反应发生。重碱中的游离水分受热即变成水蒸气，重碱中的碳酸铵和碳酸氢铵也发生分解反应，即

$$(NH_4)_2CO_3 = 2NH_3\uparrow+CO_2\uparrow+H_2O\uparrow$$

$$NH_4HCO_3 \longrightarrow NH_3\uparrow + CO_2\uparrow + H_2O\uparrow$$

在重碱中氯化铵也会起复分解反应，并在成品中留下 NaCl。

$$NH_4Cl(溶液) + NaHCO_3(s) \longrightarrow NaCl(s) + CO_2\uparrow + NH_3\uparrow + H_2O\uparrow + Q$$

所以，煅烧所得的气体中除含 CO_2 和水蒸气外，还有少量 NH_3。

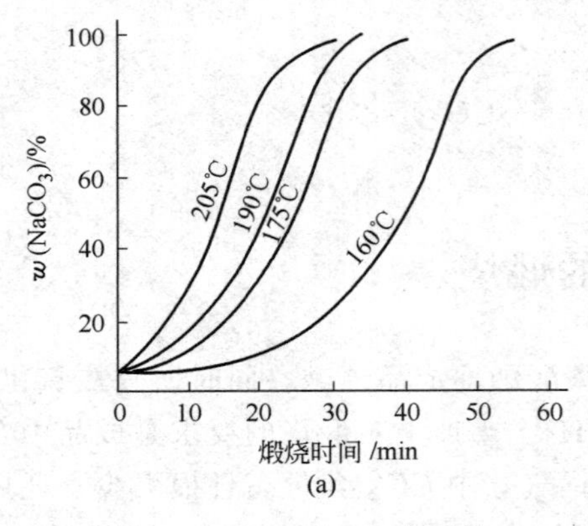

图 9-20 Na_2CO_3 生成速率

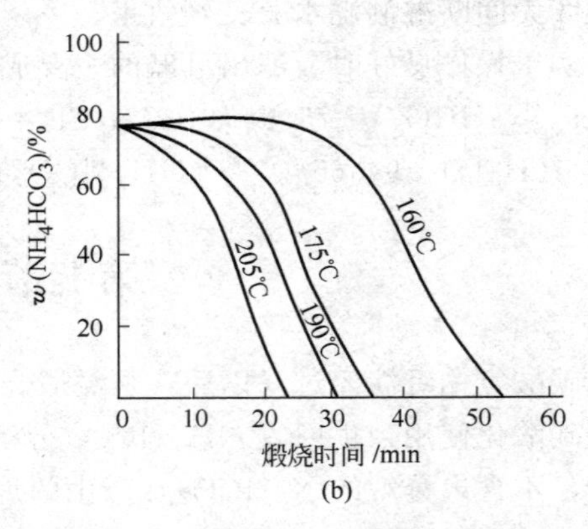

图 9-21 重碱煅烧过程曲线（一）

副反应的发生，不仅消耗了热量，而且使系统循环氨量增大，从而增加了氨耗。同时在产品中留下了 NaCl 影响了质量。因此，过滤中，重碱洗涤是十分重要的。

重碱煅烧过程中，可得含量很高的 CO_2 气。中国生产厂一般炉气中含 CO_2 可达 90%左右，重碱烧成率约 51%。

图 9-21、图 9-22、图 9-23 系在实验中得到重碱煅烧过程情况。

用含水分 19.15%的 $NaHCO_3$ 做试验（与工厂实际重碱水分相似），得出分解速率随温度不同而不同，115～120℃时 $NaHCO_3$ 分解很少，仅使水分蒸发掉，130℃时 $NaHCO_3$ 分解也不快，从 140℃起 $NaHCO_3$ 分解速率增加，190℃时约 30min 左右 $NaHCO_3$ 即全部分解。

为了更好表示出重碱加热分解速率与温度的关系，将重碱在各温度下的分解速率数据绘成曲线，即图 9-21 表示 Na_2CO_3 增加量与温度、时间的关系，图 9-22 表示 $NaHCO_3$ 减少量与温度、时间的关系，图 9-23 表示水分减少量与温度、时间的关系。

由上面几个图可看出，重碱煅烧时，首先是水分蒸发，其次是 NH_4HCO_3 分解，再次是 $NaHCO_3$ 分解，最后剩下的少量 $NaHCO_3$ 是较难分解的。其分解次序划分很清楚，又是交错进行的。

生产中可根据加入煅烧炉中 $NaHCO_3$ 量及加热用蒸汽热导系数等条件计算出重碱停留时间，然后查图确定操作温度，如某煅烧炉 $NaHCO_3$ 停留时间需 40min，查图 9-21 可知，操作温度 175℃ $NaHCO_3$ 可分解完，再看图 9-22、图 9-23，175℃及 40min 时，NH_4HCO_3 已分解完，水分也蒸发完，故此温度、时间即可作为工艺操作条件。

二、重碱煅烧设备简介

1. 内热式蒸汽煅烧炉

目前使用的内热式蒸汽煅烧炉为卧式圆筒形，见图 9-24。炉体为圆筒形，直径 2.5m 长度 2.7m，炉体由 14mm 或 16mm 钢板焊接而成。炉体上两个滚圈，距离为 16m，炉体与物料的质量通过滚轮轴承支撑。后端支座装有防止炉体轴向窜动的挡轮，靠近托轮与挡轮的炉体上装有齿轮圈，由此带动筒体回转。炉体进、出碱口处均用端面填料密封。控制炉头进碱及炉尾出碱的设备皆用螺旋机（附传动装置），炉体内有三排加热管，每排 36 根，外排加热管 ϕ114mm×6mm，中排加热管 ϕ83mm×5.5mm，内排加热管 ϕ75mm×5mm，各长 27m，以管架支撑于炉体上，管架能稳定管位，但不影响其前后伸缩移动。管外面焊有螺旋导热片以增加传热面积，翅片采用钢片连续焊接在管上而成。为了避免入炉的重碱在管上结疤，近炉头的一端长约 3m 管子没有翅片。

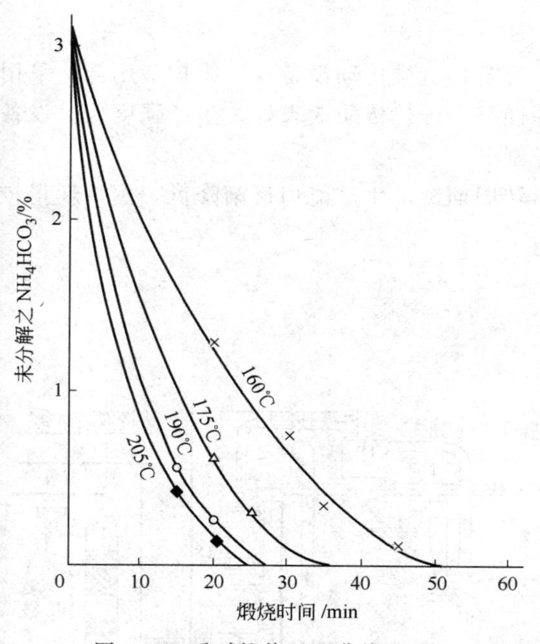

图 9-22　重碱煅烧过程曲线（二）

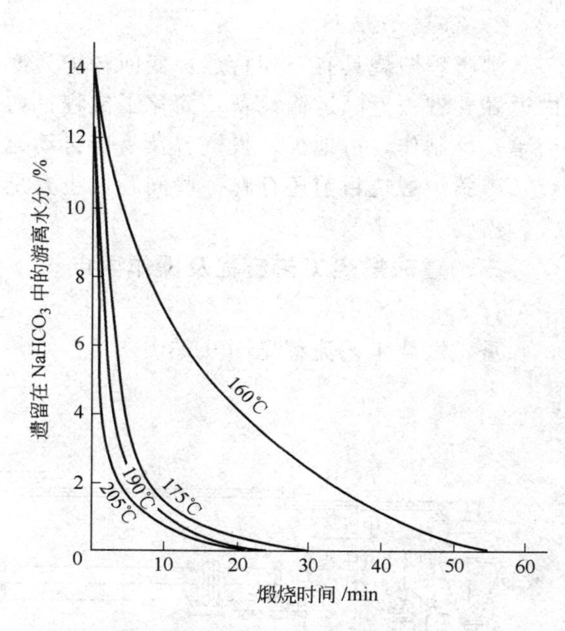

图 9-23　重碱煅烧过程曲线（三）

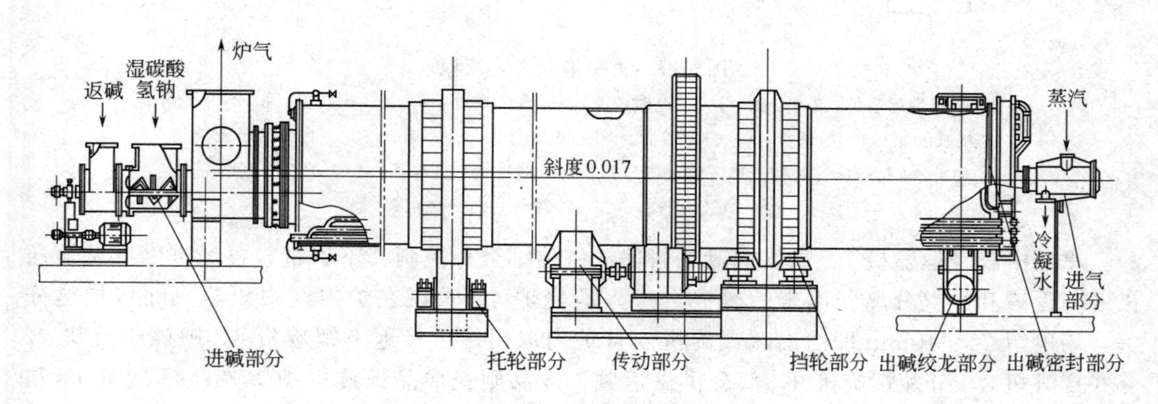

图 9-24　蒸汽煅烧炉

加热管后端用焊接或胀管法固定在蒸汽室管板上，而前端三排加热管系以弯头连接，最外排加热管前端则架在炉头盖板的管孔上，每管有填料函以防漏气漏碱，但管子可以伸缩移动。管的前端密封，其炉外顶端有排不凝气小管接到总管，总管上有排出不凝气阀，汽室在炉尾，接有空心汽轴随炉转动，外有固定套，套上有填料函。蒸汽进口及冷凝水出口，蒸汽进入汽轴内层后，分由三管进入汽室再平行输送至各管内。冷凝水仍由原管流回汽室，注入外围的冷凝水室。室分三格，各由一格流回汽轴外层的一格中，再经冷凝水管及疏水器输出。32MPa 过热蒸汽来自发电厂中压锅炉，经减温减压装置进入汽室。炉尾靠近出料口处，在炉体内有一圈挡灰板其高度 520mm。

炉体倾斜度：炉体倾斜度愈大，凝水排出愈快，反之愈慢，一般在 1.5%～1.7%之间。

炉体转速：转速快，能增加单位时间内凝水的排出次数，因而凝水排出迅速，同时使碱在炉中停留时间缩短，但不宜太快，否则，传动设备振动严重，实践证明，蒸汽煅烧炉 7～9r/min 较为适宜。

2. 沸腾煅烧炉

沸腾炉煅烧具有下列特点：变回转炉为静止设备；机械传动设备少，维护费用低；采用内返碱，省去返碱运输设备，简化了流程；均一性好，传热传质效果好，生产强度大；设备简单，易制作，占地少，投资省及易于自动化控制。

沸腾炉煅烧目前还存在一些问题，主要是运转周期短，生产能力逐渐降低，蒸汽耗量较大，需要进一步改进。

三、重碱煅烧工艺流程及操作要点

1. 工艺流程

重碱煅烧工艺流程见图 9-25。

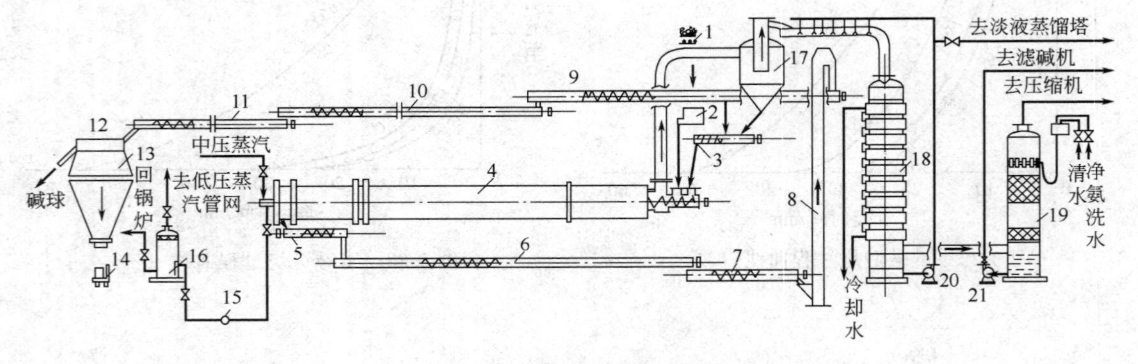

图 9-25　重碱煅烧工艺流程

1—重碱胶带运输机；2—下碱台；3—返碱绞龙；4—蒸汽煅烧炉；5—出碱绞龙；6—地下绞龙；7—喂碱绞龙；8—吊碱机；9—分配绞龙；10—成品绞龙；11—筛上绞龙；12—回转圆筒筛；13—碱仓；14—磅秤；15—储水槽；16—扩容器；17—分离器；18—炉气冷凝塔；19—炉气洗涤塔；20—冷凝泵；21—洗水泵

重碱由胶带运输机 1，送入圆盘加料器（俗称小磨）控制其下碱量，再经进碱螺旋输送机 3 与返碱和炉气分离器出来的碱混合进入煅烧炉 4。重碱在炉内经中压蒸汽间接加热分解，约停留 20～40min 即由出碱螺旋机 5 自炉内取出，再经地下螺旋机 6，喂碱螺旋机 7，斗式提升机 8，分配螺旋机 9，部分供做返碱，成品则经成品螺旋机 10，筛上螺旋机 11 和圆筒筛 12 入碱仓包装。

重碱在炉中受热分解，产生炉气（含有 CO_2、NH_3、水蒸气及夹带碱尘的混合气体）借压缩机之抽力，由炉气出气筒引出，经炉气分离器 17（俗称集灰槽）将其中大部分碱尘回收返到炉内，少部分碱尘随炉气进入总管，以循环冷凝液喷淋洗涤之洗涤后的循环冷凝液与炉气一起自冷凝塔顶进入炉气冷凝塔 18，炉气在塔内被由下而上的冷水间接错流冷却。炉气中的水蒸气大部分冷凝成水，并吸收大部分的 NH_3 溶解碱尘，构成所谓冷凝液。冷凝液自塔底用泵抽出，一部分用泵 20 送往炉气总管喷淋洗涤炉气，余者送往淡液蒸馏塔。冷却后的炉气由冷凝塔下部引出，进入洗涤塔 19 的下部，与塔上喷淋的自来水及吸氨工序来的净氨水逆流接触，洗涤炉气中残余的碱尘和氨，并进一步降低炉气温度。洗涤后的炉气自塔顶引出送 CO_2 压缩机，经压缩后供碳化制碱。洗涤液用泵 21 送到过滤机作为洗水。煅烧重碱用的中压蒸汽由炉尾经进汽排水装置进入炉内加热管，间接加热重碱。冷凝水由炉尾进汽排水装置进入储水槽，并自压入扩容器，在扩容器内闪蒸出二次蒸汽进入低压蒸汽管内，余水则自压回锅炉。

2. 蒸汽回转煅烧炉的操作要点

① 出碱温度。在保证产品质量的前提下，保持较低的取出温度为宜。一般在160～180℃。

② 炉气温度。炉气温度低是蒸汽煅烧炉操作特点之一。但在操作中应严防炉气温度低于 100℃，否则炉气中含有的大量蒸汽凝结为水，倒流入炉。使前端加热管结疤，阻碍传热，从而破坏炉的正常操作。一般炉气控制在 105～120℃。

③ 蒸汽加热管凝水疏出须能畅通，保护炉内蒸汽管不结疤。

④ 返碱量。生产中为避免因重碱含水分较高，导致炉内结疤，将一定量煅烧后的成品碳酸钠（称为返碱）与重碱混合，使其平均水分降至 6%～8%为宜。

⑤ 存灰量。煅烧炉中存灰量的多少，标志着重碱在煅烧炉内反应时间的长短，为了保证重碱的分解完全，就必须保证一定的存灰量，该量与煅烧炉大小有关，对目前采用的 ϕ2.5m 的煅烧炉而言，存灰量应保持在 20～25t。

第八节　氨的回收

氨碱法生产中所用的氨是循环使用的，制备 1t 纯碱，约循环 0.4～0.5t 氨。如何减少氨的损失和尽力做好氨的回收是一个极为重要的问题。现代氨碱法生产中，一般是将含氨的各种料液收集起来，用加热蒸馏法加以回收。

生产中需回收的含氨料液有过滤母液，淡液（炉气洗涤液，冷凝液及含氨杂水）、硫酸铵溶液，沉淀槽洗泥浆等。这些料液中含有游离氨或固定氨，或均有之。

为了减少蒸氨塔预热段的负荷，目前淡液多与过滤母液分开，使其在淡液蒸馏塔中加热蒸出，并予以回收。

过滤母液中同时含有游离氨和固定氨，为避免石灰的无谓损失，常采用两步操作方式，先使溶液加热以逐出料液中的游离氨和全部 CO_2，然后再加石灰乳与结合氨作用，使其变为游离氨而蒸出。

一、蒸氨的原理

由于蒸氨料液是含有多种化合物的混合液，故蒸氨过程中所发生的化学反应亦很复杂，现分述如下。

加热段中的反应

$$NH_3 \cdot H_2O = NH_3 + H_2O$$
$$NH_4HCO_3 = NH_3 + CO_2 + H_2O$$
$$(NH_4)_2CO_3 = 2NH_3 + CO_2 + H_2O$$
$$NH_4HS = NH_3 + H_2S$$

$$(NH_4)_2S = 2NH_3 + H_2S$$

溶解于母液中的 $NaHCO_3$，发生如下反应

$$NaHCO_3 + NH_4Cl = NaCl + NH_3 + CO_2 + H_2O$$

溶解滤液中的 Na_2CO_3，发生如下反应

$$Na_2CO_3 + 2NH_4Cl = 2NaCl + 2NH_3 + CO_2 + H_2O$$

外加入的或由补充氨水中带入的 Na_2S，则发生如下反应

$$Na_2S + 2NH_4Cl = 2NaCl + 2NH_3 + H_2S$$

在调和槽及石灰乳蒸馏塔内的反应有

主要反应

$$Ca(OH)_2 + 2NH_4Cl = CaCl_2 + 2NH_3 + 2H_2O$$

次要反应

$$(NH_4)_2SO_4 + Ca(OH)_2 = CaSO_4 + 2NH_3 + 2H_2O$$

$$Ca(OH)_2 + CO_2(\text{由加热段来}) = CaCO_3 + H_2O$$

$$Ca(OH)_2 + H_2S(\text{由加热段来}) = Ca(HS)_2 + 2H_2O$$

二、蒸氨工艺条件的选择

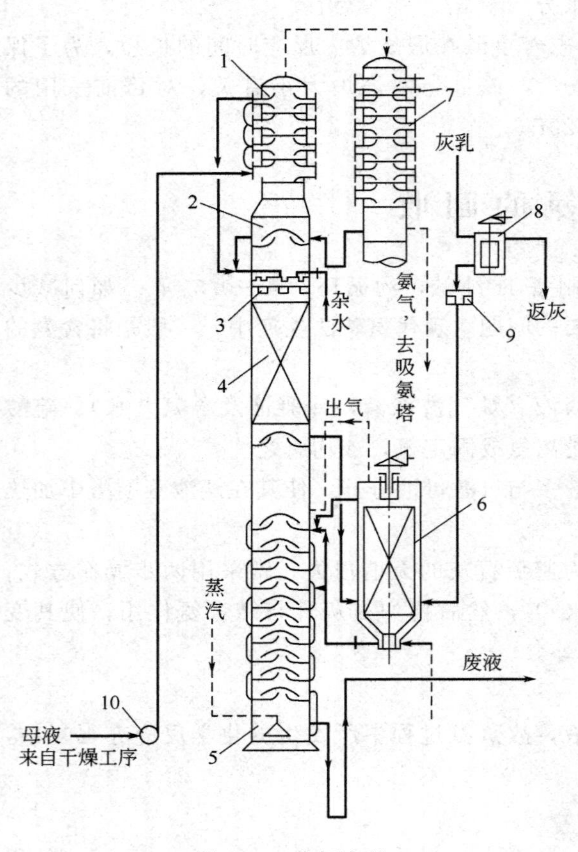

图 9-26　蒸氨流程

1—母液预热段；2—蒸馏段；3—分液槽；4—加热段；5—石灰乳蒸馏段；6—预灰桶；7—冷凝器；8—加石灰乳罐；9—石灰乳流堰；10—母液泵

蒸氨过程需要的热量，由直接通入料液的废蒸汽供给（因为料液含氨不多，掺入蒸汽无大影响且省去换热设备）。废蒸汽压力为 0.05～0.08MPa，蒸汽入塔前宜先除去冷凝液，以免过分稀释废料而增加氨的损失。为了减少蒸汽用量，需注意设备保温。通入的蒸汽量要适宜，太少则使蒸氨不完全，造成损失。太多则蒸出气相中水蒸气分压增大，对吸氨工序带来影响，将氨盐水稀释。此外，温度越高，氯化铵对设备的腐蚀越严重。一般塔底维持 110～117℃，塔顶 80～85℃，并且必须在气体出塔前经过一冷凝器，使温度降到 55～60℃。

蒸氨过程中设备上、下部的压力不同。蒸氨塔下部压力与直接蒸汽压力相同。塔顶一般稍呈真空，约 0.8kPa，因减压对蒸氨有利，还可减少氨的逸出损失。当然必须保持系统密封，防止空气漏入而降低气体浓度。

塔底排出废料由于压力较高，当其减至常压时，可以放出一部分蒸汽，这部分热量，可以用来预热水，以配石灰乳用。还可以用这些蒸汽进行各种淡液的蒸馏。

三、蒸氨工艺流程及其操作

蒸氨过程的工艺流程见图 9-26，其主要设备有蒸氨塔（见图 9-27），它包括石灰乳蒸馏段、加热段、分液槽、蒸馏段和母液预热段五部分。

来自干燥工序温度 25～30℃左右的母液经母液泵 10 打入蒸氨塔母液预热段 1 卧式水箱管内，被管外热气预热，温度升到 70℃左右，从预热段最上一层水箱流下进入塔中部加热段 4。该段系采用填料或设置“托液槽”，以扩大气液接触表面。母液由上部经分液槽 3 加入，与下部来的热气直接接触，蒸出所含的游离氨及二氧化碳。含结合氨的母液送入预灰桶 6，在搅拌器的作用下与石灰乳均匀混合，将结合氨转变为游离氨，再进入塔下部石灰乳蒸馏段 5 上部，段内设有十多个单菌帽形泡罩板。母液与塔底进入的蒸汽直接逆流接触，在此 99%的氨已被蒸出，废液含氨 0.028tt 以下由塔底排放。

蒸氨塔各段蒸出的氨气自下上升到预热段，预热母液后温度由 88～90℃降到 65～67℃进入冷凝器 7，被冷却水冷却，大部分水蒸气经冷凝后氨气去吸氨塔。

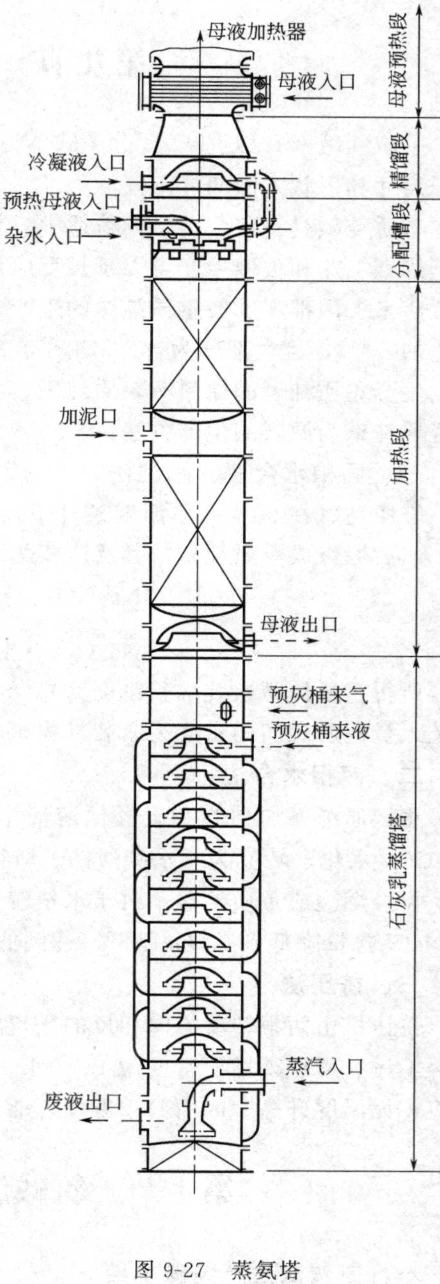

蒸氨过程的操作控制如下。

① 压力。塔下压力 0.07～0.08MPa，加热段压力 33～40kPa。系根据母液量、蒸汽量、石灰乳浓度和数量，以及设备结疤情况，吸氨塔进气压力等因素的变化来调节。

② 温度。蒸馏段顶部温度 98～100℃，加热段出气温度 85℃以下。用改变蒸汽用量及母液量来调节。在保证废液含氨量低和预热母液 CO_2 含量为 1mL/mL 以下的条件下，温度越低越好。

③ 调和液中 CaO 过量 1.2tt 以下。可主要根据母液量及含量、预热母液含 CO_2 量和石灰乳含量、操作温度等来调节。

④ 控制废液含 NH_3 0.028tt 以下。温度低，压力大，液面低以及过量 CaO 不足等均能引起跑氨。操作波动等亦能引起废液含氨超过规定指标，因此要综合考虑各个因素，进行调节控制。

图 9-27 蒸氨塔

四、淡液蒸馏

淡液蒸馏过程也是直接用水蒸气“加热”的过程，靠直接热量和质量传递而蒸出氨和二氧化碳，使它们回到生产系统中重复利用。实际生产中，由于煅烧的炉气冷凝液和含氨杂水中含有少量纯碱，所以即使杂水中存在少量“结合氨”，也会转变为游离氨。因此，淡液是一个不含 NaCl 和 NH_4Cl 的 NH_3-CO_2-H_2O 系统，其蒸馏过程的主要反应与加热段相同。

为了合理利用热量，淡液蒸馏塔上部设有冷却水箱，水箱和蒸馏塔相似，也可分为两部分：下段走淡液，上段走冷却水。走淡液的可使液体得到预热，走冷水的可降低气体温度，分离去大量水分，使气体更浓有利于送去吸氨。

第九节 重质纯碱生产简介

重质纯碱（又称重灰），分子式 Na_2CO_3，其性质与轻质纯碱完全相同，只在堆积密度、粒子尺寸和形状方面两者不同。

重质纯碱具有密度大、颗粒适中、粉尘飞扬小、不易结疤和节省包装运输费用等优点，用于炼钢工业和玻璃生产可以延长反应炉的寿命。虽然重质纯碱生产成本较轻质纯碱稍高，但近年来各国都在发展重质纯碱的生产。世界上经济发达国家的重质纯碱产量一般是纯碱总产量的 80%，且大部分为含 NaCl ＜0.3%的优质纯碱。

生产重质纯碱的原料有轻质纯碱、天然碱、烧碱和碳酸氢钠（重碱）等。下面简要介绍以轻质纯碱为原料的生产方法。

一、固相水合法（水混法）

轻质纯碱在 90～97℃温度条件下，与 20%～25%的水混合 15～20min，生成一水碳酸钠，然后煅烧成重质纯碱。其反应式为

$$Na_2CO_3 + H_2O \xlongequal{} Na_2CO_3 \cdot H_2O$$

$$Na_2CO_3 \cdot H_2O \xlongequal{\triangle} Na_2CO_3 + H_2O$$

所得重质纯碱松装堆积密度为 0.95～1.05kg/L，紧装堆积密度为 1.10～1.25kg/L（产品装入量器后震实的密度为紧装堆积密度）。

二、液相水合法

将轻质纯碱加到饱和碳酸钠溶液中，容器内温度维持在 105℃，保持足够的时间，使 Na_2CO_3 水化，转变为一水碳酸钠。所得一水碱晶浆，用过滤机或离心机过滤而得一水碱滤饼，再经燃烧成重质纯碱。由于水量较多，纯碱中的细粒纯碱及 NaCl 可以溶解，因此产品中 NaCl 含量降低到 0.3%以下，达到低钠重质碱的标准。

三、挤压法

挤压机由两根转动方向相反的压辊组成，纯碱粉在其间被挤压成为薄片，再经粉碎、筛分等工序，可获得堆积密度为 1.0～1.1kg/L 的纯碱。该法与前两法比较，挤压过程无化学反应，无温度升高，因而简单方便，能耗低。

第十节 氨碱法生产纯碱小结及总流程

一、氨碱法生产纯碱小结

氨碱法自投产以来，已有一百多年的历史，在这段时间内制碱技术经过不断改进，已达到了比较成熟的地步，设备也基本定型。氨碱法具有原料易于取得而且价廉，生产过程中的氨可循环使用，损失较少；能够大规模连续生产，易于机械化，自动化；可得到较高质量的纯碱产品等优点。

但此法也存在一些缺点：原料利用率低，约 3t 原料只能得到 1t 产品，尤其是 NaCl 利用率低；排出废液废渣多，严重污染环境，内陆地区不适于建厂；碳化后母液中含大量 NH_4Cl，需加石灰乳使之分解，然后蒸馏以回收氨，必须设置蒸氨塔并消耗大量的蒸汽和石灰。从而造成流程长，设备庞大和能量上的浪费。

针对氨碱法的缺点和合成氨厂 CO_2 有部分尚未利用之情况，国内外科学工作者积极寻求合理综合利用的解决办法，提出了一种比较理想的工艺路线是氨和碱两大生产部门联合生产。以食盐、氨及合成氨工业副产的二氧化碳为原料，同时生产纯碱和氯化铵，即所谓联合法生产纯碱及氯化铵，简称“联合制碱”，本书下一章将予以介绍。

二、氨碱法生产纯碱总流程

氨碱法生产纯碱总流程如图 9-28 所示。

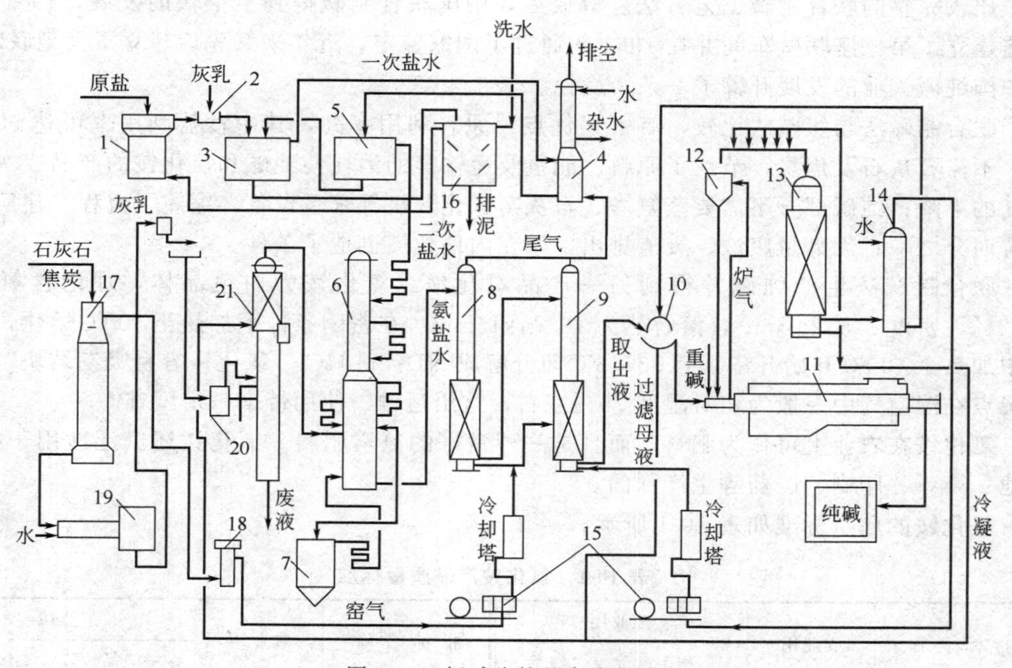

图 9-28 氨碱法的基本流程图

1—化盐桶；2—调和槽；3—一次澄清桶；4—除钙塔；5—二次澄清桶；6—吸氨塔；7—氨盐水澄清桶；8—碳酸化塔（清洗）；9—碳酸化塔（制碱）；10—过滤机；11—重碱煅烧炉；12—旋风分离器；13—炉气冷凝塔；14—炉气洗涤塔；15—二氧化碳压缩机；16—三层洗泥桶；17—石灰窑；18—洗涤塔；19—化灰桶；20—预灰桶；21—蒸氨塔

第十章 联合法生产纯碱和氯化铵

第一节 概 述

一、联合制碱法简介

早在1938年，中国著名化学家侯德榜教授就对联合制碱的技术进行了研究，1942年提出了比较完整的联合制碱工艺方法。解放后，中国联合制碱得到了很快的发展，1961年在大连建立了第一座联碱车间并在1964年通过了国家鉴定。近年来又先后建立了大型联碱厂，为中国纯碱工业的发展开辟了一条新途径。

联合制碱法与氨碱法比较，有下述优点：原料利用率高，其中食盐利用率可达90%以上；不需石灰石及焦炭，节约了原料、能量及运输等的消耗使纯碱和氯化铵的产品成本有大幅度的下降；纯碱部分不需要蒸氨塔、石灰窑、化灰机等笨重设备，缩短了流程，建厂投资可省四分之一；无大量废液、废渣排出，为在内地建厂创造了条件。

联合制碱法生产纯碱并得到另一产品氯化铵，氯化铵为白色晶体，理论含氮量为26.2%，密度1.532g/cm^2，溶解热为16.74kJ/mol。在密闭条件下加热至400℃熔化，在空气中加热至100℃开始升华，到337.8℃即分解成NH_3和HCl。氯化铵容易吸潮结块，它的吸湿点在湿空气中一般为相对湿度76%左右，这给运输、使用带来一定困难。

氯化铵在农业上可作为肥料，而且是一种良好的氮素肥料。氯化铵还广泛地用于电镀、电池、染料、印刷、医药等生产部门。

氯化铵的质量标准如表10-1所示。

表10-1 氯化铵产品质量标准

指标名称	农业用	工业用		指标名称	农业用	工业用	
		一级品	二级品			一级品	二级品
$w(NH_4Cl)/\%$	≥96.5	≥99.5	≥99.0	$w(Fe_2O_3)/\%$		≤0.003	≤0.01
$w(NaCl)/\%$	≤3.0	≤0.2	≤0.5	全碱度	≤1	≤0.02	≤0.08
水分/%	≤1.0	≤1.0	≤1.5	颜色	白色或微黄	白	白

在联碱生产中，设备腐蚀是一个主要问题。腐蚀不但影响产品质量，而且关系着设备寿命、钢材消耗、设备换修及影响生产及经济收益等各个方面。因此，生产中的防腐措施，受到各方面的重视。目前联碱厂广泛采用的防腐措施主要是使用涂料防腐，其中有环氧防腐漆、漆酚树脂、氯醋漆……。

二、联合制碱法工艺流程

联合制碱法有多种流程，依加入原料的次数及析出氯化铵的温度不同而分。在中国的联合制碱生产中，一般采用一次碳化、两次吸氨、一次加盐的方法，原则流程在第八章概述中简要说明。其工艺流程如图10-1所示。原盐在洗盐机中用饱和盐水洗涤，除去其中大部分钙、镁等杂质，再经粉碎机粉碎，立洗桶分级稠厚、滤盐机分离，制成符合规定纯度和粒度的“洗盐”然后送往盐析结晶器。洗涤液循环使用。液中杂质含量增高时，则回收处理。

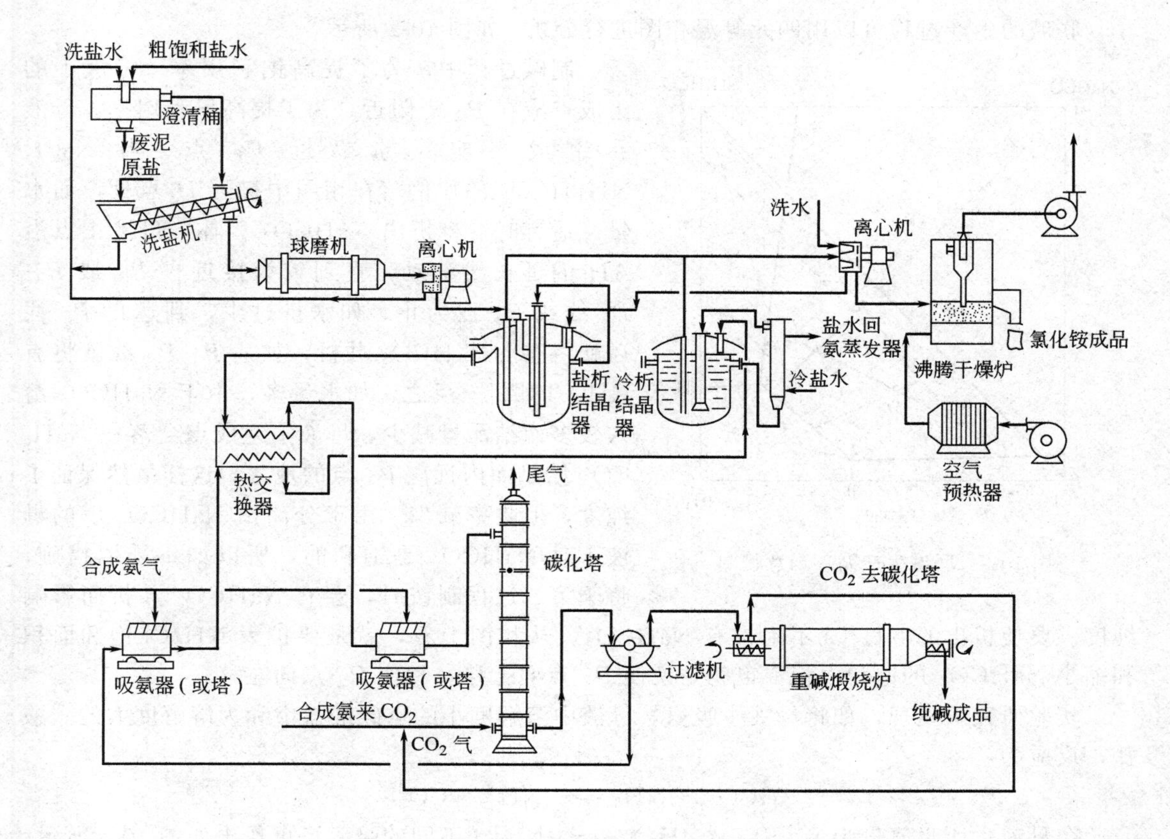

图 10-1　联合制碱生产流程图

原始开车时，在盐析结晶器中制备饱和盐水，经吸氨器吸氨制成氨盐水，此氨盐水（正常循环中用氨母液Ⅱ）在碳化塔内与合成氨系统所提供的二氧化碳气进行反应，所得重碱经滤碱机分离，送煅烧炉加热分解成纯碱。煅烧分解出的炉气，经炉气冷凝器与炉气洗涤器，回收炉气中的氨气及碱粉，并使水蒸气冷凝和降低炉气温度，再使炉气（其中约含 90%的二氧化碳）进入二氧化碳压缩机压缩后，重新送回碳化塔供制碱用。以上工艺过程和氨碱法生产纯碱相同。

过滤重碱后的母液称为母液Ⅰ。由于母液Ⅰ已经被 $NaHCO_3$ 饱和（NH_4HCO_3 和 NH_4Cl 也接近饱和），如此时将母液Ⅰ立即在制铵过程中进行冷却加盐，会使一部分重碳酸盐（$NaHCO_3$、NH_4HCO_3）与 NH_4Cl 同时析出，影响产品质量。为使 NH_4Cl 单独析出，生产中母液Ⅰ首先送去吸氨，制成氨母液Ⅰ，使溶解度小的 HCO_3^- 变成溶解度大的 CO_3^{2-}，然后送往冷析结晶器降温，使部分 NH_4Cl 析出，称为“冷析”。冷析后的母液称为“半母液Ⅱ”，由冷析结晶器溢流入盐析结晶器，加入洗盐，由于同离子效应，可再析出部分 NH_4Cl，并补充了下一过程所需要的 Na^+。由冷析结晶器及盐析结晶器的下部取出氯化铵悬浮液，经稠厚器、滤铵机，再干燥制得成品氯化铵。滤液送回盐析结晶器。盐析结晶器清液（母液Ⅱ）送入母液换热器与氨母液Ⅰ进行换热，经吸氨器制成氨母液Ⅱ，再经澄清桶除去氨母液Ⅱ中泥后，去碳化塔制碱。生产过程中产生的淡液（各种含氨杂水）进入淡液蒸馏塔以回收氨。

三、联合制碱法相图分析

联碱的生产过程可以用四元等温相图进行分析，如图 10-2 所示。

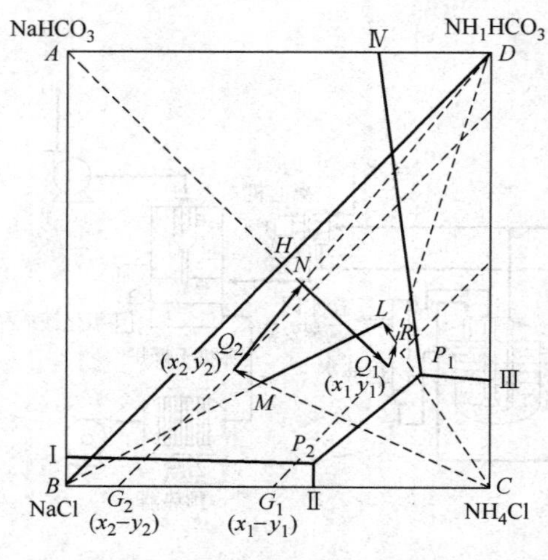

图 10-2　联碱生产循环示意相图

制碱过程中，为了提高钠利用率，母液Ⅰ的组成点应在 P_1 点附近。为了提高氨利用率，母液Ⅱ组成点应尽量靠近 P_2 点。当 NaCl、NH_4HCO_3 的比例落在相图中接近 H 点处，而水量又适宜时，将析出 $NaHCO_3$ 固体。母液Ⅰ点沿 AH 的延长线移动，直到较为接近Ⅳ-P_1 或 P_1-P_2 线或 P_1 点为止。如水量过少，到达Ⅳ-P_1 线后就将有 NH_4HCO_3 共析，如达 P_1-P_2 线就将有 NH_4Cl 共析。反之，如水量多，由于 $NaHCO_3$ 溶入较多而结晶量减少，母液Ⅰ组成点会落在 $NaHCO_3$ 结晶面内远离 P_1 点的地方，这样虽然保证了纯度，但收率减少。由于分离出 $NaHCO_3$ 后的母液Ⅰ对 $NaHCO_3$ 是饱和的，所以如不采取措施，将于第二过程制铵时，会有 $NaHCO_3$ 共析而影响纯度。要使析出的 NH_4Cl 不附带有 $NaHCO_3$，从相图上看，就是要扩大 NH_4Cl 饱和面积和缩小 $NaHCO_3$ 的饱和面积。也就是说使 P_1 点向上移，和使 P_2 点向左移。

实验研究中发现，如将母液Ⅰ吸氨，母液中溶解度小的重碳酸盐中和为溶解度大的碳酸盐，反应为：

$$HCO_3^- + NH_3 \rightleftharpoons NH_4^+ + CO_3^{2-}$$

令母液Ⅰ所吸氨量为 S [$S = n(NH_3)/n$(干盐)]，不同的吸氨量可作出如图 10-3 所示，可见增加吸氨量，虚线上升，扩大了氯化铵结晶区。当温度改变时，P_1、P_2 点也发生移动，见图 10-4 。因此吸氨降温的结果是使 $NaHCO_3$ 结晶区面积缩小，而 NH_4Cl 结晶区面积扩大（母液Ⅰ吸氨后 HCO_3^- 变为 CO_3^{2-}，但为便于分析，仍从 HCO_3^- 作图表示）。

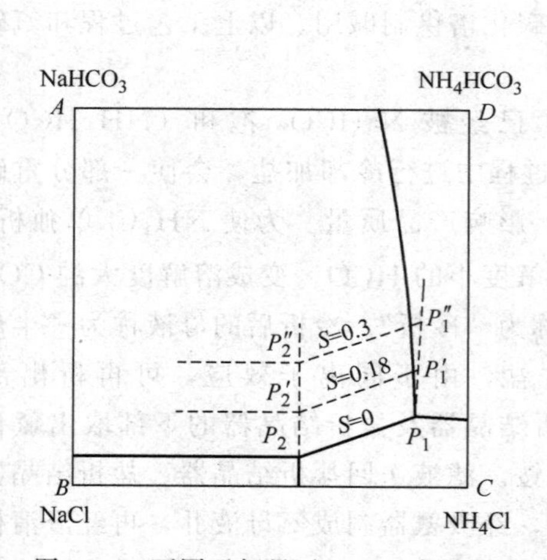

图 10-3　不同吸氨量对 P_1P_2 点的影响

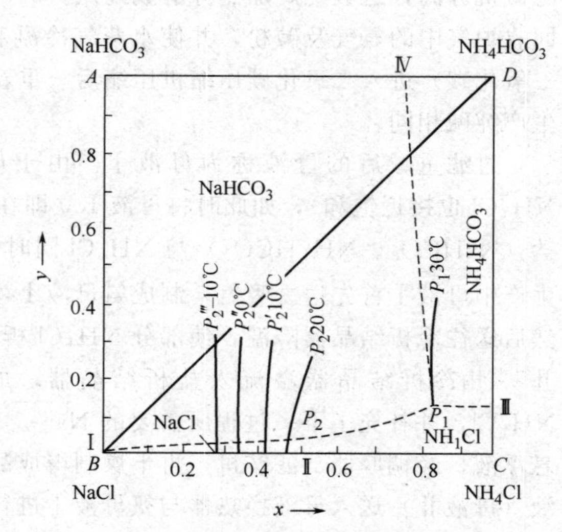

图 10-4　在不同温度及不同氨浓度下 P_1、P_2 点移动轨迹

母液Ⅰ组成为靠近 P_1 点的 Q 点，吸氨以后即为氨母液Ⅰ，系统点到图 10-2 中的 R，冷却时 NH_4Cl 析出，分离后母液相点到达 L，固体 NH_4Cl 经干燥得部分成品，而溶液 L 加入固体 NaCl，得到系统点 M。由于盐析作用，再析出部分 NH_4Cl，液固分离后得到母液Ⅱ（Q_2 点），此即为制碱原料液，经吸氨碳化，过程沿 Q_2D 线到系统点 N，反应后制得 $NaHCO_3$ 结晶，液固分离以后得到重碱结晶，母液Ⅰ溶液点又回到 Q_1。所以联碱生产在相图上是一个闭合循环过程，即 $Q_1 \rightarrow R \rightarrow L \rightarrow M \rightarrow Q_2 \rightarrow N \rightarrow Q_1$。因此，为了维持正常生产的连续性，整个过程的物料应是平衡的。

第二节 制碱与制铵过程的工艺条件选择

一、压力的选择

制碱过程原则上可在常压下进行，但在碳化过程中，又应以提高压力来强化吸收效果。生产中可依合成氨系统各种含二氧化碳气体的不同压力而出现不同压力的碳化制碱。碳化压力的选择与进入塔化塔的二氧化碳浓度有关，浓度低可以采用较高压力。其他工序都可在常压下进行，制铵过程是析出结晶的过程，没有必要加压，故在常压下进行。

二、温度的选择

联碱碳化塔温度较氨碱法略高，这是由于氨母液Ⅱ中含有一定的结合氨，为了避免碳化塔下部析出 NH_4Cl 和 NH_4HCO_3 结晶，故选取出塔温度较氨碱法高。但此温度又不可过高，否则不但制铵过程操作困难，且因 $NaHCO_3$ 在溶液中的溶解度加大会使产量降低。一般控制出塔温度为 32～38℃。

制铵过程的冷析温度，一般选取 8℃左右，盐析温度 13℃左右。

三、母液浓度的选择

联合制碱法母液循环中要控制三个工艺指标，又称三个比值，它们分别称为 β 值，α 值和 γ 值，下面分别讨论各值的选择。

1. β 值

它是指氨母液Ⅱ中游离氨（F_{NH_3}）与氯化钠的浓度之比，也即相当于氨碱法中氨盐比，其定义为

$$\beta=\frac{c(F_{NH_3})}{c(NaCl)}$$

因为制碱过程中的反应是可逆反应，所以提高反应物浓度，可以促使反应向生成物方向进行，即有利于碳酸氢钠与氯化铵的生产。因此在碳化以前，氯化钠应尽量达到饱和，二氧化碳气浓度应尽量提高。在此基础上，溶液中游离氨浓度也应适当提高。保证有较高的钠利用率。生产中，要注意控制 β 值不能过高，因 c（F_{NH_3}）过高，碳化时将出现大量碳酸氢钠结晶，且由于碳化中有部分氨被尾气及重碱带走，造成氨的损失，故要求氨母液Ⅱ中 β 值适当控制在 1.04～1.12 之间。

2. α 值

α 值是指氨母液Ⅰ中 F_{NH_3} 与 CO_2 滴度之比，即

$$\alpha=\frac{T(F_{NH_3})}{T(CO_2)}$$

在联碱生产设计中 CO_2 滴度以 HCO_3^- 的形式析算（与氨碱法不同）。母液Ⅰ吸氨，其目的在于破坏 HCO_3^-，使之减少到不能因降温而产生 $NaHCO_3$ 结晶与 NH_4Cl 共析的程度。因此，在母液Ⅰ中游离氨与二氧化碳应有一定的比例关系。若 α 值过低，重碳酸盐将与氯化铵共同析出，影响产品纯度，或者因 CO_2 分压过高使 CO_2 逸出。反之，若 α 过高，即 CO_2 滴度低，虽可略微提高 NH_4Cl 的产量，但氨损失增加，劳动条件恶化，氨母液Ⅰ在一定温度下适当的 α 值，如表 10-2 所示。

一般情况下母液Ⅰ含 CO_2 量因碳化过程工艺条件不变可视为定值，而 α 值则与 NH_4Cl 结晶温度有关。由表 10-2 可知，结晶温度越低，要求维持的 α 值也越小，即在一定的二氧化碳浓度下要求的吸氨量则越小。

表 10-2　氨母液Ⅰ的适当 α 值

温度/℃	α	温度/℃	α
20	2.35	0	2.09
10	2.22	−10	2.02

3. γ 值

γ 值是指母液Ⅱ中 Na^+ 浓度与固定氨浓度 $c(C_{NH_3})$ 之比。

即：
$$\gamma=\frac{c(Na^+)}{c(C_{NH_3})}$$

此值标志着加入氯化钠的多少。加入氯化钠越多，根据同离子效应，则母液Ⅱ中结合氨浓度越低。γ 值越大，单位溶液体积的 NH_4Cl 产率也越大，但氯化钠的加入量受其溶解度的限制。

因此实际生产中，为了在提高 NH_4Cl 产率的同时又要避免过量的 NaCl 混杂于产品中，必 注意控制 γ 值在一定范围之内。当盐析结晶器温度为 10～15℃时，γ 值一般控制在 1.5～1.8 左右。

第三节　氯化铵的结晶

氯化铵的结晶是联碱生产过程的重要一环。它不单是生产氯化铵的过程，并且与制碱过程密切联系，相互影响。

氨母液Ⅰ在结晶器中，借冷却作用和加入氯化钠的盐析作用使氯化铵结晶析出，同时获得合乎制碱要求的母液Ⅱ。

一、氯化铵结晶的原理

1. 过饱和度

重碱在碳化塔中析出是由于溶液不断吸收 CO_2 而产生了 $NaHCO_3$，当浓度超过了该温度下的溶解度，而且形成了过饱和时才开始析出结晶。但氯化铵由溶液中析出并不是由于逐渐增大浓度使之超过其溶解度，而是在原有浓度下，降低温度，形成过饱和析出结晶的。

对于一个过饱和溶液，如果缓慢的冷却它，并且防止固体颗粒进入，则仍可以不析出结晶而保持较长一段时间，过饱和度可通过图解和计算两种方法求得其值。

图解法虽较简便，但需要作出溶解度和过饱和度曲线图，由于这些图不易准确画出，故生产上常用计算法求过饱和度。

令
$$稀释倍数=\frac{主泵循环量(m^3/h)}{加入母液流量(m^3/h)}$$

$$以浓度表示的过饱和度=\frac{母液结合氨下降值(tt)}{稀释倍数}$$

$$以温度表示的过饱和度=\frac{氨母液Ⅰ温度-冷析结晶温度}{稀释倍数}$$

例　25℃的氨母液[$T(C_{NH_3})$80tt] 以150m³/h投入，冷析结晶器温度为10℃，循环量为5000m³/h，析出结晶后母液中 $TC_{NH_3}=67.2$tt，试求过饱和度。

解
$$稀释倍数=\frac{5000}{150}=33.4$$

$$温度表示的过饱和度=\frac{25-10}{33.4}=0.45℃$$

$$浓度表示的过饱和度=\frac{80-67.2}{33.4}=0.384tt$$

浓度过饱和度还可以用g/L为单位，

$$浓度表示的过饱和度=\frac{产量(kg/h)}{循环量(m^3/h)}$$

若上例中冷析结晶器产量为5140kg/h，则

$$浓度表示的过饱和度=\frac{5140}{5000}=1.03g/L$$

2.结晶的介稳区和影响结晶粒度的因素

过饱和溶液是不稳定的，但在一定过饱和度内，不经振动，不落入灰尘或投入小粒晶体等又难以引起结晶析出。只要投入一小颗晶体或落入灰尘或经振动都会引起结晶，溶液所处的这种状态称为介稳状态。图10-5所示，SS与$S'S'$线之间的区域称为介稳区，在此区内不析出新晶核，而原有的晶核可以长大。SS线以下为不饱和区，在此区域，投入晶体便被溶解。$S'S'$线以上为不稳区，在此区域中，晶核瞬间即可形成。为了制得大粒的结晶，过饱和度应尽量控制在介稳区内，尽可能避免不在介稳区内操作。

溶液中析出结晶，可分为过饱和的形成，晶核生成和晶核的成长三个阶段。为了得到较大的晶体，必须避免大量析出晶核，并应使一定数量的晶核不断成长。因此影响粒度的因素有以下几方面。

(1) 溶液成分的影响　溶液的成分是影响结晶粒度的重要因素。实践证明，联碱生产中不同母液具有不同的过饱和极限，如图10-5所示。氨母液Ⅰ“介稳区”较宽，母液Ⅱ“介稳区”较窄。母液中氯化钠含量愈小，“介稳区愈宽”。盐析结晶器中的母液Ⅱ氯化钠含量较大，使氯化铵结晶器“介稳区”缩小，操作容易超出“介稳区”而进入“不稳区”，以致产生大量晶核，所以盐析结晶器氯化铵结晶的粒度比冷析结晶器的氯化铵粒度要小。

(2) 冷却速度的影响　冷却是使氯化铵溶液产生过饱和度的主要阶段之一。从实验可知，冷却速度快、过饱和度有增大的趋势，图10-6所示。生产中如冷却快，就会有较大的过饱和度出现，容易超越介稳区极限而析出大量晶核，不能得到大颗粒晶体。因而冷却速度不能太快。

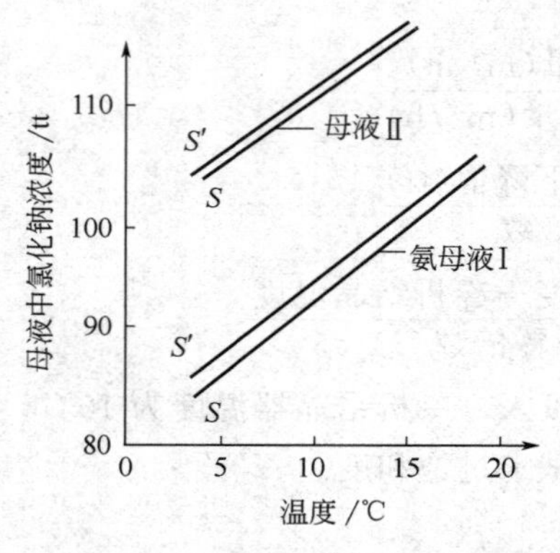

图 10-5 不同母液在不同温度下的介稳区

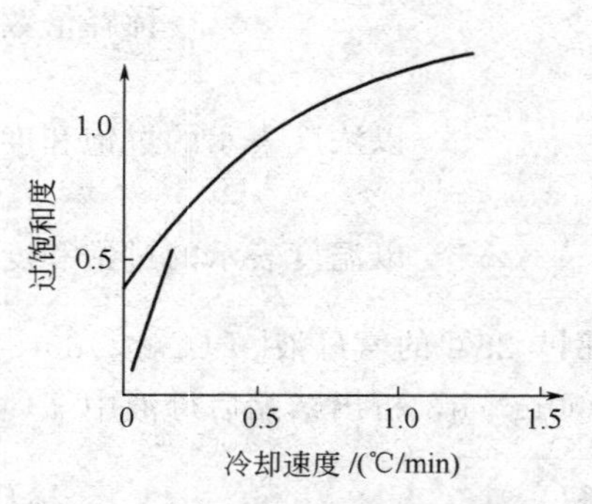

图 10-6 冷却速度对过饱和度的影响

（3）搅拌强度的影响 适当增加搅拌强度可以降低过饱和度，使其不致超过饱和极限，从而减少了大量析出晶核的可能。如图 10-7 所示。但过分激烈搅拌将使“介稳区”缩小，也容易越出“介稳区”极限而产生细晶，同时容易使大粒结晶摩擦、撞击而破碎。所以搅拌强度要适当。

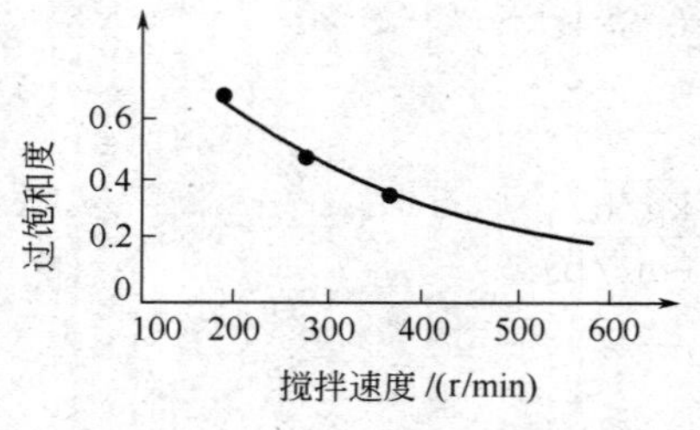

图 10-7 搅拌强度对过饱和度的影响

（4）晶浆固液比的影响 母液过饱和度的消失还需要一定的结晶表面积。晶浆固液比高些，结晶表面积就大些，过饱和度消失将较完全。这样不仅使已有的结晶长大，而且可以防止过饱和度的积累，减少细晶，故应保持适当的固液比。

（5）结晶停留时间的影响 停留时间为结晶器内结晶盘存量与单位时间产量之比。在结晶器内，结晶颗粒停留时间长，有利于结晶粒子的长大。当结晶器内晶浆固液比一定时，结晶盘存量也一定。因此当单位时间的产量小时，则停留时间就长，从而可获得大颗粒晶体。

3. 冷析结晶原理

母液Ⅰ吸收氨气成为氨母液Ⅰ，将母液Ⅰ中溶解度较小的碳酸氢钠和碳酸氢铵转变成溶解度较大的碳酸钠和碳酸铵。当冷却时就不致有 $NaHCO_3$ 与 NH_4Cl 同时析出。溶液中有氯化铵和氯化钠两种盐，它们的溶解度随温度的变化是不一样的（单独溶解时）。氯化铵的溶解度随温度的降低显著下降，而 NaCl 的溶解度则随温度的降低，变化不大。在 16℃以下，氯化铵溶解度比氯化钠溶解度小，16℃时两者相等，见图 10-8。

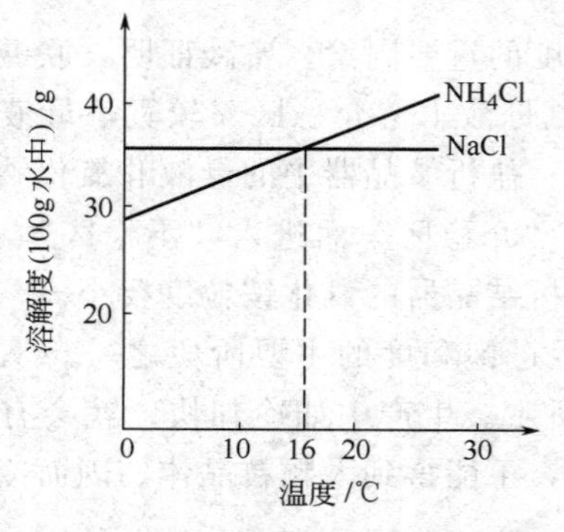

图 10-8 NH_4Cl、NaCl 单独溶解度

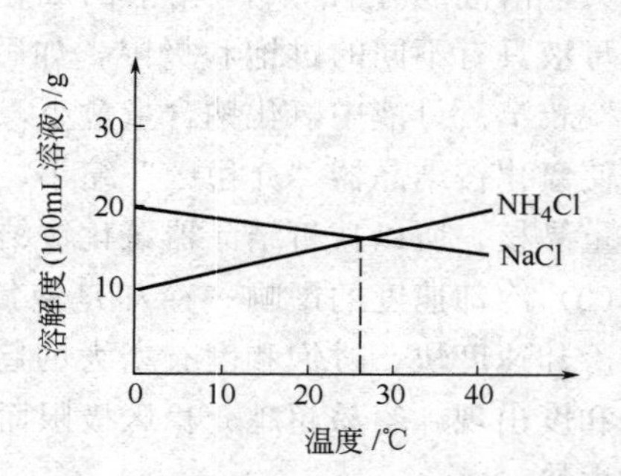

图 10-9 NaCl、NH_4Cl 的共同溶解度

氯化铵和氯化钠共同存在于饱和溶液中，25℃以下时，氯化铵溶解度比氯化钠减小得更快（与单独溶解度时相比较），同时在氯化铵溶解度随温度降低而减少的过程，氯化钠溶解度反而变大。如图 10-9 所示。所以，氨母液Ⅰ经过冷却降温，氯化铵可以单独结晶析出，纯度可达 99.5%以上（干基）。温度愈低，氯化铵析出量愈多。

4. 盐析结晶原理

冷析后的半母液Ⅱ对氯化铵是饱和的，对氯化钠仍是不饱和的，将食盐加入，由于共同离子效应降低了氯化铵的溶解度，使氯化铵结晶析出，如此即出了产品又补充了原料盐，此即为盐析结晶过程。氯化钠的溶入使氯化铵析出，氯化铵结晶的析出又利于氯化钠的进一步溶解。

在盐析过程中，氯化铵的结晶热，轴流泵的机械摩擦热及氯化钠带入热三者的总和，远大于氯化钠的溶解所吸收的热量。所以盐析结晶器母液温度有所回升，一般比冷析结晶温度高 5℃左右。

盐析结晶器中氯化铵析出量的多少取决于温度的高低和加入洗盐的多少。温度越低，析出量越大。在一定的温度下，氯化钠加的越多，氯化铵的产量越大。母液Ⅱ中氯化钠浓度也越高。正常操作时，氯化钠加入量受其在母液中溶解度的限制。

氯化钠在母液Ⅱ中的溶解度与温度有关。母液Ⅱ的温度越低，达到平衡时的母液Ⅱ中氯化铵含量愈少，氯化钠的溶解度就愈大。由图 10-10 可以看出，当二氧化碳浓度一定时，母液Ⅱ温度愈低氯化钠含量愈高。实际生产中，往往由于氯化钠粒度大，以及在结晶器停留时间短，造成氯化钠来不及溶解，而混入氯化铵成品中。为了保证成品质量，实际控制母液Ⅱ中的氯化钠含量为饱和状态的 95%左右，即控制氯化钠浓度比饱和状态氯化钠浓度低 2～4tt。

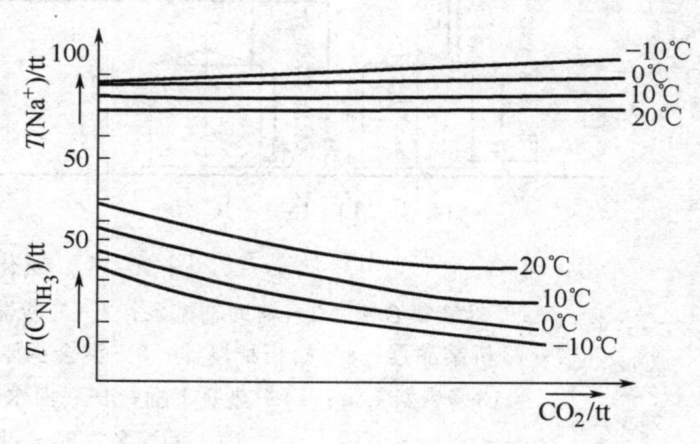

图 10-10　母液Ⅱ中 Na^+ 与 C_{NH_3} 随 CO_2 与温度的变化

在一定二氧化碳浓度下（20tt），温度与氯化钠浓度之间的关系如下

盐析结晶母液温度/℃	10	11	12	13	14	15
氯化钠饱和浓度/tt	77.3	76.7	76.1	75.5	74.9	74.3

二、氯化铵结晶的工艺流程

氯化铵结晶的工艺流程，可分为并料和逆料流程，并料流程如图 10-11 所示。由吸氨工序来的，经过热交换器降温的氨母液Ⅰ，经计量槽流入冷析结晶器中心循环管，与外冷器的循环母液一起到结晶器底部，然后上升并均匀分布。结晶器上部母液经主轴流泵送入外冷器，与管间的低温卤水间接换热降温而产生过饱和度。呈过饱和状态的循环母液经集合槽，中心循环管返入结晶器底部，通过晶浆层，消失其饱和度，促使结晶生成和生长。如此连续循环降温，析出氯化铵结晶。冷析结晶器的溢流液（半母液Ⅱ）流入盐析结晶器。

由洗盐工序来的洗涤盐进入调盐桶，用少量母液Ⅱ调成盐浆流入盐析结晶器中心循环管内（亦可直接加入固体盐），与冷析结晶器来的母液及滤液泵送来的滤液在中心循环管内，通过主轴流泵送入结晶器底部，然后上升并均匀分布，晶浆呈悬浮状态。盐析结晶器回流液

（母液Ⅱ）流入母液Ⅱ桶。母液Ⅱ用泵送至母液换热器与热氨母液Ⅰ进行换热，部分母液Ⅱ作调盐用。沉积于母液Ⅱ桶锥底的沉淀，用泵送至稠厚器。

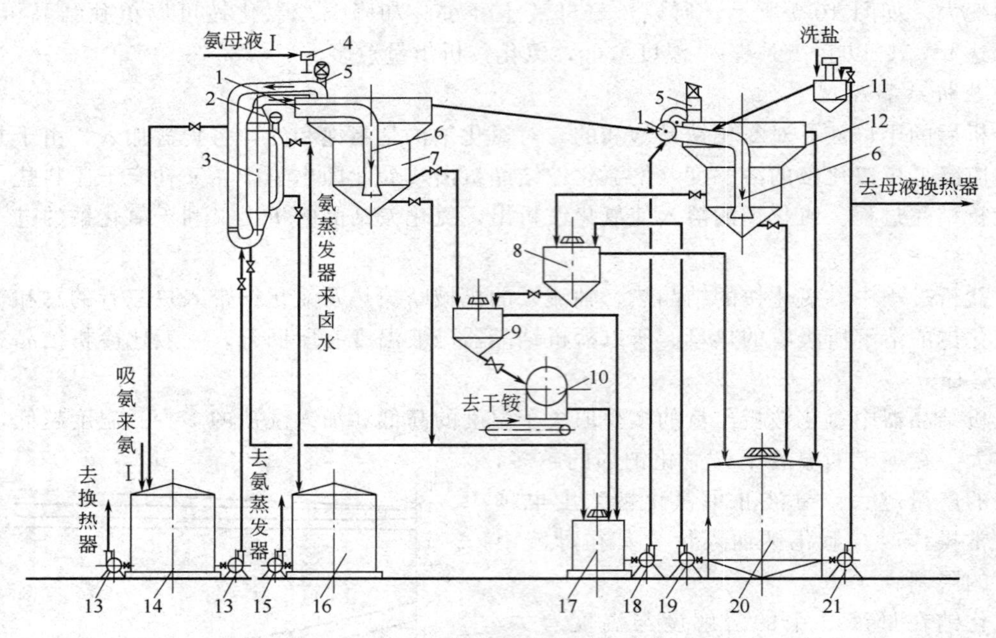

图 10-11　氯化铵结晶工艺流程

1—母液集合槽；2—辅助轴流泵；3—外冷器；4—计量器；5—主轴流泵；6—中心循环管；7—冷析结晶器；8—盐析稠厚器；9—混合稠厚器；10—分离机；11—调盐桶；12—盐析结晶器；13—热氨Ⅰ泵；14—热氨Ⅰ桶；15—卤水泵；16—卤水桶；17—滤液桶；18—滤液泵；19—沉淀泵；20—母液Ⅱ桶；21—母液Ⅱ泵

盐析结晶器内晶浆取出到盐析稠厚器。稠厚的晶浆入混合稠厚器与冷析结晶器取出的晶浆混合，经洗涤及稠厚，然后进入分离机，分离出的氯化铵送至干燥工序。盐析稠厚器溢流液入母液Ⅱ桶，混合稠厚溢流液，分离机过滤液及外冷器放空之冷析母液均流入滤液桶，用泵送入盐析结晶器中心循环管。

由吸氨工序来的热氨母液Ⅰ入热氨母液Ⅰ桶。然后一部分用泵送入外冷器底部，自下而上通过外冷器，溢流回到热氨母液Ⅰ桶。如此不断循环，清洗外冷器列管内的结疤，另一部分用泵送到母液换热器与母液Ⅱ进行换热，降温后，储入氨母液Ⅰ桶供结晶工序使用。

制冷用的盐水储于卤水桶，用泵送到蒸发器管内，被液氨间接降温后进入外冷器管间，供辅助轴流泵将卤水循环，造成湍流状态，以利换热及避免局部过冷。低温卤水不断进入管间，换热后经 U 形管回流至卤水桶。

逆料流程是将盐析结晶器的结晶借助于晶浆泵或气升设备送回冷析结晶器的晶床上，与大量半母液Ⅱ相遇，使过剩的 NaCl 结晶溶解。这样，盐析结晶器的加盐量就可以增加，不必担心氯化铵产品中 NaCl 不合格。冷析、盐析后的氯化铵结晶均有冷析结晶器放出进入稠厚器。

对此晶浆逆向流动的流程，中国已取得了良好的实验和使用效果，它具有以下三个特点。

① 盐析中加入 NaCl 允许在接近饱和浓度的条件下操作，可提高 γ 值，提高了产量，母液体积减少。

② 盐析后的结晶送回冷析结晶器，结晶中掺杂的固体 NaCl 可在 Na^{+} 浓度较低的半母液Ⅱ中溶解，提高了产品纯度。

③ 逆料流程对原盐的粒度要求不高，盐析结晶器的控制也较容易。

1. 结晶器

结晶器是氯化铵结晶的主要设备。母液过饱和度的消失，晶核的生成及长大都在结晶器中进行。按析出氯化铵的原理分为冷析结晶器和盐析结晶器（盐析结晶器按其物料的循环形式分为内循环和外循环两种）。两种结晶器的构造大同小异。

图 10-12 所示为冷析结晶器，其本体是由钢板卷焊而成的有锥体的圆筒形容器。按悬浮液在结晶器中的分级情况，由上而下可分四个部分，即清液段、连接段、悬浮段和锥底。器内设有中心循环管，结晶料浆层靠轴流泵来循环母液，使之呈悬浮状。轴流泵是一种低压头，高循环量的泵，循环母液由冷析轴流泵吸入，压至外冷器下端，然后从外冷器上端流出，与换热器来的氨母液Ⅰ一同流入结晶器中央循环管的底部锥底再向上流动。由于循环母液流出中央循环管后截面积突然增大，所以向上的流速较慢，在悬浮段（即结晶段）里析出氯化铵结晶，并继续增大结晶。再向上经连接段到达清液段。因清液段的截面积再次增大，使析出氯化铵结晶后的母液上升速度更慢，可起到澄清作用。在悬浮段中部附近开有晶浆取出口，锥底部分开有母液放出口，排渣口及人孔等。

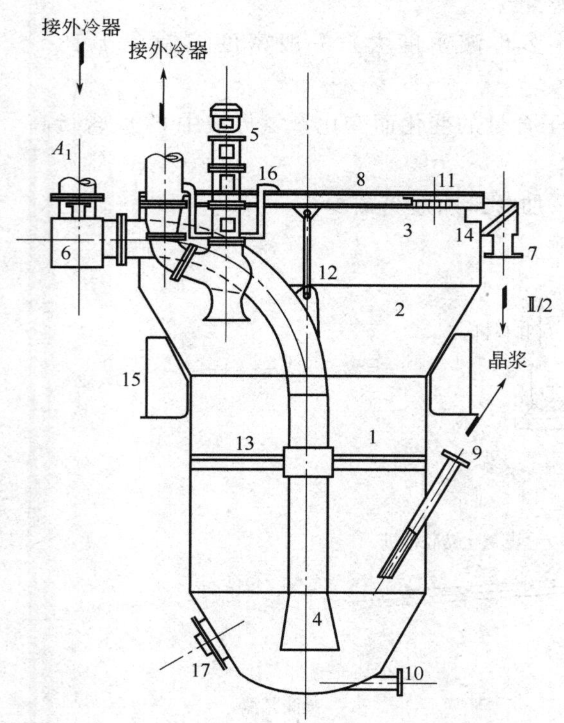

图 10-12　冷析结晶器构造

1—悬浮段；2—过渡段；3—储液澄清段；4—中心循环管；5—主轴流泵；6—分配箱；7—溢流箱；8—器盖；9—晶浆取出管；10—排放管；11—观察孔；12—吊环；13—支撑架；14—过滤网；15—承座；16—轴流泵吊装座；17—人孔

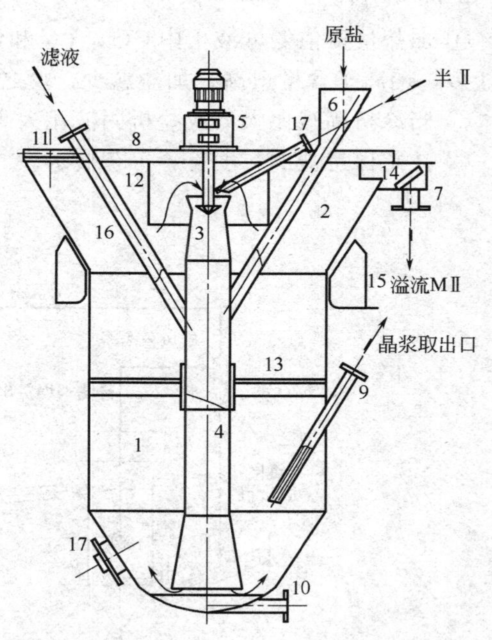

图 10-13　盐析结晶器构造

1—直筒段；2—澄清段；3—中心管入口及螺旋桨；4—中心管及放大管；5—轴流泵驱动；6—加盐斗及管；7—溢流箱；8—盖；9—晶浆取出管；10—排放管；11—观察孔；12—遮罩；13—支撑架；14—过滤网；15—承座；16—滤液管；17—半Ⅱ取入管

图 10-13 所示为内循环盐析结晶器。结晶器本体亦是用钢板卷焊而成有锥底的圆筒形容器。上部为清液段，中部为悬浮段，下部为锥底。中心循环管固定在结晶器中心位置上。结晶器顶盖下边设有套筒，套筒的圆周上开有进液口。冷析母液由中心循环管上口进入，盐浆、滤液管由中心循环管中部插入。悬浮段的中部附近开有晶浆取出口，锥底部开有母液放空口、排渣口及人孔等。清液段的上部设有母液Ⅱ溢流槽。结晶器内壁涂有过氯乙烯或漆酚树脂防腐层，外层附以保温层。

2. 操作要点

(1) 冷析结晶器操作要点　冷析过程中换热操作是控制结晶器温度的关键，因此，外冷器操作的好坏，直接影响整个系统的生产。在外冷器操作中应注意以下几点。

① 经常检查外冷器母液和卤水温度，稳定操作，维持冷析结晶温度。

② 根据氨母液Ⅰ流量，温度等变化和外冷器换热能力，调节卤水流量和卤水温度。

③ 注意卤水压力变化情况，加强与水泵岗位联系，保持卤水流量严防卤水中断。

(2) 盐析结晶器操作要点　加盐操作是控制盐析结晶器结合氨和钠离子的重要环节。其操作的好坏直接影响氯化铵质量、产量及纯碱产量，为此要注意以下几点。

① 根据氨母液Ⅰ投入量，结晶器温度、盐粒度、氨母液Ⅰ成分、结晶器固液比、成品盐分等，确定加盐量。

② 要严密注意盐析温度变化，以此调节加盐量。

③ 经常测定盐析结晶器溢流液密度（加盐多母液密度大）一般密度控制在 1.18～1.19g/cm^3 为宜。

④ 加盐量要依氨母液Ⅰ中 CO_2 含量和钠离子含量的变化而变化，氨母液中 CO_2 含量高加盐多，钠离子含量愈高，加盐愈少，反之亦然。

⑤ 当冷析固液比太低或盐析固液比太高时，加盐量须适当减少。

⑥ 注意保持盐的粒度符合工艺要求。

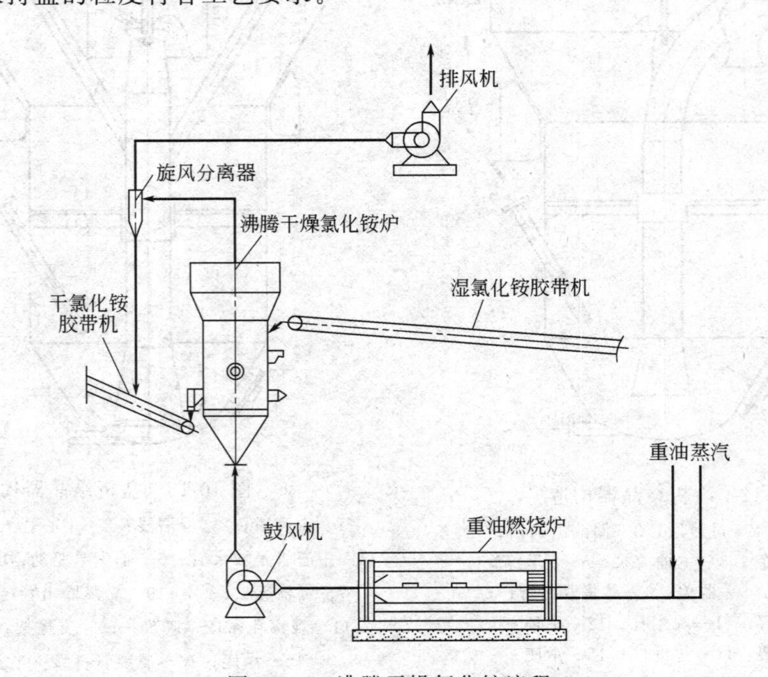

图 10-14　沸腾干燥氯化铵流程

三、氯化铵的干燥

氯化铵是联碱厂产品之一，根据储运、使用的要求，氯化铵含水量不得大于1%。而滤铵机脱水后的氯化铵水分尚在6%左右，故需干燥。

氯化铵的干燥多采用沸腾干燥流程。由滤铵机来的湿氯化铵，经胶带运输机投入沸腾炉，与鼓风机送来热空气进行沸腾干燥，干燥后的氯化铵经胶带运输机送至铵仓包装。沸腾炉出气经旋风分离器分离，尾气由排风机排空。分离回收的NH_4Cl由胶带机输送去铵仓。沸腾炉热空气（180～220℃）采用蒸汽雾化重油在燃烧炉内燃烧（温度800～900℃）在混合室与冷空气混合而获得。其流程见图10-14。

第四节　洗涤法精制原盐

原盐精制有蒸发法和洗涤法两种。蒸发法是把原盐化成卤水，经澄清除去泥沙和杂草（有的加以精制除去钙、镁杂质）然后加以蒸发，利用高温下氯化钠，氯化镁和硫酸镁溶解度变化的特性，重新得到较纯的氯化钠结晶。此法消耗大量燃料，因此，国内外碱厂多采用洗涤法。

一、洗涤法精制原盐的原理

洗涤法精制原盐是依据不同物质溶解度的差异进行的。如图10-15所示为氯化钠、氯化镁、硫酸镁、硫酸钙的溶解度曲线。洗涤法就是利用氯化钠与原盐中可溶性杂质溶解度的不同和它们溶解度随温度变化的不同规律来进行原盐精制的。

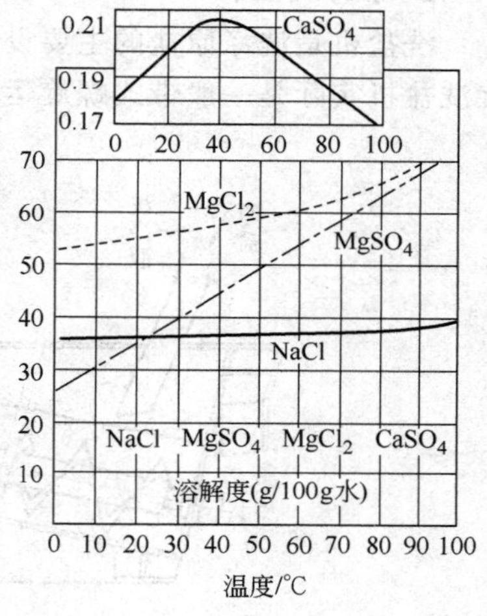

图10-15　溶解度曲线

原盐中的不溶物附在晶体表面或包藏在晶体内部。而可溶性杂质如氯化镁、硫酸镁等则混杂在盐中。用饱和氯化钠溶液作为洗涤液，洗涤原盐因其溶液只对氯化钠饱和，则原盐中的可溶性杂质氯化镁、硫酸镁、硫酸钙等将溶解。

用洗涤法精制后的盐叫洗盐。洗涤液的来源可因地制宜，采用盐田饱和卤，或采用盐湖饱和卤，或采用洗盐机中喷洒海水或清水，溶解部分盐后得到饱和盐水。

洗涤法有粉碎洗涤和不粉碎洗涤法两种。前者可以清洗包含在晶体内部的杂质，洗涤效率高，但生产流程复杂，设备多。后者清洗效果不如前者，但流程较短。

二、精制流程及设备

1. 工艺流程

原盐精制的流程如图10-16所示。

原盐经胶带运输机及盐溜子入洗盐机，与立洗桶来的洗涤液（经澄清桶的溢流液）逆流接触洗涤。洗涤后脏卤水流入盐卤池，与澄清桶排出的沉渣一起用泵送去精制。

洗盐机出来的盐浆经螺旋运输机入球磨机进行粉碎，粉碎后的盐浆流入盐浆桶。盐浆被加入的洗涤液稀释后，用盐浆泵送入分级器分级。分级液是来自澄清桶的清液或精制后的卤水，由泵送至分级器下部，并以一定的悬浮速度上升。大粒盐由分级器底部放出，返回洗盐机。分级器内细粒盐随分级液悬浮上升，流入立洗桶，进行洗涤稠厚。立洗桶溢流液流入澄清桶，澄清除去泥沙后循环使用。立洗桶稠厚之盐浆，经下料管进入滤盐机分离。分离的滤液入滤液桶，然后用泵送入分级器，分离脱水后的洗盐经皮带运输机供氯化铵结晶工序使用。

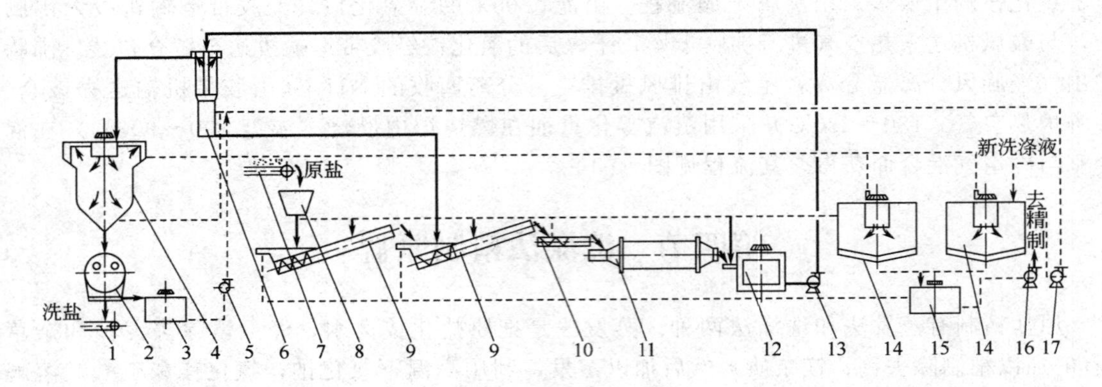

图 10-16 原盐精制流程图

1—洗盐胶带运输机；2—滤盐机；3—滤液桶；4—立洗桶；5—滤液泵；6—分级器；7—原盐胶带运输机；8—盐溜子；9—洗盐机；10—螺旋运输机；11—球磨机；12—盐浆桶；13—盐浆泵；14—澄洗桶；15—盐卤池；16—盐卤泵；17—升压泵

2. 螺旋洗盐机

洗盐机是洗涤原盐的主要设备，通常采用螺旋式洗盐机（也有采用刮板洗盐机的）。螺旋洗盐机实际是一般带式螺旋运输机，如图 10-17 所示。

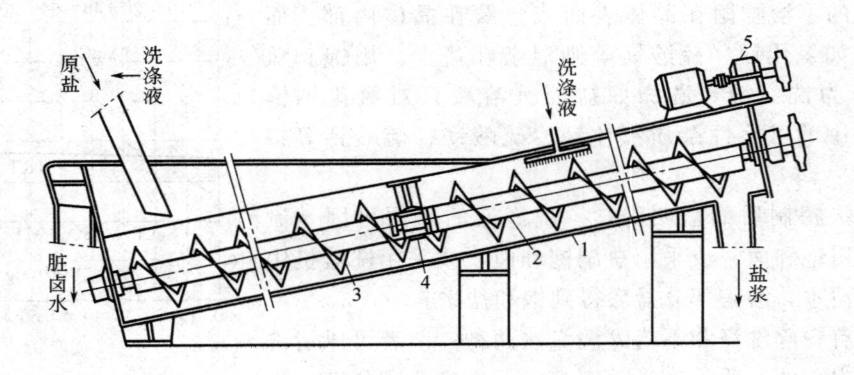

图 10-17 螺旋洗盐机

1—机槽；2—螺旋轴；3—螺旋叶片；4—联轴节；5—传动装置

它由半圆形的机槽和槽内装的转动螺旋组成，每节有一定长度，节与节之间用联轴节相连，连接处装有轴承。螺旋的传动装置安装在机槽的上端。洗盐机与地面形成一定的倾斜度，下端装有扇形溢流槽。若在机槽内安装两个螺旋，即称双螺旋洗盐机，其洗盐效果优于单螺旋洗盐机。

原盐与部分洗涤液经盐溜子进入洗盐机的下端，洗涤液在洗盐机中上部位置加入，靠洗盐机一定的倾角与盐进行逆流洗涤。杂草和细泥沙浮在溶液上面，定期捞除。盐和部分泥沙沉于底部，经螺旋的翻动，使盐表面附着的可溶性杂质溶解在洗涤液中。原盐经洗涤后由洗盐机上端排出，脏卤水由下端排出。

第五节　母液喷射吸氨

一、工艺流程

母液喷射吸氨的流程如图 10-18 所示。

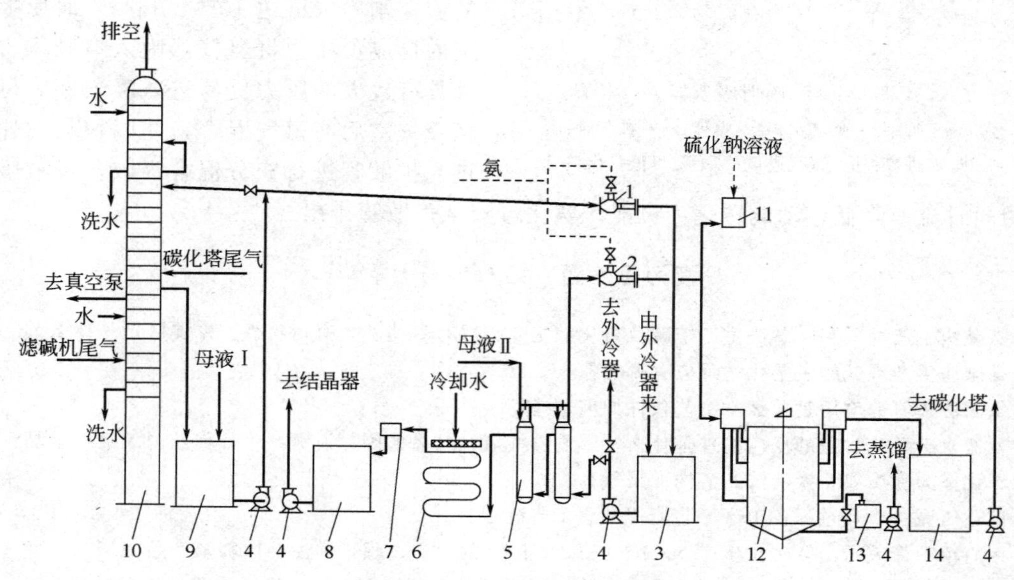

图 10-18　母液喷射吸氨流程图

1—母液Ⅰ喷射吸氨器；2—母液Ⅱ喷射吸氨器；3—热氨母液Ⅰ桶；4—泵；5—母液换热器；6—冷却排管；7—流量槽；8—冷氨母液Ⅰ桶；9—母液Ⅰ桶；10—综合回收塔；11—硫化钠罐；12—澄清桶；13—泥罐；14—氨母液Ⅱ桶

重碱过滤机分离之母液Ⅰ被送至母液Ⅰ桶，经泵后分两路：一路分送到综合回收塔以回收碳化塔尾气中的氨，然后返回母液Ⅰ桶；另一部分送入母液Ⅰ喷射吸氨器，吸收合成氨系统送来的氨气，制成氨母液Ⅰ，流入热氨母液Ⅰ桶，以循环清洗外冷器管间，与管内的母液Ⅱ进行热交换。氨母液Ⅰ降温后流入冷却排管（或列管式换热器）用冷却水降温至规定要求，再经计量槽流入氨母液Ⅰ桶，供结晶工序制取氯化铵。

制碱系统送来的母液Ⅱ，经换热器管内与管间的热氨母液Ⅰ进行热交换，母液Ⅱ温度升高后进入母液Ⅱ喷射吸氨器，吸收合成氨系统送来的氨气和淡液蒸馏塔来的氨气，制成氨母液Ⅱ。制备的硫化钠溶液（一般以母液Ⅱ溶化硫化钠）从硫化钠罐加入氨母液Ⅱ内，一起流入澄清桶，澄清的氨母液Ⅱ流入氨母液Ⅱ桶，供碳化工序制碱。沉淀物（又称氨Ⅱ泥）自澄清桶底部排至泥罐，定期送出处理，回收有用之物。

母液Ⅱ吸氨后的尾气经分离器分离，进入回收塔回收其中的氨（或放空）。经母液Ⅰ洗涤后的碳化尾气在综合回收塔内再经清水洗涤，回收其中的氨，废气从塔顶排空。洗涤水供过滤机洗涤重碱或送淡液蒸馏，回收氨。

二、喷射吸氨器简介

喷射吸氨器简称喷射器，构造如图 10-19 所示。

喷射器主要由铸铁或玻璃钢（玻璃纤维增强塑料）制的异径管、喷嘴、吸气室及扩散管等部分组成。

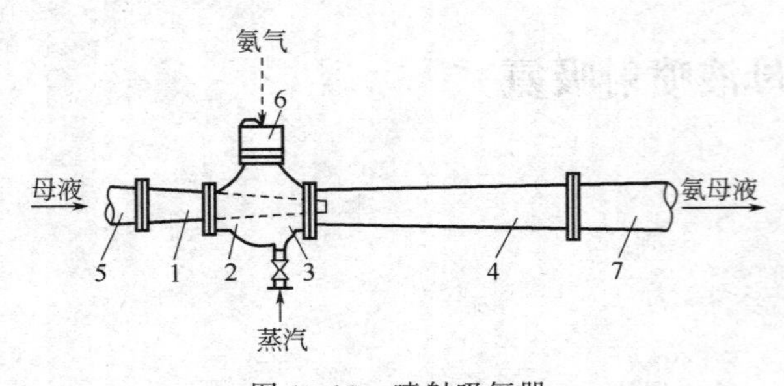

图 10-19　喷射吸氨器

1—异径管；2—吸气室；3—喷嘴；4—扩张管；5—母液进口；6—氨气进口；7—氨母液排出口

利用母液在喷射器内喷射进行吸氨的过程，称为母液喷射吸氨。其作用原理是：母液经泵加压后（0.15～0.30MPa）由异径管进入喷嘴，在喷嘴出口处喷射成流束（射流）。此时位能变为动能，母液的流速剧增（可达 10～20m/s）而使吸气室内形成负压，将氨气从吸入口吸入。氨气具有较大的压力更易进入吸气室。母液经吸气室后与氨气混合，并以很高的速度进入扩散管进行充分混合吸收，母液吸收氨气的同时流速降低，动能转化为位能，氨化母液从扩散管排出。

复习思考题（第八～第十章）

1. 氨碱法生产纯碱和联碱法生产纯碱及氯化铵主要程序有哪些？各有何特点？主要区别是什么？
2. 氨碱法生产纯碱的主要化学反应有哪些？
3. 氨碱法吸氨的作用是什么？工艺条件如何选择？
4. 氨盐水碳酸化过程的反应机理是什么？影响碳酸氢钠结晶的因素有哪些？如何获得大颗粒结晶？
5. 碳化塔为什么要轮换清洗？清洗液是什么？
6. 试述氨碱法生产过程各工序工艺流程及总工艺流程。
7. 用简单图形表示出联碱法生产 $NaHCO_3$ 和 NH_4Cl 的生产过程，并注明原料及产品。
8. 联碱生产系统中，母液Ⅰ和母液Ⅱ吸氨的作用及反应式是什么？喷射吸氨原理是什么？
9. NH_4Cl 结晶的原理是什么？影响 NH_4Cl 结晶的因素有哪些？
10. 试述联碱生产中制碱、洗涤原盐及喷射吸氨的工艺流程。
11. 试用物料平衡计算联碱生产系统母液Ⅰ和母液Ⅱ的吸氨量。
12. 比较氨碱法和联碱法各有哪些优缺点？

第十一章　电解法制烧碱

电解是借助于直流电来进行化学反应的过程。当以直流电通过食盐水溶液时，产生离子的迁移和放电，可以制造烧碱和氯气。其总反应为：

$$2NaCl+2H_2O \xrightarrow{\text{电解}} 2NaOH+Cl_2\uparrow+H_2\uparrow \tag{11-1}$$

由于电解产物除烧碱外，还有氯气和氢气，所以电解法生产烧碱工业又称氯碱工业。

电解食盐水溶液制烧碱的方法，因电解槽所用的阴极材料不同而分为隔膜法、汞阴极法（又称水银电解法）和离子膜电解法。

第一节　电解食盐水溶液的理论基础

电解过程属于电化学过程。电解过程溶液中的阴离子（即 Cl^- 和 OH^-）移向阳极，而阳离子（即 Na^+ 和 H^+）则移向阴极。离子在阴、阳极上放电及其放电数量如何，则须由各离子的放电电位及电解时其他因素所决定。

一、法拉第定律和电流效率

电解过程的基本定律是法拉第确定的，即法拉第第一和第二定律。

法拉第第一定律为：系统中通过直流电时，在电极上析出物质的量 G 与通过电解液的电量成正比，即与电流强度 I 及通电时间 t 成正比，数学表示式为：

$$G=K\cdot I\cdot t \tag{11-2}$$

式中　G——电极上析出物质的质量，g；

K——比例系数；

I——电流强度，A；

t——时间，h。

式（11-2）中，当 $It=1$ 时，即 1A・h 的电量通过电解质时析出物质的质量等于 K，此值称为电化当量。

法拉第第二定律为：将同量的电通过电解质时，在电极上析出物质的质量与电解质的化学当量数成正比，数学式为：

$$Q=F\cdot N$$

式中　Q——通过电解质的电量，A・s 或 A・h；

N——析出物质的化学当量数[1]；

F——法拉第常数，即 96500C 或 26.8A・h。

产生 1mol 的任何物质都需要消耗同样多的电量 F，那么电化学当量 K 可用下式表示：

$$K=\frac{N'}{F}=\frac{m}{nF} \tag{11-3}$$

---

[1] 按法定计量单位为 mol，对于 1 价酸碱物质 1N=1mol，2 价酸碱物质 1N=$\frac{1}{2}$mol。

式中 m——物质的摩尔质量；

n——物质的化合价。

将式（11-3）代入式（11-2），法拉第定律综合表示如下：

$$G=\frac{m}{nF}I\cdot t \quad (11\text{-}4)$$

根据式（11-4）可计算出理论产量：

烧碱 $1.492\times It$（g）

氯气 $1.323\times It$（g）

氢气 $0.037\times It$（g）

实际生产中，由于种种原因，实际产量较理论产量为少。因此，实际产量与理论产量之比，定义为电流效率。

$$电流效率=\frac{实际产量}{理论产量}\times 100\%$$

生产中电流效率一般为90%～96%。

电解食盐水溶液时，根据阳极产物氯气产量计算出来的电流效率称为阳极效率。根据阴极产物烧碱产量计算出来的电流效率称为阴极效率。

电流效率是电解生产中很重要的技术经济指标。

二、电解时的电压和电压效率

1. 理论分解电压

要使某一电解质进行电解，必须使电极间的电压达到一定数值，这个数值是使电解过程发生所需要的最小电压，相当于离子开始放电时的电压，称为理论分解电压。

理论分解电压是阳离子的理论放电电位和阴离子的理论放电电位之和。计算分解电压时，首先要知道阴、阳离子的放电电位。放电电位的数值可根据涅伦斯特方程式计算：

$$E=E_0+\frac{RT}{nF}\ln c \quad (11\text{-}5)$$

式中 E——放电电位；

E_0——标准电极电位（298K时）；

R——气体常数，等于8.314J/K；

T——热力学温度，K；

n——离子价数；

F——法拉第常数，等于96500C；

c——离子浓度（应用活度更精确）。

例如，氯化钠溶液进行电解时，一般情况是阳极电解液含NaCl 5mol/L（293g/L），在298K时的活度系数等于0.713，氯的标准电位等于1.36V。

阳极上放电电位

$$E_{阳}=1.36-\frac{8.314\times 298}{1\times 96500}\times 2.303\lg(0.713\times 5)=1.32\text{V}$$

阳极上放电电位按阳极电解液的平均成分为：NaOH 100g/L（或2.5mol/L）、NaCl 190g/L（或3.2mol/L）计算。

为了使确定电位的问题简化，在涅伦斯特方程式中代入电离度（而不是活度），在这种情况下不会有大的误差。电解质混合物的离解度为5.7mol/L（NaOH 2.5mol/L＋NaCl

3.2mol/L）的 NaOH 溶液的电离度相同。

298K 时，5.7mol/L 的 NaOH 溶液的电离度为 0.6。因此，氢氧根离子浓度为

$$c_{OH^-}=2.5\times0.6=1.5\text{mol/L}$$

在 298K 时，水的离子积 $c_{H^+}\times c_{OH^-}=(0.78\times10^{-7})^2$

氢离子浓度为

$$c_{H^+}=\frac{(0.78\times10^{-7})^2}{1.5}=0.41\times10^{-14}$$

阴极上氢的放电电位

$$E_{阴}=0+\frac{8.314\times29.8}{1\times96500}\times2.303\lg(0.41\times10^{-14})=-0.84\text{V}$$

用不溶解的电极进行电解时，食盐溶液的理论分解电压为：

$$E_{理}=E_{阳}-E_{阴}=1.32-(-0.84)=2.16\text{V}$$

2. 超电压

超电压（过电压）$E_{超}$ 系离子在电极上的实际放电电位与理论放电电位的差值。金属离子在电极上放电时，超电压并不大。但当电极上放出气体物质如 Cl_2、H_2、O_2 等时，超电压数值就相当大。放出气体时，产生较大超电压可能是因为：

① 电解过程中，由于电极上产生气体，形成了一层薄的、导电不良的气膜；

② 在吸附能力强的金属电极附近，可能形成气体的过饱和溶液（吸附能力弱的金属超电压小）；

③ 气体由原子变成分子，再形成气泡拖延了时间；

④ 可能是由于化学方面的原因，如形成不稳定的水合物，消耗了一定的能量。

降低电流密度，增大电极表面积，使用海绵状或粗糙表面的电极，提高电解质温度等，均可使超电压降低。超电压与电极材料的关系如表 11-1 所示。

表 11-1　超电压（H_2、O_2、Cl_2）与电极材料的关系（25℃）

电极产物		H_2(2mol/L H_2SO_4)			O_2(1mol/L NaOH)			Cl_2(NaCl 饱和溶液)		
电流密度/(A/m²)		10	1000	10000	10	1000	10000	10	1000	10000
电极材料	海绵状铂	0.015	0.041	0.048	0.40	0.64	0.75	0.0058	0.028	0.08
	平光铂	0.24	0.29	0.68	0.72	1.28	1.49	0.008	0.054	0.24
	铁	0.40	0.82	1.29	—	—	—	—	—	—
	石　墨	0.60	0.98	1.22	0.53	1.09	1.24	—	0.25	0.50
	汞	0.70	1.07	1.12	—	—	—	—	—	—

在一定的条件下，存在超电压要多消耗一部分电能，这是不利的一面。但利用超电压的性质结合选择适当的电解条件，也可以使电解过程适合需要。如仅从 O_2 和 Cl_2 的标准电位来看（表 11-2），阳极上应该是 OH^- 放电并逸出 O_2。但由于 O_2 在某些电极上具有较高的超电压，相比之下 Cl_2 的超电压较低。这样就使 OH^- 的放电电位比 Cl^- 的放电电位高，保证了阳极上 Cl^- 先放电并逸出 Cl_2。

若以 1000A/m^2 电流密度时，在石墨阳极上 Cl_2、O_2 实际放电为例，计算可得

$$E_{Cl_2}=E_{Cl_2理}+E_{Cl_2超}=1.332+0.25=1.582\text{V}$$

$$E_{O_2}=E_{O_2理}+E_{O_2超}=0.814+1.09=1.904\text{V}$$

所以，电解食盐水溶液时，在石墨阳极上，由于 $E_{Cl_2}<E_{O_2}$，Cl^- 放电并逸出 Cl_2。

表 11-2 一些物质的标准电位值（25℃）

电极反应	标准电位 $E^{\ominus}$/V	电极反应	标准电位 $E^{\ominus}$/V
$K \rightleftharpoons K^+ + e$	−2.925	$OH^- \rightleftharpoons \frac{1}{4}O_2 + \frac{1}{2}H_2O + e$	+0.410
$Na \rightleftharpoons Na^+ + e$	−2.714		
$\frac{1}{2}H_2 \rightleftharpoons H^+ + e$	0.00	$\frac{1}{2}Cl_2 \rightleftharpoons Cl^- - e$	+1.36

同样在阴极上、Na^+ 的理论放电电位比 H^+ 的理论放电电位高得多。所以铁作为阴极时，即使加上氢的超电压，Na^+ 的放电电位仍比 H^+ 的放电电位为高。因此，在铁阴极上，总是 H^+ 先放电并逸出 H_2。

若采用汞为阴极时，H_2 在汞阴极上具有很高的超电压。当增加电流密度时，H_2 的超电压数值更大。与此同时，Na^+ 在汞阴极上放电，却由于去极化作用反而降低了分解电压，其结果 Na^+ 在汞阴极上首先放电成钠汞齐。实际生产中，在汞阴极面的液层呈碱性时，H^+ 放电电位约为 −0.65V，在一般工业用电流密度及温度下，氢的超电压约为 −1.35V。因此，H^+ 放电电位共需 −2V。设汞面上汞齐中的钠含量为 0.2%，这时 Na^+ 的放电电位约为 −1.83V。当电解氯化钠水溶液时，在汞阴极上 $E_{Na^+} < E_{H^+}$，首先是 Na^+ 而不是 H^+ 放电。

3. 槽电压和电压效率

在实际电解生产中，由于电解液的浓度不均匀和阳极表面的钝化，电流通过电解液，导线和接点等的电压降，使实际分解电压大于理论分解电压。实际分解电压称为槽电压，用数学式表示为

$$E_{槽} = E_{理} + E_{超} + \Delta E_{液} + \sum \Delta E_{降} \tag{11-6}$$

式中 $E_{理}$——理论分解电压，V；

$E_{超}$——超电压，V；

$\Delta E_{液}$——电解液的电压降，V；

$\sum \Delta E_{降}$——电极、接点、母线等的电压降之和，V。

显然，$E_{槽} > E_{理}$。

生产中，将理论分解电压值与实际分解电压值之比，定义为电压效率。用下式表示：

$$电压效率 = \frac{E_{理}}{E_{槽}} \times 100\%$$

由上式可见，$E_{槽}$ 降低，可以提高电压效率，达到降低产品电耗的目的。通常隔膜电解槽的电压效率一般在 60% 左右。

三、电能效率

电解是用电能来进行化学分解而获得产品的过程。因此，产品消耗电能的多少，是生产中的一个重要的技术经济指标。

电能用电压与电量的乘积表示：

$$W = \frac{Q \cdot V}{1000} = \frac{I \cdot V \cdot t}{1000} \tag{11-7}$$

式中 W——电能，kW·h；

Q——电量，A·h；

I——电流强度，A；

t——时间，s；

V——电压，V。

在电解过程中，实际消耗电能值比理论上需要的电能值大，理论所需的电能值$W_{理}$与实际消耗的电能值$W_{实}$之比，称为电能效率：

$$电能效率\% = \frac{W_{理}}{W_{实}} \times 100\%$$

$$= \frac{I_{理} \times V_{理}}{I_{实} \times V_{实}} \times 100\%$$

$$= 电流效率 \times 电压效率 \times 100\%$$

例 隔膜法电解食盐水溶液时，电解槽的槽电压为3.35V，电流效率为96%，计算电能效率。

解 由前理论分解电压例中计算知，电解食盐水溶液的理论分解电压为2.16V，故

$$电能效率\% = \frac{2.16}{3.35} \times 96\% \times 100 = 61.89\%$$

由以上计算可以看出，电能的消耗主要与槽电压的大小和电流效率高低有密切关系。生产中为了降低电能消耗，提高电能效率，主要从降低槽电压、提高电流效率及适当提高电流密度（提高电流密度又使同样的电解槽生产能力成比例增加，有效地强化了生产）入手。

第二节 隔膜法电解

一、电极反应与副反应

隔膜法电解是用隔膜电解槽来进行生产的。电解槽以铁为阴极，以石墨或某些金属材料为阳极，并有一层隔膜将阴阳极隔开。

食盐水溶液中，主要存在四种离子：Na^+、Cl^-、H^+和OH^-。当通入直流电时，Na^+和H^+向阴极移动，Cl^-和OH^-向阳极移动。

在阴极进行的主要电极反应为：

$$2H^+ + 2e \longrightarrow H_2 \uparrow$$

在阳极进行的主要电极反应为：

$$2Cl^- - 2e \longrightarrow Cl_2 \uparrow$$

OH^-留在溶液中，与Na^+形成NaOH溶液。

$$Na^+ + OH^- \longrightarrow NaOH$$

随着电解反应的继续进行，副反应不断发生。在阴极附近的NaOH浓度逐渐增大，同时在阳极和阴极附近的NaCl浓度下降，阳极上的部分Cl_2溶解在阳极液中，生成次氯酸与盐酸：

$$Cl_2 + H_2O \rightleftharpoons HClO + HCl$$

此时，当阴极生成的NaOH溶液由于扩散与OH^-的迁移，而使阳极附近的OH^-浓度升高，会产生下列副反应：

$$NaOH + HClO \longrightarrow NaClO + H_2O$$

$$NaOH + HCl \longrightarrow NaCl + H_2O$$

由于HClO与HCl被NaOH中和，将促使Cl_2的继续溶解。当溶液中的HClO和NaClO由于上述反应的结果增大含量，又可能发生下列反应：

$$2HClO + NaClO \longrightarrow NaClO_3 + 2HCl$$

ClO_3^-离子也可能由ClO^-离子在阳极放电生成：

$$12ClO^- + 6H_2O \longrightarrow 4HClO_3 + 8HCl + 3O_2 + 12e$$

次氯酸钠到达阴极后，可能被还原生成 NaCl

$$NaClO + H_2 \longrightarrow NaCl + H_2O$$

在阳极附近 OH^- 离子浓度升高后，OH^- 在阳极放电，逸出 H_2 和 O_2

$$2OH^- - 2e \longrightarrow H_2 \uparrow + \frac{1}{2}O_2 \uparrow$$

此外，盐水中有一定量的硫酸盐，虽然其浓度比氯酸钠浓度小得多，但在石墨电极上的孔隙中 Cl^- 因放电而浓度下降，因而给硫酸根离子放电创造了条件，其放电反应为

$$SO_4^{2-} + H_2O \longrightarrow SO_4^{2-} + \frac{1}{2}O_2 + 2H^+ + 2e$$

反应中放出的 O_2 将石墨阳极氧化生成 CO_2 加速了电极的消耗和使氯气中杂质量更大。

总之，电解过程中副反应的结果，不仅消耗了产品 Cl_2、H_2 和 NaOH，还生成了次氯酸盐、氯酸盐、氧等，降低了产品 Cl_2 和 NaOH 的纯度，而且增大了电能消耗。

在氯碱工业中，为制造含杂质少的氯气与烧碱，且电能消耗尽可能少，应在生产过程中减少副反应的发生。为此，需选用性能良好的隔膜以减少氢氧化钠移向阳极。并采用较高的操作温度，使氯气在溶液中的溶解度小一点，从而减少氯气与烧碱的作用。

二、电极及隔膜材料

1. 阳极材料

电解槽的阳极是直接、经常地与化学性质十分活泼的湿氯气、新生态的氧、盐酸及次氯酸等接触。因此对阳极材料的要求是：具有较强的耐化学腐蚀性；对氯的超电压低，导电性能良好；机械强度高而且易于加工；电极材料来源广泛；电极使用寿命长，即单位产品电极的消耗低等。

在氯碱工业发展过程中，曾试用过铂、磁铁矿、碳、人造石墨等作为阳极材料。由于碳的机械强度不够，导电性能差，不耐腐蚀；磁铁矿虽具有较高的化学耐腐蚀性，但导电性差，质脆不易加工，对氯的超电压高；铂虽是最理想的电极，但价格太贵。因此，上述材料均不能用于工业生产。人造石墨则具有较多的优点，广泛地被用做阳极材料。20 世纪 60 年代后期出现了新的金属阳极材料，已应用于工业生产中。

(1) 石墨阳极　即人造石墨，它是由石油焦、沥青焦、沥青及无烟煤等制成的，主要成分是碳素。在生产过程中，石墨因受化学腐蚀而迅速损耗。同时，由于电解槽内物料的摩擦以及石墨强度的变弱，产生机械磨损，造成石墨粒子的剥落。

由于石墨损耗，使石墨阳极变薄，导电截面积变小，阴、阳极之间距离增大，槽电压升高，导致电耗增加。因此，石墨阳极使用一段时间后，必须定期更换。生产中，延长石墨电极的使用寿命，降低石墨损耗，是电解生产过程中的一个重要问题。

石墨电极的内部含有许多极细微的小气孔，这种小气孔越多，电极的损耗越快。降低石墨电极的孔隙率（即石墨中孔隙所占的体积与整个石墨体积的比值，以体积分数表示）可以延长电极的寿命。工业生产上，通常用亚麻油来浸渍电极，把电极气孔堵塞。也有用亚麻油和四氯化碳按一定配比混合来浸渍的。这样处理过的电极，其寿命约延长一倍。

隔膜电解槽中，当电流密度在 $800A/m^2$ 左右时，石墨电极的使用寿命，一般在 7～8 个月左右。

(2) 金属阳极　为了克服石墨阳极的缺点，国内外氯碱工业研究和采用了金属阳极。金

属阳极就是以金属钛为基体，在基体上涂一层其他金属氧化物（如二氧化钌与二氧化钛）便构成“钛基钌-钛金属阳极”。金属钛具有耐电化腐蚀性能，表面容易形成钝化膜，而本身导电性良好，具有一定的机械强度，便于加工。金属阳极一般采用网形结构。

采用金属阳极代替石墨阳极是氯碱工业上的一项重要技术革新。金属阳极与石墨阳极相比，具有以下的优点。

① 对氯气的超电压低，在电流密度为10000A/m^2 时，比石墨阳极低120～140mV。

② 金属阳极隔膜电解槽电流密度高、容量大，相应提高了槽的生产能力。

③ 耐氯与碱的侵蚀，使用寿命长，可达4～6年以上。同时，因两极间距离不变，槽电压稳定。

④ 氯气纯度高，碱液浓度高，节省碱液浓缩用蒸汽，以降低成本。而且碱液无色透明、质量好。

⑤ 隔膜使用寿命较长，减少了维修工作量和维修费用。

⑥ 由于电解槽不采用沥青和铅制作石墨阳极，故可避免沥青和铅对环境的污染。

⑦ 阳极电流效率比石墨阳极高1%～2%，节约电能约15%～20%。

金属阳极具有以上优点，因此，它在氯碱工业中的应用发展很快。

2. 阴极材料

电解槽的阴极上析出氢气，且与烧碱接触。故阴极材料应具备如下条件：能耐NaCl、NaOH等的腐蚀；导电性良好，H_2 在电极上超电压低；具有良好的机械强度和易于加工。

铁、铜和镍可以满足上述条件，能够做隔膜电解槽阴极材料。由于铁的导电性能良好，能耐电解液的腐蚀。而且氢气在铁上的超电压比镍、铜等都低。铁又易于制成各种形状，经济实用。因此，工业上一般采用铁作为阴极材料。

立式隔膜电解槽的阴极，为了便于吸附隔膜及易于使 H_2 和电解液流出，一般采用铁丝编成丝网状。现还有采用铁板打孔制成阴极，据资料报道，这种铁板打孔阴极比铁丝网阴极还优越。

3. 隔膜材料

隔膜是隔膜电解槽中直接吸附在阴极上的多孔性物料层，用它将阳极室和阴极室隔开。

隔膜材料应该具有较强的化学稳定性，既耐酸又耐碱的腐蚀。并且要有相当的强度，长期使用不易损坏。还须保持多孔性及良好的渗透率，使阳极液能维持一定的流速，均匀地渗过隔膜，但又要防止阴极液与阳极液机械混合。另外，隔膜材料还应具有较小的电阻，以降低隔膜电压损失。

石棉具有耐酸、耐碱的特性，比较全面地满足了上述基本要求。所以，到目前为止，一直用石棉作隔膜材料。

石棉隔膜是以石棉纤维为材料制成的滤过式隔膜，国内使用的石棉有白康绒和黄康绒两种。将石棉纤维用电解液进行苛化处理制成石棉浆。然后利用真空吸附的方法，把石棉浆中的石棉纤维吸附在阴极网上，便制成了均匀的隔膜。

这种隔膜长期使用后，由于盐水中悬浮杂质和化学杂质在隔膜上的沉积以及剥落的石墨阳极微粒的沉积，都会堵塞隔膜的孔隙。使隔膜渗透性恶化，阳极液流量下降，电解液浓度升高，槽电压升高，电流效率降低。因此，隔膜要定期更换。石棉隔膜一般使用寿命可达4～6个月左右。

随着金属阳极的采用，为解决石棉隔膜寿命短的问题，在制备石棉浆时，加入某些添加剂，或对石棉进行某些处理，以增加其机械强度，改善溶胀性（石棉受电解液侵蚀而膨胀，机械强度相应降低)，及增强耐腐性。例如，在石棉浆中加入热塑性聚合物聚四氟乙烯或聚多氟偏二氯乙烯纤维，形成改良隔膜，使用寿命可达1～2年。

有些国家对完全不用石棉，而用各种聚合物做隔膜的试验研究工作取得了迅速的进展。所采用的聚合物主要是氟树脂，聚四氟乙烯隔膜已投产使用。还有用聚四氟乙烯和淀粉、聚乙氟乙烯胶乳中加碳酸钙制成隔膜的。

为了满足产品中食盐含量低的要求，现已出现了离子交换膜。离子交换膜是选择性透析膜，氯化钠不能通过，因此，产品中几乎不含氯化钠。

三、隔膜电解槽的构造

隔膜电解槽可分立式和水平式两种，水平式隔膜电解槽系在氯碱工业发展前期使用，现已基本淘汰。

1. 虎克电解槽

虎克式电解槽是立式吸附隔膜电解槽中的一种，结构如图11-1所示。它是隔膜电解槽

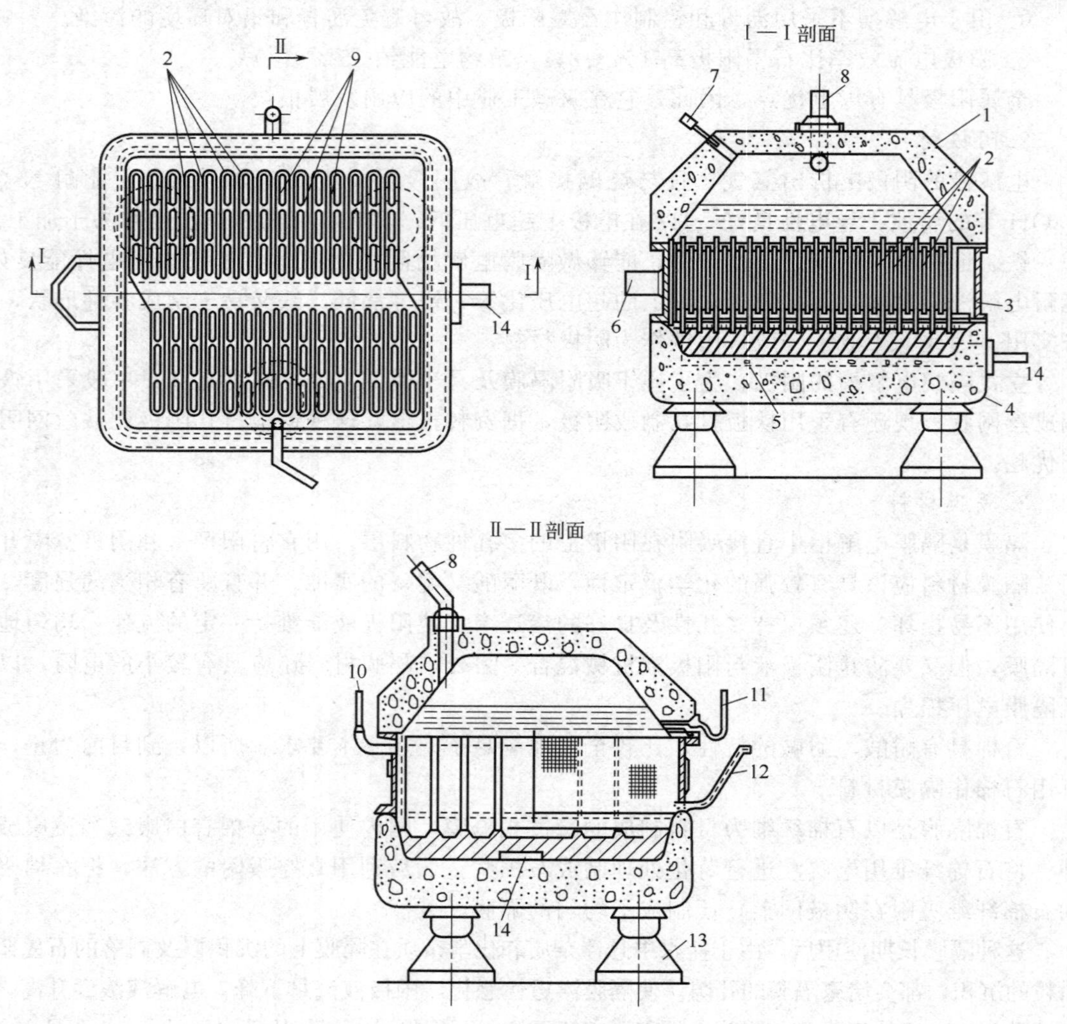

图11-1 虎克式电解槽结构示意图

1—混凝土盖；2—石墨阳极；3—铁阴极；4—混凝土槽底；5—铅层；6—母线；7—盐水加入管；8—氯气排出管；9—阴极网袋；10—氢气排出管；11—盐水液面指示剂；12—电解液流出管；13—瓷绝缘子；14—导电铜板

中技术指标较好，采用得最多的一种。

如图 11-1 所示，虎克式电解槽由阴极箱、浇铅阳极组、槽盖和槽底四个部分组成。

阴极箱的外壳是钢板焊成的无底无盖的正方形框，框的上缘和下缘用钢板作成水平的围边。阴极箱内焊连着阴极网，阴极网是由两排用铁丝网制造的网袋所构成。每个网袋中间除焊接几根圆钢做支撑和导电用外，其余是空的，这些空间就是阴极室。阴极箱的外壁上焊有导电的铜板。阴极箱的下部有一个电解液流出管，阴极箱的上方有氢气排出管。

在阴极袋的外表面上有一层沉积的石棉纤维吸附在阴极网上，就是隔膜。

阳极是由很多块整齐的分成两排的石墨板构成的，石墨板间的距离要准确，使它们每块都能恰好处在两个相邻的网袋的正中。石墨板的底部铸在铅层中，同时还铸有铜板（大型槽均为两块）。电流就是由槽外的导电铜排经过铜板传到铅层，然后导入石墨阳极。为了使铅层免受阳极液的腐蚀，在铅层上还浇注沥青作为保护层。槽底用混凝土制成，阳极组就放在方形的槽底中。槽底又放在瓷绝缘子之上。槽盖也用混凝土制成，槽盖的下部装有一个盐水液面指示计，盖顶上有盐水加入管和氯气排出管。

阴极箱的下围边与槽底边沿以及阴极箱的上围边与槽盖边沿接触的地方，填以封料，防止泄漏。

这种电解槽具有以下优点：

① 阳极与阴极直立排列紧凑，占地面积小；

② 电流效率高、容量大、投资省、耗电少；

③ 电解液含碱浓度高，操作平稳，密闭性好，对环境污染小。

目前，中国这种形式的电解槽大小有多种，常用的是阳极面积为 $32m^2$、$29m^2$、$21m^2$、$16m^2$、$12m^2$ 和 $8m^2$ 的几种。电解槽的技术经济指标如下：

运行电流/A	6000～34000	$NaClO_3$	<0.1
阳极电流密度/(A/m^2)	750～1200	氯气成分/%	
槽电压/V	3.2～3.6	$\varphi(Cl_2)$	>97
电流效率/%	>96	$\varphi(H_2)$	<0.4
每吨碱耗直流电/kW·h	2240～2520	$\varphi(CO_2)$	约 1
每吨碱耗石墨/kg	约 5	$\varphi(O_2)$	约 0.5
电解碱液成分/(g/L)		氢气成分/%	
NaOH	125～135	$\varphi(H_2)$	>98
NaCl	105～185		

复极式电解槽就是把容量较小的隔膜电解槽单元多个组合在一起，构成一个容量较大的复极式电解槽。它具有结构紧凑，生产能力大的优点，适用于大规模工厂。

2. 金属阳极电解槽

金属阳极电解槽的结构如图 11-2 所示。金属阳极电解槽由槽盖、阴极箱、阳极片、槽底四部分组成。金属阳极和底板由阳极片和钛铜复合棒焊接而成。阳极片采用 1mm 钛板冲压扩张成菱形网片，其延伸率 140%。钛铜复合棒为一铜棒在里外包钛皮的一复合棒体，其一端有螺纹。盒式菱形网片焊在钛铜复合棒上。阳极片的宽度 240～560mm 不等，高度 700～800mm，厚度 29～37mm。每台电解槽阳极片的数量随槽型而异。阳极片经处理后，涂上钌钛涂层。这种阳极不仅机械强度高、导电性能好、而且形态稳定。

电解槽的底板由钛-钢-铜三板叠合而成，最上层为 2mm 钛板，作为防腐层。中层为 20mm 钢板，作为支撑。下层为 16mm 铜板，作为阳极导电板。阳极片通过钛铜复合棒螺栓连接在铜导电板上。

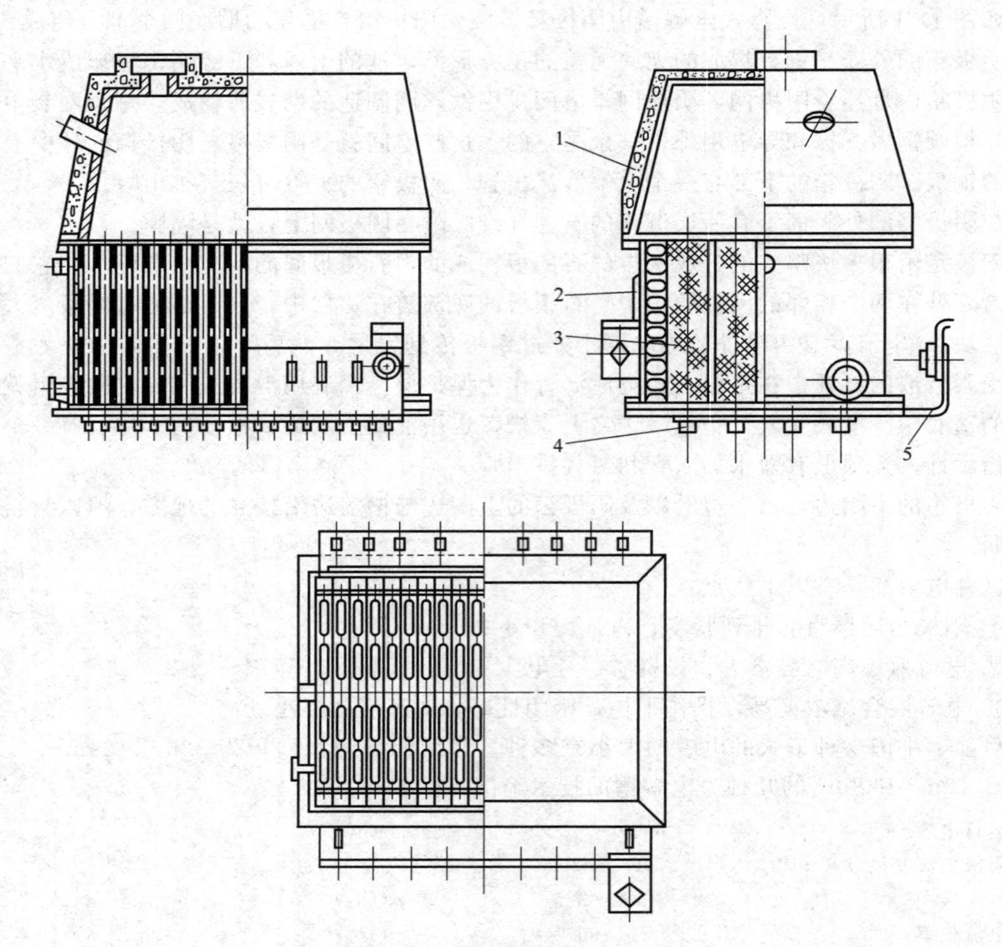

图 11-2 金属阳极电解槽结构示意图

1—槽盖；2—阴极箱；3—阳极片；4—钛铜复合棒；5—阳极铜导板

阴极箱结构与石墨阳极电解槽的阴极箱相似。槽盖采用钢衬胶或水泥盖衬玻璃钢制成，盖顶有氯气出口，侧部有盐水进口、氯气压力表接口、阳极液位计接口。槽盖借自重或夹子压紧，保护它与阴极法兰之间的密封。

隔膜也与石墨阳极电解槽隔膜基本相同，为适应金属阳极的技术特性，20 世纪 70 年代相继开发成功改性石棉隔膜和合成材料隔膜。

中国隔膜法金属阳极电解槽目前主要有五种槽型，即 3-ⅠA、3-ⅠB、3-Ⅱ、3-Ⅲ、47-ⅠB、47-ⅡB。其主要部件见下表。

中国金属阳极电解槽主要部件

槽　型	3-ⅠA	3-ⅠB	3-Ⅱ	3-Ⅲ	47-ⅠB	47-ⅡB
阳极片规格/mm	2×240×800	32×320×800	34×330×800	36×400×800	33.4×280×750	37×560×750
阳极片数/片	80	60	66	48	112	56
复合棒规格/mm	24×24	27×27	29×29	33×33	27×27	33×33
复合棒质量/kg	330	366	370	365	640	436
铁网质量/kg	133	130	130	130	208	201

续表

槽　　型	3-ⅠA	3-ⅠB	3-Ⅱ	3-Ⅲ	47-ⅠB	47-ⅡB
钛法兰垫圈/mm	聚四氟	天然胶	天然胶 $\delta=3$ $\phi 50/24$	天然胶 $\delta=4$ $\phi 50/29$	天然胶	聚四氟
铁丝网质量/kg	900	900	1000	1000		
铜材质量/kg			1300	1500		
阴阳两极距/mm	10.5	9.5	9	8.5	10	7.5

四、隔膜电解法工艺流程

1. 盐水的制备和精制

盐水的制备和精制工艺流程如图 11-3 所示。

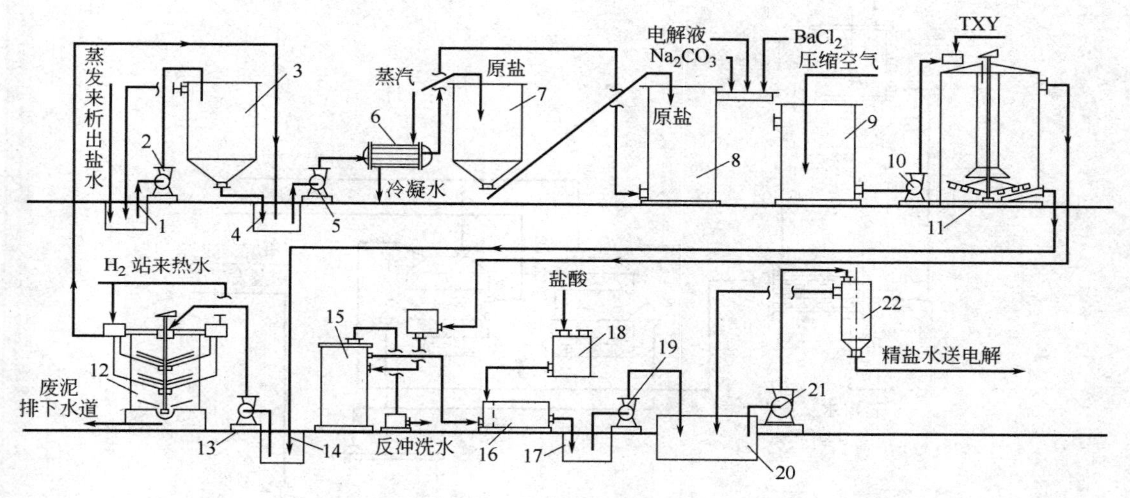

图 11-3　盐水的制备和精制

1—析出盐水池；2—析出盐水泵；3—析出盐水计量罐；4—混合水池；5—混合水泵；6—混合水预热器；7—盐仓；8—化盐罐；9—反应罐；10—粗盐水泵；11—连续沉降器；12—三层洗泥桶；13—镁浆泵；14—镁浆池；15—盐水自动反冲洗过滤器；16—中和槽；17—精盐水地下池；18—盐酸高位槽；19—倒卤泵；20—精盐水贮池；21—精盐水泵；22—精盐水高位槽

如图所示，固体原料盐从盐场用火车运到厂，经电子胶带秤（或计量罐）计量后用胶带输送机送入盐仓 7。再经胶带输送机把盐送入化盐桶 8。蒸发来的碱性析出盐水送入析出盐水池 1 经泵 2 送入析出盐水计量罐 3 再流入混合水池 4，与洗泥桶 12 回水及电解、氢站打来的回收热水混合，经混合水泵 5 将混合水打到化盐桶，通过桶底布水管均匀分布，用蒸汽直接加热混合水到 60℃左右。

在化盐桶中，盐由上而下，混合水自下而上，逆流接触。桶内盐层保持 2.5 以上，保证粗盐水的氯化钠含量达到饱和。原盐中带来的草等机械杂质在化盐桶顶部铁箅子处挡住，随时捞出。沉积于化盐桶底部之泥砂等杂质日久会影响盐层高度，致使氯化钠浓度降低，可依具体情况加以清理。

化盐桶出口处连续加入精制剂 Na_2CO_3、$BaCl_2$（必要时加电解碱液）在反应罐 9 中进行化学反应除去粗盐水中 Ca^{2+}、Mg^{2+}、SO_4^{2-}。反应后的粗盐水经泵 10 送入沉降器 11，并加入定量的苛化麸皮或聚丙烯酸的溶液作助沉剂。混合盐水在沉降器中，在助沉剂的作用下，悬浮的杂质微粒网络成大颗粒，从而加速沉降。清液不断溢流入盐水自动反冲洗过滤器

15 中进行过滤。过滤器溢流出来的清盐水经中和槽 16 用盐水高位槽 18 来的 31%盐酸中和其中过量的碱（中和后精盐水 pH 保持在 7.5～8.0）。精盐水流入精盐水地下槽 17，用泵 19 打入精盐水储池 20，再用泵不断地打到精盐水高位槽 22 供电解使用。

沉降器 11 底部形成的泥状物称之为盐泥（镁浆），借助于器中耙齿的转动移到排泥管口然后送到镁浆池，用泵打入三层洗泥桶 12，用电解来的回收水（40～50 ℃）进行洗涤，洗涤水回混合水槽作化盐用，洗涤后废泥要求含 NaCl<15g/L 排放之。

2. 电解

电解工序的生产流程如图 11-4 所示。

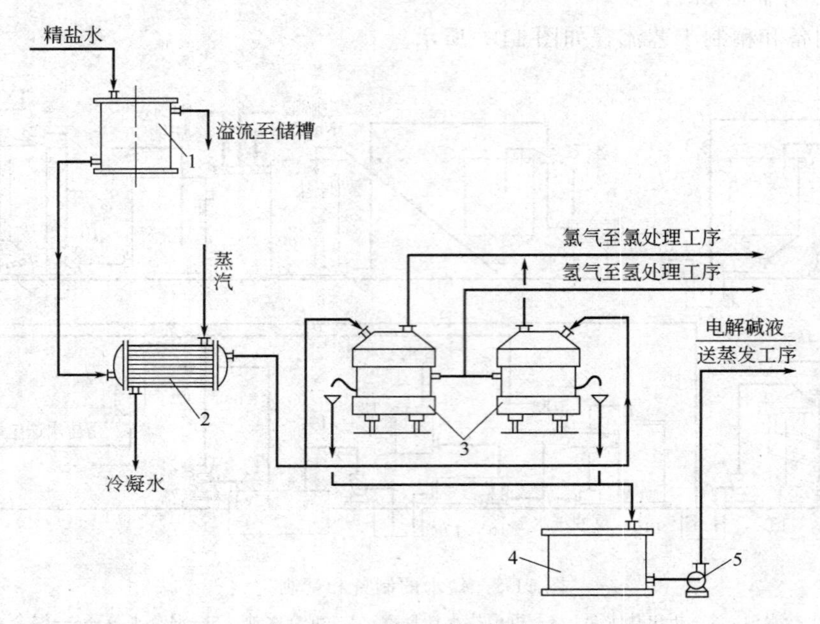

图 11-4 电解工序工艺流程

1—盐水高位槽；2—盐水预热器；3—电解槽；4—电解液集中槽；5—碱液泵

由盐水工序送来的精盐水进入高位槽 1，槽内盐水液位保持恒定，以使进入电解槽盐水流量稳定。高位槽的盐水在进入电解槽 3 之前先经盐水预热器 2 加热到大约 70℃，盐水进入电解槽后保持槽温约为 95℃。电解生成的氯气导入氯气总管送氯处理工序。生成的氢气导入氢气总管送到氢处理工序。生成的电解液导入总管，汇集在电解液槽 4 中，再送到蒸发工序。

电解槽间是串联组成的，电解槽的个数应与直流电源的电压相适应。为避免电流顺盐水和碱液导走（漏电），盐水管道和水流不能与电解槽直接相连，需设置一水流阻断器。电解液通过滴液器呈滴状流出，不能连成一线，否则管道将被迅速腐蚀。另外，高压下（>36V）还会威胁人身安全。因此，操作人员必须严格执行安全操作规程。

氯气的管道大多数是由陶瓷和塑料制成的，氯气导管装得略为倾斜，以便水蒸气凝液可以流出。为了抽送氯气，在氯气导管系统中装置着鼓风机，使阳极室内保持有 19.6～29.40kPa 的真空。

导出氢气所用的铁管也和氯气导管一样有些倾斜，利于凝液流出。氢气由蒸汽喷射器或者用鼓风机吸出。在隔膜电解槽的阴极室内保持着比阳极室中大几千帕的真空，以避免在盐水液面较低时，有氢气混杂到氯气中去。

3. 氢气的处理和输送

从电解槽出来的氢气是比较纯的，含氢量大于98%，但它含有少量的空气、碱雾和大量的水蒸气。

对氢气的处理，主要是把它冷却洗涤。在气候寒冷的地区，还需要干燥，以免在输送中使氢气中的水分冻结堵塞管路。其工艺流程见图11-5所示。

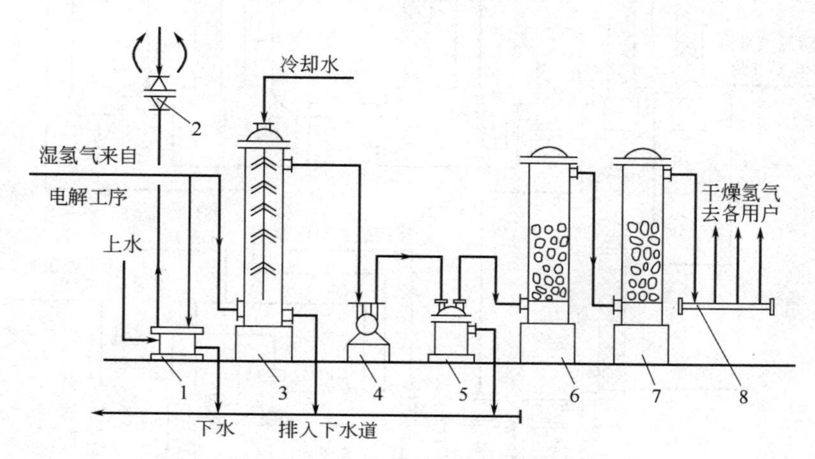

图11-5　氢气处理工艺流程

1—水封槽；2—阻火器；3—氢气冷却塔；4—氢气压缩机；5—水分离器；6，7—氢气干燥塔；8—氢气分配台

自电解工序来的氢气，首先进入氢气冷却塔3。此塔为一空塔，内有数层喷水装置。冷却水经喷水装置，自塔顶淋下，与自塔底进入沿塔上升的氢气相遇，进行冷却和洗涤。氢气中所带大部分水蒸气和碱雾被洗涤掉。冷却后的氢气，从塔顶出来，被吸入氢气压缩机4，压缩到78～100kPa。氢气压缩机常用水环式的，其工作液体是水，也有的采用罗茨鼓风机。

氢气经压缩机压缩后，进入水分离器5，分离掉其中的水分。氢气再进入两个串联的氢气干燥塔6、7。塔内均填充块状固碱，用以吸收水分。干燥后的氢气可直接送往用户或装钢瓶。

流程中氢气设有自动调节装置，系根据压缩机入口负压大小调节从出口返回的回流气量，以维持压缩机入口负压的稳定，从而保持电解槽内氢气压力的稳定。

为了保证生产安全，装有水封槽1和阻火器2，当氢气压力突然升高时，氢气便冲开水封层，经管道和阻火器排入大气中。如果电解工序发生氢气爆炸，在这里可以起泄爆的作用。

4. 氯气的处理和输送

从电解槽出来的湿氯气，温度约90℃，为水蒸气所饱和。这种湿氯气具有强烈的腐蚀性，不仅对普通钢铁，而且对大多数金属材料腐蚀均很厉害。处理和输送氯气，一般采用聚氯乙烯、化学陶瓷、玻璃、法奥里特等制成的设备管道，或者在设备内衬橡胶、耐酸瓷砖等。由于湿氯气腐蚀性强，不便使用，故多采用浓硫酸干燥，使之变成对普通钢铁也不腐蚀的干氯气。

对氯气的处理常采用直接冷却的流程，如图11-6所示。

来自电解工序的湿氯气，约80℃，进入氯气冷却塔1。氯气冷却塔多采用泡沫塔。塔中

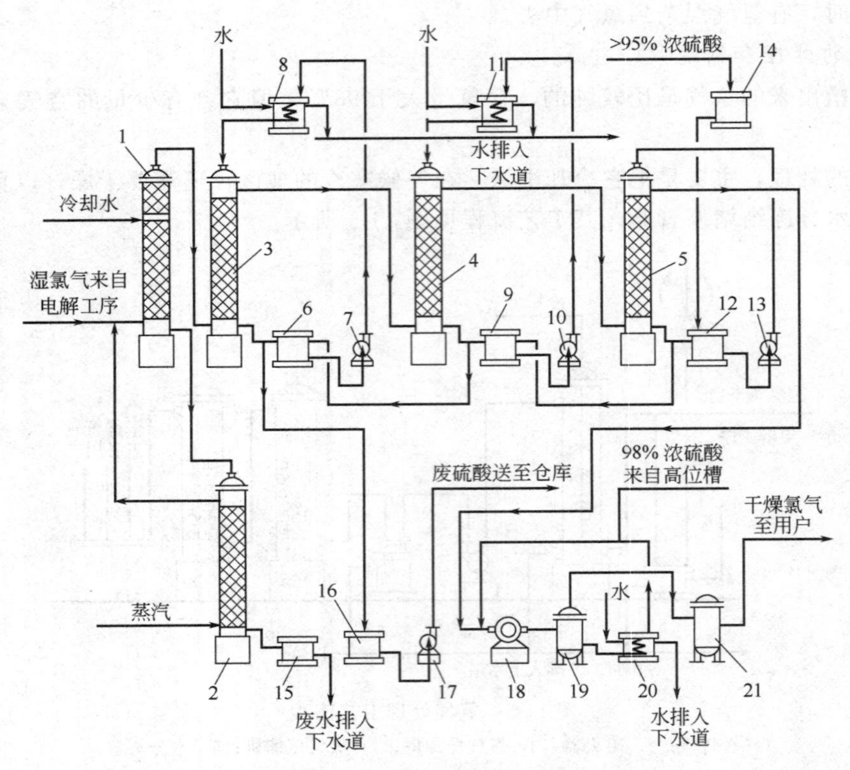

图 11-6 氯气处理工艺流程

1—冷却塔；2—脱氯塔；3—第一干燥塔；4—第二干燥塔；5—第三干燥塔；6，9，12—硫酸中间槽；7，10，13—循环硫酸泵；8，11—循环酸冷却器；14—浓硫酸高位槽；15—废水罐；16—废酸储槽；17—废酸泵；18—氯气压缩机；19—分离器；20—硫酸冷却器；21—捕集器

气液逆流接触，氯气被冷却到20℃左右。氯水自塔底排出至脱氯塔 2，用蒸汽脱出氯气至氯气冷却塔回收。氯水脱出部分氯后含氯量降至 1 克/升以下稀释排放。冷却后的氯气由氯气冷却塔顶出来，然后进入三个串联的硫酸干燥塔 3、4、5 进行干燥。干燥后的氯气经压缩机 18 压缩，再经分离器 19 分离，把气体中夹带的硫酸分离掉，即可送往用户。

经干燥后氯气的成分为：

$\varphi(Cl_2)>95\%$；$\varphi(H_2)\leqslant 0.4\%$；$\varphi(CO_2)\leqslant 1.5\%$；$\varphi$(空气)$\ngtr 5\%$；$w(H_2O)\leqslant 0.04\%$。

5. 电解碱液的蒸发

隔膜电解槽制得的电解碱液约含 10%的氢氧化钠和大量的食盐。稀碱液运输不便，必须加以蒸发，将其浓度提高到 30%～42%。同时，随碱液浓度增加，氯化钠在其中的溶解度降低，可以除去大部分食盐。浓缩后的碱液作为产品出售或送去熬制固碱。

电解碱液的蒸发过程是在双效或三效蒸发器中进行，中国广泛采用的三效顺流程操作工艺流程如图 11-7 所示。

如图中示，电解碱液先通过预热器 3、4 预热。预热后的碱液依次进入一效、二效、三效蒸发器 5、6、7，蒸发到碱含量为 25%～30%。由于碱含量的提高，大部分溶解的食盐逐渐结晶析出。从第三效蒸发器出来的盐碱混合物用离心泵 8 送至中间碱液储槽 9，盐沉至槽底。上部清液流入浓效蒸发器 10，在器中蒸发至含量为 42%～45%时，可送入循环冷却槽 12 冷却。至 25～30℃即得液碱产品，送成品碱储槽 15，可作为产品出售，或送固碱工序制固体烧碱。

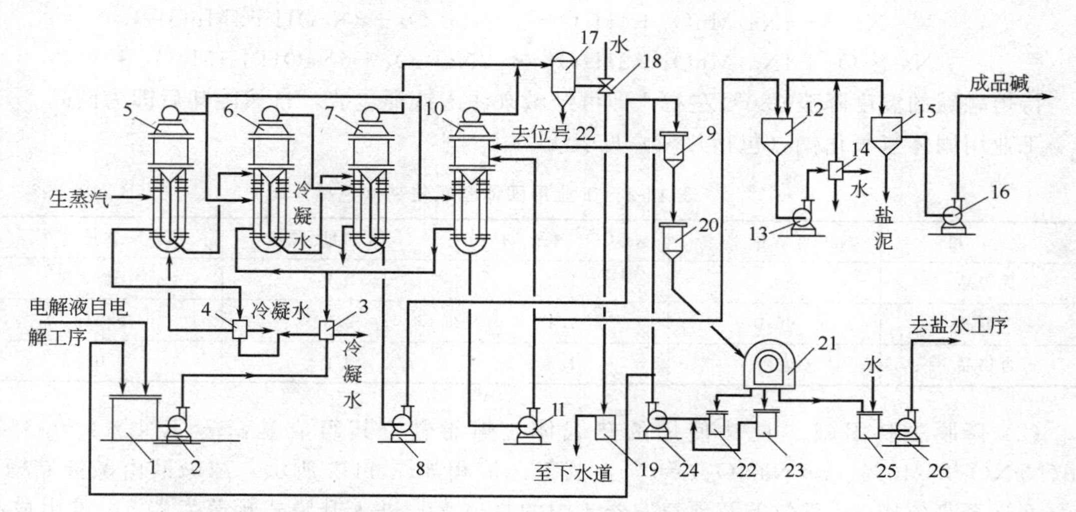

图 11-7　三效四体两段顺流蒸发流程

1—计量槽；2，8，11，13，16，24，26—离心泵；3，4—碱热预热器；5—一效蒸发器；6—二效蒸发器；7—三效蒸发器；9—中间碱液槽；10—浓效蒸发器；12—浓碱冷却循环槽；14—浓碱冷却器；15—成品碱储槽；17—碱沫捕集器；18—水喷射器；19—水槽；20—盐泥高位槽；21—离心机；22—母液槽；23—洗涤液槽；25—化盐槽

中间碱液槽 9 底沉积的盐泥送入盐泥高位槽 20，再流入离心机 21，离心分离后的母液经母液槽 22 和洗涤液槽 23，用泵 24 送往计量槽 1 或中间碱液槽 9。分离出的盐送化盐槽 25，加水制成盐水，用泵 26 送往盐水工序。

此流程蒸发得 42％液碱其规格如下：

$w(NaOH)\geqslant 42\%$；$w(NaCl)\leqslant 2\%$；$w(Na_2CO_3)\leqslant 1\%$；$w(Fe_2O_3)\leqslant 0.03\%$。

6. 固碱的制造

蒸发来的 42％的浓碱要制成固碱，还必须进一步蒸发掉其中的水分和去掉杂质。烧碱溶液的沸点随浓度的提高而升高，因此，过程必须在更高温度下进行。制造固碱，一般用厚铸铁锅直接用火加热的间歇熬制法和用镍管连续进行的降膜法两种。

(1) 用直接火加热间歇式生产固碱　该法生产过程可分为三大阶段，即蒸发、熔融和澄清。三个过程都在铸铁熬碱锅中进行。燃烧的火焰直接与铸铁锅接触加热。熬碱锅内温度至 500℃，水分已全部蒸出，即不要使温度升高。此时，为了防止熔融碱液中因含有铁、锰而带有颜色，可向碱液中加入少量硝酸钠和适量硫磺，除去铁、锰杂质，保证碱色洁白。其反应过程如下：

铁锅在高温下被碱液腐蚀生成氢氧化亚铁

$$Fe+2H_2O = Fe(OH)_2+H_2\uparrow$$

加入硝酸钠使 $Fe(OH)_2$ 氧化，然后脱水变成氧化铁

$$10Fe(OH)_2+2NaNO_3+6H_2O = 10Fe(OH)_3+2NaOH+N_2\uparrow$$

$$2Fe(OH)_3 = Fe_2O_3\downarrow+3H_2O$$

析出的氧化铁慢慢沉降至锅底。

当碱的温度降至 400℃时，加入硫磺后即发生反应使带有颜色的高锰酸钠转变为二氧化锰而沉至锅底

$$4S+6NaOH = 2Na_2S+Na_2S_2O_3+3H_2O$$

$$Na_2S+4Na_2MnO_4+4H_2O = Na_2SO_4+8NaOH+4MnO_2\downarrow$$

$$Na_2S_2O_3+4Na_2MnO_4+3H_2O = 2Na_2SO_4+6NaOH+4MnO_2\downarrow$$

待熔融碱的温度降至330℃左右，即可经碱泵注入铁桶包装，自然冷却后即为商品。

工业用固体氢氧化钠（包括片碱）见表11-3。

表11-3　工业用固体氢氧化钠（色括片碱）　　GB 209—93

项　目	NaOH含量/%≥	Na_2CO_3含量/%≤	NaCl含量/%≤	Fe_2O_3含量/%≤
优等品	96.0	1.3	2.7	0.008
一等品	96.0	1.4	2.8	0.01
合格品	95.0	1.6	3.2	0.02

(2) 降膜法制固碱　此法使用的热载体是熔融盐，其组成是：$w(KNO_3)=53\%$、$w(NaNO_2)=40\%$、$w(NaNO_3)=7\%$。其工艺流程如图11-8所示。浓碱液由碱液储槽1经泵2送至高位槽3，靠位差及预蒸发器4中的真空度，进入升膜式预蒸发器4，被由成品碱分离器来的二次蒸汽加热，浓缩到含NaOH约60%，然后流入中间碱液储槽5，再由中间碱液泵6送至降膜蒸发器7，在降膜蒸发器中碱液沿管内壁成膜状下降。下降过程中被熔融盐加热而浓缩成熔融烧碱。熔融烧碱连同二次蒸汽一起进入碱分离器8，碱由分离器底部经放料阀门减压放出，即可装桶包装出售。二次蒸汽送预热器4。

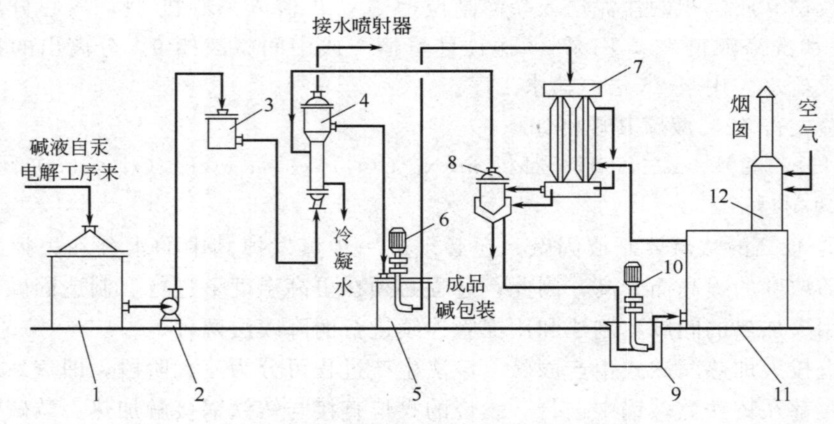

图11-8　降膜法连续生产固碱流程

1—碱液储槽；2—碱液泵；3—碱液高位槽；4—预蒸发器；5—中间碱储槽；6—中间碱液泵；7—降膜蒸发器；8—碱分离器；9—熔盐储槽；10—熔盐泵；11—管式炉；12—空气预热器

热载体熔融盐先经管式炉11加热，然后进入降膜蒸发器7外套管中，与管内下降的碱液逆流换热，再经成品分离器8保温夹套回到熔盐储槽，再至管式炉，如此循环往复。

该法的优点是：流程简单，操作容易，占地面积小，热利用率高，操作人员少，劳动环境较好。

五、隔膜法电解工序操作注意事项

电解工序正常生产时操作应注意以下几点。

① 随时注意精盐水高位槽的液位、压力情况，加强同盐水工序的联系，保持精盐水高位槽液面恒定，压力正常。

② 按规定要求巡回检查电解槽阳极液位，如果电解槽阳极液位（简称液面）不符合要求，应立即调节盐水加入量，注意液面计的清洁，使其指示正确。

③ 随时注意电解液断电器和盐水断电器，保持断电良好，勿有不平稳现象，防止电解液飞溅。

④ 随时注意氯气、氢气的压力，力求压力平稳。定时检查氯气、氢气管道密封情况。并注意保持氯气、氢气纯度符合要求。

⑤ 经常检查入槽盐水温度，如不符合控制要求，应立即调整。

⑥ 随时观察对地电压指示灯及电压表，防止电解槽漏电，掌握电流升降情况，若电流大幅度波动，电解槽液面应随之调整，保持电解液浓度符合要求。

⑦ 及时了解掌握电解测定分析的各有关数据，特别注意氯气总管及单槽氯气内含氢量，对氯气内含氢高的电解槽要加强处理操作。若氯气内含氢超过控制点，要及时联系修槽。

⑧ 对新修电解槽在通电以前必须进行一次严格的验收检查，检查合格方可通电。

第三节　汞阴极法电解

一、汞阴极法电极反应及副反应

汞阴极法电解采用汞阴极电解槽，由电解室和解汞室组成。阴极材料采用金属汞，阳极材料仍用石墨。汞阴极电解槽的流程示意如图 11-9 所示。

1. 电解室反应及副反应

在阴极上产生的主要反应为：

$$Na^+ + e \longrightarrow Na$$

$$Na + nHg \longrightarrow NaHg_n \text{（钠汞齐）}$$

在阳极上产生的主要反应为：

$$2Cl^- - e \longrightarrow Cl_2$$

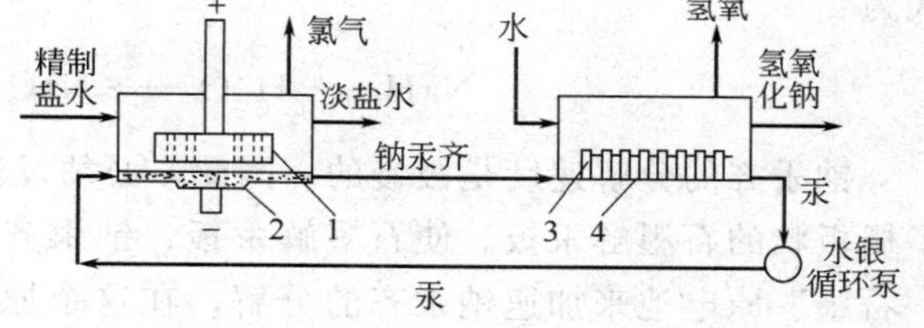

图 11-9　汞阴极电解槽流程示意

1—石墨阳极；2—汞阴极；3—石墨解汞板；4—钠汞齐

汞阴极电解法中，电解室阳极上的主要反应和隔膜法相同，也是 Cl^- 放电逸出 Cl_2。盐水中的 Na^+ 在汞阴极上放电生成金属钠 Na，金属钠 Na 立即与 Hg 形成了 $NaHg_n$。$NaHg_n$ 继续沿着电解室的坡度向前流动，直至电解室的尾部。

$NaHg_n$ 中允许含 Na 量是很低的，一般维持在 0.2%～0.3%左右。当其含 Na 量达到 0.37%时，$NaHg_n$ 的流动性就很差，易使汞割裂。当其含 Na 量达 0.6%时，$NaHg_n$ 在 0℃就开始凝固。如果其含 Na 量达 0.9%时，则在 50℃就要凝固。

在汞电解槽中，除上述主要反应外，还有一些副反应。当采用石墨作为阳极时，石墨阳极上的炭末掉在汞阴极上，在槽温较高时，会导致已生成的 $NaHg_n$ 部分分解，造成阳极附近盐水中碱度增加。OH^- 有可能在阳极放电，并逸出 O_2：

$$4OH^- - 4e \longrightarrow 2H_2O + O_2 \uparrow$$

石墨阳极上逸出 O_2 的同时，石墨阳极被 O_2 腐蚀生成 CO_2 和 CO：

$$2C + O_2 \longrightarrow 2CO \uparrow$$

$$C + O_2 \longrightarrow CO_2 \uparrow$$

此外，盐水中若含有钙、镁、铁等杂质时，这些杂质也能促使 $NaHg_n$ 部分分解，造成阳极附近盐水的碱度增加和副反应增加。$NaHg_n$ 部分分解还会使阳极氯气中含 H_2 量增加，增加了不安全因素。

当少量 Cl_2 溶于盐水中，在汞阴极上有下列副反应

$$\frac{1}{2}Cl_2 + NaHg_n \longrightarrow NaCl + nHg$$

Cl_2 溶于盐水中，生成 HCl 和 HClO 时，汞阴极上产生下列反应

$$HCl + NaHg_n \longrightarrow NaCl + \frac{1}{2}H_2\uparrow + nHg$$

$$2HClO + 2Hg \longrightarrow (HgCl)_2O + H_2O$$

$(HgCl)_2O$ 又会溶解在酸性阳极液中生成 $HgCl_2$

$$(HgCl)_2O + 2HCl \longrightarrow 2HgCl_2 + H_2O$$

这时 $HgCl_2$ 又与 HClO 作用生成 Hg_2Cl_2，Hg_2Cl_2 不溶于酸性阳极液中，呈灰色固体，浮在水银表面进入解汞室内。

电解室副反应的存在，增加了电耗，降低了产品纯度，增加了氯气中含 H_2 量（氯气中含 H_2 量达5%时就有爆炸危险），并且消耗了阳极石墨。所以，电解室进行的副反应对生产是不利的。

2. 解汞室反应及副反应

解汞室承担解汞的任务，具体地说，就是加水使 $NaHg_n$ 分解成 H_2 和 NaOH，其反应式为

$$NaHg_n + H_2O \longrightarrow NaOH + \frac{1}{2}H_2\uparrow + nHg$$

钠汞齐的分解速度是极慢的。因此，必须设法促使它加速分解。为此，在解汞室里放置了栅板状的石墨解汞板。使石墨解汞板、钠汞齐、NaOH 溶液构成一个“钠汞齐｜碱溶液｜石墨”原电池来加速钠汞齐的分解。在这个原电池里，石墨是阴极，NaOH 溶液是电解质，钠汞齐是阳极。石墨电极与 $NaHg_n$ 电极之间存在电位差。根据电池的原理，$NaHg_n$ 中的 Na 进入溶液成为 Na^+，同时放出电子

$$NaHg_n \longrightarrow Na^+ + e + nHg$$

溶液中的水在石墨阴极上分解放出 OH^- 和 H_2

$$H_2O + e \longrightarrow OH^- + \frac{1}{2}H_2\uparrow$$

OH^- 与 Na^+ 结合成 NaOH

$$Na^+ + OH^- \longrightarrow NaOH$$

于是，就完成了整个解汞过程。

从以上反应可以看出，进入解汞室的是 $NaHg_n$，它不含 NaCl、$NaClO_3$ 等成分，因此，解汞后所得产品纯度远比隔膜法为高。

如前述，电解室副反应产生的 Hg_2Cl_2 系灰色固体，浮在水银面上，进入解汞室，与解汞室产生的 NaOH 作用，生成 Hg_2O

$$Hg_2Cl_2 + 2NaOH \longrightarrow Hg_2O + H_2O + 2NaCl$$

Hg_2O 为黑色固体，悬浮在碱液中，影响碱液色泽。

二、汞阴极电解槽的构造

汞阴极电解槽有水平汞阴极式、垂直旋转圆盘式、框式等。最常用的是水平汞阴极式电

解槽，其剖面简图如图 11-10 所示。

电解槽由两个单独的部分组成：电解室和解汞室。槽壳用宽的槽铁做成，电解室侧壁钢板上衬有橡胶，底由钢材制作，并有些倾斜。可使汞成为一薄层沿着槽底流过，进行电解的食盐溶液与汞同向流动。石墨阳极安放在距电解室底 6～10mm 处。电解室用几块有橡胶衬里的钢盖封闭住（之间用螺栓连接），解汞室是钢制槽形，其长度与电解室相同，并且与电解室平行排列。

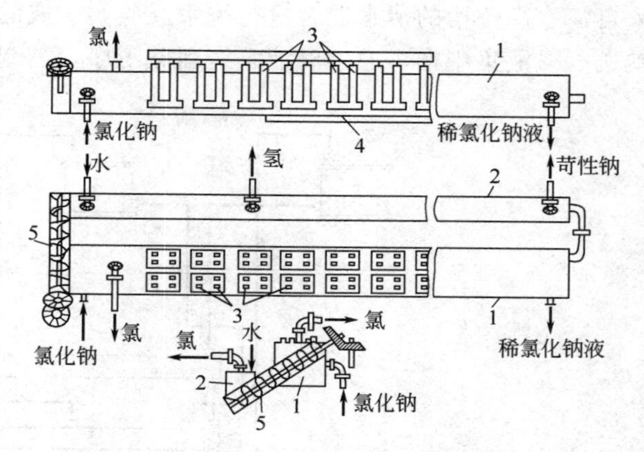

图 11-10　水平汞阴极式电解槽

1—电解室；2—解汞室；3—阳极；4—汞阴极；5—汞提升器

阳极生成的氯气自电解室引出，阴极上析出的钠则与汞生成钠汞齐并靠液面差，自动流到解汞槽中。自电解室流出的未分解的氯化钠溶液在除去其中的氯以后送去再饱和，然后又回到电解室。在解汞室内用热水分解钠汞齐，生成氢氧化钠、氢气和汞。氢氧化钠沿着位于解汞室汞进口处附近的管子导出。汞流过解汞室底，进入提升器，被连续地打回电解室。汞不断地在电解室和解汞室之间进行循环。

水平式汞阴极电解槽的技术经济指标如下：

电解槽的负荷/A	25000～40000
阴极电流密度/(A/m^2)	4300～6900
平均槽电压/V	4.4～5.0
电流效率/%	95～97
每吨 100%NaOH 耗直流电/kW・h	3100～3500

三、汞阴极法的工艺流程

汞阴极法生产烧碱和氯气的工艺流程与隔膜法流程大部分相同。但由于两种方法所用电解槽不同，对盐水的要求和所得电解液成分不一样。流程不完全一样，主要不同点如下。

① 汞阴极电解槽因无隔膜，对钙、镁盐的要求不严格，但若有微量铬、钼、钒、锗等却对汞阴极电解非常有害。

汞阴极电解用的盐水循环量大，因此，盐水制备和精制的设备要求大些。另外，从汞阴极电解槽流出的淡盐水因含氯，还需进行脱氯处理。脱氯的方法常用空气吹除和真空脱氯两种。

② 由汞阴极电解槽制得的电解碱液含 NaOH45%以上，因此，不设碱液蒸发工序，可直接使用或熬制固碱。因汞阴极法制碱液不含氯酸盐，对镍管无腐蚀作用，适宜用降膜法制固碱。

③ 汞阴极法产生氢气中因含有少量的汞蒸气，故氢气处理流程复杂，要回收其中含有的汞。可在气体冷却过程中，随温度降低，汞蒸气减少的特性来回收汞。

汞阴极法电解流程示意图如图 11-11 所示。

如图中所示，经精制后的精盐水用泵送入盐水预热器 1 预热，预热后的精盐水送入盐水高位槽 2。精盐水自高位槽 2 流入电解室 4，进行电解反应，生成的钠汞齐流入解汞室 5。电解室 4 阳极产生的氯气送氯处理系统，淡盐水去储槽（需脱氯）。钠汞齐在解汞室 5 内与来自清水高位槽的清水混合进行解汞反应，生成的氢气送氢处理系统。解汞室流出的氢氧化钠送入碱液集中槽，通过碱液泵送固碱工序，熬制成固碱。

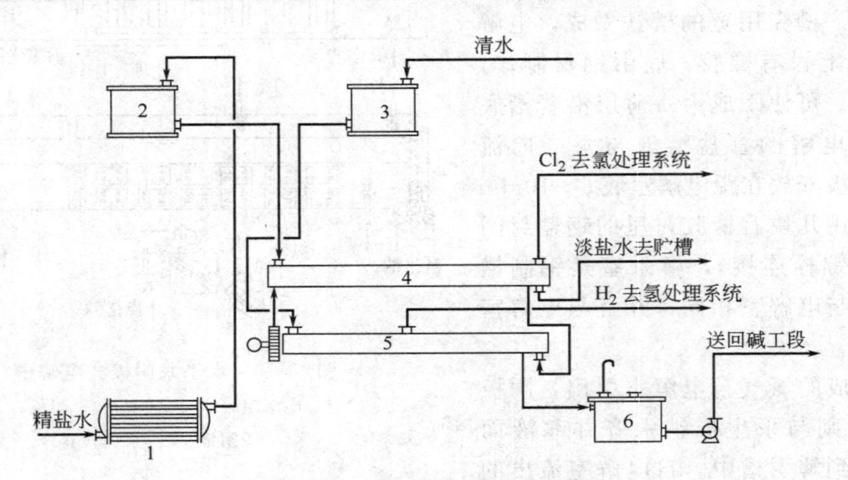

图 11-11 汞阴极法电解流程示意图

1—盐水预热器；2—盐水高位槽；3—清水高位槽；4—电解室；5—解汞室；6—碱液集中槽

汞阴极法固碱的标准见表 11-4。

表 11-4 汞阴极法固碱标准 GB 209—93

项 目	NaOH 含量 /%≥	Na_2CO_3 含量 /%≤	NaCl 含量 /%≤	Fe_2O_3 含量 /%≤	钙、镁总含量（以 Ca 计）/%≤	SiO_2 含量 /%≤	汞含量 /%≤
优等品	99.5	0.40	0.06	0.003	0.01	0.02	0.0005
一等品	99.5	0.45	0.08	0.004	0.02	0.03	0.0005
合格品	99.0	0.90	0.15	0.005	0.03	0.04	0.0015

四、汞阴极法电解工序操作注意事项

为保证电解过程顺利进行和有较高的电流效率，操作中应注意以下几项。

① 在符合经济原则的基础上，尽量提高电解室阴极电流密度，以提高氢的放电电位，减少氯的还原作用和钠汞齐分解造成的损耗。同时，尽量减少阳极电流密度，以减少 OH^- 离子的放电和电解液的酸度。

② 连续而均匀地将钠汞齐从电解室中取出，以使钠汞齐中的钠浓度保持得很低，约在 0.05%～0.1%左右。

③ 为减少氯气在电解液中的溶解度，阳极电解液中氯化物浓度应保持得较高。另外，最适宜的电解温度约为 60℃。

④ 电解液应均匀而平稳地加入电解室中，对生产有利。

⑤ 要求用精制的盐水，不含 Ca^{2+}、Mg^{2+}、SO_4^{2-} 和其他金属离子。

第四节 离子膜电解法

离子交换膜法（简称离子膜法）的研究和试验工作开始于 20 世纪 50 年代，于 1975 年实现工业化之后技术进一步迅速发展，被世界公认为是当代氯碱工业的最新成就。中国

1981年引进该项先进技术，并根据中国国情进行了大量研究试验工作。目前，全世界已有上百家氯碱厂采用离子膜技术。

一、离子膜法电解原理

离子膜电解槽制造氯气和烧碱的原理如图11-12所示。

离子膜法电解是利用离子交换膜树脂分子结构中的负电荷基团同性相斥，异性相吸的物性，在电力的作用下，使带正电荷离子进行单向传递，完成离子交换的功能。这种电解槽的阴极室和阳极室是由一个阳离子交换膜隔开，这个膜只允许阳离子（Na^+）穿过膜进入阴极室，而阴离子 Cl^- 不能通过膜进入阴极室。盐水加入阳极室，水供给阴极室。当通电时，Na^+ 通过阳离子交换膜迁移到阳极室，在此与水分解所生成的 OH^- 反应生成氢氧化钠，H^+ 在阴极表面放电产生氢气逸出。Cl^- 则在阳极表面放电产生氯气逸出。这样，通过调节注入阴极室的水量，就可以得到一定浓度的氢氧化钠溶液。

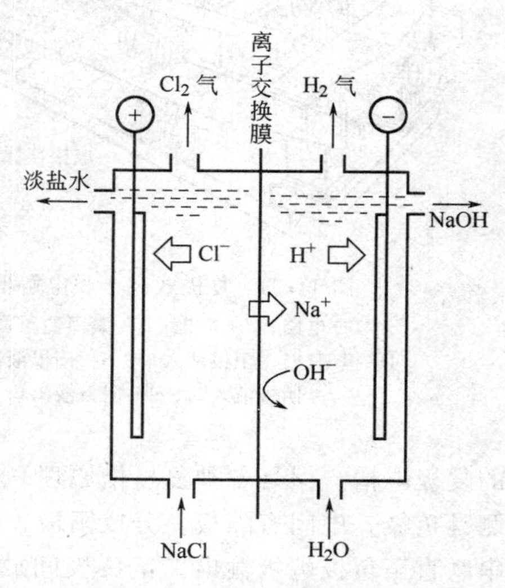

图11-12　离子膜法电解原理

离子交换膜是离子膜法制碱的核心，它必须具有下列特性。

① 优良的化学稳定性，必须耐氯气、次氯酸盐、氯酸盐、烧碱的腐蚀。

② 具有低电阻以降低槽电压。

③ 具有优良的渗透选择性，在制取高浓度氢氧化钠时具有较高的电流效率。

④ 应保持膜的物理、力学性能稳定，外形尺寸不变。

目前应用于食盐水溶液电解的阳离子交换膜，根据其离子交换基团的不同，可分为全氟磺酸膜（国外商品名称为“Nafion”）和全氟羧酸膜（国外商品名称为“Flemion”）。之后又发展了全氟（羧酸/磺酸）复合膜，兼羧酸膜和磺酸膜两者的优点。

二、电极和电解槽

1. 电极

电极是构成电解槽的重要元件。金属阳极的出现为离子膜在电解槽里的应用创造了条件，离子膜的开发和工业化，又促进了电极技术的研究和发展。

① 阳极。离子膜电解槽阳极使用金属钛是较理想的材料，但钛表面易于氧化，氧化层电阻升高，不利于导电。为克服这一弊病，在阳极钛基材放电面，涂以贵金属氧化物涂层。涂层起防止钛表面氧化作用，改善了导电性，又起到活化作用，降低了阳极超电压。国内采用钌、钛氧化物二组分涂层和改进了的钌-钛-铱三组分涂层（对氧活性大，但寿命长）。

② 阴极。离子膜电解槽阴极常采用软钢，它的价格便宜，对氢活性高。当碱浓度高于30%时，由于腐蚀加重，改用镍阴极，但镍材较贵，可采用活性涂层。

③ 多孔电催化性膜电极（SPE）。以离子膜做支架（基材），采用铂族元素或其氧化物，过滤金属、黏合剂等作为阴、阳极涂层，涂在膜的两侧，形成多孔性电极，电极和膜复为一体。

2. 电解槽

离子膜电解槽结构形式，大都是压滤机型，个别的有板式换热器型。单元槽框有金属的

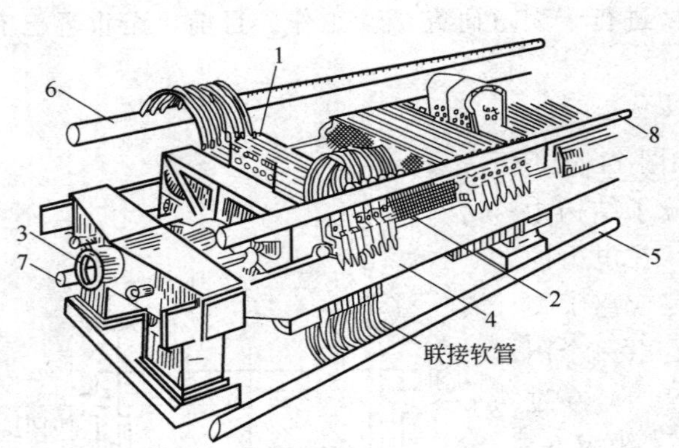

图 11-13 复极式离子膜电解槽

1—电路；2—极框；3—紧固油压顶；4—担架；5—阳极液入口；6—阳极液出口；7—阴极液入口；8—阴极液出口

和非金属两类。按电路连接形式，可分为单元槽串联（复极式）、并联（单极式）两类。按极间距和电极形式又可分为有极间距、无极间距和SPE电槽。按液相流动方向，可分为强制循环和自然循环两种方式。无论哪种循环，液相流动方向，在单元槽中都是自下而上，对角流动，阴极液和阳极液交叉错流，其目的是使液相在单元槽中分布均匀，同时，便于气体排出。

（1）复极式离子膜电解槽　复极式离子膜电解槽结构如图 11-13 所示。

单元槽材料和单元槽电极面积各类型不相同，以单槽生产规模分级有 2000t/a、5000t/a、10000t/a、20000t/a 不同规格的复极电槽。但是各种复极槽原理一样，即槽内电路串联，每个单元槽框一侧是正极，另一侧是负极，中间有隔板，分成阳极、阴极两室。电流从正极端板输入，电路“正”、“负”相串联直至负极端板输出。正负极间放离子膜，膜与电极间有垫片，如图 11-14 所示。阳极液、阴极液在阴阳两室进行循环。从整体看，构成压滤型。5000t/a 以上大型槽设有单元槽支撑担架，用油压缸加压紧固。小型槽无担架，两端终端板用“轴杠”螺丝紧固。电解槽与地面有绝缘瓷柱相隔。

单元槽中间隔板材料选用钛-钢复合板，适用于 21%～25%NaOH 浓度。选用钛-钢-不锈钢复合板，适用于 26% NaOH 含量以上，边框阳极侧选用钛钢复合板材料，阴极侧为钢或不锈钢-钢复合材料。隔板两侧焊垂直筋板，支撑阳极及阴极。电极点焊在筋板上，筋板有孔道，便于气液流通。

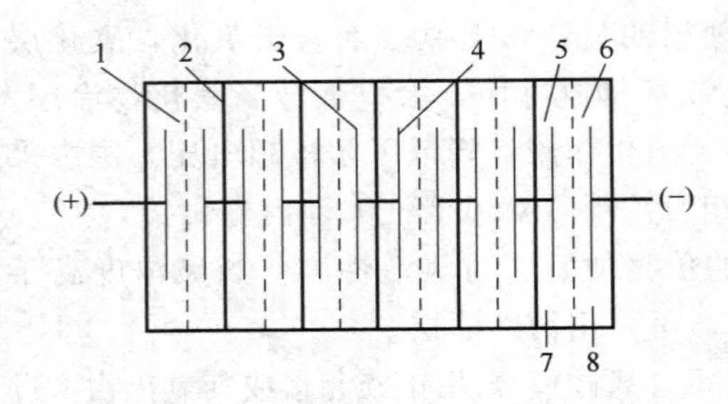

图 11-14 复极式电解槽结构原理

1—膜；2—隔板；3—负极；4—正极；5—氯气和淡盐水出口；6—氢气和碱液出口；7—盐水入口；8—淡碱液入口

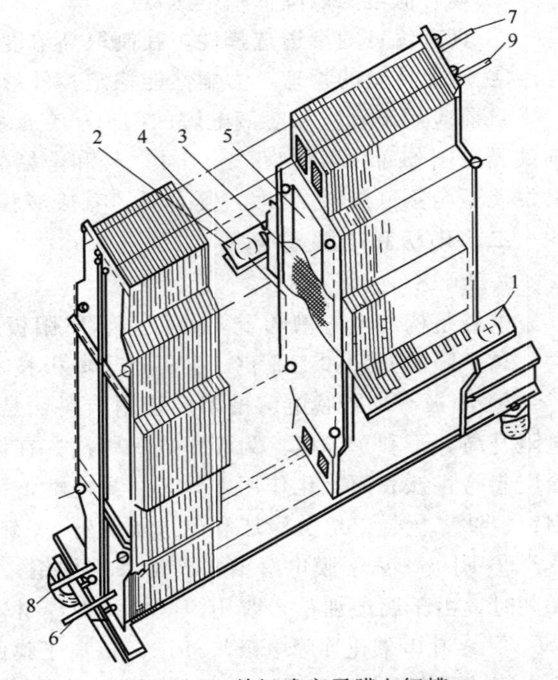

图 11-15 单极式离子膜电解槽

1—阳极；2—阴极；3—阳或阴极片；4—离子膜；5—槽框；6—阳极液入口；7—阳极液出口；8—阴极液入口；9—阴极液出口

复极单元槽电路串联与单极槽比较，电流强度低，槽电压高，对地电位也高，容易造成电流泄漏，对液相出口管产生腐蚀。

(2) 单极式离子膜电解槽 单极式离子膜电解槽结构如图 11-15 所示。单极式电解槽，槽内电路（阴、阳极）并联，阴、阳极单元槽框分设。阴极框两侧敷阴极，阳极框两侧敷阳极，离子膜置于阴阳极之间，构成单元槽。这一点是区别于复极式的主要特征。它的每一个单元槽电压相等约为 3.2～3.5V。不论哪种形式的电解槽，分液管几乎都设计成内流式。

单极槽导电铜母排与电极框直接相连，电流都从阳极一侧导入，再由平面分布传向对应的阴极。由于电极具有电阻，电流强度成梯度下降，使平面电流密度不易均匀。

三、工艺流程

离子膜电解工艺可分为一次盐水精制、二次盐水过滤、二次盐水精制和精盐水电解等工序，工艺流程示意如图 11-16 所示。

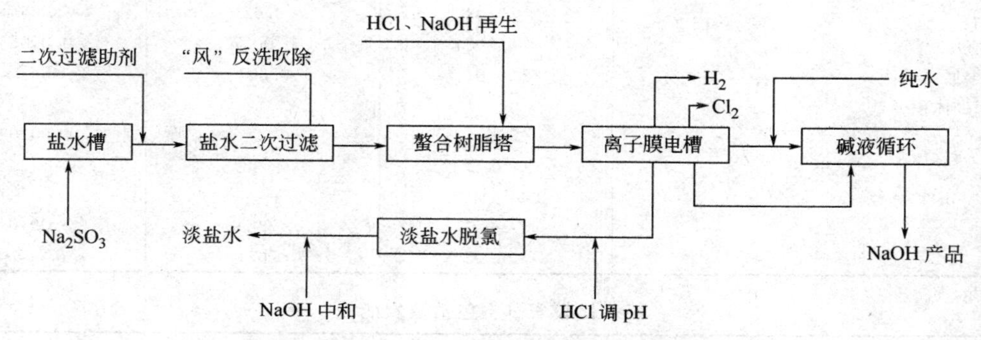

图 11-16 离子膜法电解自然循环流程示意图

一次盐水精制的目的是除去 Ca^{2+}、Mg^{2+}、SO_4^{2-} 等，因这些杂质离子会透过离子膜，与阴极室的 OH^- 结合形成沉淀，使槽电压升高，电流效率下降。除去杂质离子的方法是加入 Na_2CO_3、NaOH、$BaCl_2$ 或 $Ca(OH)_2$，与杂质生成 $CaCO_3$、$Mg(OH)_2$、$BaSO_4$ 和 $CaSO_4$ 沉淀，经过滤除去。

精制后的一次盐水加入 Na_2SO_3 以除去对设备腐蚀和对螯合树脂有害的氯，脱除微量氯的反应为：

$$Cl_2+2NaOH+Na_2SO_3 \longrightarrow 2NaCl+Na_2SO_4+H_2O$$

盐水二次过滤进一步除掉一次盐水带来的钙、镁、铁等沉淀悬浮物，加入活性炭细粉或 α-纤维素和符合细度要求的纸浆等助沉。过滤器有叶片式回转过滤器和管式静态过滤器两种。

二次过滤后的盐水进入装有螯合树脂的塔中，用螯合树脂吸附未除净的 Ca^{2+}、Mg^{2+} 等离子，其树脂要定期再生。为保证二次盐水精制的连续性，工业上大都选用两塔或三塔并串联转换再生，连续生产。螯合树脂多选用 R—Na 型离子交换树脂。

精制后的二次盐水应达如下规格：

NaCl 290～310g/L；Ca^{2+}、$Mg^{2+}<(20\sim40)\times10^{-9}$；重金属 $\leqslant0.2\times10^{-6}$；悬浮物 $\leqslant1\times10^{-6}$；$SiO_2\leqslant15\times10^{-6}$。

精制后的盐水进入离子膜电解槽进行电解，阳极生成 $Cl_2\uparrow$，阴极生成 NaOH 液和 $H_2\uparrow$，碱液循环，NaOH 产品浓度可达 32%～35%。

四、三种氯碱生产电解方法的比较

隔膜法和水银法在隔膜材料、电极材料及电解槽结构等方面的不断改进，到 20 世纪 70

年代它们仍然是氯碱工业的主要生产方法。从 1975 年离子膜法实现工业化以来，它在电能消耗、产品质量、建设投资及环保等方面显示出独特的优越性，因此成为现代氯碱工业发展方向。将三种生产方法之产品质量和能耗情况列于下表。

产品质量比较表

产品组分	离子膜法	隔膜法	水银法
1. 烧碱(质量分数)/%			
NaOH	50	50	50
Na_2CO_3	<0.04	0.09	0.05
NaCl	<0.05	1.0～1.2	0.005
$NaClO_3$	<0.001	0.1	<0.0005
Na_2SO_4	<0.0001	0.01	0.0005
CaO	<0.0001	0.001	<0.001
Al_2O_3	<0.0001	0.0005	<0.0005
SiO_2	<0.02	0.02	<0.001
Fe_2O_3	<0.0004	0.0007	0.0005
重金属	<0.01	0.001	<0.001
2. 氯气(体积分数)/%			
Cl_2	>99.5	>97.5～98	>99.0
O_2	<0.5	1～2	0.1～0.3
3. 氢气(体积分数)/%			
H_2	>99.5	>99.9	>99.0
Cl_2	<0.05	<0.1	0.003

能耗比较表（不包括蒸发能耗）

项目	水银法(金属阳极)	隔膜法(改性石棉及扩张阳极)	德山曹达离子膜法(碳钢阳极，系 TSE-270)
电流效率/%	97	96	96
槽电压/V	4.50	3.45	3.1～3.2
电解电力(交流电)/(kW·h/t)	3100	2400	2200
电动机电力(交流电)/(kW·h/t)	80	210	95
蒸汽①(交流电)/(kW·h/t)	25	650	250
电解液 NaOH 质量分数/%	45～50	10～11	32～33
总能耗(交流电)/(kW·h/t)	3250	3260	2645

第五节 液氯的制造和合成盐酸

一、液氯的制造

液体氯是暗绿色的油状液体，常压下于－34.6℃沸腾，其冰点为－101.5℃，在 15℃时密度为 1.4256g/m³。

不含水分的液氯和干燥的氯气一样，对钢不起作用。但如含有水分，即可具有强烈的腐蚀作用。因此，在液化前，气态氯要用硫酸干燥至水分含量为 0.02%～0.06%。

氯气属于易被液化的气体（临界温度 143.9℃，临界压力 7.61MPa），工业上常采用以下三种液化方法。

（1）高温高压法　氯气压力在 1.4～1.6MPa 之间，液化温度为常温。

（2）中温中压法　氯气压力在 0.3～0.4MPa 之间，液化温度控制在－5℃。

（3）低温低压法　氯气压力≤0.2MPa，液化温度<－20℃。

中国一般中、小型氯碱厂采用纳氏泵输送氯气，其压力小于 0.2MPa，因此宜采用低温低压法。生产中用冷冻方法获得−20℃以下的低温。大型氯碱厂使用透平压缩机，其压力一般在 0.3～0.4MPa，宜采用中压法。高温高压法国内使用尚少。

液氯饱和蒸气压与温度的关系如表 11-5 所示。

表 11-5　液氯饱和蒸气压与温度的关系

温　度/℃	饱和蒸气压(绝)/MPa	温　度/℃	饱和蒸气压(绝)/MPa
−50	0.046	15	0.576
−34.6	0.1	20	0.67
−20	0.183	25	0.773
−10	0.262	30	0.886
0	0.369	40	1.165
5	0.431	50	1.489
10	0.502		

低压低温法，就是在 0.1～0.2MPa 的情况下进行氯气液化。由表 11-5 可见，当压力（绝）为 0.2MPa 左右时，纯氯气的液化温度约为−15℃。因电解氯气不纯，氯气浓度低些，液化温度比−15℃要低，一般在−30℃左右，要获得这样的低温，必须用冷冻。

低压低温法的液氯生产流程见图 11-17 所示。

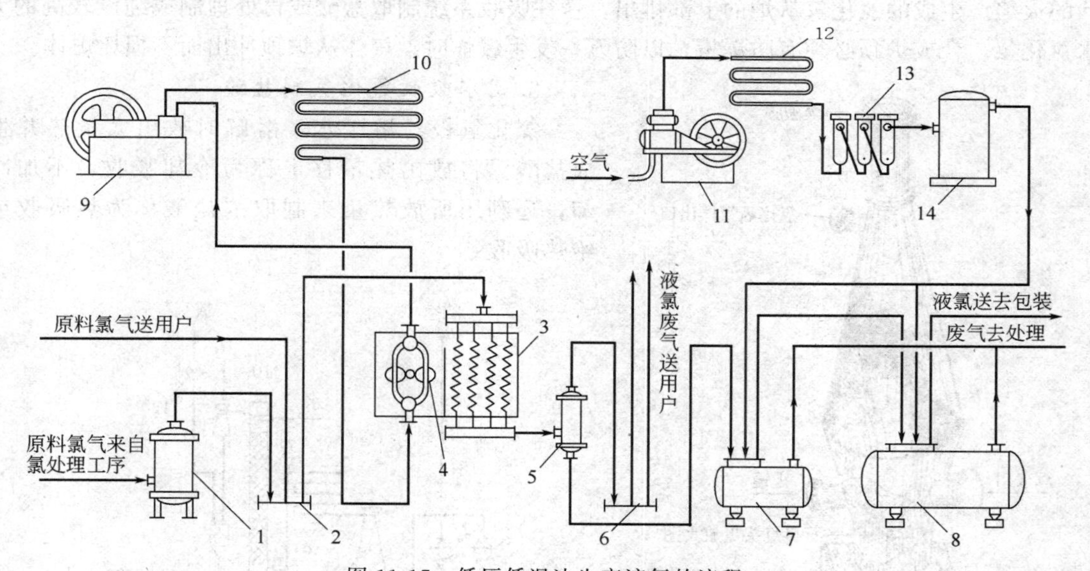

图 11-17　低压低温法生产液氯的流程

1—氯受槽；2—氯气分配台；3—液化槽；4—旋桨式搅拌器；5—废气分离器；6—废气分配台；7—计量槽；8—液氯储槽；9—氨气压缩机；10—氨冷凝器；11—空气压缩机；12—冷却器；13—干燥筒；14—缓冲罐

如图 11-17 所示，0.1MPa 的氯气从氯处理干燥工序送来，进入氯受槽 1，槽中常装有一层玻璃棉或氯化钙块屑，以进一步捕集氯气中夹带的酸雾。然后经分配台 2 进入液化槽 3。液化槽外形是个方箱，箱内分成两半分装氯冷凝蛇管组和氨蒸发管组。两组管都浸在箱内的氯化钙溶液中。由外界送来的气氨进入氨气压缩机 9，加压后气氨在氨冷凝器 10 中冷凝为液氨，液氨送入液化槽 3 中氨蒸发管组。液氨吸收氯化钙溶液中的热量气化，再被压缩机抽出，循环往复。液氨蒸发产生的低温使溶液温度维持在−40℃左右。在此低温下，氯气液化为液氯。为使液化槽内换热效果良好，装有旋桨式搅拌器 4，冷却后液氯经废气分离器 5，液氯送计量槽 7，最后压入液氯储槽 8。当液氯积存近满时经空压机 11、冷却器 12、干燥筒 13、缓冲罐 14 来的干燥的压缩空气把液氯压出装瓶或装槽车等。废气自废气分离器上方引出（要求气中含 $H_2<4\%$）经废气分配台 6 送用户。

出售的液体氯的体积分数不少于 99.5%，水分的质量分数不多于 0.06%。

二、合成盐酸和氯化氢气

将电解氯化钠水溶液制得的氢气和氯气，用直接合成的方法可以制得氯化氢。再用水吸收即得到盐酸。

1. 氯化氢气的合成

合成法制取氯化氢，系使氢在氯气气流中燃烧，反应式为

$$H_2+Cl_2 \longrightarrow 2HCl \qquad \Delta H=-184.22\text{kJ}$$

据研究证明，氯化氢的解离过程，只有在非常高的温度下（1973K 以上）才显著地进行。因此，在较低的温度下其合成反应可认为是不可逆的。

为了避免氯气将氯化氢污染，合成时使用稍为过量的氢。

氯化氢的合成一般在装有石英灯头的钢制合成炉里进行，其结构如图 11-18 所示。干氯气由下进入内管，内管上端有孔，外管通入干燥的氢气，在这里氯和氢化合，燃烧生成巨大火炬状的火焰。生成的氯化氢从炉的上部排出，送往吸收系统制取盐酸或再处理制成纯度较高的无水氯化氢。合成炉顶必须有防爆板，以防万一发生爆炸时，气体从炉顶冲出而不损坏炉体。

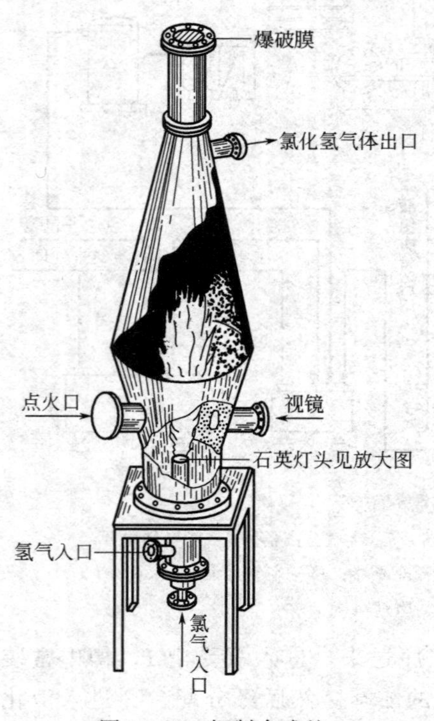

图 11-18 钢制合成炉

2. 用水吸收氯化氢制盐酸

氯化氢极易溶于水，溶解时放出大量热并生成盐酸。将放出热量移走称为冷却吸收，不加冷却，还利用所放热量来制取浓盐酸称为热吸收或绝热吸收。

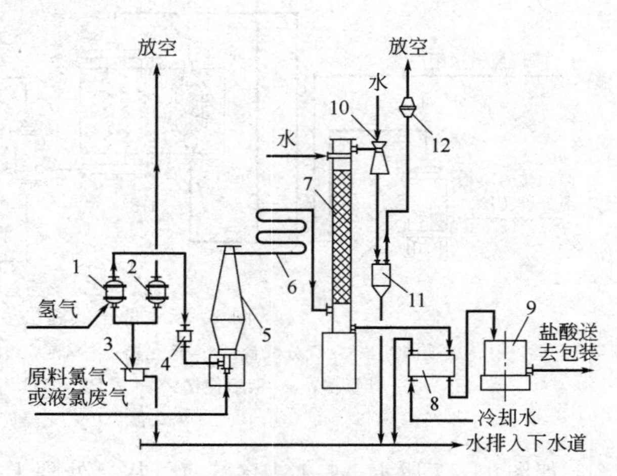

图 11-19 绝热吸收法制造合成盐酸

1，2，4，12—阻火器；3—凝水槽；5—合成炉；6—空气冷却器；7—绝热吸收塔；8—盐酸冷却器；9—盐酸储槽；10—水喷射器；11—水气分离器

用绝热吸收法制造盐酸的流程如图 11-19 所示。氢气经过阻火器 1、4 进入合成炉，原料氯气（或液氯废气），也进入合成炉。进炉的氯气和氢气维持一定比例，即 $n(H_2)/$

$n(Cl_2)$＝(1.1～1.15)∶1。

合成炉生成的氯化氢气在到达炉顶时，已被外界空气冷却到450℃左右，进入空气冷却器6。继续冷却到130℃，然后进入绝热吸收塔7，与自塔顶进入的水逆流接触，生成的盐酸从塔底流出。经过盐酸冷却器8，盐酸温度由80℃冷却到常温，然后流入盐酸储槽9，可包装出厂。

在吸收塔中未被吸收的气体，从塔顶进入水喷射器10中，被水带入水气分离器11，水排入下水道，废气通过阻火器排入大气中。

该法生产的合成盐酸的规格如下。

成分：$w(HCl)\geqslant 31\%$；$w(Fe)\leqslant 0.01\%$；硫酸折合成$w(SO_4^{2-})\leqslant 0.007\%$；$w(As)\leqslant 0.00002\%$。外观：无色或黄色透明液体。

3.无水氯化氢气的生产

为满足某些有机氯产品生产的需要，对合成后的氯化氢气还要进行干燥，即把原氯化氢气所带水分和合成中氧与氢生成的水分一并除掉。

无水氯化氢气的生产可有两种方法。

① 把合成氯化氢气进行干燥（又可分为硫酸法直接干燥和冷冻法间接干燥）。

② 用盐酸脱吸的方法。

目前这几种方法都用于生产上，但新建工厂多采用盐酸脱吸法。

盐酸脱吸法生产无水氯化氢气的流程如图11-20所示。

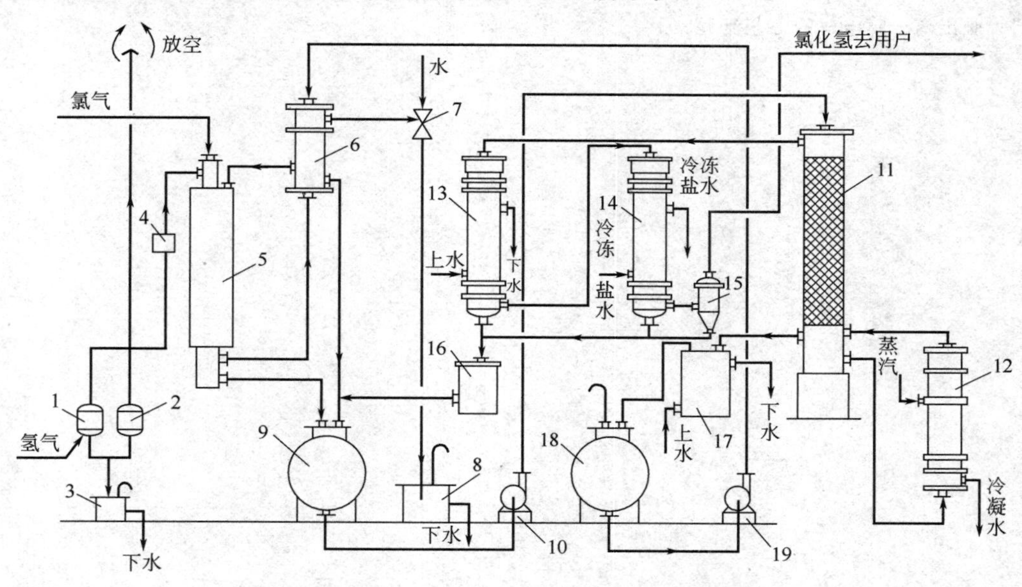

图11-20　盐酸脱吸法生产无水氯化氢气的工艺流程

1，2，4—阻火器；3—水封槽；5—合成炉；6—尾气吸收塔；7—水喷射器；8—水槽；9—浓盐酸储槽；10—浓酸泵；11—脱吸塔；12—再沸器；13—第一冷却器；14—第二冷却器；15—水分离器；16—凝酸槽；17—稀酸冷却器；18—稀酸储槽；19—稀酸泵

如图中所示，氢气经阻火器1、4和氯气一并进入合成炉5，合成氯化氢气并被由尾气吸收塔6来的盐酸吸收成浓盐酸，从合成炉底流出，进入浓盐酸储槽。合成炉出来的氯化氢气进入尾气吸收塔6，用泵19从稀酸储槽打来的稀盐酸吸收成浓盐酸，放入浓盐酸储槽9。

浓盐酸用浓酸泵10送入脱吸塔11及与脱吸塔底部相连的盐酸再沸器12中，盐酸被蒸汽间接加热至成为带有氯化氢和水蒸气的沸腾的气液混合物。此混合物在脱吸塔内上升时与顶部下淋的浓盐酸相遇，水蒸气放出的热量把浓盐酸中的氯化氢蒸出，即所谓脱吸出来。

氯化氢气自脱吸塔顶出来经过第一冷却器 13，用水间接将之冷却，然后再送入第二冷却器 14，用冷冻盐水间接冷却除去水分，经水分离器 15 后成为干燥的氯化氢送往用户。冷却器 13、14 和分离器 15 底部氯化氢及水送入凝酸槽 16 中，再送入储槽 9。

自脱吸塔底流出的稀盐酸送入稀酸冷却器 17，从器顶流出送入稀酸储槽，经稀酸泵 19 送入尾气吸收塔 6。如此循环，即可不断生产出无水氯化氢气。

复习思考题

1. 电解时有哪三种效率？如何表示？
2. 超电压在生产中有何利弊？
3. 隔膜法和汞阴极电解法各有哪些电极反应和副反应？
4. 隔膜电解法中对电极和隔膜材料有何要求？
5. 比较两种电解方法的电解槽及生产中的优缺点。
6. 试述两种电解方法生产烧碱和氯气的工艺流程。
7. 试述液氯制造、合成盐酸及盐酸脱吸生产无水氯化氢气的工艺流程。
8. 什么叫离子膜法电解？其电解的原理如何？
9. 离子膜电解的电极可以选用哪些材料？
10. 单极式或复极式离子膜电解槽有什么区别？
11. 画出离子膜电解的工艺流程。

参 考 文 献

1 泸州化工专科学校等．无机物工艺学下册．北京：化学工业出版社，1981
2 陈留栓．气提法尿素生产知识问答．北京：化学工业出版社，2001
3 苏裕光，王向荣．化肥生产的相图分析．北京：石油化学工业出版社，1992
4 中国科学院盐湖研究所、上海化工研究院．钾肥工业．北京：化学工业出版社，1979
5 侯德榜著．制碱工学．北京：化学工业出版社，1959
6 陈五平．无机化工工艺学．第三版．北京：化学工业出版社，2002
7 曾之平，王扶明．化工工艺学．北京：化学工业出版社，2001

附录　书中使用单位与法定单位换算关系

量	现行的其他单位		法定计量单位及其倍数、分数单位		换算系数
	名　称	符　号	名　称	符　号	
			米	m	
			厘米	cm	1×10^{-2}m
			毫米	mm	1×10^{-3}m
	埃	Å			1×10^{-10}m
	英寸	in			25.4mm
	英尺	ft			30.48cm
面积			平方米	m^2	
			平方厘米	cm^2	$1\times10^{-4}m^2$
	平方英寸	in^2			$6.4516cm^2$
	平方英尺	ft^2			$9.29030m^2$
体积、容积			立方米	m^3	
			升	L(l)	$1\times10^{-3}m^3$
			立方厘米	cm^3	$1\times10^{-6}m^3$
	立方英寸	in^3			$16.387cm^3$
	立方英尺	ft^3			$2.83168\times10^{-2}m^3$
速度			米每秒	m/s	
			千米每小时	km/h	0.277778m/s
	英尺每秒	ft/s			0.3048m/s
	英尺每小时	ft/h			84.6667×10^{-6}m/s
质量			千克(公斤)	kg	
			吨	t	1×10^3kg
密度			千克每立方米	kg/m^3	
			千克每升	kg/L	$1\times10^3kg/m^3$
质量流率(量)			千克每秒	kg/s	
			千克每小时	kg/h	$2.77778\times10^{-4}m^3/s$
			升每分	L/min	$1.66667\times10^{-5}m^3/s$
功率			瓦[特]	W	也可表示为J/s
	尔格每秒	erg/s			1×10^{-7}W
	千克力米每秒	(kgf·m)/s			9.80665W
	千克力米每小时	(kgf·m)/h			2.72407×10^{-3}W
发热量式能量			焦[耳]每千克	J/kg	
	千卡每千克	kcal/kg			4186.8J/kg
	千克力米每千克	kgf·m/kg			9.80665J/kg
比热容、比熵			焦[耳]每千克开[尔文]	J/(kg·K)	
	千卡每千克开[尔文]	kcal/(kg·K)			4.1868J/(kg·K)
	千克力米每千克开[尔文]	kgf·m/(kg·K)			9.80665J/(kg·K)
体积热容			焦[耳]每立方米开[尔文]	$J/(m^3\cdot K)$	习惯用$J/(m^3\cdot ℃)$
	千卡每立方米开[尔文]	$kcal/(m^3\cdot K)$			$4186.8J/(m^3\cdot K)$
传热系数			瓦[特]每平方米开[尔文]	$W/(m^2\cdot K)$	
	卡每平方厘米秒开[尔文]	$cal/(cm^2\cdot s\cdot K)$			$41868W/(m^2\cdot K)$
	千卡每平方米小时开[尔文]	$kcal/(m^2\cdot h\cdot K)$			$1.163W/(m^2\cdot K)$

续表

量	现行的其他单位		法定计量单位及其倍数、分数单位		换算系数
	名　称	符　号	名　称	符　号	
热导率			瓦[特]每米开[尔文]	W/(m·K)	
	卡每厘米秒开[尔文]	cal/(cm·s·K)			418.68W/(m·K)
体积流率(量)			立方米每秒	kg/s	
			千克每小时	kg/h	2.77778×10^{-4}kg/s
压力(压强)			帕[斯卡]	Pa	
	达因每平方厘米	dyn/cm^2			0.1Pa
	巴	bar			0.1MPa
	标准大气压	atm			101.325kPa
	工程大气压	at			0.0980665MPa
	千克力每平方厘米	kgf/cm^2			0.0980665MPa
	千克力每平方米	kgf/m^2			9.80665Pa
	毫米水柱	mmH_2O			9.80665Pa
	毫米汞柱	mmHg			133.322Pa
动力黏度			帕[斯卡]秒	Pa·s	也可用 $N\cdot s/m^2$ 表示
	泊	$P=1dyn\cdot s/cm^2$			1×10^{-1}Pa·s
	厘泊	cP			1×10^{-3}Pa·s
	千克力秒每平方米	$kgf\cdot s/m^2$			9.80665Pa·s
运动黏度			二次方米每秒	m^2/s	
	斯托克斯	st			$1\times10^{-4}m^2/s$
	厘斯托克斯	cst			$1\times10^{-6}m^2/s$
	二次方英尺每小时	ft/h			$2.58064\times10^{-5}m^2/s$
能、功、热			焦[耳]	J	也可用 N·m,W·s,$Pa\cdot m^3$ 表示
			千瓦小时	kW·h	3.6MJ
	尔格	erg			1×10^{-7}J
	千克力米	kgf·m			9.80665J